普通高等教育“十四五”规划教材

热处理原理及工艺

马春阳　于心泷　何富君　国　雪　万家瑰◎**主编**

夏法锋◎**审核**

中国石化出版社

内 容 提 要

本书根据普通高等学校金属材料工程专业《热处理原理及工艺》课程教学大纲的要求编写，重点阐述了金属固态相变中的变化规律；全面介绍了钢经加热奥氏体化后，在冷却过程中不同的冷却温度区间发生的珠光体转变、马氏体转变、贝氏体转变和回火转变等；结合钢的冷却转变曲线，阐述了如何从金属零件所需要的组织和性能来选择热处理工艺，系统介绍了钢的常用热处理工艺，如退火、正火、淬火、回火、表面热处理和化学热处理等，并介绍了形变热处理、真空热处理、激光和电子束热处理等新工艺。

本书可作为高等院校金属材料加工、金属材料成形等专业课程的教材，也可作为相关领域技术人员和研究人员的参考书。

图书在版编目(CIP)数据

热处理原理及工艺 / 马春阳等主编．—北京：中国石化出版社，2021.7
ISBN 978-7-5114-6376-0

Ⅰ．①热… Ⅱ．①马… Ⅲ．①热处理-高等学校-教材 Ⅳ．①TG156

中国版本图书馆 CIP 数据核字(2021)第 146204 号

未经本社书面授权，本书任何部分不得被复制、抄袭，或者以任何形式或任何方式传播。版权所有，侵权必究。

中国石化出版社出版发行
地址：北京市东城区安定门外大街 58 号
邮编：100011 电话：(010)57512500
发行部电话：(010)57512575
http://www.sinopec-press.com
E-mail:press@sinopec.com
河北宝昌佳彩印刷有限公司印刷
全国各地新华书店经销

*

787×1092 毫米 16 开本 19.5 印张 462 千字
2021 年 7 月第 1 版 2021 年 7 月第 1 次印刷
定价：58.00 元

前　言

热处理是一门古老的工艺技术。在不改变材料的形状、大小、重量和尺寸情况下通过加热、保温、冷却、再加热、再冷却的途径赋予材料全新的性能和特征。热处理是一门生产技能，在各行各业，利用热处理改变材料性能，可以创造极大的经济价值和社会效益。热处理是一门重要的学科，是建立在物理、化学、力学、冶金学、材料学及材料强化理论的基础上，应用于生产实践中。

本书根据普通高等学校金属材料工程专业《热处理原理及工艺》课程教学大纲的要求编写。本书共分16章，内容包括两部分，即热处理原理和热处理工艺，重点阐述了金属固态相变中的变化规律；全面介绍了钢经加热奥氏体化后，在冷却过程中不同的冷却温度区间发生的珠光体转变、马氏体转变、贝氏体转变和回火转变等；结合钢的冷却转变曲线，阐述了如何从金属零件所需要的组织和性能来选择热处理工艺，系统介绍了钢的常用热处理工艺，如退火、正火、淬火、回火、表面热处理和化学热处理等，并介绍了形变热处理、真空热处理、激光和电子束热处理等新工艺。

马春阳负责编写第1~6章，共10万字；于心泷负责编写第7~9章，共5.5万字；何富君负责编写第10、11章，共5万字；国雪负责编写第12~14章，共5万字；万家瑰负责编写第15、16章，共5万字。夏法锋对全书内容进行了审核。本书在编写过程中还参阅了哈尔滨工业大学、北京科技大学、中国热处理学会等著名院校单位的相关教材和热处理方面的一些最新研究成果，在此对相关专家、学者表示衷心的感谢！

一部优秀的教材需要付出编者大量的心血，虽然编者兢兢业业、字斟句酌，但错误和纰漏在所难免，希望广大读者批评指正。

目　　录

第1章　绪　论

1.1　热处理的概念及其在金属材料生产中的作用

金属热处理是指固体状态下金属或合金工件被放置在一定的介质环境中，经过温度的转变，使工件内部显微组织和结构产生变化，从而得到不同的组织和性能。

金属热处理工艺在金属材料生产和机械制造过程方面起着非常重要的作用。与其他加工工艺相比较，经过热处理工艺的材料或工件的整体形状和化学成分一般不会发生改变，它是通过改变材料和工件的显微组织和结构，或改变工件表面的化学成分，达到赋予或改善材料或工件不同使用性能的目的。

金属热处理是金属材料加工过程中的重要工序，主要作用有两大方面。

(1) 改善工艺性能。例如，在机械加工之前常需进行退火处理，以调整硬度，改善冷加工性能；对于高碳钢工具来说，为了改善其机加工性能，往往要进行正火和球化退火处理；对于某些存在较严重成分偏析的铸锭，在热加工之前还需进行均匀化退火。

(2) 改善材料或工件的使用性能。例如，齿轮如果采用正确的热处理工艺，使用寿命可以比不经热处理的齿轮成倍或几十倍地提高；低碳钢通过渗入某些合金元素以后可以得到“外强内韧”的性能；白口铸铁经过长时间退火处理可以获得可锻铸铁，塑性提高很多。

1.2　热处理技术的发展历史

我国热处理技术的历史很悠久，在从石器时代进展到铜器时代和铁器时代的过程中，热处理的作用逐渐为人们所认识。早在殷商时期(约公元前1600～公元前1046年)，就已经发明了用退火方法软化金属箔的技术。在东周朝(公元前770～公元前256年)，中国人在生产实践中就已发现，钢铁的性能会因温度和加压变形的影响而变化，已经掌握了常用的热处理工艺，如退火、正火、淬火和渗碳等技术。白口铸铁的柔化处理就是最早出现的热处理工艺之一，其实质包括石墨化退火和脱碳退火工艺，这种方法到西汉时已发展得比较成熟。到公元前6世纪，钢铁兵器被逐渐使用，为了提高钢的硬度，淬火工艺得到了迅速的发展。1974年在河北省易县燕下都出土了战国中、晚期的两把剑和一把戟，金相分析表明其显微组织中都有马氏体存在，说明是经过淬火处理的。

到西汉时期，我国的热处理技术已经达到较高水平，在我国出土的西汉中期刘胜(中山靖王)墓中的宝剑，心部含碳量最低处为0.05%，一般为0.15%～0.4%，而表面含碳量却高达0.6%以上，具有一定的碳浓度梯度，说明当时已经使用了渗碳工艺。但当时这种技术作为个人的“手艺”，属于绝对秘密，是不肯外传的，因而限制了该技术的发展。

在汉代热处理技术已经有了文字记载，在西汉司马迁所著的《史记·天官书》中记载有：

"水与火合为焠"。在《汉书·王褒传》则有："巧冶铸干将之璞，清水淬其锋"。随着淬火技术的发展，人们逐渐发现淬火介质对淬火质量的影响。三国时期蜀人蒲元曾在今陕西斜谷为诸葛亮打制3000把刀，他说道"汉中水钝弱，不任淬，蜀水爽烈"，于是派人到成都取水淬火，制得的刀锋利异常，"称绝当世，因曰神刀"。这说明中国在古代就已经注意到不同水质的冷却能力了。在南北朝时綦母怀文改进了金属热处理工艺，他在淬火时，"浴以五牲之溺，淬以五牲之脂"，因为牲畜尿中含有盐类，具有比水高的冷却速度，所以能使淬火后的钢获得较高的硬度；牲畜油脂冷却速度较低，能避免钢淬火时脆裂，提高钢的韧性，减少它的变形。可以看出当时已采用含盐的水和油作为具有不同冷却速度的淬火剂，表明当时已清楚地认识到淬火剂同淬火后钢的性能之间的关系。明代宋应星在《天工开物》中记载了大量热处理工艺方法，特别是对渗碳工艺的记载相当成熟。

在国外，热处理技术发展得较晚，但是在产业革命以后，热处理技术却得到了迅速的发展。特别是在1841年出现了光学显微镜技术，为研究金属内部的组织提供了可能。1863年，英国谢菲尔德(Sheffield)的索尔比(H C. Sorby)和德国夏罗腾堡(Charlottenburg)的马顿斯(Martens)展示了钢铁在显微镜下六种不同的金相组织，证明了钢在加热和冷却时，内部会发生组织改变，钢中高温时的相在急冷时转变为一种较硬的相。法国人奥斯蒙德(F. Osmond)确立的铁的同素异构理论，英国人罗伯茨(W. C. Roberts)和奥斯汀(Austen)制定的第一张铁碳平衡图，以及洛兹本(H. W. BakhiusRoozeboom)将吉布斯(Gibbs)相律应用于合金系统，于1990年制定出较完整的铁碳平衡图，这些都为现代热处理工艺初步奠定了理论基础。与此同时，人们还研究了在金属热处理的加热过程中对金属的保护方法，以避免加热过程中金属的氧化和脱碳等。1850—1880年，对于应用各种气体(诸如氢气、煤气、一氧化碳等)进行保护加热曾有一系列专利。1889—1890年，英国人莱克获得多种金属光亮热处理的专利。

进入20世纪以来，热处理学科突飞猛进。金属物理的发展和其他新技术的移植应用，使金属热处理得到更大发展。1901—1925年，在工业生产中应用转筒炉进行气体渗碳；20世纪30年代出现露点电位差计，使炉内气氛的碳势达到可控，以后又研究出用二氧化碳红外仪、氧探头等进一步控制炉内气氛碳势的方法；20世纪60年代，热处理技术运用了等离子场的作用，发展了离子渗氮、渗碳工艺；激光、电子束技术的应用，又使金属获得了新的表面热处理和化学热处理方法。随着检测手段的进步，人们应用定量金相技术、电子显微技术、X射线与俄歇谱仪等揭示出金属及合金更微观的结构，对金属学及热处理的一些基础理论的研究，发挥了巨大的作用。热处理工艺方法的新进展，已完全改变了古老的热处理的面貌。如可控气氛热处理、真空热处理、离子轰击与特殊表面硬化技术、复合热处理、感应加热技术、新型化学热处理技术、新型冷却技术等，均已进入实用化阶段。计算机及电子技术的发展，也带动了热处理设备及检测仪器的智能化，使得热处理工艺参数的控制更精确，更合理。

1.3 热处理的基本过程

热处理工艺大体可概括为加热、保温、冷却三个温度变化的过程。当然，由于对被加工工件的需求不同，热处理工艺有时只有加热和冷却这两个过程。但是，当开始实施这种工艺时，这些过程互相衔接，不可间断。

加热是热处理的重要工序之一。金属热处理的加热方法很多，最早是采用木炭和煤作为热源，进而应用液体和气体燃料。电的应用使加热易于控制，且无环境污染。利用这些热源可以直接加热，也可以通过熔融的盐或金属，以至浮动粒子进行间接加热。金属加热时，工件暴露在空气中，常常发生氧化、脱碳(即钢铁零件表面含碳量降低)，这对于热处理后零件的表面性能有很不利的影响。因而金属通常应在可控气氛或保护气氛中、熔融盐中和真空中加热，也可用涂料或包装方法进行保护加热。

加热温度是热处理工艺的重要工艺参数之一，选择和控制加热温度是保证热处理质量的主要问题。加热温度随被处理的金属材料和热处理的目的不同而有所差异，但一般都加热到相变温度以上，以获得高温组织。此外转变需要一定的时间，因此当金属工件表面达到要求的加热温度时，还须在此温度下保持一定时间，使内外温度一致，使显微组织转变完全，这段时间称为保温时间。采用高能量密度加热和表面热处理时，加热速度极快，一般就没有保温时间，而化学热处理的保温时间往往较长。

冷却也是热处理工艺过程中不可缺少的步骤，冷却方法因工艺不同而不同，主要是控制冷却速度。一般退火的冷却速度最慢，正火的冷却速度较快，淬火的冷却速度更快。冷却速度还因钢种不同而有不同的要求，例如空硬钢就可以用正火一样的冷却速度进行淬硬。

1.4 热处理的分类

金属热处理大体可分为整体热处理、表面热处理和化学热处理三大类。根据加热介质、加热温度和冷却方法的不同，每一大类又可以分为若干种不同的热处理工艺。同一种金属采用不同的热处理工艺以后，可以获得不同的显微组织，从而具有不同的性能。钢铁是工业上应用最广的金属，而且钢铁显微组织也最为复杂，因此钢铁热处理工艺种类繁多。

1. 整体热处理

整体热处理是对工件的整体进行加热，在保温足够长时间后，以适当的速度进行冷却，通过组织的变化，以改变工件的整体力学性能的热处理方法。对钢铁材料来说，整体热处理又可以分为退火、正火、淬火和回火四种基本工艺。退火是将工件加热到适当温度，根据材料和工件尺寸采用不同的保温时间，然后进行缓慢冷却，目的是使金属内部组织达到或接近平衡状态，或者是使前道工序产生的内部应力得以释放，获得良好的工艺性能和使用性能，或者为进一步淬火做组织准备。正火是将工件加热到适宜的温度后在空气中冷却，正火的效果同退火相似，只是得到的组织更细，常用于改善材料的切削性能，也有时作为一些要求不高的零件的最终热处理方式。淬火是把金属工件加热到某一适当温度并一段时间后，随即浸入淬冷介质(水、油或空气)中迅速冷却的金属热处理工艺。通过淬火工艺可以提高金属工件的硬度和强度，因而广泛用于各种工、模、量具及要求表面耐磨的零件(如齿轮、轧辊、渗碳零件等)。回火是指将经过淬火硬化及正常化处理的金属工件在低于临界温度浸置一段时间后，以一定的速率冷却下来，以增加工件韧性的一种处理。回火后可促使一部分的碳化物析出，同时又可消除一部分因急速冷却而造成的残留应力，因此可提高材料的韧性与柔性。具体的热处理工艺方法将在后面的热处理工艺部分进行详细介绍。

2. 表面热处理

表面热处理是只对工件的表层进行加热、冷却，以改变工件表层力学性能的热处理工艺。为了控制工件表层被加热而不使过多的热量传入工件内部，使用的热源必须具有高的能量密度，即在单位面积的工件上给予较大的热能，使工件表层或局部能短时或瞬时达到高温。表面热处理的主要方法有火焰加热表面淬火和感应加热表面淬火，常用的热源有氧乙炔或氧丙烷等火焰、感应电流、激光和电子束等。简单介绍几种常见方法。

(1) 表面淬火

通过不同的热源对工件进行快速加热，当零件表层温度达到临界点以上(此时工件心部温度处于临界点以下)时迅速予以冷却，这样工件表层得到了淬硬组织而心部仍保持原来的组织。为了达到只加热工件表层的目的，要求所用热源具有较高的能量密度。根据加热方法不同，表面淬火可分为感应加热(高频、中频、工频)表面淬火、火焰加热表面淬火、电接触加热表面淬火、电解液加热表面淬火、激光加热表面淬火、电子束表面淬火等。工业上应用最多的为感应加热和火焰加热表面淬火。

(2) 化学热处理

将工件置于含有活性元素的介质中加热和保温，使介质中的活性原子渗入工件表层或形成某种化合物的覆盖层，以改变表层的组织和化学成分，从而使零件的表面具有特殊的机械或物理化学性能。通常在进行化学渗的前后均需采用其他合适的热处理，以便最大限度地发挥渗层的潜力，并达到工件心部与表层在组织结构、性能等的最佳配合。根据渗入元素的不同，化学热处理可分为渗碳、渗氮、渗硼、渗硅、渗硫、渗铝、渗铬、渗锌、碳氮共渗、铝铬共渗等。

(3) 接触电阻加热淬火

通过电极将小于 5V 的电压加到工件上，在电极与工件接触处流过很大的电流，并产生大量的电阻热，使工件表面加热到淬火温度，然后把电极移去，热量即传入工件内部而表面迅速冷却，即达到淬火目的。当处理长工件时，电极不断向前移动，留在后面的部分不断淬硬。这一方法的优点是设备简单，操作方便，易于自动化，工件畸变极小，不需要回火，能显著提高工件的耐磨性和抗擦伤能力。缺点是淬硬层较薄(0.15~0.35mm)，显微组织和硬度均匀性较差。这种方法多用于铸铁做的机床导轨的表面淬火，应用范围不广。

(4) 电解加热淬火

将工件置于酸、碱或盐类水溶液的电解液中，工件接阴极，电解槽接阳极。接通直流电后电解液被电解，在阳极上放出氧，在工件上放出氢。氢围绕工件形成气膜，成为一电阻体而产生热量，将工件表面迅速加热到淬火温度，然后断电，气膜立即消失，电解液即成为淬冷介质，使工件表面迅速冷却而淬硬。常用的电解液为含 5%~18%碳酸钠的水溶液。电解加热方法简单，处理时间短，加热时间仅需 5~10s，生产率高，淬冷畸变小，适于小零件的大批量生产，已用于发动机排气阀杆端部的表面淬火。

3. 化学热处理

化学热处理是通过改变工件表层的化学成分，从而控制表面层组织结构和性能的金属热处理工艺。化学热处理与表面热处理不同之处是前者改变了工件表层的化学成分。无论何种化学热处理工艺，若按其渗剂在化学热处理炉内的物理状态分类，则可分为固体渗、气体渗、液体渗、膏糊体渗、液体电解渗、等离子体渗和气相沉积等工艺。

(1) 固体渗

所用的渗剂是具有一定粒度的固态物质。它由供渗剂(如渗碳时的木炭)、催渗剂(如渗碳时的碳酸盐)及填料(如渗铝时的氧化铝粉)按一定配比组成。这种方法较简便，将工件埋入填满渗剂的铁箱内并密封，放入加热炉内加热保温至规定的时间即可，但质量不易控制，生产效率低。

(2) 气体渗

所用渗剂的原始状态可以是气体，也可以是液体(如渗碳时用煤油滴入炉内)。但在化学热处理炉内均为气态。对所用渗剂要求能易于分解为活性原子，经济，易于控制，无污染，渗层具有较好性能。很多情况下可用其他气体(如氢、氮或惰性气体)将渗剂载入炉内，例如渗硼时可用氢气将渗剂 BCl_3 或 B_2H_6 载入炉内。等离子体渗法是气体渗的新发展，即辉光离子气渗法，最早应用于渗氮，后来被应用于渗碳、碳氮共渗、硫氮共渗等方面。气相沉积法也是一种气渗的新发展，主要应用于不易在金属内扩散的元素(如钛、钒等)。主要特点是气态原子沉积在钢件表面并与钢中的碳形成硬度极高的碳化物覆盖层，或与铁形成硼化物等。

(3) 液体渗

渗剂是熔融的盐类或其他化合物。它由供渗剂和中性盐组成。为了加速化学热处理过程，附加电解装置后成为电解液体渗。在硼砂盐浴炉内渗金属的处理法是近年发展起来的工艺，主要应用于钛、铬、钒等碳化物形成元素的渗入。

此外，近年来随着科学技术的进步，热处理技术也有了新的发展，在热处理过程中将多种热处理工艺相结合的方法得到了快速发展，可以统称为复合热处理技术。

1.5 本课程的任务、要求和学习方法

本课程是金属材料工程专业的一门专业课，其任务是掌握热处理的基本原理，熟悉各种不同的热处理工艺，掌握不同热处理对金属材料性能的影响规律，了解热处理技术的发展方向和热处理技术的最新科学成就，为分析、制定热处理工艺和发展新工艺积累必要的理论知识。

通过本课程的学习，学生应主要掌握如下内容：

(1) 掌握钢铁材料的热处理原理，包括加热转变、冷却转变、回火转变等，掌握过冷奥氏体冷却转变曲线；

(2) 掌握钢铁材料热处理的基本工艺，包括退火、正火、淬火、回火、表面热处理、化学热处理等的基本原理、工艺实现方法等；

(3) 熟悉钢铁材料热处理后的组织形态和性能特点，能够对不同零件和构件进行热处理工艺的合理选择；

(4) 了解热处理技术的发展趋势，熟悉新型热处理技术的原理和特点。

本课程的实践性很强，因此在学习时应特别注重理论联系实际，通过实验，如具体的热处理工艺过程、热处理后组织结构的分析过程、性能的测试过程等来掌握热处理的基本原理，掌握具体工艺过程对组织结构与性能的影响规律，从而达到认识与实践的统一。

课后习题

1. 金属固态相变有哪些主要特征？
2. 金属固态相变主要有哪些变化？
3. 哪些因素构成固态相变阻力？哪些构成相变驱动力？
4. 固态相变的过程中形核和长大的方式是什么？
5. 固态相变的长大速度受什么控制？

第 2 章　钢的奥氏体加热转变

铁碳平衡图(iron-carbon equilibrium diagram)，又称铁碳相图或铁碳状态图，是以温度为纵坐标，含碳量为横坐标，表示在接近平衡条件(铁-石墨)和亚稳条件(铁-碳化铁)下或极缓慢的冷却条件下，以铁、碳为组元的二元合金在不同温度下所呈现的相和这些相之间的平衡关系。

自 1868 年俄国学者切尔诺夫首次提出钢加热临界点的概念开始，各国学者纷纷研究加热温度和冷却条件对钢的组织影响规律。直至 1899 年罗伯茨·奥斯汀总结这些研究成果制定了第一张铁碳相图。而洛兹本于 1990 年制定出较完整的铁碳平衡图。随着科学技术的发展，铁碳平衡图不断得到修订，也日臻完善。铁碳平衡图是研究钢和铁的基础，也是研究合金钢的基础，它的许多基础特点即使对于复杂合金钢也具有重要的指导意义。当然，需要考虑到合金元素对这些相的形成和性质的影响，因此研究所有钢铁的组成和组织问题都必须从铁碳平衡相图开始。

钢以其低廉的价格、可靠的性能成为世界上使用最多的材料之一，是建筑业、制造业和人们日常生活中不可或缺的成分，也可以说钢是现代社会的物质基础，因此，研究钢的性能是非常重要的。为了使钢件在经过热处理后能够得到符合要求的组织和性能，大多数热处理工艺(如淬火、正火和普通退火)都需要将钢件加热至临界点 A_1 或 A_3 以上(图 2-1)，形成奥氏体组织，称为奥氏体化，然后再以一定的方式(或速度)冷却。因此，钢在加热时的转变是钢热处理的基础，而且热处理钢件的组织和性能与其加热时形成的奥氏体相有很大关系。如果过热将引起奥氏体晶粒长大，会导致钢件热处理后冲击韧性降低，表现出明显的脆化倾向。研究加热转变对改进钢的热处理工艺有重要意义，掌握加热转变规律是学习各种冷却相变的理论基础。本章将着重讨论平衡加热时奥氏体的形成规律。

2.1　概述

实际上，在热处理的加热过程中，钢件内部组织的相变不能完全按照 $Fe-Fe_3C$ 相图来分析，它的变化是非平衡的。因此，为了掌握奥氏体的形成规律，必须对奥氏体形成的热力学条件、形成机理、动力学及影响因素进行研究。

2.1.1　奥氏体形成的热力学条件

根据 $Fe-Fe_3C$ 相图(图 2-1)，温度在 A_1 以下时，共析碳钢的平衡组织为珠光体，亚共析碳钢为珠光体加铁素体，过共析碳钢为珠光体加渗碳体。而珠光体组织是由铁素体与渗碳体构成的机械混合物，所以从相的组成来说，碳钢在 A_1 温度以下的平衡相为铁素体和渗碳体。当温度超过 A_1 后，珠光体将转变为单相奥氏体。随着温度继续升高，亚共析钢中的先共析铁素体将转变为奥氏体，过共析钢的先共析渗碳体溶入奥氏体，使奥氏体量逐渐增多。

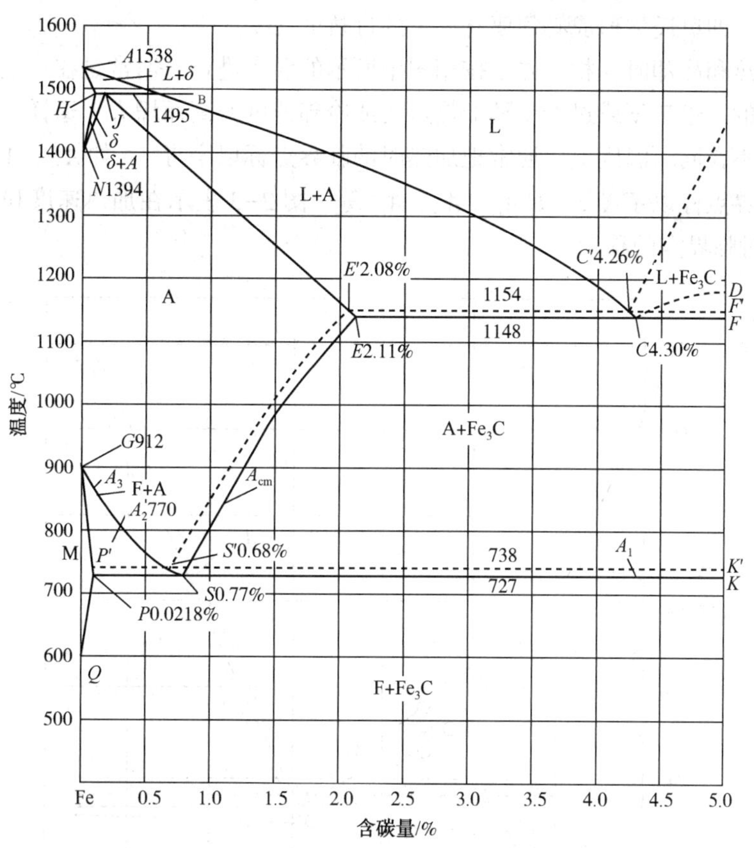

图 2-1 Fe-Fe_3C 相图(实线)及 Fe-石墨相图(虚线)

奥氏体的化学成分分别沿 A_3 和 A_{cm} 线变化。当加热温度超过 GSE 线以上时，平衡相均为单相奥氏体。

由热力学可知，钢加热时发生相变的动力是新相奥氏体与母相之间的体积自由能之差 $V \cdot \Delta g_V$，奥氏体形核时，系统的自由能变化为

$$\Delta G = V \cdot \Delta g_V + S\sigma + \varepsilon V \tag{2-1}$$

式中 $S\sigma$——形成奥氏体时所增加的界面能；

εV——形成奥氏体时所增加的应变能。

因为奥氏体在高温下形成，其相变的应变能较小，所以相变的阻力主要是界面能。

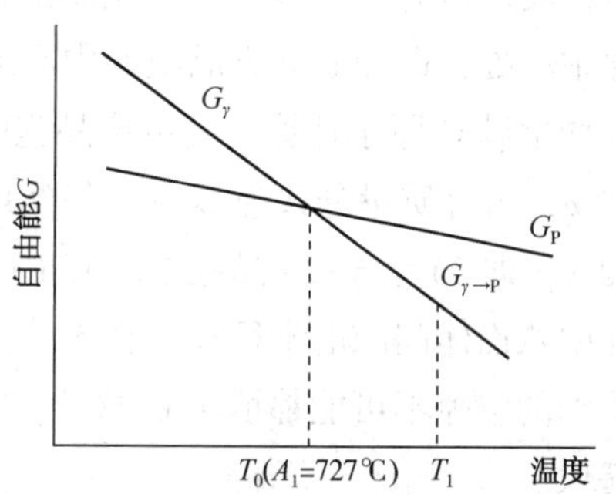

图 2-2 珠光体(P)和奥氏体(γ)自由能与温度的关系示意图

图 2-2 为共析钢奥氏体和珠光体的自由能随温度的变化曲线，交点为 A_1 点(727℃)。当温度等于 727℃时，珠光体与奥氏体自由能相等，相变尚不会发生。当温度高于 A_1 时，Δg_V 为负值，即式(2-1)右侧第一项为负值，这时才有可能发生相变。$V \cdot \Delta g_V$ 为奥氏体形成的驱动力，它随加热温度升高而增大。只有在 A_1 点以上，当珠光体向奥氏体转变的驱动力 $V \cdot \Delta g_V$ 能够克服奥氏体形成所增加的界面能和弹性能时，奥氏体才

会自发地形成，即奥氏体形成必须要有一定的过热度(ΔT)。

因此当加热和冷却时，相变并不按相图中所示的温度进行，通常是在一定的过热或过冷的情况下进行的。过热度或过冷度随加热速度或冷却速度升高而增大。这样，就使加热和冷却时的临界点不在同一温度上。通常把加热时的临界点标以字母 c，如 A_{c_1}、A_{c_3}、$A_{c_{cm}}$等；而把冷却时的临界点标以字母 r，如 A_{r_1}、A_{r_2}、$A_{r_{cm}}$等。图 2-3 表示在加热速度和冷却速度均为 0. 125℃/min 时临界点的移动。

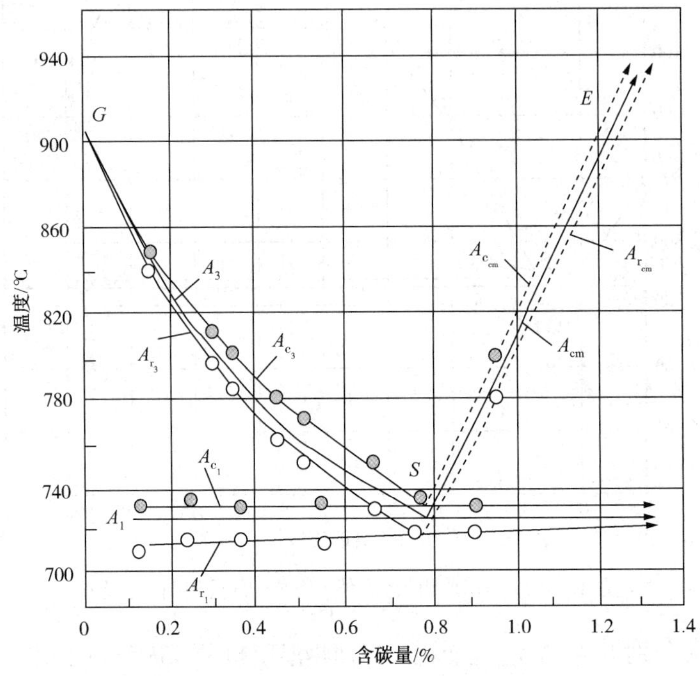

图 2-3 Fe-Fe_3C 相图中临界点的移动

2. 1. 2 奥氏体的组织、结构和性能

奥氏体组织通常是由等轴状的多边形晶粒组成，常可在晶内观察到孪晶，如图 2-4 所示，奥氏体为 C 在 γ-Fe 中的固溶体。C 原子在 γ-Fe 点阵中处于由 Fe 原子组成的八面体间隙中心处，即面心立方晶胞的中心或棱边的中点，如图 2-5 所示。若按所有八面体间隙位置均填满 C 原子计算，则单位晶胞中含有 4 个 Fe 原子和 4 个 C 原子，即其原子百分浓度为 50%，折合质量分数为 20%，但实际上奥氏体的最大含碳量为 2. 11%，折合原子百分数为 10%，即 25 个 γ-Fe 晶胞中才有 10 个 C 原子。这是因为 C 原子的半径为 0. 77Å，而 γ-Fe 点阵中八面体间隙的半径仅为 0. 52Å，因此，当 C 原子进入间隙位置后，引起点阵畸变，使其周围的空隙不可能都填满 C 原子。实际上，C 在奥氏体中是呈统计性均匀分布的，存在浓度起伏。

C 原子的存在，使奥氏体点阵发生膨胀，因而点阵常数随含碳量升高而增大，如图 2-6 所示。

图 2-4 钢中的奥氏体(500×)

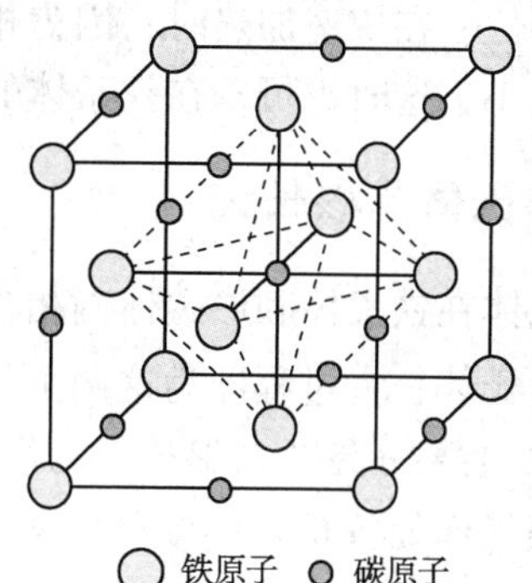

图 2-5 C 在 γ-Fe 中可能的间隙位置

合金钢中的奥氏体是 C 及合金元素溶于 γ-Fe 中的固溶体。合金元素如 Mn、Si、Cr、Ni、Co 等，在 γ-Fe 中取代 Fe 原子位置而形成置换式固溶体。它们的存在也引起晶格畸变和点阵常数变化。所以合金奥氏体的点阵常数除与其含碳量有关外，还与合金元素的含量及合金元素原子和 Fe 原子的半径差等因素有关。

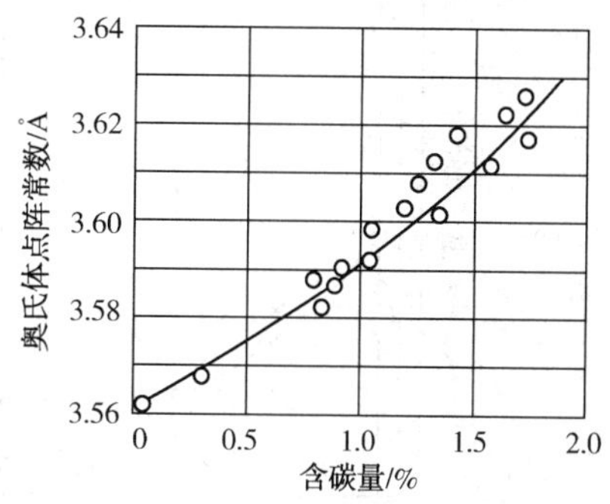

图 2-6 奥氏体点阵常数和含碳量的关系

在钢的各种组织中，奥氏体的比体积最小，线膨胀系数最大，导热性差，塑性高，屈服强度很低，易于变形加工。对于含 0.8%C 的钢，奥氏体、铁素体和马氏体的比体积分别为 0.12399cm^3/g、0.12708cm^3/g 和 0.12915cm^3/g，线膨胀系数分别为 23×10^{-6}cm/K、14.5×10^{-6}cm/K 和 11.5×10^{-6}cm/K。工业上常利用奥氏体钢线膨胀系数大的特性制作仪表元件。在碳钢中，铁素体、珠光体、马氏体、奥氏体和渗碳体的导热系数分别为 77.1W/(m·K)、51.9W/(m·K)、29.3W/(m·K)、14.6W/(m·K) 和 4.2W/(m·K)。除渗碳体外，奥氏体的导热性最差。所以，奥氏体钢加热时，不宜采用过大的加热速度，以免因热应力过大而引起工件变形。

2.2 珠光体向奥氏体的转变机制

下面以共析钢为例，讨论珠光体向奥氏体转变的机制。共析钢在室温下的组织为珠光体(渗碳体和铁素体的混合物)，当加热至 A_{c_1} 以上温度时，珠光体将转变为单相奥氏体(0.77%C)。其中铁素体为体心立方点阵，渗碳体为复杂点阵，奥氏体为面心立方点阵，三者点阵结构相差很大。因此，奥氏体形成过程是由含碳量和点阵结构不同的两个相转变为另一种点阵的均匀相，它包括 C 的扩散重新分布和 $\alpha\rightarrow\gamma$ 的点阵重构。

2.2.1 奥氏体的形核

与通常的相变过程相似，奥氏体的形成也是通过形核和晶核长大进行的。形核位置一般在铁素体和渗碳体的两相界面上，并遵循固态相变的普遍规律。珠光体群边界也可以成为奥氏体形核部位。在快速加热时，因为相变过热度大，奥氏体临界晶核半径小，并且相变所需的浓度起伏小，这时也可以在铁素体的边界上形核。

2.2.2 奥氏体晶核长大

当奥氏体在铁素体和渗碳体两相界面上形核之后，便同时形成了 $\gamma \to \alpha$ 和 $\gamma \to Fe_3C$ 两个相界面。奥氏体长大过程即为这两个相界面向原有的铁素体和渗碳体中推移的过程。假设奥氏体在 A_{c_1} 以上某一温度 T_1 形核，与渗碳体及铁素体相接触的相界面为平直的，如图 2-7(a)所示，则相界面处各相 C 的浓度由 Fe-Fe_3C 相图确定，如图 2-7(b)所示。

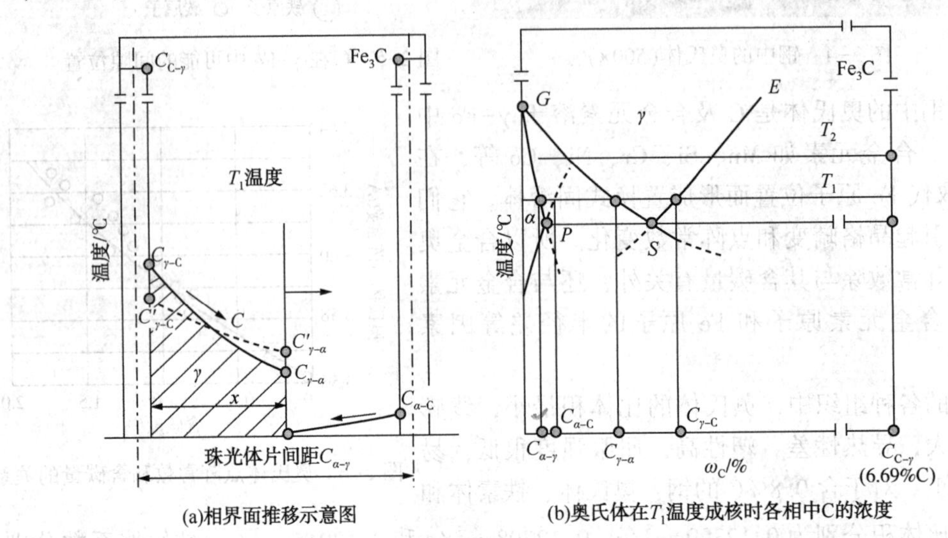

图 2-7 共析钢奥氏体晶核长大示意图

图中 $C_{\alpha-\gamma}$ 为与奥氏体相接触的铁素体的 C 浓度，$C_{\alpha-C}$ 为与渗碳体相接触的铁素体的 C 浓度，$C_{\gamma-\alpha}$ 为与铁素体相接触的奥氏体的 C 浓度，$C_{\gamma-C}$ 为与渗碳体相接触的奥氏体的 C 浓度，$C_{C-\gamma}$ 代表和奥氏体相接触的渗碳体的 C 浓度。

由图 2-7(b)中可见，奥氏体两个相界面之间的 C 浓度不等，$C_{\gamma-C} > C_{\gamma-\alpha}$，因此在奥氏体内存在 C 的浓度差，使 C 从高浓度的奥氏体-渗碳体相界面向低浓度的奥氏体-铁素体相界面扩散，结果破坏了在该温度下相界面的平衡浓度，同时奥氏体内 C 的浓度梯度趋于减小，如图 2-7(b)中虚线所示。为了维持相界面处 C 浓度的平衡，渗碳体将不断溶入奥氏体中，并使渗碳体-奥氏体相界面处奥氏体的 C 浓度恢复至 $C_{\gamma-C}$。同时，在奥氏体-铁素体相界面处，铁素体将转变为奥氏体，以使界面处奥氏体的 C 浓度降低到 $C_{\gamma-\alpha}$。这样就使奥氏体的相界面同时向渗碳体和铁素体中推移，于是奥氏体晶核不断长大。

在奥氏体中 C 扩散的同时，铁素体中也存在着 C 的扩散，如图 2-7(a)所示。这种扩散也有促进奥氏体长大的作用，但因其 C 的浓度差小，作用甚微。

通过以上分析可知，奥氏体中存在 C 的浓度差是奥氏体在铁素体和渗碳体两相界面上形核的必然结果，这种浓度差成为相界面推移的动力，界面推移的结果是 Fe_3C 不断溶解，α 相逐渐转变为 γ 相。在 Fe_3C 全部溶解、α 全部转变为 γ 之后，奥氏体中 C 的浓度分布仍然是不均匀的，尚需通过扩散才能使奥氏体均匀化。奥氏体的形成过程可以分为以下四个阶段：(1)奥氏体形核；(2)奥氏体晶核向 α 及 Fe_3C 两个方向长大；(3)剩余碳化物的溶解；(4)奥氏体成分的均匀化。

此外，关于奥氏体的形核机制还有无扩散形核理论，该理论认为，珠光体转变为奥氏体时，奥氏体晶核是由铁素体以无扩散方式转变而来的，开始形成奥氏体的温度不受加热速度的影响。但是形核以后的长大过程及渗碳体的溶解和奥氏体的均匀化，都需通过扩散来完成。有些研究结果指出，在共析钢中，当加热速度小于 10^4℃/s 时，珠光体向奥氏体的转变是属于扩散型的。而当加热速度大于 10^5℃/s 时，由于奥氏体的扩散形核和长大速度落后于加热速度，铁素体多以无扩散方式转变为奥氏体。

2.3 奥氏体等温形成动力学

奥氏体形成速度取决于形核率 N 和长大速度 G。在等温条件下，N 和 G 均为常数。

2.3.1 形核率

在奥氏体均匀形核的条件下，形核率 N 与温度 T 之间的关系可表示为

$$N=C'e^{-\frac{Q}{kT}}\cdot e^{-\frac{W}{kT}} \tag{2-2}$$

式中 C'——常数；

Q——扩散激活能；

T——绝对温度；

k——波尔兹曼常数；

W——形核功。

由式(2-2)可见，当奥氏体形成温度升高时，形核率 N 将以指数函数关系迅速增大(表2-1)。奥氏体形成温度升高时，还因相变驱动力增大，而使形核功 W 减小，因而使奥氏体形核率增大。同时，相变温度升高，还引起扩散系数增大，原子扩散速度加快，有利于铁素体向奥氏体点阵重构，因而促进奥氏体形核。此外，由图2-7(b)还可以看出，随相变温度升高，$C_{\gamma-\alpha}$ 与 $C_{\alpha-\gamma}$ 之差减小，奥氏体形核所需要的C浓度起伏减小，也有利于提高奥氏体的形核率。因此，奥氏体形成温度升高，即相变的过热度增大，可以使奥氏体形核急剧增大，这对于形成细小的奥氏体晶粒是有利的。

表2-1 奥氏体形核率 N 和长大速度 G 与温度的关系

转变温度/℃	形核率 N/[1/(mm³·s)]	长大速度 G/(mm/s)	转变完成一半所需的时间/s
740	2280	0.0005	100
760	11000	0.010	9
780	51500	0.026	3
800	616000	0.041	1

2.3.2 长大速度

根据前述的奥氏体形成机制，奥氏体晶核形成后，其长大速度应等于相界面的推移速度，若忽略C在铁素体中的扩散对相界面移动速度的影响，则可由扩散定律导出奥氏体形成时的相界面推移速度为

$$G = -KD_C^{\gamma} \frac{dC}{dx} \cdot \frac{1}{\Delta C_B} \tag{2-3}$$

式中 K——常数；

D_C^{γ}——C 在奥氏体中的扩散系数；

$\frac{dC}{dx}$——相界面处奥氏体中 C 的浓度梯度；

ΔC_B——相界面浓度差。

式中负号表示下坡扩散。在等温转变时，D_C^{γ}、dC/dx（由相图确定）均为常数，则式(2-3)可改写成

$$G = \frac{K'}{\Delta C_B} \tag{2-4}$$

式(2-4)同时适用于奥氏体向铁素体和奥氏体向渗碳体中的推移速度，并且对片状珠光体和粒状珠光体均适用。因为在一个珠光体片层间距内形成奥氏体的同时，类似过程在其他片层中也在进行。所以，从大范围内看，可以用一个片层间距内的长大速度代替奥氏体长大的平均速度，并且 $dC/dx \approx (C_{\gamma-C} - C_{\gamma-\alpha})/S_0$（其中 S_0 为珠光片体片层间距），$C_{\gamma-C} - C_{\gamma-\alpha}$ 为奥氏体两个相界面之间的浓度差 dC，可根据奥氏体形成温度由相图中 GS 和 ES 线确定。这样便可按式(2-3)近似估算出奥氏体向铁素体及奥氏体向渗碳体中的移动速度。但是，由于式(2-3)忽略了 C 在铁素体中的扩散，所以计算值往往比实验值偏小，并且当温度升高时，实验值与计算值的误差增大。

由式(2-4)，当奥氏体形成温度为 780℃时，则奥氏体向铁素体中的推移速度

$$G_{\gamma-\alpha} \approx \frac{K'}{C_{\gamma-\alpha} - C_{\alpha-\gamma}} = \frac{K'}{0.41 - 0.02} \tag{2-5}$$

奥氏体向渗碳体中的推移速度

$$G_{\gamma-C} \approx \frac{K'}{C_{C-\gamma} - C_{\gamma-C}} = \frac{K'}{6.69 - 0.89} \tag{2-6}$$

$$\frac{G_{\gamma-\alpha}}{G_{\gamma-C}} = \frac{6.69 - 0.89}{0.41 - 0.02} \approx 14.87 \tag{2-7}$$

即相界面向铁素体中的推移速度比向渗碳体中的推移速度快 14.87 倍。但是，在通常情况下，片状珠光体中的铁素体片厚度仅比渗碳体片厚度大 7 倍。所以，奥氏体在等温形成时，总是铁素体先消失，当 $\alpha \rightarrow \gamma$ 转变结束后，还含有相当数量的剩余渗碳体未完全溶解，还需要经过剩余渗碳体溶解和奥氏体均匀化过程才能获得成分均匀的奥氏体。

奥氏体长大速度随奥氏体形成温度升高而增大。因为相变温度升高时，C 在 γ 中的扩散系数 D_C^{γ} 呈指数函数关系增大，而且 C 在奥氏体中的浓度梯度增大［如图 2-7(b)所示，$T_2 > T_1$，T_2 温度下的 $C_{\gamma-C}$ 与 $C_{\gamma-\alpha}$ 之差大于 T_1 温度下的 $C_{\gamma-C}$ 与 $C_{\gamma-\alpha}$ 之差］，因而奥氏体形成速度增大。同时，相变温度升高时，还使奥氏体与铁素体的相界面浓度差和奥氏体与渗碳体的相界面浓度差减小［如图 2-7(b)所示，相变温度越高，$C_{\gamma-\alpha} - C_{\alpha-\gamma}$ 及 $C_{C-\gamma} - C_{\gamma-C}$ 的差值越小］，所以，奥氏体形成时的相界面推移速度加快。

综上所述，奥氏体形成温度升高时，形核率 N 和长大速度 G 均随温度升高而增大。所以，奥氏体形成速度随形成温度升高而单调增大。

2.3.3 奥氏体等温形成动力学曲线

首先来讨论共析钢奥氏体等温形成动力学曲线。在奥氏体等温形成时，形核率 N 和长大速度 G 均为常数，通过实验可以作出奥氏体转变量与转变时间的关系，如图 2-8(a)所示，将该曲线称为奥氏体等温形成动力学曲线。该曲线给出了在不同温度下奥氏体等温形成的开始时间及终了时间。由表 2-1 中数据可知，等温温度越高，N 和 G 越大，因此在图 2-8(a)中等温形成动力学曲线越靠左，等温形成的开始及终了时间也越短。

将在不同温度下测得的等温形成动力学曲线，综合绘制在转变温度与时间坐标系中，可得奥氏体等温形成图，如图 2-8(b)所示。需要注意的是图中的转变开始曲线，严格说来只是表示在所采用的研究方法中，能够察觉的某一定量奥氏体形成时所需的时间与温度的关系，其位置与所用方法的灵敏度有关。随测量方法精度提高，转变开始曲线向温度坐标靠近。通常，为了使用方便，将能够察觉的一定量(如 0.5%)奥氏体形成以前的一段时间作为奥氏体形成的孕育期。图中的转变终了曲线对应于铁素体相全部消失，奥氏体刚刚形成，还需要经过一段时间，才能使剩余碳化物全部溶解和奥氏体成分均匀化。在整个奥氏体形成过程中，以剩余碳化物溶解，特别是奥氏体均匀化所需的时间最长，如图 2-9 所示。

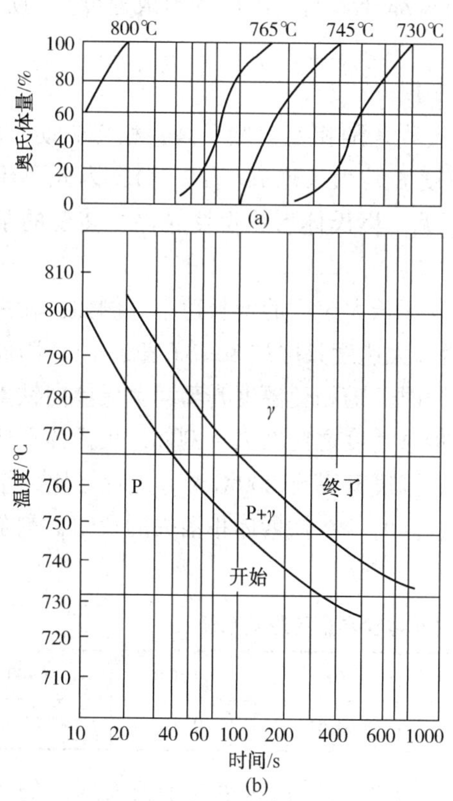

图 2-8 0.86%C 钢奥氏体等温形成动力学

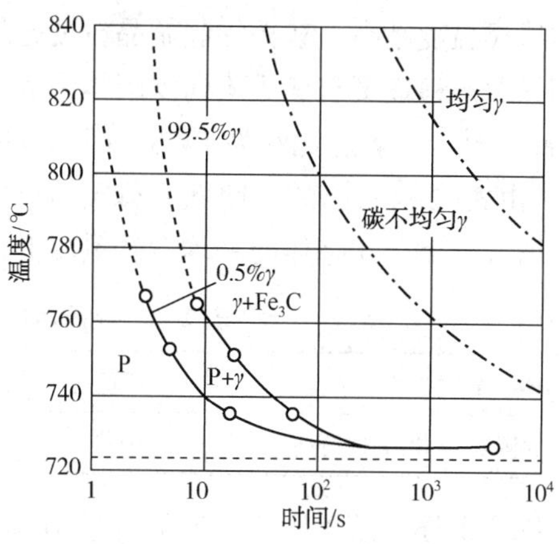

图 2-9 共析碳钢奥氏体等温形成图

对于亚共析钢或过共析钢，当珠光体全部转变为奥氏体后，还有过剩相铁素体或渗碳体的转变。也需要通过 C 原子在奥氏体中扩散及奥氏体与过剩相之间的相界推移来进行。也可以把过剩相铁素体的转变终了曲线或过剩相渗碳体的溶解终了曲线画在奥氏体等温形成图上(图 2-10)。与共析钢相比，过共析钢的碳化物溶解和奥氏体成分均匀化所需的时间要长得多。

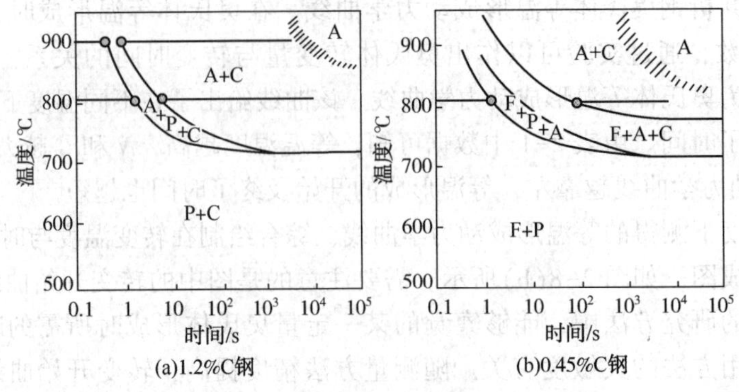

图 2-10　钢的奥氏体等温形成图

2.3.4　影响奥氏体形成速度的因素

一切影响奥氏体转变形核率和长大速度的因素都会影响奥氏体的形成速度。如加热温度、钢的原始组织和化学成分等。

1. 加热温度的影响

由珠光体转变为奥氏体的过程是扩散型相变过程。随相变温度升高，相变驱动力增大，C 原子扩散速度加快，奥氏体形核率 N 及长大速度 G 均大大增高(表 2-1)，因此奥氏体形成速度随加热温度升高而迅速增大。由图 2-9 可见，奥氏体形成温度越高，转变的孕育期越短，相应地转变完成所需的时间也越短。

随奥氏体形成温度升高，形核率的增长速率高于长大速度的增长速率。例如，转变温度从 740℃增加到 800℃时，形核率增长 270 倍，而长大速度只增加 80 倍(表 2-1)。因此，奥氏体形成温度越高，获得的起始晶粒度越细小。同时，随相变温度升高，奥氏体向铁素体中的相界面推移速度与奥氏体向渗碳体中的相界面推移速度之比增大。例如，奥氏体形成温度为 780℃时，二者之比约为 14.8，而当奥氏体形成温度升高至 800℃时，二者之比约增大到 19.1[由式(2-4)计算]。因此，奥氏体形成温度升高时，在铁素体相消失的瞬间，剩余渗碳体量增大，奥氏体基体的平均含碳量降低(表 2-2)。

表 2-2　奥氏体形成温度对基体含碳量的影响

奥氏体形成温度/℃	735	760	780	850	900
基体含碳量(α 相消失时)/%	0.77	0.69	0.61	0.51	0.46

综合上述，随奥氏体形成温度的升高，由于形核率的增长速率高于长大速度的增长速度，因而导致奥氏体起始晶粒细化；同时，由于相变温度升高，相变的不平衡程度增大，在铁素体相消失的瞬间，剩余渗碳体量增多，因而奥氏体基体的平均含碳量降低。这两个因素均有利于改善淬火钢的韧性，尤其是对高碳的淬火工具钢具有重要实际意义。近代发展起来的快速加热、短时保温等强韧化处理新工艺也都是建立在这个理论基础上。

2. 钢的含碳量和钢的原始组织的影响

钢中含碳量越高，奥氏体形成速度越快。因为钢中含碳量升高时，碳化物数量增多，增加了铁素体与渗碳体的相界面面积，因而增加了奥氏体形核部位，使形核率增大。同时，碳化物数量增加后，使C的扩散距离减小，且随奥氏体中含碳量增加，C和Fe原子的扩散系数增大，这些因素都加速了奥氏体形成。图2-11示出不同含碳量钢中珠光体向奥氏体转变50%所需的时间。由图可见，奥氏体形成温度为740℃时，0.46%C钢珠光体向奥氏体转变50%需7min，0.85%C钢需5min，而1.35%C钢仅需2min。但是，在过共析钢中，由于碳化物数量过多，随含碳量增加，也会引起剩余碳化物溶解和奥氏体均匀化时间延长。

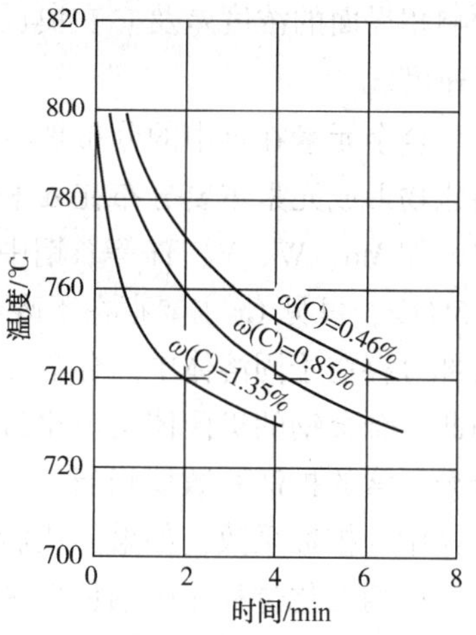

图2-11 含碳量不同的钢中珠光体向奥氏体转变50%时所需的时间

在钢的成分相同的情况下，原始组织的碳化物分散度越高，则相界面越多，形核率便越大；同时，碳化物分散度高时，珠光体片层间距减小，奥氏体中C的浓度梯度增大，使扩散速度加快，而且由于C原子扩散距离减小，也使奥氏体长大速度增加。因此，钢的原始组织越细，则其奥氏体形成速度越快。例如，奥氏体形成温度为760℃时，若珠光体的片层间距从0.5μm减至0.1μm时，奥氏体的长大速度约增加7倍。所以，钢的原始组织为屈氏体时，其奥氏体形成速度比索氏体和珠光体都快。

原始组织中碳化物的形状对奥氏体形成速度也有一定的影响。片状珠光体与粒状珠光体相比较，由于片状珠光体的相界面较大，渗碳体呈薄片状，易于溶解，所以加热时奥氏体易于形成。

3. 合金元素的影响

合金元素不影响珠光体向奥氏体转变的机制，但影响碳化物的稳定性及C在奥氏体中的扩散系数，并且多种合金元素在碳化物和基体之间的分布是不均匀的，所以合金元素影响奥氏体形成的转变速度及碳化物溶解和奥氏体均匀化的速度。

(1) 合金元素影响C在奥氏体中的扩散，强碳化物形成元素如Cr、Mo、W等，可降低C在奥氏体中的扩散系数(钢中加3%Mo或1%W，可使C在γ-Fe中的扩散系数降低50%)，因而显著减慢奥氏体形成速度。非碳化物形成元素Co和Ni可增大C在奥氏体中的扩散系数(钢中加4%Co约使C在奥氏体中的扩散系数增加一倍)，加速奥氏体形成。Si和Al对C在奥氏体中的扩散影响不大，因此对奥氏体形成速度无显著影响。

(2) 钢中加入合金元素改变了临界点A_1、A_3、A_{cm}的位置，并变成了一个温度范围，因而改变了相变时的过热度，从而影响奥氏体形成速度。如Ni、Mn、Cu等降低A_1点，相对地增大过热度，故增加奥氏体形成速度。Cr、Mo、Ti、Si、Al、W、V等提高A_1点，相对地降低过热度，所以减慢奥氏体形成速度。

(3) 钢中加入合金元素还会影响珠光体片层间距，改变C在奥氏体中的溶解度，从而影响相界面的浓度差及 C 在奥氏体中的浓度梯度和形核功等。这些都会影响到奥氏体的形成速度。

合金元素在钢中的分布是不均匀的，弱碳化物形成元素主要分布在 Fe_3C 中，如 Mn；非碳化物形成元素主要分布在 α 相中，如 Ni、Si；强碳化物形成元素主要分布在特殊碳化物中，如 Mo、W、V、Ti 等。钢中含 1%Cr，退火状态下碳化物中约含 5%Cr，而 α-Fe 中仅含 0.5%Cr，可见 Cr 主要存在于碳化物中。钢中含 4%Ni，在退火状态下碳化物中仅含 1%Ni，大部分存在于固溶体中。合金元素分布的这种不均匀性，一直持续到碳化物完全溶解之后。因此，合金钢的奥氏体均匀化过程，除 C 的均匀化以外，还包括合金元素的均匀化。由于合金元素的扩散系数仅相当于 C 的 1/1000～1/10000，同时，碳化物形成元素还降低 C 在奥氏体中的扩散系数，如果形成特殊碳化物，如 VC、TiC 等，则更难于溶解，因此，合金钢奥氏体均匀化过程比碳钢长得多。由于这些原因，合金钢淬火时，为了使奥氏体均匀化，需要加热到较高的温度和保温较长的时间。

2.4 钢在连续加热时珠光体向奥氏体的转变

在实际生产中，绝大多数都是连续加热过程，即在 A 形成的同时温度还在不断升高。可以将连续加热过程分解成无数个无限小的等温加热过程来进行分析，因此在连续加热时珠光体向奥氏体转变的规律与等温转变基本相同，也经过形核、长大、剩余碳化物溶解、奥氏体均匀化四个阶段，但与等温转变相比较，尚有下列特点。

1. *相变是在一个温度范围内完成的*

钢在连续加热时，奥氏体形成的各阶段分别在一个温度范围内完成，而且随加热速度的增大，各阶段转变温度范围均向高温推移、扩大。

在等速加热条件下，奥氏体形成的实际热分析曲线如图 2-12 所示，呈马鞍形。当缓慢加热时，在转变开始阶段，由于珠光体到奥氏体的转变速度小，奥氏体形成所吸收的热量(相变潜热) q 亦很小，如果加热供给试样的热量 Q 等于转变所消耗的热量 q，则全部热量都用于形成奥氏体，温度不再上升，转变是在等温下进行的。但若加热速度较快时，使 $Q>q$，则供给试样的热量除用于转变之外尚有剩余，因而使温度继续上升，但由于受相变潜热的影响，升温速度减慢，而偏离直线如 aa_1 段；当珠光体到奥氏体的转变速度达到最大时，奥氏体大量形成，相变潜热增大，直至 $q>Q$，温度开始下降，出现 a_1c 段；随后，珠光体到奥氏体的转变速度逐步降低，至 $Q>q$ 时，温度重新上升。

快速加热时，aa_1 段向高温延伸，平台 ac 亦向高温推移，这时，水平阶梯只是标志着奥氏体大量形成阶段。随加热速度进一步提高，奥氏体形成温度继续向高温推移，如图 2-13 所示。由图中每个曲线可以看出，在升温曲线的某一时间范围内，温度保持不变，在曲线上出现一个水平台阶，如前所述，它是由相变过程的吸热效应引起的，并随加热速度的增大而上升，但当加热速度很大时，水平台阶上升趋势减缓。应当指出，奥氏体形成在水平台阶以下已经开始，相变终了温度在水平台阶以上，上下延伸的温度范围可达 10℃，并且随加热速度的升高，转变温度范围也在扩大。因此，在连续加热时，尤其是在加热速度很快的情况下，不能用 Fe-Fe_3C 相图来判断钢加热时的组织。

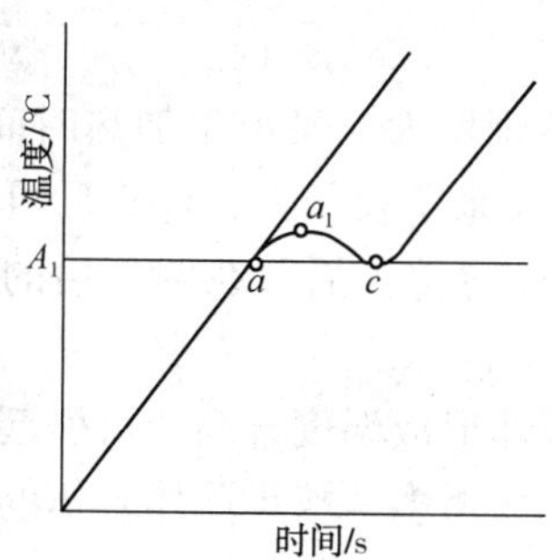

图 2-12 奥氏体形成的热分析曲线

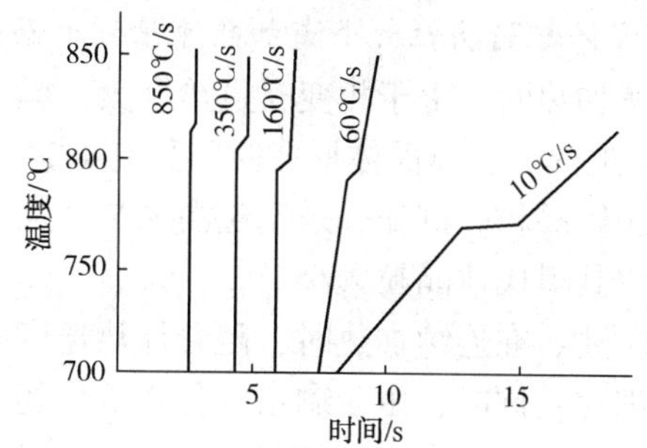

图 2-13 0.85%C 钢在不同加热速度下的加热曲线

2. 转变速度随加热速度增大而增大

图 2-14 示出共析碳钢在连续加热时的奥氏体形成图。图中各加热曲线与转变曲线的交点，表示不同加热速度下转变开始及各阶段转变终了的时间和温度。由图中曲线可见，加热速度越快，转变开始和终了温度越高，转变所需的时间越短，即奥氏体形成速度越快。同时，还可明显地看到，连续加热时，珠光体到奥氏体转变的各个阶段都不是在恒定的温度下进行的，而是在一个相当大的温度范围内进行的，加热速度越快，转变温度范围越大。

3. 奥氏体成分不均匀性随加热速度增大而增大

如前所述，钢在连续加热时，随加热速度的增大，相变温度也相应提高，因此接触相之间的平衡 C 浓度产生了显著变化。由图 2-7 可知，$C_{\gamma-\alpha}$ 随奥氏体形成温度升高而减小，$C_{\gamma-C}$ 随奥氏体形成温度升高而增大。因此，在快速加热的条件下，由于碳化物来不及充分溶解，C 和合金元素的原子来不及充分扩散，造成奥氏体中碳及合金元素浓度分布极不均匀。图 2-15 示出加热速度和淬火温度对 40 钢奥氏体内高碳区最高碳浓度的影响。由图可见，随加热速度的升高，高碳区内最高碳浓度也增大，并向高温方向移动。当以 230℃/s 加热至 960℃时，奥氏体中的高碳区最高含碳量可高达 1.7%。当淬火加热温度一定时，随着加热速度增大，相变时间缩短，使原珠光体和铁素体区域内的奥氏体含碳量差别增大，并且剩余碳化物数量增多，导致奥氏体基体的平均含碳量降低。在实际生产中，可能因为加热速度快、保温时间短，而导致亚共析钢淬火后得到的马氏体的含碳量低于尚未完全转变的铁素体及碳化物的平均成分，这种情况常常是应当避免的，可通过细化原始组织使其减轻。在高碳钢中，则会出现含碳量低于共析成分的低、中碳马氏体及剩余碳化物，这有助于使高碳钢马氏体获得韧化，常常是有益的，应当加以利用。

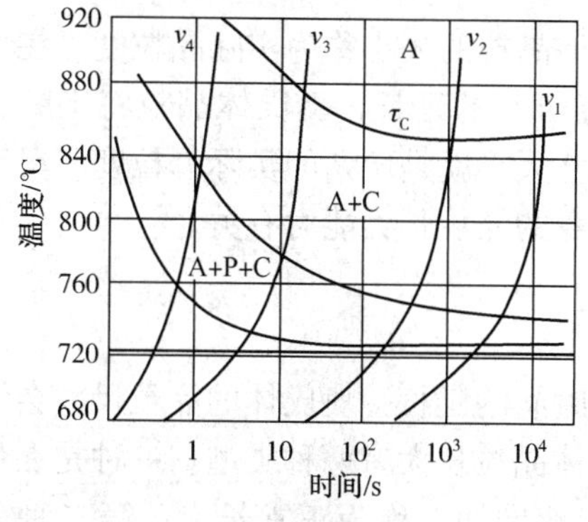

图 2-14 共析碳钢奥氏体形成图

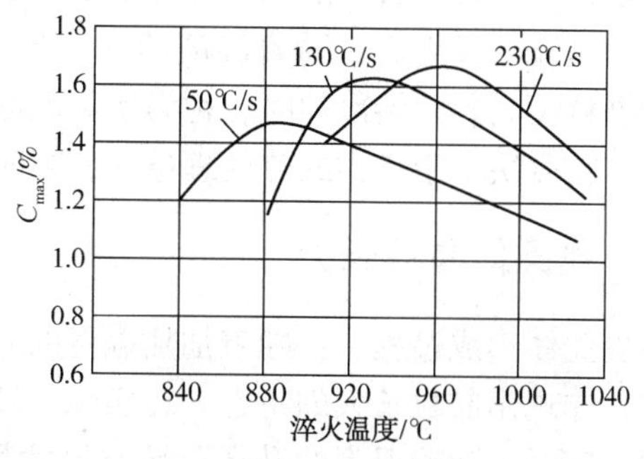

图 2-15 加热速度和淬火温度对最高含碳量的影响

4. 奥氏体起始晶粒大小随加热速度增大而细化

在快速加热时，由于相变时过热度大，奥氏体形核率急剧增大，又由于加热时间短(如用 10^7℃/s 加热时，奥氏体形成时间只有 10^{-5}s)，奥氏体晶粒来不及长大，淬火后可获得超细化的奥氏体晶粒。例如，采用超高频脉冲加热(时间为 10^{-3}s)淬火后，在两万倍的显微镜下也难分辨其奥氏体晶粒大小。

综上所述，在连续加热时，随着加热速度的增大，奥氏体形成温度升高，可引起奥氏体起始晶粒细化；同时，由于剩余碳化物数量随加热速度加快而增多，故奥氏体基体的平均含碳量降低，这两个因素都可使淬火马氏体获得韧化和强化。近年来发展的快速加热、超快速加热和脉冲加热淬火均是依据这个原理而实现强韧化处理的。

2.5 奥氏体晶粒度及其控制

由金属学知识可知，金属材料的晶粒大小对其性能的影响很大。实践证明，材料的屈服强度 σ_s 与其晶粒平均直径 d 之间符合 Hall-Petch 关系，即：

$$\sigma_s=\sigma_0+Kd^{-\frac{1}{2}} \tag{2-8}$$

式中，σ_0 和 K 是两个与材料有关的常数。显然，晶粒直径越小，屈服强度越高；同时，细小的晶粒还可以提高材料的塑性和韧性。对奥氏体组织来说，晶粒的大小对钢随后的冷却转变及转变产物的组织和性能会产生重要的影响。因此我们需要了解奥氏体晶粒度的概念以及影响奥氏体晶粒度的因素。

2.5.1 奥氏体晶粒度的概念

奥氏体晶粒度是奥氏体晶粒大小的度量。通常用单位面积或单位体积内的晶粒数来表示奥氏体晶粒的大小，还有一种常见的方法是用奥氏体晶粒的平均直径来表示。

1. 奥氏体起始晶粒度

在加热转变过程中，奥氏体转变刚刚完成，即奥氏体晶粒边界刚刚相互接触时的奥氏体晶粒大小称为奥氏体起始晶粒度。一般对应于加热终了时，即开始保温时的奥氏体晶粒度。在正常的热处理条件下，起始晶粒度总是比较细小、均匀的。起始晶粒大小取决于形核率和长大速度。

2. 奥氏体实际晶粒度

通常将钢在某一具体的加热条件下实际获得的奥氏体晶粒的大小称为实际晶粒度。在奥氏体起始晶粒形成之后，随着温度的进一步升高和保温时间的延长，奥氏体晶粒将不断长大，当晶粒长大到开始冷却时，称为实际晶粒，它的尺寸大小就是所谓的实际晶粒度。奥氏体实际晶粒度决定于具体的热处理条件，同时还和钢自身的晶粒长大能力有关。

2.5.2 奥氏体晶粒长大

在奥氏体形成过程中，随着加热温度的升高和保温时间的延长，奥氏体的晶粒尺寸会不断增加，体现出晶粒长大的特性。在实际生产中，奥氏体晶粒长大有两种类型：一种是在保温时间一定时，随着温度的升高，晶粒尺寸均匀、连续地增加，称为正常长大；第二种是在保温时间一定时，随着温度的升高，奥氏体晶粒长大并不明显，当温度超过某一临界值时，奥氏体的晶粒尺寸迅速增加，称为异常长大。如图 2-16 所示。

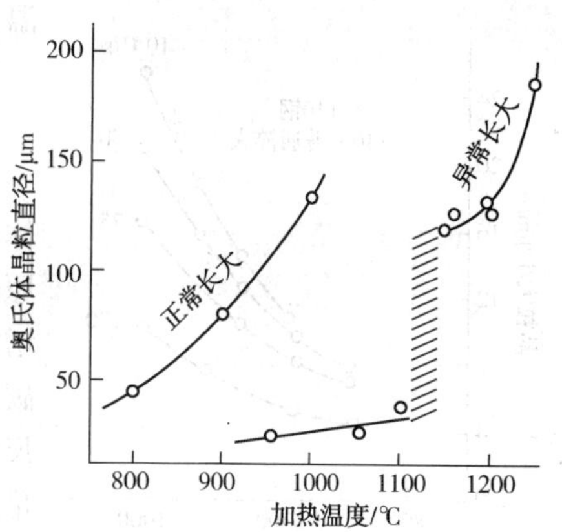

图 2-16　奥氏体晶粒尺寸与加热温度的关系

奥氏体晶粒长大是通过奥氏体晶界的迁移实现的，而晶界迁移过程则伴随着大量原子的扩散过程。随着晶粒尺寸的增加，晶界的总面积会减小，界面能随之降低。由热力学原理可知：晶粒长大过程是一个界面能下降的过程，在一定的温度条件下，这一过程可以自发进行。关于异常长大现象，一般认为，在用 Al 脱 O 或含有 Nb、Ti、V 等元素的钢中，在晶界上存在这些元素的碳、氮化物粒子，这些粒子使奥氏体晶界面积减小。当晶界发生迁移时，这些粒子与奥氏体晶界脱离，使奥氏体晶界面积增加，从而使界面能上升，相当于粒子对晶界有钉扎作用。当温度升高到一定值之后，第二相粒子溶解进入奥氏体，这种钉扎作用随之消失，奥氏体晶界迁移的阻力迅速减小，因此晶粒尺寸表现出突然长大的特性。从上面的分析可以看出，当钢中含有 Al、Nb、Ti、V 等元素时，在一定温度范围内，奥氏体晶粒具有较小的长大倾向。

2.5.3　影响奥氏体晶粒长大的因素

在前面我们介绍了影响奥氏体形成速度的因素，这里我们将介绍影响奥氏体晶粒长大的因素，两者之间有一定的联系，但讨论问题的重点各不相同。

由前述可知，奥氏体晶粒长大是通过原子的扩散实现的，长大的动力是界面能的降低。因此，凡是能影响原子扩散以及影响界面能的因素都能影响奥氏体晶粒的长大过程。概括起来主要有以下几种因素。

1. 加热温度和保温时间

温度是影响扩散过程最主要的因素之一，因此加热温度对奥氏体晶粒长大过程的影响最为显著，温度越高，晶粒长大速度则越快(图 2-16)，奥氏体的最终晶粒尺寸则越大。因此，为了获得细小的奥氏体晶粒，必须控制加热温度在一个适当的范围内。一般都是将钢加热到相变点以上某一温度，这部分内容将在后面的热处理工艺部分详细介绍。

当加热温度保持不变时，随着保温时间的延长，奥氏体晶粒也会长大。在每一个温度下，都有一个加速长大过程，当奥氏体晶粒尺寸达到一定尺寸后，长大过程将逐渐减弱并最终停止下来。因此，延长保温时间对奥氏体晶粒长大的影响较提高加热温度要小得多。一般保温时间的确定主要是考虑到工件透烧的需要。

综上可见，为了获得一定尺寸的奥氏体晶粒，必须同时控制加热温度和保温时间。

2. 加热速度

通过实验测定了加热速度对奥氏体晶粒大小的影响如图 2-17 所示。由图示可知，加热速度越快，奥氏体起始晶粒越细小。这主要是因为加热速度越快，奥氏体转变时的过热度越大，奥氏体的形核率越高，所以起始晶粒越细小。此外，由于加热速度快，在高温下停留时间短，奥氏体晶粒来不及长大，也是奥氏体晶粒细小的原因之一。如果在高温下长时间保

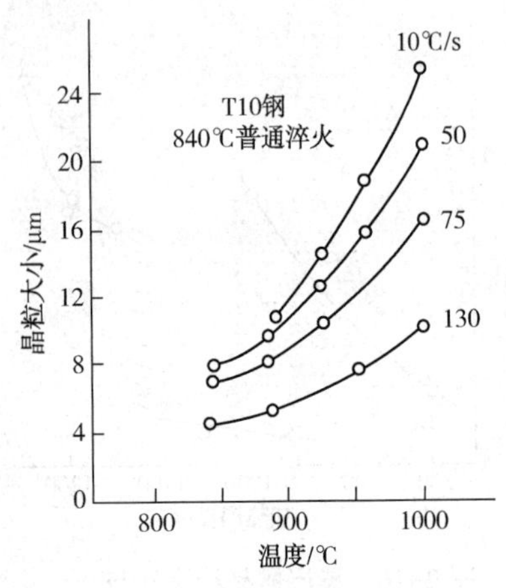

图 2-17 奥氏体晶粒尺寸与加热速度的关系

温，则会引起奥氏体晶粒粗化，在生产中应该引起注意。

3. 钢的化学成分的影响

(1) 含碳量的影响

在一定的含碳量范围内，随着含碳量的增加，奥氏体晶粒尺寸增大。这主要是因为随着含碳量的增加，碳原子在奥氏体中的扩散速度以及铁原子的自扩散速度均增加，所以增大了奥氏体晶粒的长大倾向。但是，当含碳量超过某一限度时，随着含碳量的增加，奥氏体晶粒尺寸会减小，说明奥氏体长大倾向减小。这是由于含碳量超过一定限度后，在钢中形成了二次渗碳体，这种组织对奥氏体晶界的迁移具有阻碍作用，限制了奥氏体晶粒的长大。随着含碳量的增加，二次渗碳体的数量增加，阻碍作用增强，所以奥氏体晶粒尺寸反而减小。

(2) 合金元素的影响

合金元素对奥氏体晶粒尺寸的影响比较复杂，如果单独分析不同合金元素的影响规律，则大致有如下几种：一是合金元素加入钢中以后能形成难熔化合物，如 Ti、Zr、V、Al、Nb 等，这些元素是强碳、氮化合物形成元素，加入钢后可以形成高熔点、高稳定性、不易聚集长大的 TiC、ZrC、VC、AlN、NbC、NbN 等化合物，这些化合物弥散分布，强烈阻碍奥氏体晶粒的长大；二是能形成易熔碳化物的元素，如 W、Mo、Cr 等，也能阻碍奥氏体晶粒的长大，但是效果不如 Ti、Zr、V、Al、Nb 等明显；三是非碳化物形成元素，如 Ni、Si、Cu 等，Ni、Si 对奥氏体晶粒长大的影响很小，而 Cu 几乎没有作用；四是可以促进奥氏体晶粒长大的元素，如 N、P、O、Mn 等元素在一定的含量限度以下时可增加奥氏体晶粒的长大倾向。

需要注意的是，上述的影响规律是各个元素单独存在于钢中的情况，实际上一般情况下钢中会同时存在几种元素，这时，不能简单地把上述影响规律叠加，而应该综合分析几种元素的影响。随着元素种类的增加，影响规律将变得复杂，关于这方面的规律有待于进一步的研究。

4. 钢的原始组织的影响

钢的原始组织主要影响奥氏体的起始晶粒度，影响机理如前所述。一般来说原始组织越细小，奥氏体起始晶粒越细小，有利于细化奥氏体组织。

2.5.4 奥氏体晶粒大小的控制

通过上面的分析，我们不难得出控制奥氏体晶粒尺寸的方法，概括起来主要有下面几种方法：

(1) 在炼钢时利用 Al 脱 O，Al 进入钢与 N 形成 AlN 化合物，可以细化奥氏体晶粒，最终得到细晶粒钢；

(2) 向钢中加入能形成难熔碳化物的合金元素 Ti、Zr、V、Nb 等，形成强碳化物、氮化物等化合物，从而细化奥氏体晶粒；

(3) 采用快速加热，短时保温的办法来获得细小晶粒，如生产中广泛采用的高频淬火工艺就是利用这一原理实现的；

（4）控制钢的热加工工艺和预备热处理工艺，使钢的原始组织细化，最终细化奥氏体晶粒。

课后习题

1. 钢在加热和冷却时临界温度的意义。

2. 以共析钢为例，简述奥氏体转变过程，为什么奥氏体全部形成后还会有部分渗碳体未溶解？

3. 说明奥氏体长大过程中扩散的作用。

4. 什么是奥氏体的本质晶粒度、起始晶粒度和实际晶粒度？钢中弥散析出的第二相对奥氏体晶粒的长大有何影响？

5. 连续加热时，奥氏体转变有何特点？

6. 奥氏体晶核优先在什么地方形成？原因是什么？

7. 影响奥氏体形成速度的因素有哪些？有何影响？

第 3 章　珠光体转变

珠光体转变是过冷奥氏体在临界温度 A_1 以下某一温度范围内发生的转变。共析钢中珠光体转变温度大约在 A_1~550℃之间，由于转变温度较高，所以又称为高温转变。珠光体转变过程是奥氏体分解为铁素体和渗碳体机械混合物的相变过程，转变过程中必然发生碳的重新分布和铁的晶格改组。同时由于相变在高温区进行，铁、碳原子都能进行扩散，所以珠光体转变是典型的扩散型相变。

珠光体转变是热处理原理的重要组成部分，在钢的退火与正火工艺中所发生的都是珠光体转变。退火与正火工艺可以作为最终热处理，即工件经退火或正火后直接交付使用，因此在退火与正火处理时必须控制珠光体转变产物的形态，以保证退火与正火后所得到的组织具有所需要的性能。退火与正火也可以作为预备热处理，即为最终热处理做好组织准备，这就要求退火或正火所得组织能满足最终热处理的需要。另外，为使奥氏体能过冷到低温，使之转变为马氏体或贝氏体，必须保证奥氏体在冷却过程中不发生珠光体转变。为了解决上述问题，必须对珠光体转变过程、转变机理、转变动力学、影响因素以及珠光体转变产物的性能等进行深入的研究。本章将就上述问题进行详细讨论。

3.1　珠光体的组织形态与晶体结构

3.1.1　珠光体形态

共析钢加热到均匀的奥氏体状态后缓慢冷却，稍低于 A_1 温度将形成珠光体组织，其典型形态呈片状或层状，如图 3-1 所示。片状珠光体是由一层铁素体与一层渗碳体交替堆叠而成。片状珠光体组织中，一对铁素体和渗碳体片的总厚度，称为"珠光体片层间距"，如图 3-2(a)所示，简称片间距。片层方向大致相同的区域，称为"珠光体领域"(Pearlite colony)或"珠光体团"(Pearlite group)，也称作"珠光体晶粒"，如图 3-2(b)所示。

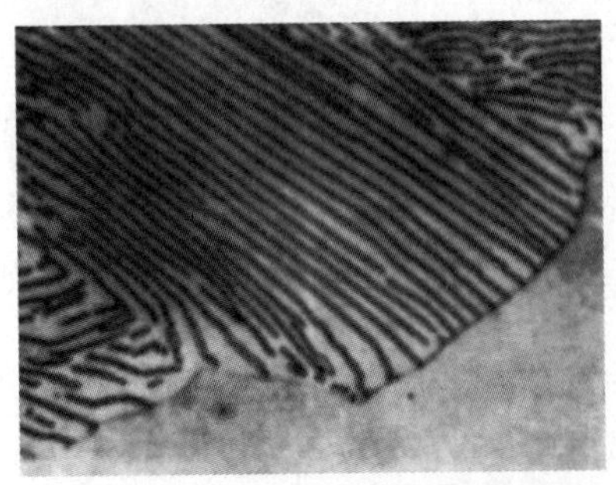

图 3-1　共析碳钢在 700℃形成的片状珠光体组织(1000×)

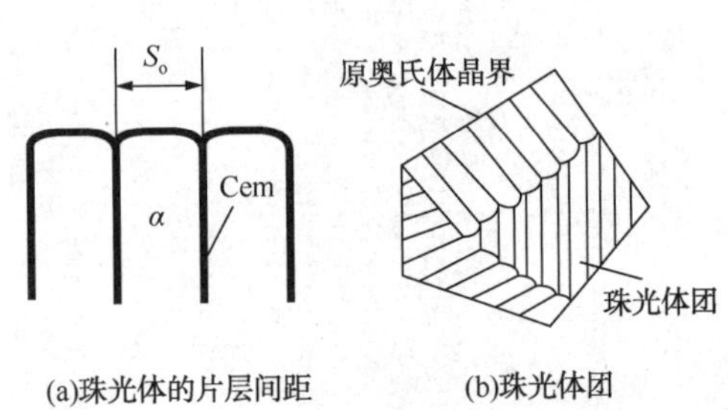

图 3-2　片状珠光体的片层间距和珠光体团示意图

工业上所谓的片状珠光体，是指在光学显微镜下能够明显看出铁素体与渗碳体呈层片状分布的组织形态，如图 3-3(a)所示，其片层间距大约在 1500~4500Å 之间。如果珠光体的形成温度较低，在放大倍率不大的光学显微镜下，很难辨别其铁素体片与渗碳体片的形态，由电子显微镜测定其片层间距，如图 3-3(b)所示，大约在 800~1500Å 之间，这种细片状珠光体称为“索氏体”(sorbite)。对于在更低温度下形成的片层间距为 300~800Å 的极细片状珠光体，在光学显微镜下根本无法辨别其片状特征，如图 3-3(c)所示，这种组织称为“屈氏体”(troostite)。

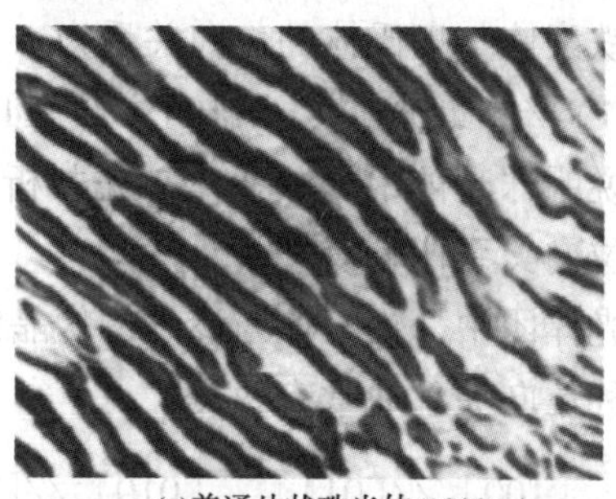

(a)普通片状珠光体(1000×)

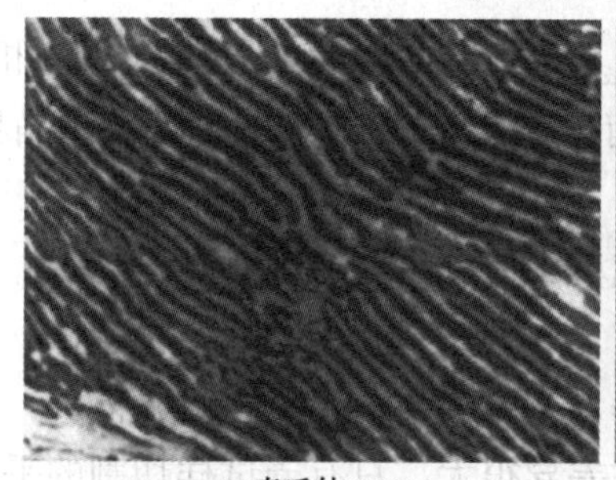

(b)索氏体(10000×)

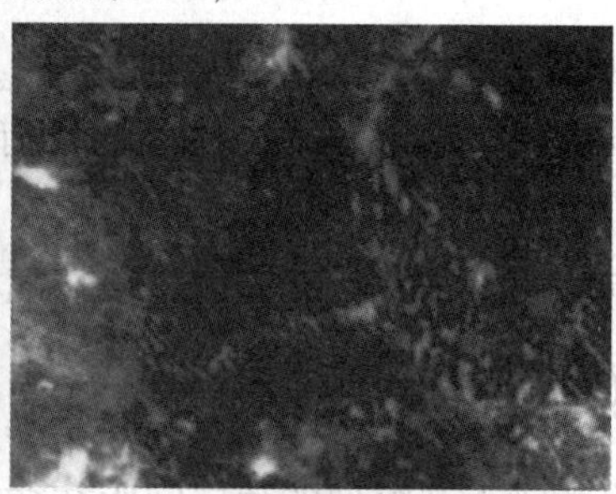

(c)屈氏体(10000×)

图 3-3　普通片状珠光体、索氏体和屈氏体的显微组织

各种片状珠光体的组织形态，在高倍电子显微镜下都具有层状的特征，它们之间的差别只是片层间距不同。

透射电镜观察表明，在退火状态下，珠光体中的铁素体位错密度较小，渗碳体中的位错密度更小。片状珠光体中铁素体与渗碳体两相交界处的位错密度较高，如图 3-4 所示。工业用钢中，也可见到图 3-5 所示的铁素体基体上分布着粒状渗碳体的组织，称为“粒状珠光体”或“球状珠光体”(globular pearlite)，一般是经球化退火处理后获得的。

图 3-4　片状珠光体的电镜形貌(3800×)

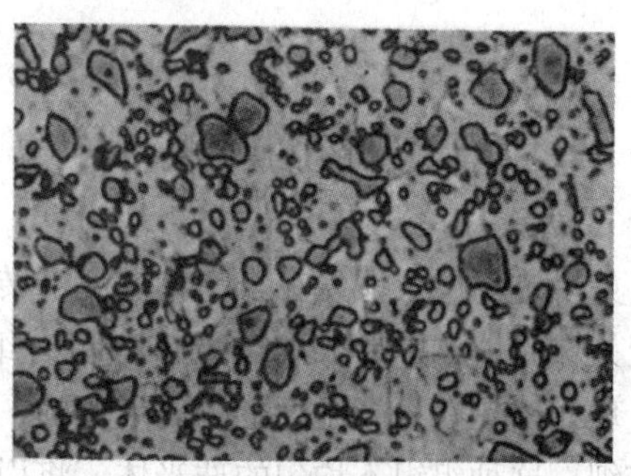

图 3-5　高碳钢中的粒状珠光体(480×)

3.1.2 位向关系

珠光体形成时，新相(渗碳体或铁素体)与母相(奥氏体)有着一定的晶体学位向关系，使新相和母相原子在界面上能够较好地匹配。珠光体形成时，其中的铁素体与奥氏体的位向关系为

$$(110)_{\gamma}//(112)_{\alpha} \qquad [112]_{\gamma}//[110]_{\alpha}$$

而在亚共析钢中，先共析铁素体与奥氏体的位向关系为

$$(111)_{\gamma}//(110)_{\alpha} \qquad [110]_{\gamma}//[111]_{\alpha}$$

这两种位向关系的不同，说明珠光体中的铁素体与先共析铁素体具有不同的转变特性。珠光体中的渗碳体与奥氏体的位向关系比较复杂。

试验测定表明，在一个珠光体团中，铁素体与渗碳体的晶体位向基本上是固定的，两相间存在着一定的位向关系。这种位向关系通常有两类：

第一类　$(001)_{C}//(2\bar{1}\bar{1})_{\alpha}$，$[100]_{C}//[0\bar{1}1]_{\alpha}$，$[010]_{C}//[111]_{\alpha}$；

第二类　$(001)_{C}//(5\bar{2}\bar{1})_{\alpha}$，$[100]_{C}//[1\bar{3}1]_{\alpha}$(相差2°36′)，$[010]_{C}//[113]_{\alpha}$(相差2°36′)。

第一类位向关系，通常是珠光体晶核在有先共析渗碳体存在的奥氏体晶界上产生时测出的；

第二类位向关系，常常是珠光体晶核在纯奥氏体晶界上产生时测出的。

3.1.3 珠光体的片层间距

通常，在显微镜下观察到的片层间距往往差异很大，只有当试样切割的平面与珠光体片层垂直时，所得到的片层间距，才接近真实的片层间距。研究指出，对于一定成分的钢在一定温度下形成的珠光体而言，每个珠光体团内的真实片层间距不是单值，而是在一个中值附近统计分布，即使在单个珠光体团中的片层间距，也具有在某中值附近统计分布的特性，因此，对通常所指的珠光体片层间距确切地应该叫作“平均片层间距”。平均片层间距和从磨面上观察到的最小表面片层间距不同，前者一般约大50%。

珠光体的片层间距主要决定于其形成温度。在连续冷却条件下，冷却速度越大，珠光体形成温度越低，即过冷度越大，则片层间距越小，如图3-6所示。

碳钢中珠光体的片层间距与过冷度的关系可以用下列经验公式表示

$$S_0=\frac{8.02}{\Delta T}\times10^4\text{Å} \tag{3-1}$$

式中　S_0——珠光体的片层间距；

ΔT——过冷度。

如果过冷奥氏体先在较高的温度下转变为珠光体，未转变的奥氏体随后在较低的温度下转变为珠光体，则形成的珠光体有粗有细。同理，如果过冷奥氏体在连续冷却过程中分解时，珠光体是在一个温度范围内形成的，则在高温形成的珠光体比较粗，低温形成的珠光体比较细。这种组织不均匀的珠光体，将引起机械性能的不均匀，从而对钢的切削加工性能可能产生不利的影响。可以对结构钢采用等温处理(等温正火或等温退火)的方法，来获得粗

细相近的珠光体组织，以提高钢的切削性能。试验证明，奥氏体晶粒大小对珠光体的片层间距没有明显影响。

随着珠光体片层间距减小，珠光体中渗碳体片的厚度减薄，如图 3-7 所示，而且，当珠光体的片层间距相同时，随着钢中含碳量降低，渗碳体片也将减薄。

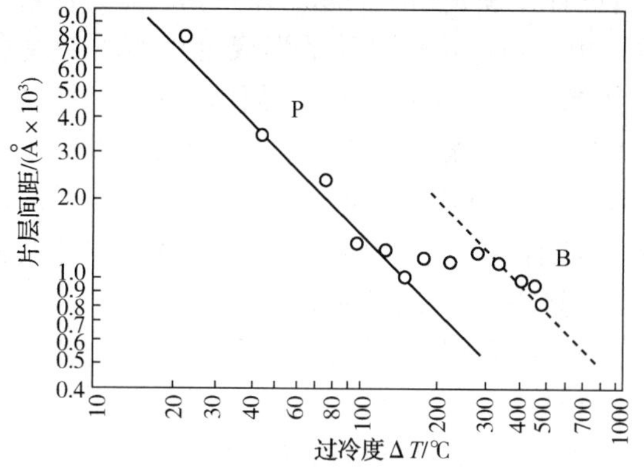

图 3-6　珠光体片层间距与过冷度的关系

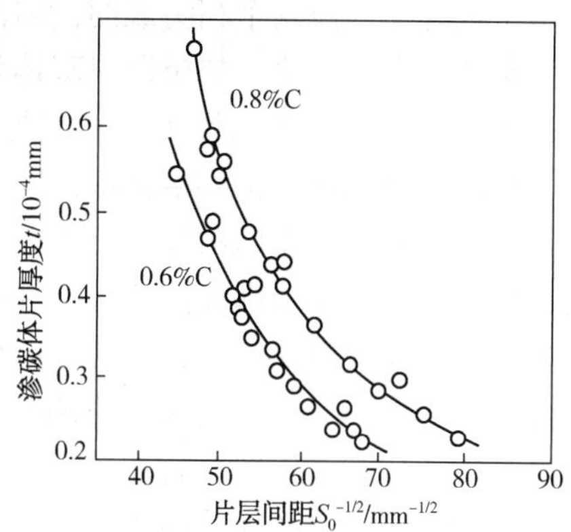

图 3-7　渗碳体片厚度与片层间距的关系

3.2　珠光体的形成过程

3.2.1　珠光体形成的热力学条件

奥氏体过冷到 A_1 以下，将发生珠光体转变。由于珠光体转变温度较高，Fe 和 C 原子都能扩散较大的距离，珠光体又是在位错等缺陷较多的晶界形核，相变时消耗的能量较小，所以在较小的过冷度下就可以发生相变。

图 3-8 示出 Fe-C 合金中 α、γ 和 Fe_3C 的自由能-成分曲线。根据各相的自由能水平和系统总的自由能变化分析，可以得出在 A_1 温度以下，奥氏体转变为铁素体加渗碳体是自由能最低的状态。在相变过程中，奥氏体也有可能转变为铁素体加高碳浓度的奥氏体或过饱和铁素体作为过渡状态。因为它们的自由能处于中间水平。

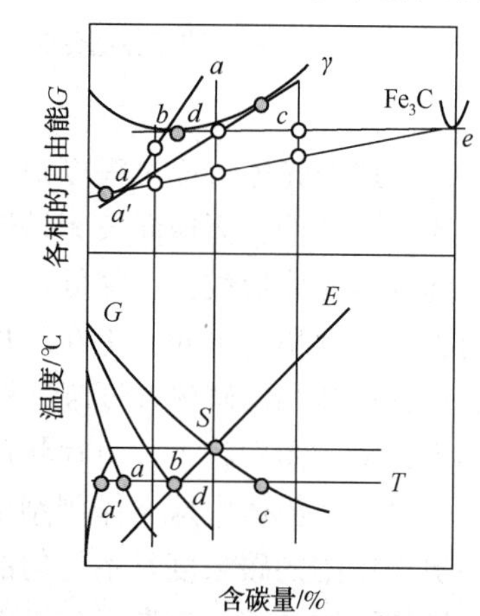

图 3-8　Fe-C 合金在 A_1 点以下温度时，各相的自由能-成分曲线

3.2.2　片状珠光体的形成过程

共析碳钢由奥氏体转变为珠光体，是一个由均匀的固溶体(奥氏体)转变为含碳量很高的渗碳体和含碳量很低的铁素体的机械混合物的过程。因此，珠光体的形成过程，包含着两个同时进行的过程：一个是通过碳的扩散生成高碳的渗碳体和低碳的铁素体；另一个是晶体点阵的重构，由面心立方的奥氏体转变为体心立方的铁素体和复杂点阵的渗碳体。

共析成分的过冷奥氏体发生珠光体转变时，多半在奥氏体的晶界上形核，晶界交叉点更有利于珠光体形核，也可能在晶体缺陷(如位错)比较密集的区域形核，这是由于在这些部位有利于出现能量、成分和结构起伏，新相晶核容易在这种区域产生。但是，当奥氏体中碳浓度很不均匀或者存在着较多未溶的渗碳体时，珠光体的晶核也可在奥氏体晶粒内出现。

由于珠光体是由两个相组成的，因此形核过程存在领先相的问题。领先相究竟是铁素体还是渗碳体，尚难定论。如果以渗碳体作为领先相，则片状珠光体的形成过程如图 3-9 所示。均匀奥氏体冷却至 A_1以下时，首先在奥氏体晶界上产生一小片渗碳体晶核，晶核刚形成时，可能与奥氏体保持共格关系，为减小形核时的应变能，晶核呈片状。当按非共格扩散方式长大时，共格关系即破坏。渗碳体晶核呈片状，一方面为渗碳体成长提供 C 原子的面积大，另一方面形成渗碳体需要的 C 原子扩散距离缩短。这种片状珠光体晶核，按非共格扩散的方式不仅向纵向长大，而且也向横向长大，如图 3-9(a)所示。

渗碳体横向长大时，吸收了两侧的 C 原子而使其两侧的奥氏体含碳量降低，当含碳量降低到足以形成铁素体时，就在渗碳体片两侧出现铁素体，如图 3-9(b)所示。新生成的铁素体片，除了伴随渗碳体片向纵向长大外，也向横向长大。铁素体横向长大时，必然要向侧面奥氏体中排出多余的 C 原子，因而增加了侧面奥氏体的碳浓度，这就促进了另一片渗碳体的形成，出现了新的渗碳体片。如此连续进行下去，就形成了许多铁素体-渗碳体相间的片层。这时，在晶界的其他部分有可能产生新的晶核(渗碳体小片)，如图 3-9(c)所示。当奥氏体中已经形成了片层相间的铁素体与渗碳体的集团，继续长大时，在长大着的珠光体与奥氏体的相界上，也有可能产生新的具有另一长大方向的渗碳体晶核，如图 3-9(d)所示。这时，在原始奥氏体中，各种不同取向的珠光体不断长大，而在奥氏体晶界上和珠光体-奥氏体相界上，又不断产生新的晶核，并不断长大，如图 3-9(e)所示。直到各个珠光体晶粒相碰，奥氏体全部转变为珠光体时，珠光体形成即告结束，如图 3-9(f)所示。

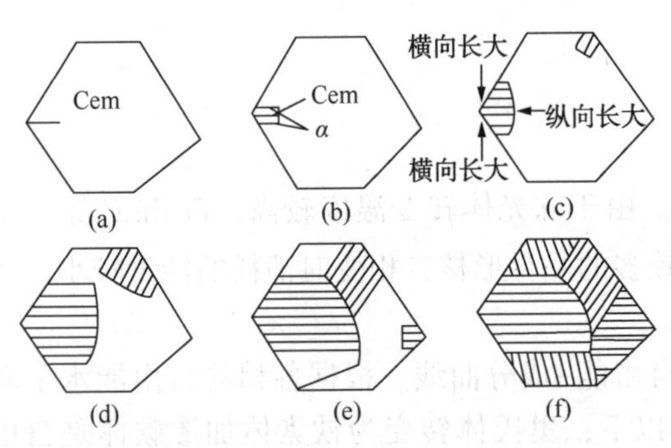

图 3-9　片状珠光体的形成示意图

由上述珠光体形成过程可知，珠光体形成时，纵向长大是渗碳体片和铁素体片同时连续向奥氏体中延伸；而横向长大是渗碳体片与铁素体片交替堆叠增多。

随着珠光体形成温度降低，珠光体形核后，两侧铁素体和渗碳体片连续形成的速度及其纵向长大速度稍有不同，正在成长的转变产物，其形貌也不相同，即随着转变温度的降低，形成的铁素体和渗碳体片逐渐变薄缩短。形成珠光体群的轮廓也由块状逐渐变为扇形，乃至轮廓不光滑的团絮状，即由片状珠光体逐渐变为索氏体乃至屈氏体。

当过冷奥氏体中珠光体刚刚出现时，在三相(奥氏体、渗碳体、铁素体)共存的情况下，过冷奥氏体中的碳浓度是不均匀的，碳浓度的分布情况如图 3-10(a)所示。即与铁素体相接的奥氏体碳浓度 $C_{\gamma-\alpha}$较高，与渗碳体相接的奥氏体碳浓度 $C_{\gamma-C}$较低，因此在奥氏体中就产生了碳浓度差，从而引起了碳的扩散，其扩散的示意图如图 3-10(b)所示。

碳在奥氏体中扩散的结果，引起铁素体前沿奥氏体的碳浓度降低($<C_{\gamma-\alpha}$)，渗碳体前沿

奥氏体的碳浓度增高($>C_{\gamma\text{-C}}$)，这就打破了该温度下奥氏体中碳浓度的平衡。为了保持这一平衡，在铁素体前面的奥氏体，必须析出铁素体，使其含碳量增高到平衡浓度 $C_{\gamma\text{-}\alpha}$。在渗碳体前面的奥氏体，必须析出渗碳体，使其含碳量降低到平衡浓度 $C_{\gamma\text{-C}}$。这样，珠光体便向纵向长大，直至过冷奥氏体全部转变为珠光体为止。

从图 3-10 可以看出，在过冷奥氏体中，珠光体形成时，除了按上述情况进行碳的扩散外，还将发生在远离珠光体的奥氏体(碳浓度为 C_{γ})中的碳向与渗碳体相接的奥氏体处(碳浓度为 $C_{\gamma\text{-C}}$)扩散，而与铁素体相接的奥氏体处(碳浓度为 $C_{\gamma\text{-}\alpha}$)的碳向远离珠光体的奥氏体(碳浓度为 C_{γ})中扩散。这些扩散都促使珠光体中的渗碳体和铁素体不断长大，从而促进珠光体转变。

过冷奥氏体转变为珠光体时，晶体点阵的重构，是由 Fe 原子自扩散完成的。

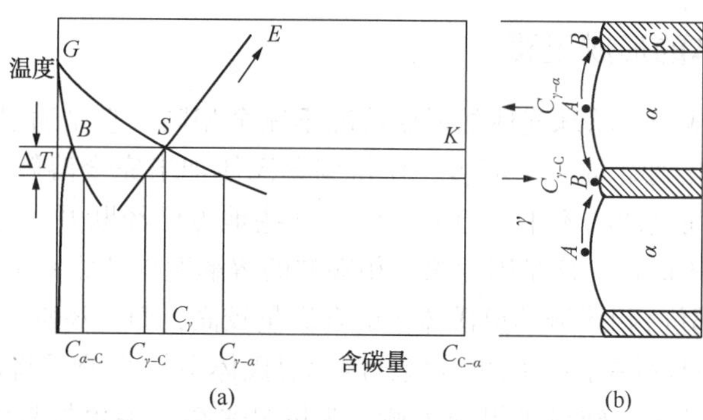

图 3-10　片状珠光体形成时碳的扩散示意图

仔细观察珠光体组织片层结构发现，珠光体中的渗碳体有些是以产生枝杈的形式长大而成的，这种渗碳体的平面形态如图 3-11 所示。图中(a)为实际显微组织照片；(b)示意过冷奥氏体发生珠光体转变时，在渗碳体形核后，以分枝的形式逐渐长成的渗碳体片。在渗碳体片之间，则相应地逐渐转变为铁素体。这样，就形成了渗碳体与铁素体机械混合的片状珠光体。

先生成的渗碳体，在特定的区域(位错处)形核长大，而且这种由晶核长成的条状渗碳体，不止一个，而是两个甚至多个，它们在不同的区域同时或先后生成渗碳体，在成长过程中生枝分杈。因此，这种按渗碳体分枝长成的珠光体，与前述渗碳体和铁素体交替成长的珠光体，其形成机理是不同的。

正常的片状珠光体形成时，铁素体与渗碳体是交替配合长大的。在某些情况下，片状珠光体形成时，铁素体与渗碳体不一定交替配合长大，图 3-12 表示由于过共析钢不配合形核而产生的几种反常组织。图中(a)表示在奥氏体晶界上形成的渗碳体一侧长出一层铁素体，但此后却不再配合形核长大。图中(b)表示从晶界上形成的渗碳体中，长出了一个分枝伸向晶粒内部，但无铁素体与之配合，

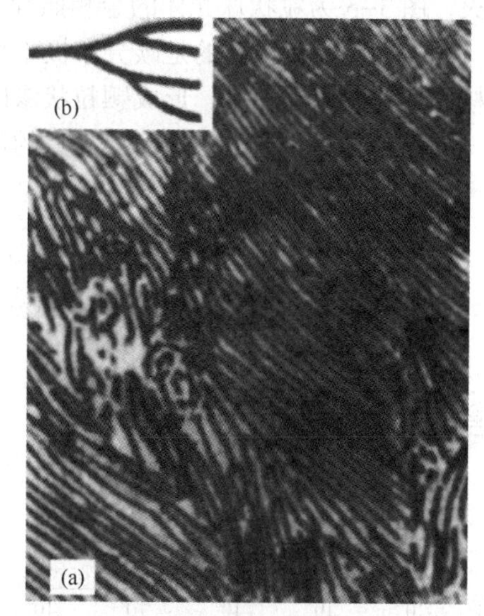

图 3-11　珠光体中渗碳体片的分枝长大图形
(a)渗碳体分枝的金相照片；
(b)渗碳体分枝长大形态示意图

因此形成一条孤立的渗碳体片。图中(c)表示由晶界长出的渗碳体片，伸向晶内后形成了一个珠光体团。其中(a)和(b)为离异共析组织，以此可以解释渗碳体层出现的反常组织。

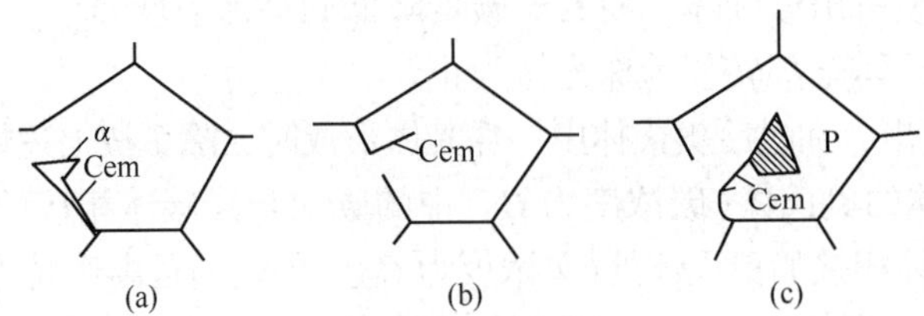

图 3-12　过共析钢中出现的几种不正常组织

3.2.3　粒状珠光体的形成过程

粒状珠光体的形成与片状珠光体的形成情况不完全相同。它是通过渗碳体球化获得的。如果将片状珠光体加热到略高于 A_1 温度，便得到奥氏体加未完全溶解的渗碳体，这时渗碳体已不成完整片状，而是凹凸不平、厚薄不匀，某些地方已经断开。在略高于 A_1 的温度下保温将使溶解的渗碳体球化，这是因为第二相颗粒的溶解度与其曲率半径有关，与渗碳体尖角处(曲率半径小的部位)相接触的奥氏体中的含碳量较高，而与渗碳体平面处(曲率半径较大的部位)相接触的奥氏体中的含碳量较低，因此奥氏体中的 C 原子将从渗碳体的尖角处向平面处扩散。扩散的结果，破坏了界面平衡。为恢复平衡，尖角处将溶解而使曲率半径增大，平面处将长大而使曲率半径减小，以至逐渐成为颗粒状。从而得到在铁素体基体上分布着颗粒状渗碳体的组织。然后自加热温度缓冷至 A_1 以下时，奥氏体将转变为珠光体。转变时，领先相渗碳体不仅可以在奥氏体晶界上形核，而且也可以从已存在的颗粒状渗碳体上长出。这时也不能长成片状，最后得到渗碳体呈颗粒状分布的粒状珠光体。这种处理称为球化退火。图 3-5 为粒状珠光体的金相照片。

如果奥氏体化得到的是碳分布极不均匀的奥氏体，则在冷却时，由大量高碳区形成渗碳体核心，并向周围长大，形成颗粒状渗碳体。

如经一次球化退火未能获得满意的球化组织，则还可以进行第二次。

3.3　珠光体转变动力学

珠光体转变和其他类型的相变一样，遵循形核和长大规律。因此，珠光体转变动力学可以应用结晶规律进行分析。

3.3.1　珠光体的形核率和长大速度

1. 珠光体的形核率(N)和长大速度(G)与温度的关系

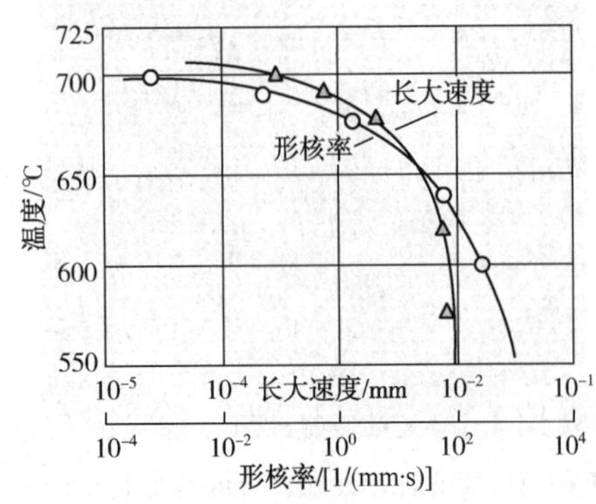

图 3-13　形核率及长大速度与转变温度的关系

图 3-13 为 0.78%C-0.63%Mn 钢珠光体的形核率 N 和长大速度 G 与转变温度的关系。可见，过冷奥氏体转变为珠光体时，N 和 G 与转变温度之间的

关系都具有极大值的特征。

产生上述特征的原因是随着过冷度增大(转变温度降低)，奥氏体与珠光体的自由能差增大，使形核率有增大的趋势。但随过冷度增大，原子活动能力减弱，扩散系数减小，使形核率有减小的倾向。在两者的交互作用下，形核率与转变温度的关系曲线出现极大值。

由于珠光体转变是典型的扩散性相变，所以珠光体形成过程与原子扩散过程密切相关。当转变温度降低时，由于原子扩散速度减慢，因而使晶体长大速度有减慢的倾向。但是转变温度的降低，将使靠近珠光体的奥氏体中的碳浓度差增大，亦即 $C_{\gamma-C}$ 与 $C_{\gamma-\alpha}$ 差值增大，如图 3-10(a)所示，这就增大了碳的扩散速度，又有促进晶体长大的作用。

从热力学来看，由于能量的原因，随着转变温度的降低，有利于形成薄片状珠光体组织。当浓度差相同时，片层间距越小，C 原子运动的距离越短，因而有增大珠光体长大速度的作用。综合上述因素的影响，长大速度与转变温度的关系曲线也具有极大值。

2. 珠光体的形核率和长大速度与转变时间的关系

当转变温度一定时，珠光体的形核率与转变时间的关系，可用图 3-14 表示。即随着转变时间的增长，形核率逐渐增大。等温保持时间对珠光体的长大速度无明显的影响。

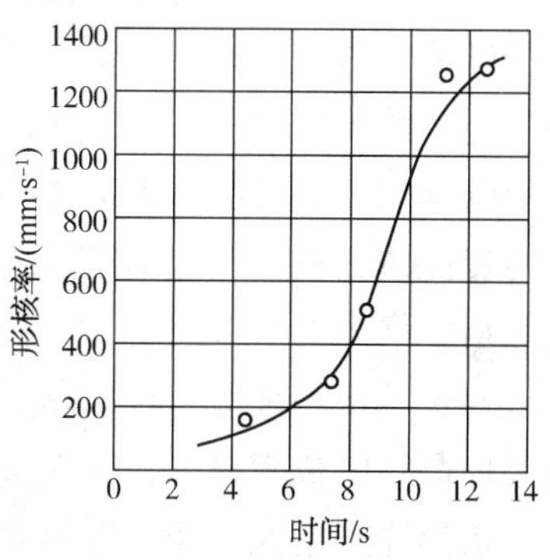

图 3-14　形核率与转变时间的关系

珠光体长大速度受过冷奥氏体中碳的重新分配速度的影响，它又受碳在奥氏体-珠光体之间的扩散速度控制。早期认为，珠光体形成是通过奥氏体体积扩散的结果，后来认为是通过界面扩散的结果。在含 Mn 共析钢中，测得的珠光体长大速度与按体积扩散和按晶界扩散的计算结果都不符合，而是小于按体积扩散得到的计算值，又大于按晶界扩散得到的计算值。因此，珠光体长大时，碳的重新分配实际上是一部分通过体积扩散而另一部分通过晶界扩散完成的。

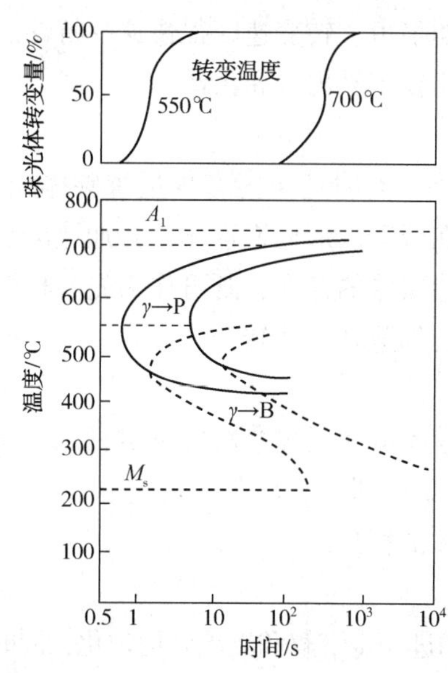

图 3-15　共析钢的珠光体形成动力学图

3.3.2　珠光体转变动力学曲线

综合不同温度下的珠光体形核率及其长大速度与时间的关系，其相变动力学曲线应如图 3-15 所示。由图中的实线可知：

(1) 珠光体形成有一孕育期，所谓孕育期是指等温开始至发生转变的这段时间；

(2) 当等温温度从 A_1 点逐渐降低时，孕育期逐渐缩短，降低到某一温度时，孕育期最短，温度再降低，孕育期又增长；

(3) 从整体来看，当奥氏体转变为珠光体时，随着时间的增长，转变速度增大，但当转变量超过 50%时，转变速度又逐渐降低，直至转变完成。

3.3.3 影响珠光体转变动力学的因素

如前所述，珠光体的转变量决定于形核率和长大速度。因此，凡是影响珠光体形核率和长大速度的因素，都影响珠光体转变动力学。

影响珠光体转变动力学的因素可以分为两类：一类是钢本身内在的因素，如化学成分、组织结构状态；另一类是外界因素，如加热温度、保温时间等。

1. 含碳量的影响

一般认为，在亚共析钢中，随着钢中含碳量的增高，先共析铁素体析出的孕育期增长，析出速度减慢，珠光体形成的孕育期随之增长，形成速度也随之减慢。这是由于在相同的转变条件下，随亚共析钢中含碳量增高，获得铁素体晶核的概率减少，铁素体长大时所需扩散离去的碳量增大，因而使铁素体析出速度减慢。由于铁素体的析出，奥氏体中与铁素体交界处的碳浓度增高，为珠光体的形核和长大提供了有利条件，而且在亚共析钢中铁素体也可作为珠光体的领先相，所以先共析铁素体的析出，促进了珠光体的形成。

碳钢的过冷奥氏体稳定性很小，不易直接测得含碳量对珠光体转变动力学的影响。采用过冷奥氏体比较稳定的不同含碳量的合金钢进行试验，结果得出，随着钢中含碳量的增高，先共析铁素体的孕育期增长，但珠光体的转变速度常常有增大的趋势。

对过共析钢来说，在加热温度高于 A_{cm} 使钢完全奥氏体化的情况下，含碳量越高，提供渗碳体晶核的概率越大，碳在奥氏体中的扩散系数增大，则先共析渗碳体析出的孕育期缩短，析出速度增大。珠光体形成的孕育期随之缩短，形成速度随之增大。当钢的含碳量高于1%时，这种影响更为明显。如果加热温度在 A_{c_1} 和 $A_{c_{cm}}$ 点之间，将获得不均匀的奥氏体加残余碳化物组织。这种组织具有促进珠光体形核和晶体生长的作用，使珠光体形成时的孕育期缩短，转变速度加快。因此，对于相同含碳量的过共析钢，不完全奥氏体化常常比完全奥氏体化更容易发生珠光体转变。

对高碳工具钢淬火，应该注意其珠光体形成的孕育期很短、转变速度很快这一特性。正因为如此，高浓度渗碳、碳氮共渗钢件在淬火时，表层比较容易出现屈氏体。

2. 奥氏体成分的均匀性和过剩相溶解情况的影响

在实际加热条件下，奥氏体常常处于不太均匀的状态，有时还可能有少量渗碳体残存。奥氏体成分的不均匀，将有利于在高碳区形成渗碳体，在低碳区形成铁素体，并加速碳在奥氏体中的扩散，增大了先共析相和珠光体的形成。未溶渗碳体的存在，既可作为先共析渗碳体的非匀质晶核，也可作为珠光体领先相的晶核，因而也加速珠光体转变。

3. 奥氏体晶粒度的影响

如前所述，不同钢件在相同的奥氏体化条件下，所获得的奥氏体晶粒度不尽相同。奥氏体晶粒细小，单位体积内晶界面积增大，珠光体形核的部位增多，将促进珠光体形成。同理，细小的奥氏体晶粒，也将促进先共析铁素体和渗碳体的析出。

4. 奥氏体化温度和时间的影响

提高奥氏体化温度或延长保温时间，由于促使渗碳体的进一步溶解和奥氏体均匀化，同时也会使奥氏体晶粒长大，因而减小了珠光体相变的形核率和长大速度，从而推迟了珠光体转变。

应该指出，这种影响的程度与珠光体形成的温度还有关系。试验表明，奥氏体化温度和时间对珠光体转变动力学的影响，在转变温度较高时(接近 A_1点)比在转变温度较低时(接近转变动力学曲线“鼻子”)更为显著，如表 3-1 和表 3-2 所列。

表 3-1　共析钢经 875℃奥氏体化后在 680℃转变为珠光体的动力学参数

奥氏体化时间/min	晶粒度 No	晶界面积/(mm^2/mm^3)	转变一半的时间/s	体积形核率/($1/mm^3$)	晶界面积形核率/($1/mm^2$)
5	$6\frac{1}{4}$	57	57	62.5	0.1
10	$5\frac{1}{4}$	42	198	0.48	0.01
16	$4\frac{3}{4}$	35	300	0.081	0.0023
30	$4\frac{1}{4}$	29	378	0.057	0.0020
90	$3\frac{3}{4}$	25	420	0.021	0.00084

表 3-2　共析钢经 875℃奥氏体化后在 593℃转变为珠光体的动力学参数

奥氏体化时间/min	晶粒度 No	晶界面积/(mm^2/mm^3)	转变一半的时间/s	体积形核率/($1/mm^3$)	晶界面积形核率/($1/mm^2$)
5	$6\frac{1}{4}$	57	2.7	2.4×10^4	4.2×10^2
10	$5\frac{1}{4}$	42	3.2	1.6×10^4	3.8×10^2
16	$5\frac{1}{2}$~$5\frac{3}{4}$	35	3.25	1.2×10^4	3.3×10^2
30	$4\frac{1}{2}$~5	29	3.50	0.85×10^4	2.9×10^2
90	4~$4\frac{1}{2}$	25	4.0	0.5×10^4	2.0×10^2

5. *应力和塑性变形的影响*

实验表明，在奥氏体状态下承受拉应力或进行塑性变形，有加速珠光体转变的作用。这是由于拉应力和塑性变形造成晶体点阵畸变和位错密度增高，有利于 C 和 Fe 原子扩散及晶体点阵重构，所以有促进珠光体形核和晶体长大的作用。研究表明，高碳低合金钢在奥氏体状态下进行塑性变形时，减小了奥氏体在珠光体转变区的稳定性，增大了珠光体的转变速度，而且奥氏体塑性变形温度越低，珠光体转变速度越大。进行高温形变热处理时，应该考虑这一因素对钢的淬透性的影响。

如果对奥氏体施加等向压应力，有降低珠光体形成温度、使共析点移向低碳和减慢珠光体形成速度的作用。这与等向压应力下原子迁移阻力增大，C、Fe 原子扩散及晶体点阵重构困难有关。

3.4 合金元素对珠光体转变的影响

合金钢中的珠光体转变，与碳钢中的情况相似。因此，研究合金钢中珠光体转变，主要是讨论合金元素对 Fe-C 合金珠光体转变的影响。

3.4.1 对 A_1 点和共析碳浓度的影响

合金元素对奥氏体-珠光体平衡温度（A_1 点）和共析碳浓度的影响，如图 3-16 所示。可以看出，除 Ni、Mn 降低 A_1 点之外，其他常用合金元素都提高 A_1 温度。几乎所有的合金元素皆使钢的共析碳浓度降低。

合金元素加入钢中，改变了奥氏体-珠光体平衡温度，如果转变温度相同，则过冷度就不相同。因此，不同的合金钢在相同温度下形成的珠光体的片层间距是不相同的。图 3-17 示出了不同钢中的过冷奥氏体转变温度与珠光体片层间距的关系。由图可见，不同合金钢的片层间距与转变温度之间关系曲线的斜率是不相同的。

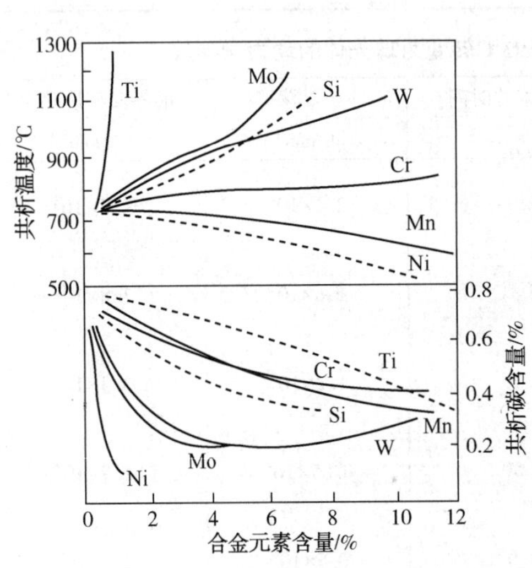

图 3-16 合金元素对 A_1 温度及共析点的影响

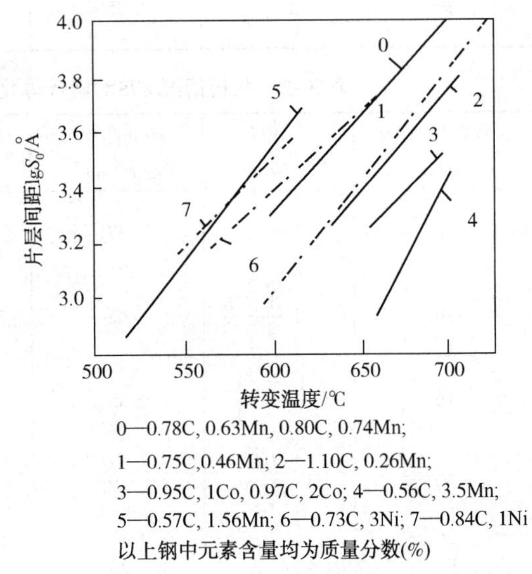

图 3-17 相变温度对珠光体片层间距影响

3.4.2 对珠光体转变动力学的影响

钢中加入合金元素，显著地改变珠光体转变的形核率和长大速度，因而影响珠光体形成速度。合金元素对珠光体转变动力学的影响，大致可以归纳如下：

Mo 显著地增大了过冷奥氏体在珠光体转变区的稳定性，即增长了相变孕育期和减慢了转变速度。Mo 特别显著地增大过冷奥氏体在 580～600℃ 温度范围内的稳定性。在共析钢中加入 0.8%Mo，可以使过冷奥氏体分解完成时间增长 28000 倍。

在含 Mo 的共析钢中，Mo 含量小于 0.5%时，形成的碳化物是渗碳体型的；而 Mo 含量大于 0.5%时，形成的是特殊碳化物 $M_{23}C_6$ 型。由于这种碳化物在共析钢中较难完全溶解，

Mo 对珠光体形成时减小长大速度的作用反而减小。为了提高过冷奥氏体的稳定性，钢的 Mo 含量一般应低于 0.5%。

Mo 对亚共析钢先共析铁素体析出速度的影响，显著得低于对珠光体形成速度的影响。W 的影响与 Mo 相似，当含量按质量分数计算时，其影响程度约为 Mo 的一半。Cr 的影响，表现在比较强烈地增大过冷奥氏体在 600~650℃温度范围内的稳定性。

Ni 提高了过冷奥氏体在珠光体转变区的稳定性。Mn 有比较明显地提高过冷奥氏体在珠光体转变区稳定性的作用。Si 对过冷奥氏体的珠光体转变速度影响较小，稍有增大过冷奥氏体稳定性的作用。Al 对珠光体转变的影响很小。

Co 增大过冷奥氏体转变为珠光体的速度，减小过冷奥氏体的稳定性。

V、Ti、Zr、Nb 等在钢中形成难溶的碳化物。如果这些元素在加热时能够溶入奥氏体中，则增大过冷奥氏体的稳定性。但是，即使加热到很高温度，这类碳化物仍然不能完全溶入奥氏体中。因此，当钢中加入强碳化物形成元素，奥氏体化温度又不高时，不仅不能增大甚至会降低过冷奥氏体的稳定性。如果钢中加入 Mn，可以提高在相应温度加热后的奥氏体中 V 和 Ti 的含量，从而可以增大过冷奥氏体的稳定性。

钢中加入微量的 B(0.0010%~0.0035%，实际上有效 B 含量低于此量)，可以显著降低亚共析钢中过冷奥氏体在珠光体转变区析出铁素体的速度，对珠光体的形成也有抑制作用。随着钢中含碳量的增高，B 增大过冷奥氏体稳定性的作用逐渐减小。

一般认为，钢中加入微量的 B 能够降低先共析铁素体和珠光体转变速度的原因，主要是由于 B 吸附在奥氏体晶界上，降低了晶界的能量，从而降低了先共析铁素体和珠光体的形核率。B 对先共析铁素体长大速度并不产生明显影响，但有增大珠光体长大速度的倾向。因此，B 能延迟过冷奥氏体分解的开始时间，但对珠光体转变的终了时间则影响较小。

为了保持 B 对珠光体转变的有益作用，必须使 B 富集在奥氏体晶界上。如果活泼的 B 元素与钢中的铁或残留的 N、O 化合成稳定的夹杂物，或者由于高温奥氏体化，使 B 向奥氏体晶内扩散，而使晶界的有效 B 减少，这样将使 B 的有益作用减弱，甚至消失。

综合各种合金元素对珠光体转变动力学的影响，可以得出：在钢中合金元素充分溶于奥氏体的情况下，除 Co 外，所有的常用合金元素皆使珠光体转变的孕育期增长，转变速度减慢。除 Ni、Mn 以外，所有常用合金元素皆使珠光体转变“鼻子”移向高温。

3.5 亚(过)共析钢的珠光体转变

3.5.1 亚(过)共析钢先共析相的形态

亚(过)共析纲中的珠光体转变情况基本上与共析钢相似，但要考虑先共析铁素体(或渗碳体)的析出。先共析相的析出温度范围由图 3-18 示出。

在图中 $E'S$ 线左面、GS 线以下的区域是先共析铁素体析出区；$G'S$ 线右面、ES 线以下的区域是先共析渗碳体析出区。钢中先共析相的析出量大致可以用杠杆定律来估算。在连续冷却情况下，先共析相的析出温度、析出量与冷却速度的关系，亦表示在图 3-18 中。

先共析相的析出，是与 C 在奥氏体中的扩散密切相关的。以先共析铁素体的析出为例，图 3-18 中合金 I 在 T_1 温度下，首先在奥氏体晶界上产生铁素体晶核。在靠近铁素体晶核处

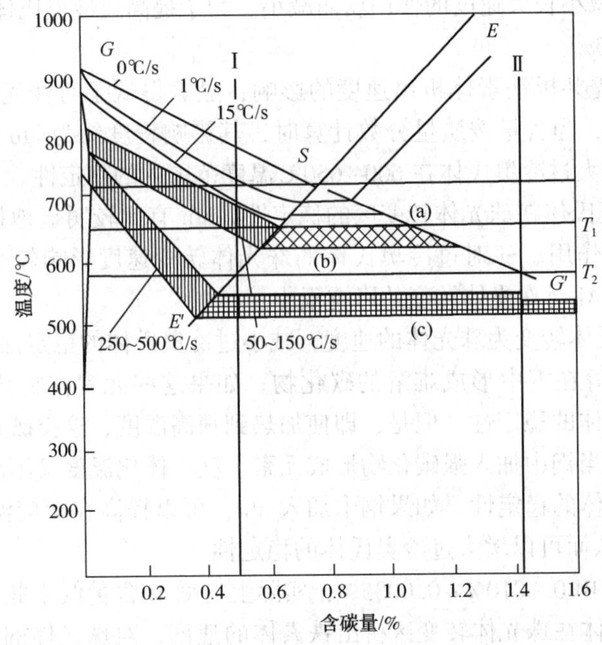

图 3-18 先共析相的析出温度范围

的奥氏体，其 C 浓度为 $C_{\gamma-\alpha}$，高于奥氏体的平均 C 浓度为 C_{γ}，因而引起了 C 的扩散。为了保持相界 C 浓度的平衡，必须从奥氏体中析出铁素体，从而使铁素体晶核长大，铁素体数量增多，直至未转变的奥氏体中 C 浓度全部达到 $C_{\gamma-\alpha}$时，铁素体析出停止。在亚共析钢中，生成的先共析铁素体一般皆呈等轴状。这种形态的铁素体往往是在有利于 Fe 原子自扩散的条件下，即在奥氏体晶粒较细、等温温度较高、冷却速度较慢的情况下产生的。

如果奥氏体晶粒较大，冷却速度较快，先共析铁素体可能沿奥氏体晶界呈网状析出。当奥氏体成分均匀、晶粒粗大、冷却速度又比较适中时，先共析铁素体有可能呈片(针)状析出。在亚共析钢中，从奥氏体中析出的先共析铁素体形态如图 3-19 所示。图 3-19 中(a)(b)(c)表示铁素体形成时与奥氏体无共格关系的形态。(a)(b)是块状铁素体，(c)为网状铁素体。图中(d)(e)(f)是铁素体形成时与奥氏体有共格联系时的形态，形成的是片状铁素体。

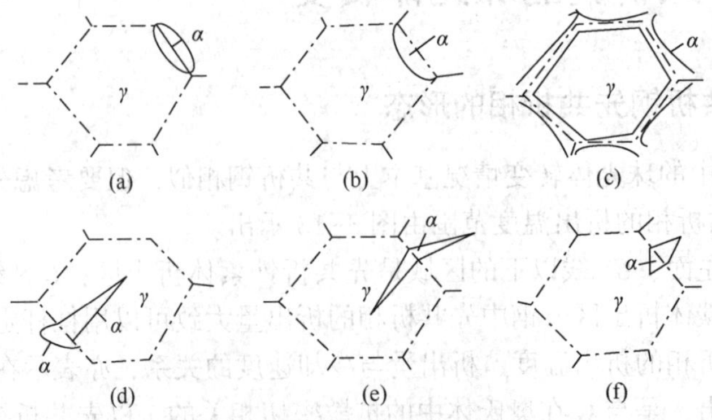

图 3-19 亚共析钢的先共析铁素体形态示意图

在过共析钢中(以合金Ⅱ为例，如图3-18所示)，当加热到A_{cm}温度以上，经保温获得均匀奥氏体后，再在A_{cm}点以下、T_2温度以上等温保持或缓慢冷却时，将从奥氏体中析出渗碳体，过共析渗碳体的形态可以是粒状的、网状的或针(片)状的。

但是，过共析钢在奥氏体成分均匀、晶粒粗大的情况下，从奥氏体中直接析出粒状渗碳体的可能性是很小的，一般呈网状或针(片)状。

如果过共析钢具有网状或针(片)状渗碳体组织，将显著增大钢的脆性。因此，过共析钢件毛坯的退火加热温度，必须在A_{cm}点以下，以避免网状渗碳体的形成。对于具有网状或针(片)状渗碳体的钢材料，为了消除网状或针(片)状渗碳体，必须加热到A_{cm}点以上，使碳化物全部溶于奥氏体中，然后快速冷却，使先共析渗碳体来不及析出，而后再进行球化退火。

3.5.2 先共析相的长大动力学

先共析铁素体在奥氏体晶界的长大有两个方向：一是沿晶界长大(长度)，一是向晶内长大(厚度)。用热发射显微镜直接测定了含0.1%C的Fe-C合金的铁素体厚度长大动力学，发现其厚度与转变时间呈抛物线关系

$$S=\alpha t^{\frac{1}{2}} \tag{3-2}$$

式中 S——铁素体的半厚度；

t——铁素体长大时间；

α——系数。

在亚共析钢中先共析铁素体的转变动力学曲线也呈“C”形，通常位于珠光体转变动力学曲线的左上方，如图3-20所示。这种析出线，随钢中含碳量增高，逐渐移向右下方。

与此相似，对于过共析钢，如果奥氏体化温度在A_{cm}点以上，在等温转变过程中，于珠光体转变动力学曲线的左上方，有一条先共析渗碳体析出线，如图3-21所示。这条析出线，随钢中含碳量的增高，逐渐移向左上方。

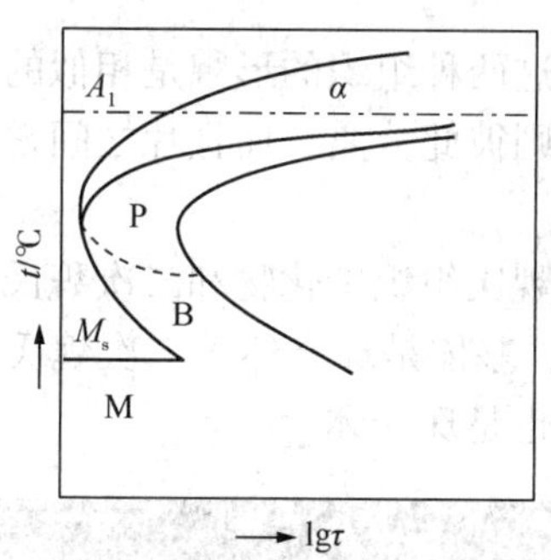

图3-20 45钢的过冷奥氏体等温转变图

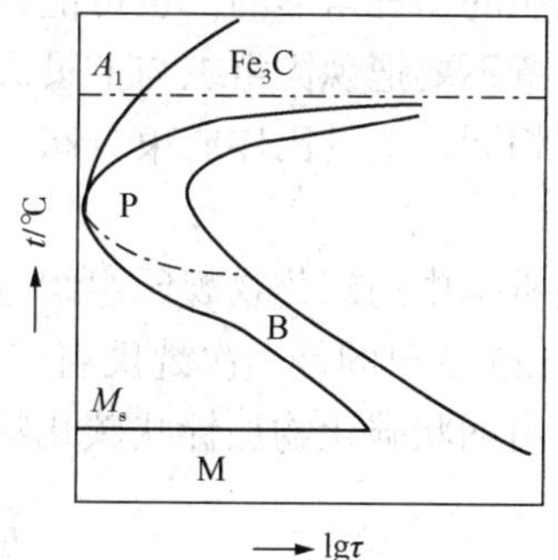

图3-21 T10钢的过冷奥氏体等温转变图

3.5.3 伪共析组织的形成

从图3-18可以看出，在A_1点以下，随着过冷奥氏体转变温度的降低，亚共析钢中先共析铁素体析出的数量减少，过共析钢中先共析渗碳体析出的数量也将减少。以图3-18中合金Ⅰ、Ⅱ为例，当过冷到T_2温度转变时，合金Ⅰ将不再析出铁素体，合金Ⅱ将不再析出渗碳体。在这种情况下，过冷奥氏体全部转变为珠光体型组织，但因合金的成分并非共析成

分，故称为“伪共析组织”。从图 3-18 可以看出，只有在 A_1点以下，在 *GS* 线和 *ES* 线的两条延长线之间，才能形成这种组织。而且，过冷奥氏体转变温度越低，伪共析程度越大。

3.5.4 钢中的魏氏组织

工业上将具有先共析片(针)状铁素体或针(片)状渗碳体加珠光体的组织，都称为魏氏组织。前者称为 α-Fe 魏氏组织，后者称为渗碳体魏氏组织。

1. 魏氏组织的形态及分布

魏氏组织的典型形态如图 3-22 和图 3-23 所示。人们对于从奥氏体中直接析出呈片状(其截面呈现为针状)形态分布的铁素体，称为“一次魏氏组织铁素体”。如果从原奥氏体晶界上首先析出的是网状铁素体，再从网状铁素体上长出片状铁素体，就称为“二次魏氏组织铁素体”，如图 3-24 所示。钢中常见的是二次魏氏组织铁素体。需要说明的是，网状铁素体和二次魏氏组织铁素体是连在一起的，两者组成一个整体。之所以人为地将它们分为两种，是因为这两种形态的铁素体其形成机理是完全不同的。

图 3-22　45 钢的羽毛状魏氏组织

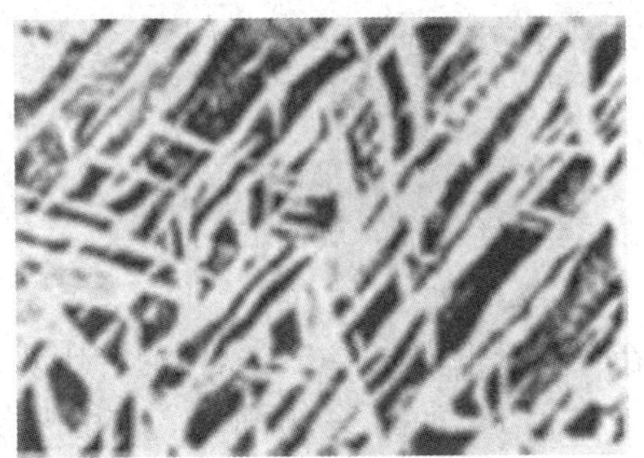

图 3-23　铸钢的魏氏组织

亚共析钢中的魏氏组织铁素体，单个的形貌是片(针)状的，而按它们的分布状态来看，则有羽毛状的、三角形的，也可能是几种形态混合的。

应注意不要把魏氏组织与上贝氏体混淆起来。虽然这两种组织的形貌是相似的，但分布状况则不相同。上贝氏体成束分布，魏氏体组织铁素体则彼此分离，而且片之间常常有较大的交角。

过共析钢中的碳化物魏氏组织也可分为两类：一次魏氏组织碳化物和二次魏氏组织碳化物。图 3-25 示出的是一次魏氏组织碳化物(白色针状)，基体是珠光体。二次魏氏组织碳化物，则是由网状碳化物加针状碳化物组成的组织，基体也是珠光体。

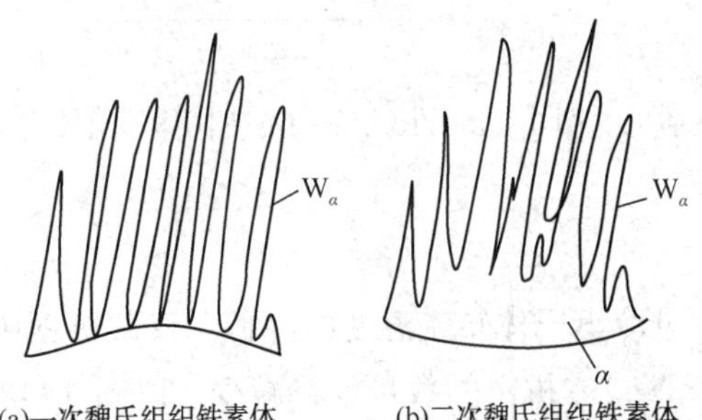

图 3-24　亚共析钢魏氏组织铁素体形态示意图

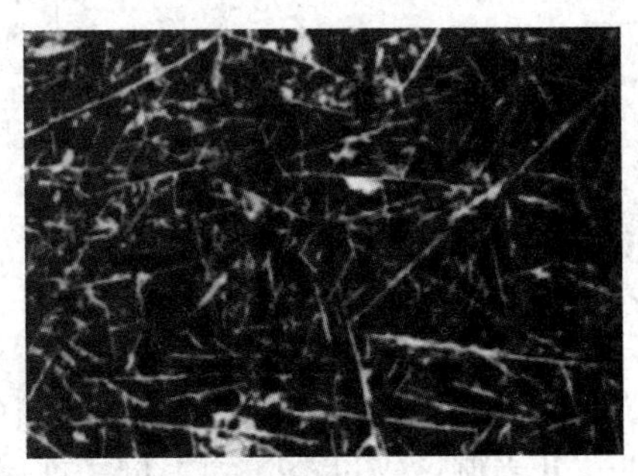

图 3-25　GCr15 钢碳化物魏氏组织(500×)

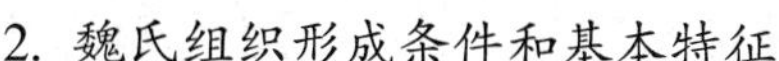

2. 魏氏组织形成条件和基本特征

根据研究结果，可将魏氏组织的形成条件和基本特征总结为如下几点：

（1）魏氏组织铁素体是按形核、长大机理形成的，魏氏组织铁素体的尺寸随等温时间的延长而增大。

（2）魏氏组织铁素体形成时，也会产生表面浮凸现象。

（3）魏氏组织铁素体是沿奥氏体中一定的晶面析出的，惯习面为$(111)_\gamma$，并与奥氏体之间存在 K-S 位向关系。

（4）魏氏组织的形成有一个上限温度 W_s点。在这个温度以上，魏氏组织不能形成。钢的含碳量对 W_s点的影响规律与对铁素体析出线（*GS* 线）和渗碳体析出线（*ES* 线）影响情况相似。奥氏体晶粒越细，W_s点越低，如图 3-26 所示。

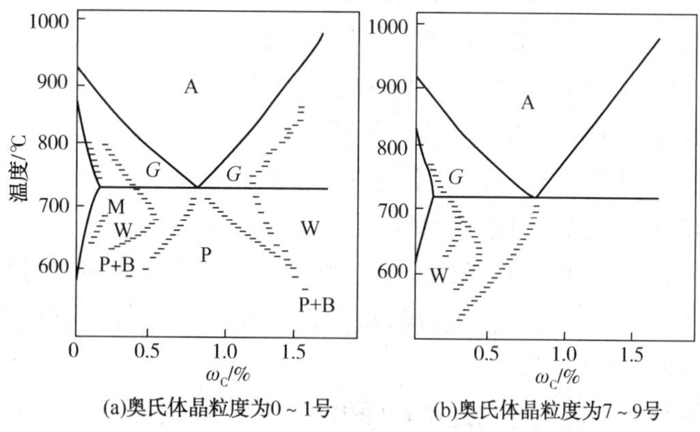

图 3-26 Fe-C 合金中先共析铁素体、先共析渗碳体形态与等温温度和含碳量的关系

（5）魏氏组织易在粗晶粒的奥氏体中形成。

（6）当钢的含碳量超过 0.6%时，魏氏组织铁素体较难形成。

（7）在连续冷却时，魏氏组织只在一定冷却速度下才能形成，过慢或过快的冷却速度都会抑制它的产生。

在实际生产中，铸造、热轧（锻造）后的砂冷或空冷，焊缝或焊缝热影响区空冷，或者当钢件加热温度过高（过热）继而以一定速度冷却后，都会形成魏氏组织。

图 3-27 示出了亚共析钢中形成的先共析铁素体形态与含碳量和冷却速度的关系。可以看出，当奥氏体晶粒较细小时，只有在含碳量狭窄的范围（0.15%～0.32%）内，冷却速度又较快时，才会形成魏氏组织。而当奥氏体晶粒粗大时，形成魏氏组织的含碳量范围加宽，冷却速度减慢。

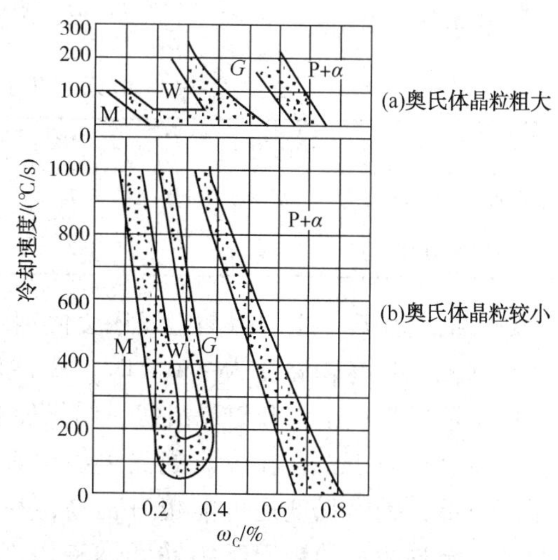

图 3-27 亚共析钢中析出先共析铁素体的形貌与含碳量和冷却速度的关系

（8）钢中加入 Mn，会促进魏氏组织铁素

体的形成，而加入 Mo、Cr、Si 等则会阻碍魏氏组织的形成。

3. 魏氏组织的形成过程

魏氏组织的形成过程，目前有几种不同观点。一般认为，魏氏组织铁素体形成时，首先在奥氏体晶界上形核，其周围奥氏体 C 浓度为 $C_{\gamma-\alpha}$(图 3-18)，高于钢的奥氏体平均 C 浓度为 C_γ，因此在奥氏体中发生了 C 的扩散，使与铁素体相接触的奥氏体 C 浓度低于 $C_{\gamma-\alpha}$。为了保持亚稳定平衡，铁素体将随 C 的不断扩散而不断长大，以使前沿奥氏体 C 浓度保持 $C_{\gamma-\alpha}$水平。由于铁素体形成是在不利于 Fe 原子扩散的条件下进行的，因此，铁素体只能沿奥氏体某一晶面[惯习面$(111)_\gamma$]按一定的晶体学位向关系(K-S 关系)切变共格长大，而形成片状铁素体。随着片状铁素体不断长大和增多，未转变的奥氏体含碳量不断增高，当浓度达到 $C_{\gamma-\alpha}$值时，C 的扩散和铁素体形成停止，未转变的高 C 奥氏体，在继续等温保持或随后连续冷却时，将转变为珠光体，最终形成了片状铁素体加珠光体组织。并且，片状铁素体与原奥氏体保持的共格联系，因奥氏体转变为珠光体而破坏。

奥氏体晶粒越细小，网状铁素体越易于形成。而由于 C 原子扩散距离短，奥氏体中心富 C 快，以至可以使 W_s点下降到处理温度以下，故细晶粒奥氏体不易形成魏氏组织。粗晶粒奥氏体情况正好相反，容易形成魏氏组织。

当钢的含碳量超过 0.6%时，魏氏组织难以形成，这是因为钢的含碳量高时找到低 C 微区的概率小。并且铁素体一旦形成，很容易从剩余的高 C 奥氏体中析出碳化物，故容易形成上贝氏体，而不易形成魏氏组织。

魏氏组织铁素体只在一定的冷却速度范围内才会形成。过慢的冷却有利于 Fe 原子扩散而形成网状铁素体。过快的冷却使 C 原子来不及扩散足够的距离，从而抑制了魏氏组织铁素体的形成。

4. 魏氏组织的机械性能

魏氏组织以及经常与其伴生的粗晶组织，会使钢的机械性能，尤其塑性和冲击韧性显著降低，如表 3-3 所示。

表 3-3　魏氏组织对 45 钢机械性能的影响

组织状态	σ_b/MPa	σ_s/MPa	δ_5/%	ψ/%	α_k/(J/cm^2)
有严重魏氏组织	524	337	9.5	17.5	12.74
经细化晶粒处理	669	442	23.1	51.5	51.94

魏氏组织及其伴生的粗晶组织还会使钢的脆性转折温度升高。例如 0.2%C、0.6%Mn 的造船钢板，当终轧温度为 950℃时，脆性转折温度为-50℃；而当终轧温度为 1050℃时，由于形成魏氏组织和粗晶组织，结果使脆性转折温度升高到-35℃。应该指出，当钢的奥氏体晶粒较小，存在少量魏氏组织铁素体时，并不明显降低钢的机械性能，因其形成温度较低，钢的强度还可能稍有提高，在这种情况下钢件仍可使用。只有当奥氏体晶粒粗大，出现粗大的魏氏组织铁素体和切割基体严重时，才使钢的强度降低，特别是韧性显著降低。在这种情况下，必须清除魏氏组织。常用的方法是细化晶粒的正火、退火以及锻造等。

3.6 珠光体的机械性能

3.6.1 珠光体的机械性能

钢中珠光体的机械性能，主要决定于钢的化学成分和热处理后所获得的组织形态。共析钢在获得单一片状珠光体的情况下，其机械性能与珠光体的片层间距、珠光体团的直径、珠光体中铁素体片的亚晶粒尺寸和原始奥氏体晶粒大小有着密切的关系。如前所述，原始奥氏体晶粒粗大，将使珠光体团的直径增大，但对片层间距影响较小。这是由于珠光体团的直径是由其形核率与长大速度之比决定的。在比较均匀的奥氏体中，片状珠光体主要在晶界形核，因而表征单位体积内晶界面积的奥氏体晶粒大小，对珠光体团直径产生了明显影响。珠光体的片层间距主要是由相变时能量的变化和 C 的扩散决定的，因此与奥氏体晶粒大小关系不大。

珠光体的片层间距和珠光体团的直径对强度和塑性的影响，如图 3-28、图 3-29 所示。可以看出，珠光体团直径和片层间距越小，强度越高，塑性也越大。其主要原因是由于铁素体与渗碳体片薄时，相界面增多，在外力作用下，抗塑性变形的能力增大。而且由于铁素体、渗碳体片很薄，会使钢的塑性变形能力增大。珠光体团直径减小，表明单位体积内片层排列方向增多，使局部发生大量塑性变形引起应力集中的可能性减少，因而既提高了强度又提高了塑性。

如果钢中的珠光体是在连续冷却过程中形成的，转变产物的片层间距大小不等，高温形成的大，低温形成的小。则引起抗塑性变形能力的不同，珠光体片层间距大的区域，抗塑性变形能力小，在外力作用下，往往首先在这些区域产生过量变形，出现应力集中而破裂，使钢的强度和塑性都降低。

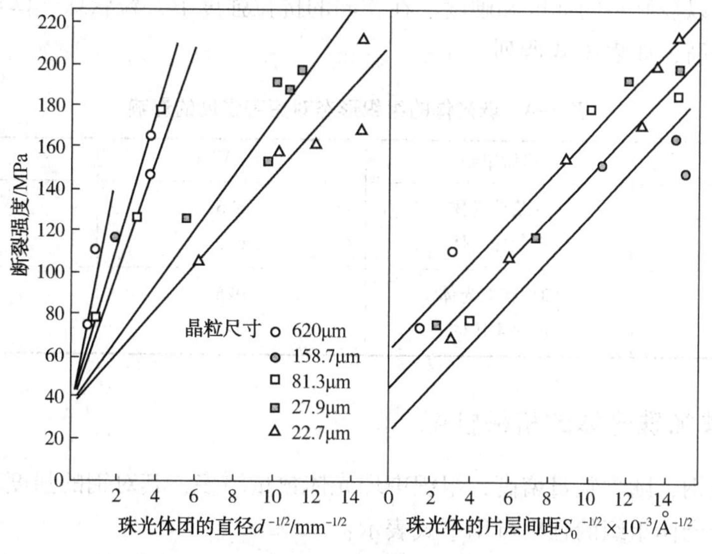

图 3-28 共析钢的珠光体团直径和片层间距对断裂强度的影响

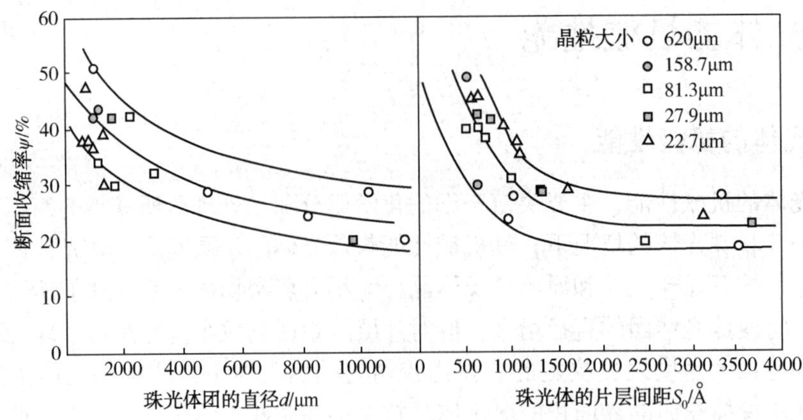

图 3-29 共析碳钢珠光体团的直径和片层间距对断面收缩率的影响

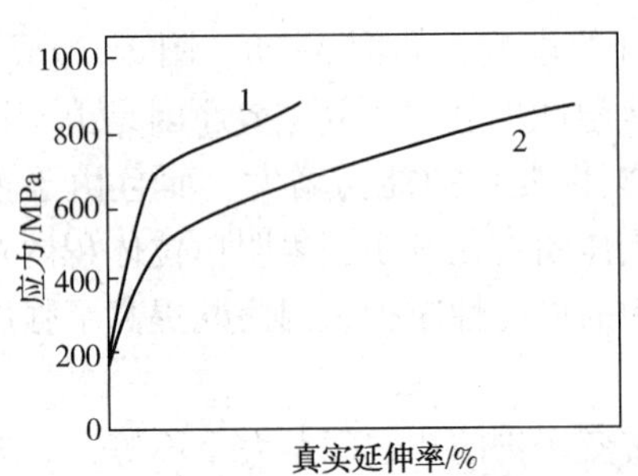

图 3-30 共析钢不同组织的应力-应变图

1—片状珠光体；2—粒状珠光体

在退火状态下，对于相同含碳量的钢，粒状珠光体比片状珠光体常具有较少的相界面，其硬度、强度较低，塑性较高，如图 3-30 所示。所以，粒状珠光体常常是高碳钢(高碳工具钢)切削加工前要求获得的组织形态。这种组织状态，不仅提高了高碳钢的切削加工性能，而且，可以减小钢件淬火变形、开裂倾向。中碳钢和低碳钢的冷挤压成形加工，也要求具有粒状碳化物的原始组织。

通过热处理改变钢中珠光体的碳化物形态、大小和分布，可以控制钢的强度和硬度。在相同的抗拉强度下，粒状珠光体比片状珠光体的疲劳强度有所提高，如表 3-4 所列。

表 3-4 珠光体的组织形态对疲劳强度的影响

钢种	显微组织	σ_b/MPa	σ_{-1}/MPa
共析钢	片状珠光体	676	235
	粒状珠光体	676	286
0.7%C 钢	细片状珠光体	926	371
	回火索氏体	942	411

3.6.2 铁素体加珠光体的机械性能

对于亚共析钢，随含碳量增高，组织中珠光体数量增多，其对钢的强度和韧性的作用增大。铁素体加珠光体组织的强度可用下式表示：

$$\sigma_b(\text{MPa})=15.4\{f_\alpha^{\frac{1}{3}}[16+74.2\sqrt{(\text{N})}+1.18d^{-\frac{1}{2}}]$$
$$+(1-f_\alpha^{\frac{1}{3}})(46.7+0.23S_0^{-\frac{1}{2}})+6.3(\text{Si})\} \tag{3-3}$$

$$\sigma_s(\mathrm{MPa}) = 15.4\{f_\alpha^{\frac{1}{3}}[2.3+3.8(\mathrm{Mn})+1.13d^{-\frac{1}{2}}]+(1+f_\alpha^{\frac{1}{3}})(11.6+0.25S_0^{-\frac{1}{2}})+4.1(\mathrm{Si})+27.6\sqrt{(\mathrm{N})}\} \tag{3-4}$$

式中 f_α——铁素体体积百分数；

d——铁素体晶粒直径(平均线截取值)；

S_0——珠光体片层间距，nm；

$f_\alpha^{\frac{1}{3}}$和$(1-f_\alpha^{\frac{1}{3}})$——铁素体和珠光体含量；

(Mn)(N)(Si)——Mn、N、Si 的质量分数。

上列公式适用于所有具有铁素体加珠光体组织的亚共析钢，直至全部为珠光体的共析钢。式中指数 1/3 表明屈服强度、抗拉强度随珠光体含量变化是非线性的。

屈服强度主要取决于铁素体晶粒尺寸，随珠光体量增加，它对强度的影响减小，越接近共析成分，珠光体对强度的影响越强烈，珠光体片层间距的作用就更加明显。当珠光体数量增加时，各种强化机制对强度的贡献如图 3-31 所示，图中假设珠光体的片层间距是相同的。这种关系适用于经高达 1100℃正火处理的钢材，适用于用 Al、Nb、Ti 等元素晶粒细化处理的钢材。

增加珠光体体积分数，能显著地降低最大均匀应变(图 3-32)和断裂时的总应变；此外，也增加任何给定应变下的流变应力和形变强化率，如下列函数关系所示。

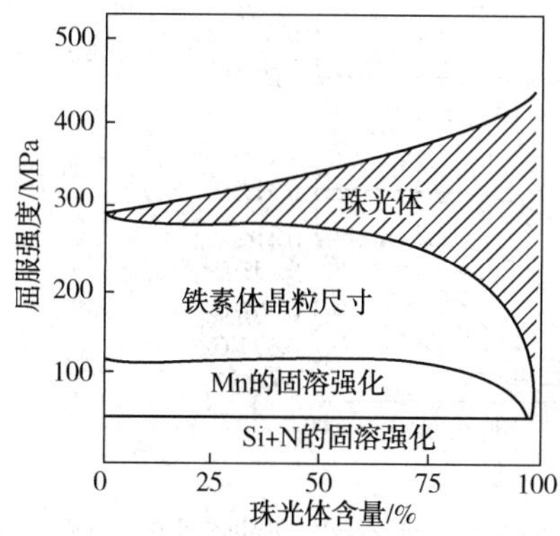

图 3-31 珠光体含量对铁素体加珠光体组织各强化机制以屈服强度贡献的影响

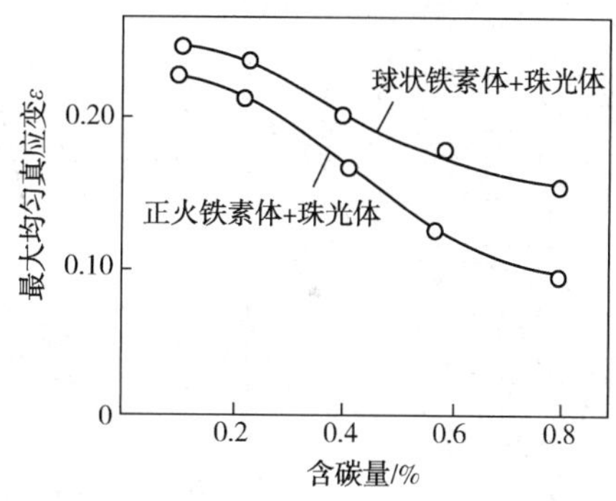

图 3-32 正火和退火状态下，含碳量对最大均匀应变的影响

$\varepsilon=0.2$ 时的流变应力($\sigma_f^{0.2}$)：

$$\sigma_f^{0.2}(\mathrm{MPa}) = 15.4[16+0.27(\text{珠光体}\%)+2.9(\mathrm{Mn})+9.0(\mathrm{Si})+60(\mathrm{P})+11(\mathrm{Sn})+244(\mathrm{Nf})+0.97d^{-\frac{1}{2}}] \tag{3-5}$$

$\varepsilon=0.2$ 时的流变应力$\left(\frac{d\sigma}{d\varepsilon}\right)$：

$$\frac{d\sigma}{d\varepsilon}(\mathrm{MPa}) = 15.4[25+0.09(\text{珠光体}\%)+7.2(\mathrm{Si})+30(\mathrm{P})+9.9(\mathrm{Sn})+89(\mathrm{Nf})+1.1d^{-\frac{1}{2}}] \tag{3-6}$$

对于全部是珠光体的共析钢，可用式(3-7)表示：

$$\frac{d\sigma}{d\varepsilon}(\text{MPa})=1560-90\times10-3S_0 \tag{3-7}$$

式中　　S_0——片层间距，nm；

(Mn)(Si)……——Mn、Si……的含量。

在中碳到高碳的铁素体加珠光体钢中，得到27J冲击值的脆性转折温度由式(3-8)给出：

$$I(℃)=f_\alpha[-46-11.5d^{-\frac{1}{2}}]+(1-f_\alpha)[-335+5.6S_0^{-\frac{1}{2}}-13.3p^{-\frac{1}{2}}+3.48\times10^6t]+48.7(\text{Si})+762\sqrt{(N_f)} \tag{3-8}$$

式中　p——珠光体团的尺寸，mm；

t——珠光体中渗碳体片的厚度，mm；

N_f——溶入的间隙溶质原子N。

为了获得最佳冲击性能，应使用细晶粒，含Si、C低的钢。细化铁素体晶粒、细化珠光体团对韧性是有益的，而固溶强化对韧性是有害的。

公式(3-8)表明，脆性转折温度随珠光体体积分数增加而升高。图3-33示出，冲击值随钢中含碳量增加(珠光体的体积分数增加)而显著下降，而且冲击功与珠光体含量的关系为指数形式。

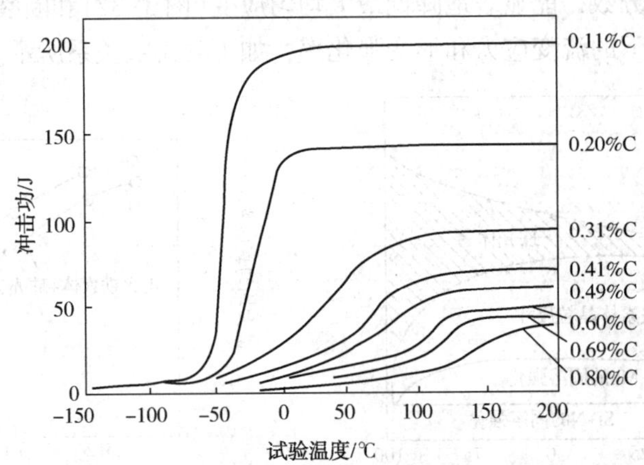

图3-33　含碳量(珠光体体积分数)对正火钢的韧脆转化温度和冲击值的影响

3.6.3　形变珠光体的机械性能

珠光体组织在工业上的主要应用之一是“派敦”(Patenting)处理的绳用钢丝、琴钢丝和某些弹簧钢丝。所谓派敦处理，就是使高碳钢获得细珠光体(索氏体组织)，再经过深度冷拔，获得高强度钢丝。索氏体具有良好的冷拔性能。一般认为，是由于片层间距较小，使滑移可沿最短途径进行。同时，由于渗碳体片很薄(0.001μm)，在强烈塑性变形时，能够弹性弯曲，故塑性变形能力增强。冷塑性变形使亚晶粒细化，形成由许多位错网组成的位错壁，而且这种位错壁彼此之间的距离，将随着变形量的增大而减小，同时强化程度增大。1%C钢经10%冷拉拔，组织为片状珠光体时，其中铁素体片的晶体点阵畸变$\Delta a/a=3.1\times10^{-3}$，亚晶粒$D=2.9\times10^{-6}$cm；组织为索氏体时，其中铁素体片的晶体点阵畸变$\Delta a/a=4.8\times10^{-3}$，亚晶粒$D=1.7\times10^{-6}$cm。亦即在相同的塑性变形条件下，珠光体的片层间距越小，亚晶粒越细，晶体点阵畸变越大。

珠光体组织进行塑性变形加工，可以大幅度提高钢的强度，图3-34示出了含0.9%C的ϕ1mm钢丝经845~855℃奥氏体化后，在不同温度等温处理，再经不同减面率冷拔后的拉伸强度，并且细片状珠光体具有较高的塑性变形强化效果。

冷塑性变形引起片状珠光体强化的原因主要有：①位错密度增高的贡献；②亚晶粒细化的贡献；③残存的相变位错的贡献。可见片状珠光体由于塑性变形而增高的强度，主要是由于塑性变形引起的位错密度增大(图3-35中A)和亚晶粒细化(图3-35中B)所贡献的。图3-35给出了600℃形成的片状珠光体抗拉强度与冷拔变形量关系。

从图3-35中还可以看出，Cr钢的强度高于Mn钢的强度，这是因为Cr钢具有较高的共析温度，使过冷度增大，从而使片状珠光体的片层间距减小。在600℃形成的珠光体，Cr钢为0.030μm，Mn钢则为0.128μm。同时，亚晶粒细化引起的强化作用，Cr钢也大于Mn钢。此外，由于含Cr的奥氏体转变温度较低，相变后在铁素体中出现的相变位错，也可以引起一定的强化作用(图3-35中C)。

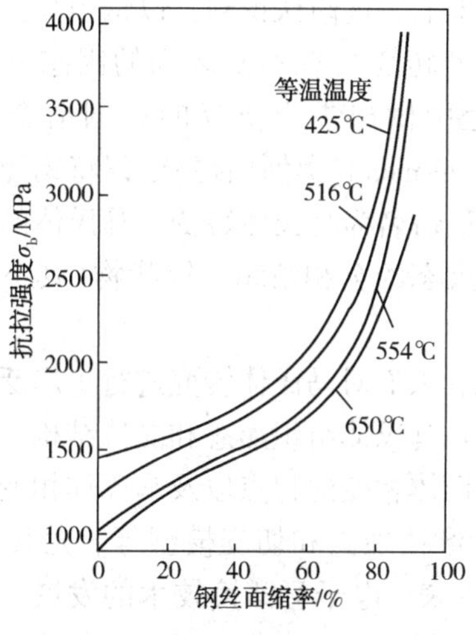

图3-34 塑性变形强化效果

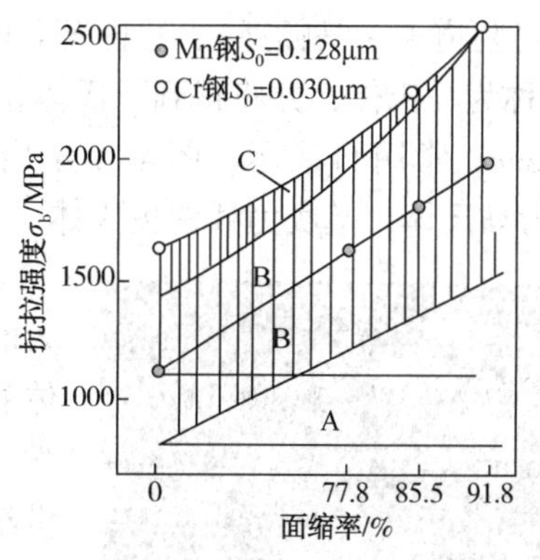

图3-35 片状珠光体抗拉强度与冷拔变形量关系

课后习题

1. 珠光体的形成过程。

2. 碳和合金元素对珠光体转变动力学有何影响？

3. 影响片状珠光体性能的因素有哪些？比较片状珠光体的性能差异。

4. 粒状珠光体的形成途径。

5. 如何消除网状渗碳体？

6. 以共析钢为例，试述片状珠光体的转变机制，并用铁碳相图说明片状珠光体形成时碳的扩散。

7. 什么是伪共析组织？

8. 片状珠光体和粒状珠光体生成条件有何不同？决定片层间距的主要因素是什么？

第 4 章　马氏体转变

钢在奥氏体化以后快速冷却，抑制其扩散性转变，在较低的温度下发生的无扩散型相变称为马氏体转变。早在战国时代人们就已经知道淬火可以提高钢的硬度，但对于这种现象的本质还不清楚。到了 19 世纪末期，人们知道了钢在加热与冷却过程中，内部相组成发生了变化，因而引起了钢性能的改变。20 世纪 20 年代，美国人 W. L. Fink (芬克) 和苏联人 Г. В. Курдюмов(库尔久莫夫)分别用 X 射线衍射技术确定了钢中马氏体的本质：体心正方结构，碳在 α-Fe 中的过饱和固溶体，奥氏体在非平衡(大过冷)条件下转变成的一种介稳相。到 20 世纪 50 年代，不但积累了大量有关钢中马氏体转变的技术资料，而且还发现在一系列有色合金及某几种纯金属中也发生相似的转变。在此基础上，逐渐认识到，以钢中马氏体形成为代表的相变，是一种与历来了解的固态扩散型晶型转变具有本质区别的固态一级相变——非扩散的晶型转变，为了纪念在这一发展过程中做出杰出贡献的德国冶金学家 Adolph Martens(阿道夫·马顿斯)，法国著名的冶金学家 Osmond(奥斯门德)建议将钢经淬火所得高硬度相称为马氏体，并将得到马氏体相的转变过程命名为马氏体转变。马氏体的英文名称为 Martensite，常用 M 表示。图 4-1 示出高碳钢淬火态的金相组织，针状物(其空间形态为板片状)为马氏体，基底为残留奥氏体。

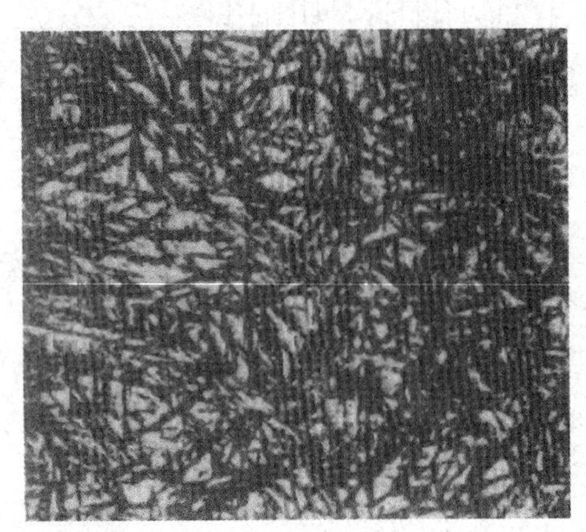

图 4-1　高碳钢淬火(油冷)的金相组织(×500)

长期以来，人们对马氏体转变进行了广泛而深入的研究，如：马氏体组织形态和晶体结构，马氏体的性能，马氏体相变的特点以及马氏体相变热力学、动力学、形核理论和切变模型等。尤其是 20 世纪 60 年代以来，电子显微镜技术的发展，揭示了马氏体的精细结构，使人们对马氏体的成分、组织结构和性能之间的关系有了比较明确的概念，对马氏体的形成规律也有了进一步的了解。

目前，人们发现不仅在钢中有马氏体转变，在诸如 Fe-Ni、Cu-Al、Ni-Ti、In-Tl 等合金中都可能发生马氏体相变，即使是纯铁，如果冷却速度大到足以遏制扩散型转变(3000℃/s)，也可以转变成马氏体。只不过在这种情况下马氏体相变并不一定伴随硬化现象，而且马氏体的结构也不尽相同。此外，马氏体相变的含义也变得更广泛，不仅铁合金、非铁合金，而且陶瓷材料中也发现了马氏体相变。凡是相变的基本特征属于马氏体型的转变产物都可以称为马氏体，如钛合金中马氏体、铜合金中马氏体等。马氏体转变是金属热处理时发生相变的基本类型之一，对钢的强化热处理及形状记忆合金的应用技术具有重要意义。因此，马氏体转变的理论研究与热处理生产实践有着十分密切的关系。本章重点介绍钢中马氏体相变的基本规律，对其他马氏体也做一定介绍。

4.1 钢中马氏体的晶体结构

钢中马氏体的性能主要取决于其晶体结构。实验表明，钢中马氏体是碳在 α-Fe 中的过饱和固溶体，具有体心正方点阵。

4.1.1 马氏体点阵常数和含碳量的关系

人们利用 X 射线衍射技术测定了室温下不同含碳量马氏体的点阵常数，得出点阵常数 c、a 及 c/a 与钢中含碳量呈线性关系，如图 4-2 所示。随钢中含碳量升高，马氏体的点阵常数 c 增大，a 减小，正方度 c/a 增大。图中 a_γ 为奥氏体的点阵常数。上述关系也可用下列公式表示

$$\left.\begin{aligned} c&=a_0+\alpha\rho \\ a&=a_0-\beta\rho \\ c/a&=1+\gamma\rho \end{aligned}\right\} \tag{4-1}$$

式中 $a_0=2.861\text{Å}$（α-Fe 点阵常数）；

$\alpha=0.116\pm0.002$、$\beta=0.013\pm0.002$、$\gamma=0.046\pm0.001$；

ρ——马氏体的含碳量（质量分数）。

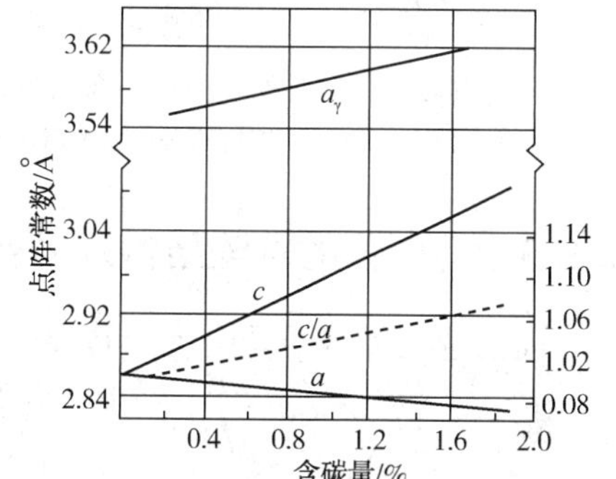

图 4-2 点阵常数与含碳量的关系

系数 α 和 β 数值的意义是表示 C 原子在 α-Fe 点阵中引起的局部畸变的程度。

上述关系不仅适用于碳钢也适用于合金钢，并可通过测定 c/a，按(4-1)式确定马氏体的含碳量。

4.1.2 新生马氏体的异常正方度

1965 年以来，在实验中发现许多钢中新生马氏体的正方度与含碳量的关系不符合式(4-1)。有的与式(4-1)比较相当低，称为异常低正方度；有的高于公式给出的正方度，称为异常高正方度。例如，M_s点低于 0℃的钢(0.6%~0.8%C、6%~7%Mn)，制成奥氏体单晶淬入液氮，并在液氮温度下测得新生马氏体的异常正方度，与式(4-1)比较相当低。但当温度回升至室温时，正方点阵的 c 轴伸长，a 轴缩短，正方度增大，趋于与式(4-1)接近，如图 4-3 所示。

Al 钢和高 Ni 钢中的新生马氏体具有异常高正方度，如图 4-4 所示。温度回升至室温时，点阵常数 c 减小，a 增大，c/a 下降，变化的趋势与异常低正方度马氏体正好相反。异常低正方度马氏体的点阵是正交对称的，即 $a\neq b$。而异常高正方度马氏体的点阵是正方的，即 $a=b$。

由图 4-3 和图 4-4 不难看出，新生马氏体的异常正方度与式(4-1)的偏差随钢中含碳量升高而增大。人们由此推测，马氏体的异常正方度现象可能与 C 原子在马氏体点阵中的某种行为有关。

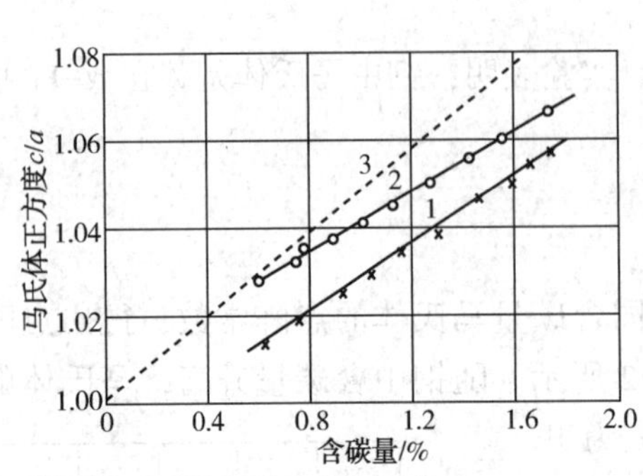

图 4-3 马氏体正方度与含碳量的关系

1—新生马氏体；2—温度回升至室温后；3—普通碳钢

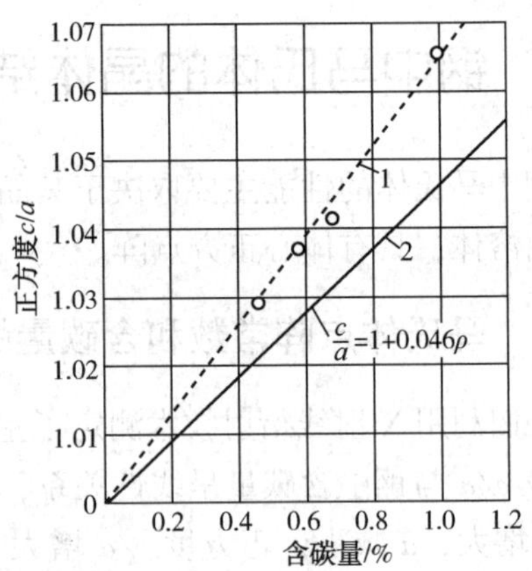

图 4-4 高 Ni 钢马氏体的异常高正方度

1—新生马氏体；2—温度回升至室温后

4.1.3 马氏体的点阵结构及畸变

前已述及，钢中马氏体为 C 原子在 α-Fe 中的过饱和固溶体。C 原子在马氏体点阵中的可能位置是分布在 α-Fe 体心立方单胞的各棱边中央和面心位置，如图 4-5 所示。也可视为处于一个由 Fe 原子组成的八面体间隙之中，扁八面体的长轴为$\sqrt{2}a$，短轴为 c，其几何形状如图中粗线所示。根据计算，α-Fe 点阵中的这个八面体间隙在短轴方向上的半径仅为 0.19Å，而 C 原子的有效半径为 0.77Å。因此，在平衡状态下，C 在 α-Fe 中的溶解度极小(0.006%)。一般钢中马氏体的含碳量远远超过这个数值，所以必然引起点阵发生畸变。间隙 C 原子溶入 Fe 原子点阵的八面体间隙之后，力图使其变成正八面体。结果使短轴方向上的 Fe 原子间距伸长，而在另外两个方向上则收缩，从而使体心立方点阵变成了体心正方点阵。由间隙 C 原子所造成的这种非对称畸变称为畸变偶极，可视其为一个强烈的应力场，C 原子就在这个应力场的中心。

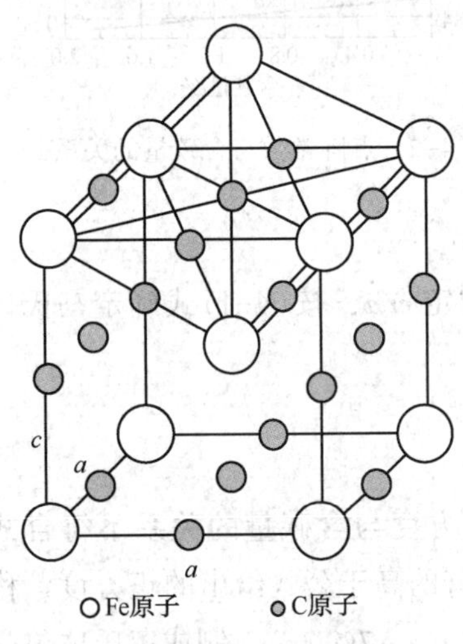

图 4-5 C 原子在马氏体点阵中的可能位置

4.1.4 碳原子在马氏体点阵中的分布

图 4-5 只是示出了 C 原子可能占据的位置，而并非所有位置上都有 C 原子存在。这些位置可以分为三组，每组都构成一个八面体，C 原子分别占据着这些八面体的顶点，如图 4-6 所示，我们称其为亚点阵。图 4-6(a)中示出第三亚点阵，C 原子在 c 轴上；图 4-6(b)示出第二亚点阵，C 原子在 b 轴上，图 4-6(c)示出第一亚点阵，C 原子在 a 轴上。如果 C 原子在这三个亚点阵上分布的机率相等，即为无序分布，则马氏体应为立方点阵。事实上，马氏体点阵是体心正方的，可见 C 原子在三个亚点阵上分布的概率是不相等的，可能优先占据其中某一个亚点阵，而呈现为有序分布。

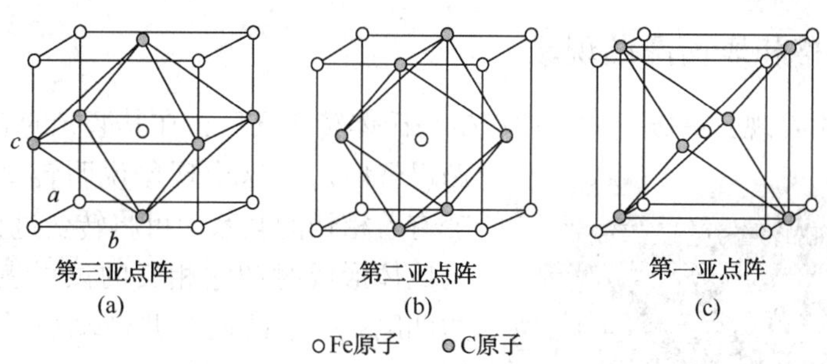

图 4-6 C 原子在马氏体点阵中的可能位置构成的亚点阵

通常假设马氏体点阵中的 C 原子优先占据八面体间隙位置的第三亚点阵，即 C 原子平行于[001]方向排列。中子辐照实验结果分析表明，式(4-1)与全部 C 原子仅占据八面体间隙位置第三亚点阵的情况并不符合，而是近 80%C 原子优先占据第三亚点阵，20%C 原子分布在另外两个亚点阵上。在普通碳钢的新生马氏体及其他具有异常低正方度的新生马氏体中，C 原子也都是部分无序分布的。正方度越大，则无序分布程度越大，有序分布程度越小。只有在异常高正方度马氏体中，C 原子才接近全部占据八面体间隙位置的第三亚点阵。但是，计算发现，即使全部 C 原子都占据第三亚点阵，马氏体的正方度也不能达到实验中所测得的异常高正方度。因此有人认为，Al 钢和高 Ni 纲中马氏体的异常高正方度还与合金元素的有序分布有关。

按上述模型，我们不难解释，具有异常低正方度的新生马氏体，因其 C 原子是部分有序分布的，因而正方度异常低。在这种情况下，有相当数量的 C 原子分布在第一、二亚点阵上，当它们在这两个亚点阵上的分布概率不等时，引起 $a \neq b$，形成了正交点阵。在温度回升至室温时，C 原子重新分布，有序度增大，故正方度升高，而正交对称性逐渐减小，直至消失。因此，新生马氏体的正方度变化是 C 原子在马氏体点阵中重新分布引起的。这个过程称为 C 原子在马氏体点阵中的有序-无序转变。其动力是 C 原子只在八面体间隙位置的一个亚点阵上分布时具有最小的弹性能。这与理论计算的结果是符合的。

实验研究发现，经中子流、电子流、γ-射线辐照的马氏体有正方度的可逆变化。辐照后，正方度下降，随后在室温时效几个月，正方度又上升。这种可逆变化是 C 原子有序-无序转变过程存在的有力证明。马氏体经辐照后，由于点阵缺陷密度升高，使 C 原子发生了重新分布，部分 C 原子离开第三亚点阵向点阵缺陷处偏聚，导致 C 原子有序度降低，因而 c/a 下降。时效时，由于点阵缺陷密度下降，C 原子又逐渐回到第三亚点阵上，C 原子有序度升高，c/a 随之逐渐上升。

经辐照后的马氏体，正方度部分恢复，在室温下需要几个月，而加热到 70℃只要几分钟即可达到同样的效果。

新生马氏体具有异常正方度的发现，对于研究马氏体形成过程及探讨马氏体转变机制具有重要意义。

4.2 马氏体转变的主要特点

马氏体转变相对于珠光体转变来说，是在较低的温度下进行的，因而具有一系列不同于扩散型相变的特点。

4.2.1 切变共格和表面浮凸现象

人们在实验中发现，高碳钢样品中产生马氏体转变之后，在其磨光的表面上形成表面浮凸(图 4-7)。这个现象说明转变和母相的宏观切变有着密切的联系，可将转变过程用图 4-7 表示。马氏体形成时和它相交的试样表面发生倾动，一边凹陷，一边凸起，并牵动奥氏体突出表面，如图 4-8(a)所示。图 4-8(b)示出相变前磨面上的直线划痕，在表面倾动之后既不折断，又不弯曲，只是转变为折线。在显微镜光线(斜照明)照射下，浮凸两边呈现明显的山阴和山阳。由此可见，马氏体形成是以切变的方式实现的，同时马氏体和奥氏体之间界面上的原子是共有的，既属于马氏体，又属于奥氏体，而且整个相界面是互相牵制的，如图 4-9 所示。这种界面称为“切变共格”界面，它是以母相切变维持共格关系的，即原奥氏体中的任一平面在转变成马氏体后仍为一平面。在具有共格界面的新旧两相中，原子位置有对应关系，新相长大时，原子只做有规则的迁动而不改变界面的共格情况。

图 4-7　钢因马氏体转变而产生的表面浮凸

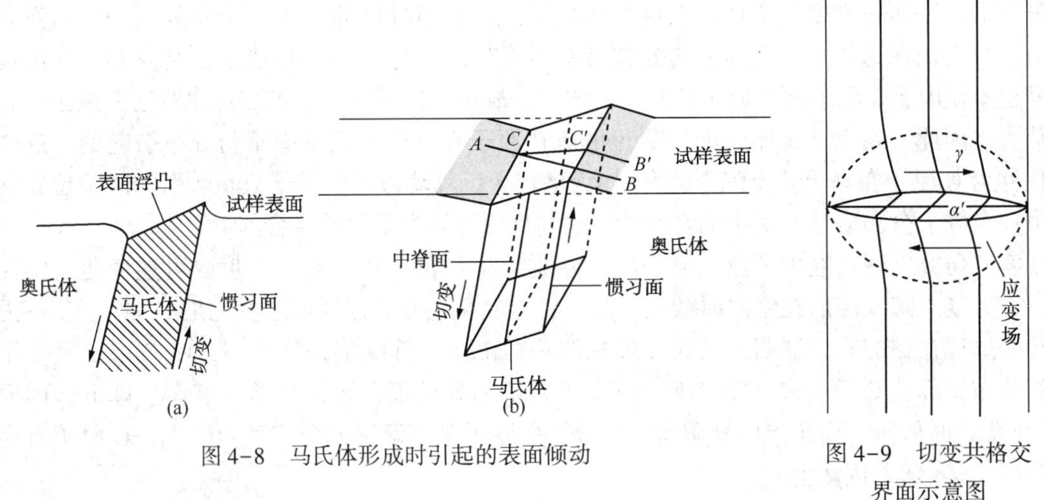

图 4-8　马氏体形成时引起的表面倾动

图 4-9　切变共格交界面示意图

4.2.2 马氏体转变的无扩散性

从马氏体转变时出现的宏观均匀切变现象可以设想，马氏体转变只有点阵改组而无成分变化，在马氏体转变过程中原子做有规律的整体迁移，原来相邻的两个原子转变后仍然相邻，它们之间的相对位移不超过一个原子间距，即马氏体相变是在原子不发生扩散的情况下发生的。其主要实验证据如下：

(1) 钢中马氏体转变无成分变化，仅有晶格改组：

$$\gamma\text{-Fe(C)(fcc)} \longrightarrow \alpha\text{-Fe(C)(bcc)}$$

（2）马氏体转变可以在相当低的温度范围内进行，并且转变速度极快。

例如 Fe-C 和 Fe-Ni 合金中，在 20~-196℃之间，形成一片马氏体约需 $5\times10^{-5}\sim5\times10^{-7}$s。甚至在 4K 时，形成速度仍然很高。在这样低的温度下，原子扩散速度极小，转变已不可能以扩散方式进行。

4.2.3 具有一定的位向关系和惯习面

1. 位向关系

马氏体转变的晶体学特点是新相和母相之间存在着一定的位向关系。因为马氏体转变时，原子不需要扩散，只做有规则的很小距离的迁动，转变过程中新相和母相界面始终保持切变共格(图 4-9)，因此，转变后两相之间具有一定的位向关系。在钢中已经观察到的位向关系有 K-S 关系、西山关系和 G-T 关系。

（1）K-S 关系

Курдюмов 和 Sachs 用 X 射线极图法测出碳钢(1.4%C)中马氏体(α')和奥氏体(γ)之间存在下列位向关系

$$\{011\}_{\alpha'}//\{111\}_{\gamma};\ <111>_{\alpha'}//<101>_{\gamma}$$

按照这样的位向关系，马氏体在母相奥氏体中可以有 24 种不同的取向。图 4-10 示出在每个$\{111\}_{\gamma}$面上，马氏体可能有 6 种不同的取向，而立方点阵中有 4 个$\{111\}_{\gamma}$面，因此共有 24 种可能的马氏体取向。

（2）西山(Nishiyama)关系

西山在 30%Ni 的 Fe-Ni 合金单晶中发现，在室温以上形成的马氏体和奥氏体之间存在 K-S 关系，而在-70℃以下形成的马氏体则具有下列位向关系：

$$\{111\}_{\gamma}//\{110\}_{\alpha'};\ <211>_{\gamma}//<110>_{\alpha'}$$

这个关系称为西山(N)关系。

按照西山关系，在每个$\{111\}_{\gamma}$面上，马氏体只可能有 3 种不同的取向，所以 4 个$\{111\}_{\gamma}$面上总共只有 12 种可能的马氏体取向。西山关系和 K-S 关系比较，晶面的平行关系相同，而平行方向却有 5°16′之差，如图 4-11 所示。

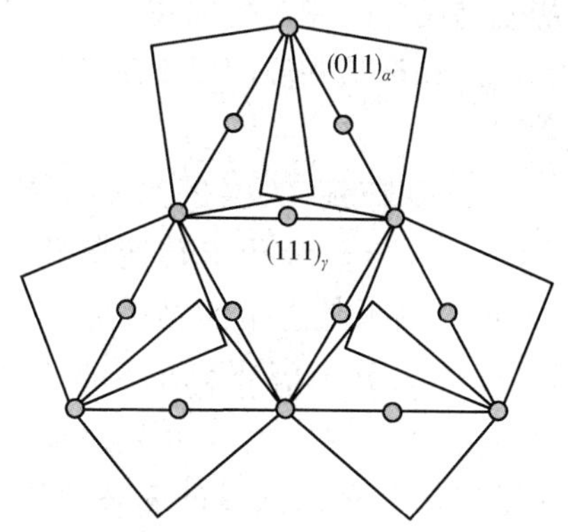

图 4-10 马氏体在(111)γ 面上形成时可能有的取向

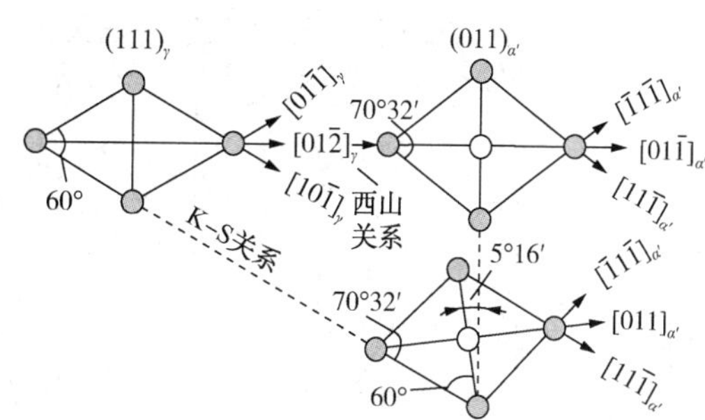

图 4-11 西山关系和 K-S 关系的比较

（3）G-T(Greninger-Troiano)关系

Greninger 和 Troiaon 精确地测量 Fe-0.8%C-22%Ni 合金的奥氏体单晶中的马氏体位向，结果发现 K-S 关系中的平行晶面和平行晶向实际上均略有偏差：

$$\{111\}_{\gamma}//\{110\}_{\alpha'}\text{差 }1°；\ <211>_{\gamma}//<110>_{\alpha'}\text{差 }2°$$

我们将这种位向关系称为 G-T 关系。

2. 惯习面及其不应变性

马氏体转变时界面两侧的马氏体和奥氏体既未发生相对转动，该界面也未发生畸变，故该界面被称为不变平面。试验表明，马氏体转变时新相和母相保持一定的位向关系，马氏体转变的不变平面被称为马氏体的惯习面，通常以母相的晶面指数表示。

钢中马氏体的惯习面随含碳量及形成温度不同而异，常见的有三种：$(111)_{\gamma}$、$(225)_{\gamma}$、$(259)_{\gamma}$。含碳量小于 0.6%时为$(111)_{\gamma}$，含碳量在 0.6%～1.4%之间为$(225)_{\gamma}$，含碳量高于 1.4%时为$(259)_{\gamma}$。随马氏体形成温度下降，惯习面有向高指数变化的趋势，故对同一成分的钢也可能出现两种惯习面，如先形成的马氏体惯习面为$(225)_{\gamma}$，而后形成的马氏体惯习面为$(259)_{\gamma}$。

惯习面为无畸变、无转动平面。图 4-7 示出相变前磨面上的直线划痕，相变后变为折线，但折移后在相界面上仍保持连续，这说明相界面(惯习面)未发生宏观(10^{-2}mm 范围)可测的应变。马氏体和奥氏体以相界面为中心发生对称倾动，说明惯习面在相变过程中并不发生转动。

很多试验结果证明，惯习面都不是简单的指数面，而且在相变中既不发生应变，也不产生转动。

4.2.4 降温形成

在通常情况下，必须将奥氏体以大于临界冷却速度的冷却速度过冷到某一温度以下才能发生马氏体转变。这一温度称为马氏体转变的开始点，用 M_s 表示。马氏体转变开始后，必须在不断降低温度的条件下，转变才能继续进行；冷却中断，转变立即停止。马氏体转变虽然有时也出现等温转变的情况，但等温转变普遍都不能使马氏体转变进行到底，所以马氏体转变总是需要在一个温度范围内连续冷却时才能完成。当冷却至某一温度以下时，马氏体转变不再进行，这个温度用 M_f 表示，称为马氏体转变终了点。

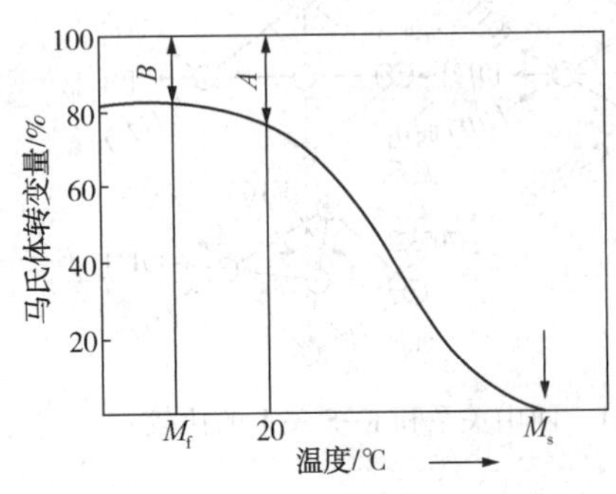

图 4-12 马氏体转变量与温度的关系

在很多情况下，冷却到 M_f 温度后仍不能得到 100%马氏体，而保留一定数量的未转变奥氏体，如图 4-12 所示。可见，如果某种钢的马氏体转变开始点 M_s 低于室温，则淬火到室温得到的全是奥氏体。如果某一种钢的 M_s 点在室温以上，而 M_f 点在室温以下，则淬火到室温将保留相当数量的未转变奥氏体，通常称之为残余奥氏体。如冷却至室温后继续冷却，则残余奥氏体将继续转变为马氏体，这种低于室温的冷却，生产上称为冷处理。

4.2.5 马氏体转变的可逆性

在某些铁合金中，奥氏体冷却转变为马氏体，重新加热时，已形成的马氏体又可以通过逆向马氏体转变机制转变为奥氏体，这就是马氏体转变的可逆性。一般将马氏体加热时向奥氏体的转变称为逆转变。逆转变开始点用 A_s表示，逆转变终了点用 A_f表示。通常 A_s温度比 M_s温度高一些。

在 Fe-C 合金中，目前尚未直接观察到马氏体逆转变。一般认为，由于含碳马氏体是 C 在 α-Fe 中的过饱和固溶体，加热时极易分解，因此在尚未加热到 A_s点时，马氏体就已经分解了，所以得不到马氏体逆转变。有人认为，如果以极快的速度加热，使马氏体在未分解前即已加热到 A_s点以上，则有可能发生逆转变。

综上可知，马氏体相变区别于其他相变的最基本特点只有两个：一是相变以共格切变的方式进行；二是相变的无扩散性。所有其他特点均可由这两个基本特点派生出来。有时，在其他类型相变中，也会看到个别特点与马氏体相变特点相类似，但并不能说明它们也是马氏体转变。

4.3 钢中马氏体的组织形态

钢件经淬火获得马氏体组织，是达到强韧化的重要基础。虽然马氏体是个单相组织，但由于钢的种类、成分不同，以及热处理条件的差异，会使淬火马氏体的形态和晶体学特征等发生很大变化。淬火马氏体的这些变化又会对钢件的组织和机械性能产生很大的影响。因此，掌握马氏体组织形态特征以及了解影响马氏体形态的各种因素是十分重要的。

4.3.1 板条状马氏体

板条状马氏体是低碳钢、中碳钢、马氏体时效钢、不锈钢等铁系合金中的一种典型的马氏体组织。图 4-13 示出了低碳合金钢(0.03%C、2%Mn)中马氏体的典型组织。因为马氏体呈板条状一束束排列在原奥氏体晶粒内，故称为板条状马氏体。对某些钢因板条不易浸蚀显现出来，而往往呈现为块状，所以有时也称之为块状马氏体。又因为这种马氏体的亚结构主要为位错，通常也称它为位错型马氏体。

板条状马氏体的显微组织构成可以用图 4-14 表示。图中区域 A 表示板条束，呈不规则形状，尺寸约为 20~35μm，是由若干单个马氏体板条所组成，一个原始奥氏体晶粒内可以有几个板条束(通常为 3~5 个)。当采用着色浸蚀时，可以使板条束内出现黑白色调(如用 100mL HCl+5g $CaCl_2$+100mL CH_3CH 溶液)，一个板条束又可分成几个平行的像图中 B 那样的区域，呈块状。同一色调区是由位向相同的马氏体板条组成的，称为同位向束，数个同位向束即组成一个板条束。按 K-S 关系，马氏体在奥氏体中可以有 24 种不同的取向，其中能平行生成马氏体板条的位向有 6 种，而一个同位向束就是由其中的一种位向转变而来的板条束。有人认为在一个板条束内只可能按两组可能的位向转变，因此，一个板条束可以由两组同位向束交替组成。在同位向束内相邻马氏体板条一般以小角晶界相间，同位向束之间成大角晶界相间。但是也有一个板条束大体上由一种同位向束构成的情况，如图 4-14 中 C 所示。而一个同位向束又由平行排列的板条组成，如图 4-14 中 D 所示。每个板条束由若干个板条组成，每一个板条为一个单晶体。一个板条的尺寸约为 0.5μm×5.0μm×20μm，板条具有平直的界面，界面近似平行于奥氏体的$\{111\}_\gamma$，称其惯习面，相同惯习面的马氏体板条平行排列构成马氏体板条束。现已确定，这些密的板条被连续的高度变形的残余奥氏体薄膜(约 200Å)所隔开，且条间残余奥氏体薄膜的含碳量较高。这种薄膜状残余奥氏体很稳定，在一些合金钢中，即使冷却至-196℃也不转变，它的存在对钢的机械性能会产生显著影响。

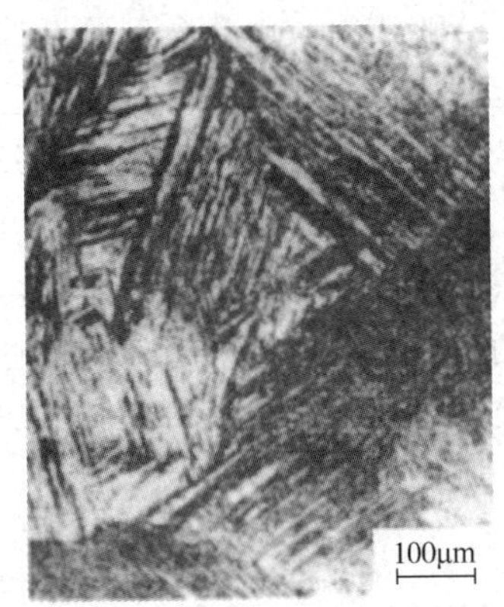

图 4-13　板条马氏体组织

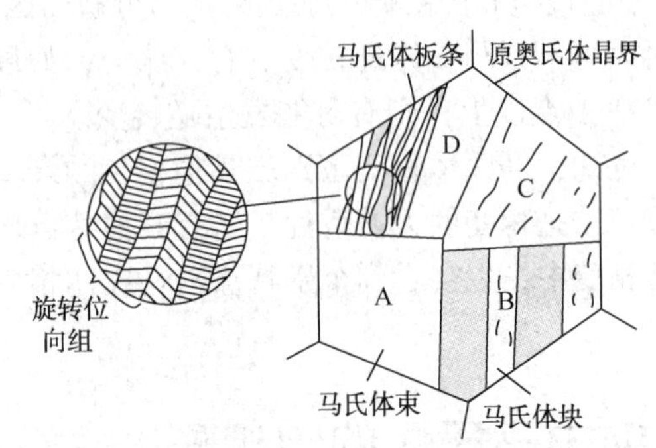

图 4-14　板条马氏体显微组织构成示意图

透射电镜观察可以证明，板条马氏体内有高密度位错，经电阻法测量其密度大约为 $0.3\sim0.9\times10^{12}/cm^{-2}$，与剧烈加工硬化的铁相似，有时也会有部分相变孪晶存在，但为局部的，数量不多。

在一个板条束内，奥氏体和马氏体之间的位向关系均在 K-S 和 N 关系之间，并以处于二者之间的 G-T 关系最为多见。K-S 和 N 关系相差 5°16′，G-T 关系介于二者之间。符合 G-T 关系的板条马氏体和符合 K-S、N 任一关系的马氏体之间只差 2.5°左右。

板条马氏体的显微组织构成随钢以及合金的成分变化而变化。在碳钢中，当含碳量小于 0.3%时，原始奥氏体晶粒内板条束及束中块均很清楚；含碳量为 0.3%～0.50%时，板条束清楚，块不清楚；含碳量升高到 0.6%～0.8%时，板条混杂生成的倾向性很强，无法辨认束和块。可见，碳钢中随含碳量升高，板条马氏体组织的块趋于消失，束逐渐变得难于辨认。在 Fe-Ni 合金中，板条马氏体的组织构成几乎不受 Ni 含量的影响，块始终很清楚。

试验证明，改变奥氏体化温度，可显著改变奥氏体晶粒大小，但对板条宽度几乎不发生影响，而板条束的大小随奥氏体晶粒增大而增大，且两者之比大致不变。所以一个奥氏体晶粒内生成的板条束数大体不变。随淬火冷却速度增大，板条马氏体束径和块宽同时减小，组织变细。所以，淬火时加速冷却有细化板条状马氏体组织的作用。

4.3.2　片状马氏体

铁系合金中出现的另一种典型的马氏体组织是片状马氏体，常见于淬火高、中碳钢及高 Ni 的 Fe-Ni 合金中。高碳钢中典型的片状马氏体组织如图 4-15 所示，其空间形态呈双凸透镜片状，所以称为透镜片状马氏体。因其与试样磨面相截而在显微镜下呈现为针状或竹叶状，故又称为针状马氏体或竹叶状马氏体。由于片状马氏体的亚结构主要为孪晶，因此又有孪晶型马氏体之称。片状马氏体的显微组织特征是马氏体片间并不互相平行。先形成的第一片马氏体将贯穿整个奥氏体晶粒而将晶粒分割为两半，使后形成的片状马氏体大小受到限制。在一个成分均匀的奥氏体晶粒内，冷至稍低于 M_s 点时，片状马氏体的大小不一，越是后形成的马氏体片越小，如图 4-16 所示。片的大小完全取决于奥氏体的晶粒大小。

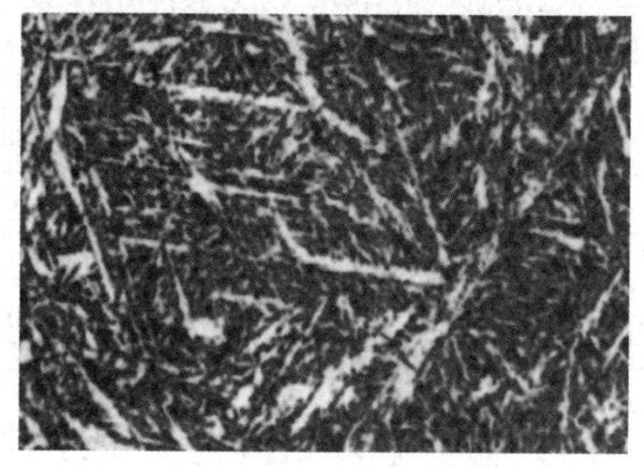

图 4-15　T12 钢的过热淬火组织（1200℃油淬，500×）

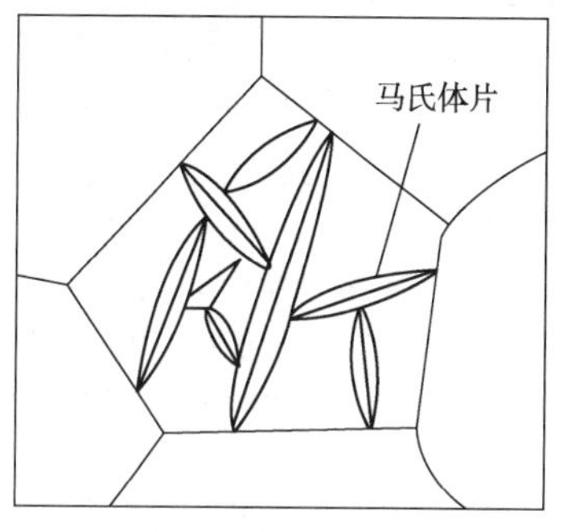

图 4-16　片状马氏体显微组织示意图

片状马氏体常能见到有明显的中脊（图 4-17）。其惯习面为 $(225)_\gamma$ 或 $(259)_\gamma$，与母相的位向关系为 K-S 关系或西山关系。片状马氏体内存在许多相变孪晶，如图 4-18 所示。孪晶接合部分的带状薄筋称为中脊。相变孪晶的存在是片状马氏体组织的重要特征。孪晶间距大约为 50Å，一般不扩展到马氏体的边界上，在片的边际则为复杂的位错组列。一般认为这种位错是沿 $[111]_{\alpha'}$ 方向呈点阵状规则排列的螺型位错。

图 4-17　有明显中脊的片马氏体（500×）

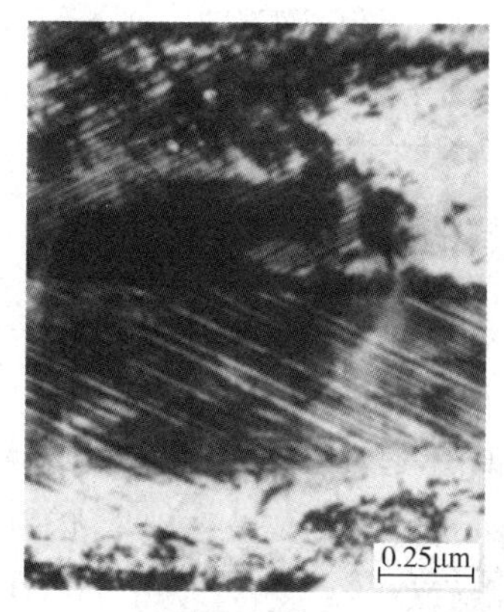

图 4-18　片状马氏体的透射电镜组织

根据片状马氏体内部亚结构的差异，可将其分为以中脊为中心的相变孪晶区（中间部分）和无孪晶区（在片的周围部分，存在位错）。孪晶区所占的比例随合金成分变化而异。在 Fe-Ni 合金中，Ni 含量越高（M_s 点越低）孪晶区越大。根据对 Fe-Ni-C 合金的研究，即使对同一成分的合金，随 M_s 点降低（如由改变奥氏体化温度引起）孪晶区所占的比例也增大。但相变孪晶的密度几乎不改变。孪晶厚度始终约为 50Å。高分辨率透射电镜观察证实，中脊为高密度相变孪晶区。

板条状马氏体和片状马氏体是钢和铁系合金中两种最典型的马氏体形态，它们的形态特征及晶体学特点对比列于表 4-1 中。

表 4-1　板条马氏体、片状马氏体的形态特征和晶体学特点

<table>
<tr><td>特　征</td><td>板条状马氏体</td><td colspan="2">片状马氏体</td></tr>
<tr><td>惯习面</td><td>$(111)_\gamma$</td><td>$(225)_\gamma$</td><td>$(259)_\gamma$</td></tr>
<tr><td>位向关系</td><td>K-S 关系~西山关系
$(111)_\gamma//(110)_{\alpha'}$、$(111)_\gamma//(110)_{\alpha'}$
$[1\bar{1}0]_\gamma//[\bar{1}11]_{\alpha'}$、$[\bar{2}\bar{1}1]_\gamma//[1\bar{1}0]_{\alpha'}$</td><td>K-S 关系
$(111)_\gamma//(110)_{\alpha'}$
$[1\bar{1}0]_\gamma//[\bar{1}11]_{\alpha'}$</td><td>西山关系
$(111)_\gamma//(110)\alpha'$
$[\bar{2}\bar{1}1]_\gamma//[1\bar{1}0]_{\alpha'}$</td></tr>
<tr><td>形成温度</td><td>M_s>350℃</td><td>$M_s\approx$200~100℃</td><td>M_s<100℃</td></tr>
<tr><td>合金成%C</td><td><0.3</td><td>1~1.4</td><td>1.4~2</td></tr>
<tr><td>组织形态</td><td>板条体常自奥氏体晶界向晶内平行排列群。板条体宽度多为 0.1~0.2μm，长度小于 10μm。一个奥氏内包含几个板条群。板条体之间为小角晶界，板条群之间为大角晶界</td><td>凸透镜片状（或针状、叶状）中间稍厚。初生者较厚、较长，横贯奥氏体晶粒，次生者尺寸较小。在初生片与奥氏体晶界之间，片间交角较大，互相撞击，形成显微裂纹</td><td>同左，片的中央有脊。在两个初生片之间常见到“Z”字形分布的细薄片</td></tr>
<tr><td>亚结构</td><td>位错网络（缠结）。位错密度随含碳量升高而增大，常为：(0.3~0.9)×10¹² cm/cm³，有时亦可见到少量的细小孪晶</td><td colspan="2">宽度约为 50Å 的细小孪晶，以中脊为中心组成相变孪晶区，随 M_s点降低，相变孪晶区增大。片的边缘部分为复杂的位错组列，孪晶面为$(112)_{\alpha'}$，孪晶方向为$[111]_{\alpha'}$</td></tr>
<tr><td rowspan="3">形成过程</td><td colspan="3">降温形核，新的马氏体板条（片）只在冷却过程中产生</td></tr>
<tr><td>长大速度较低，一个板条体大约在 10^{-4}s 内形成</td><td colspan="2">长大速度较高，一个片体大约在 10^{-7}s 内形成</td></tr>
<tr><td>无“爆发性”转变，在小于 50%转变量内降温转变率约为 1%/℃</td><td colspan="2">M_s100℃时有“爆发性”转变。新马氏体片不随温度下降均匀产生，而由于自触发效应连续成群地（呈“Z”字形）在很小温度范围内大量形成，伴有 20~30℃的温升</td></tr>
</table>

4.3.3　其他马氏体形态

1. 蝶状马氏体

在 Fe-Ni 合金中已经发现，当马氏体在某一温度范围内形成时，会出现具有特异形态的马氏体，如图 4-19 所示。这种马氏体的立体形态为细长杆状，其断面呈蝴蝶形，故称为蝶状马氏体或蝴蝶状马氏体。Fe-31%Ni 合金在 0~-20℃范围内主要形成蝶状马氏体，在-20~-60℃范围内蝶状马氏体与片状马氏体共存。可见蝶状马氏体的形成温度范围在板条状马氏体和片状马氏体的形成温度范围之间。电镜观察证实蝶状马氏体的内部亚结构为高密度位错，与母相的晶体位向关系大体上符合 K-S 关系。

图 4-19　蝶状马氏体的显微组织

蝶状马氏体的两翅接合部分很像片状马氏体的中脊。因此有人设想，从接合部分开始向两侧沿不同位向长成的马氏体（大概为孪晶关系）才呈现蝴蝶状。蝶状马氏体内部看不到孪晶，这与片状马氏体有很大的差异。而从内部结构和显微组织看，蝶状马氏体与板条马氏体较接近。目前

关于蝶状马氏体不清楚的问题还很多，但它的形态特征和性能介于板条状和片状马氏体之间，则是令人感兴趣的问题。

2. 薄片状马氏体

这种马氏体呈非常细的带状(立体图形为薄片状)，带可以相互交叉，呈现曲折、分枝等特异形态，如图4-20所示。薄片状马氏体的电镜组织如图4-21所示，它是由$(112)_{\alpha'}$孪晶组成的全孪晶马氏体，无中脊，这是它与片状马氏体的不同之处。

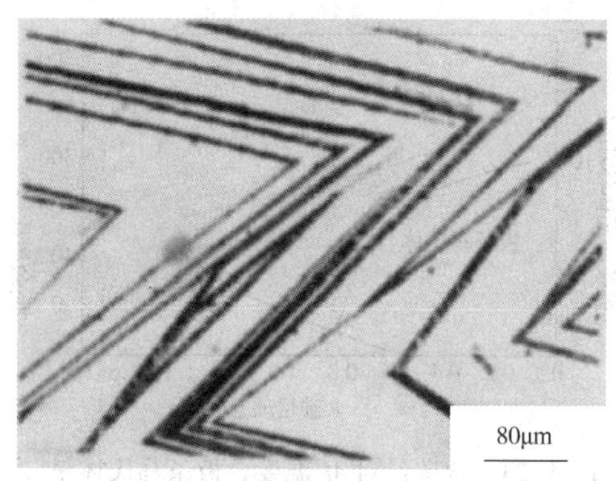

图4-20　薄片状马氏体的显微组织

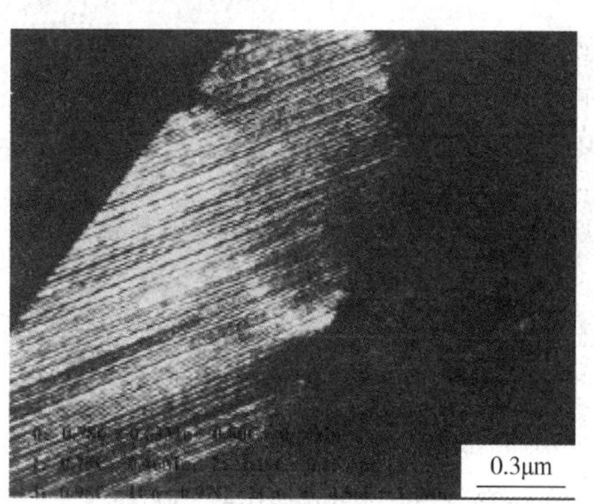

图4-21　薄片状马氏体的电镜组织

3. ε'马氏体

上述各种马氏体都是体心立方或体心正方结构的马氏体(α')，而在奥氏体层错能较低的合金中，还会形成密排六方点阵的ε'马氏体。这种马氏体易在Fe-Mn-C合金或Fe-Cr-Ni合金中出现。ε'马氏体光学显微组织呈薄板状(图4-22)，沿$\{111\}_{\gamma}$面呈魏氏组织形态分布，其亚结构为高密度层错。

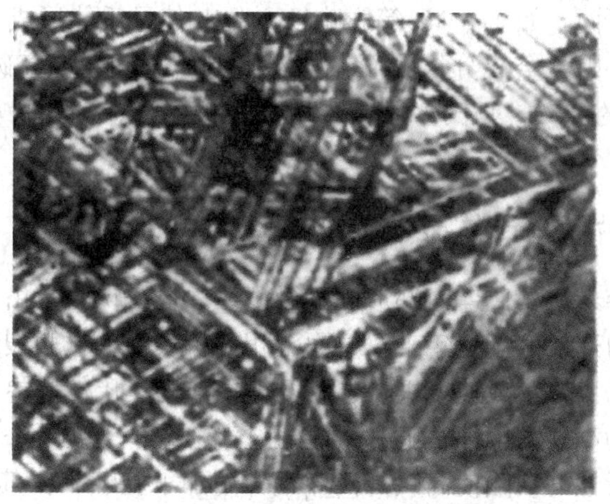

图4-22　高锰(19Mn)钢中ε'马氏体组织

4.3.4　马氏体形态及其内部亚结构与合金成分的关系

在Fe-C和Fe-Ni-C合金中，碳和合金元素的含量对马氏体形态有显著影响，其中以含碳量的影响尤为重要。马氏体形态随含碳量增加而从板条状向片状转化。如Fe-C合金中，

0.3%C 以下为板条状，1%C 以上为片状，0.5%~1.0%C 之间为板条状和片状的混合组织，如图 4-23 所示。但在不同的资料中，关于板条状马氏体过渡到片状马氏体的含碳量界限并不一致，目前认为这与淬火速度的影响有关，淬火速度增加时，形成孪晶马氏体的最小碳浓度降低。图 4-24 示出含碳量对 Fe-C 合金马氏体类型和 M_s点及残余奥氏体量的影响。由图中可见，小于 0.4%C 钢中残余奥氏体甚少，M_s温度随奥氏体内含碳量升高而降低；随 M_s下降，孪晶马氏体量增多，残余奥氏体量增多。

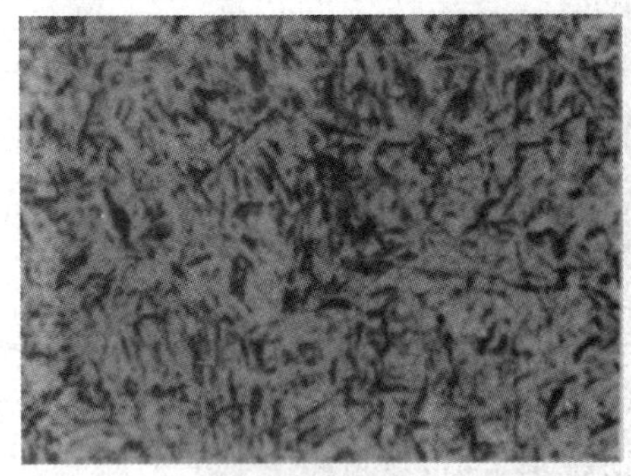

图 4-23 马氏体的混合组织(500×)

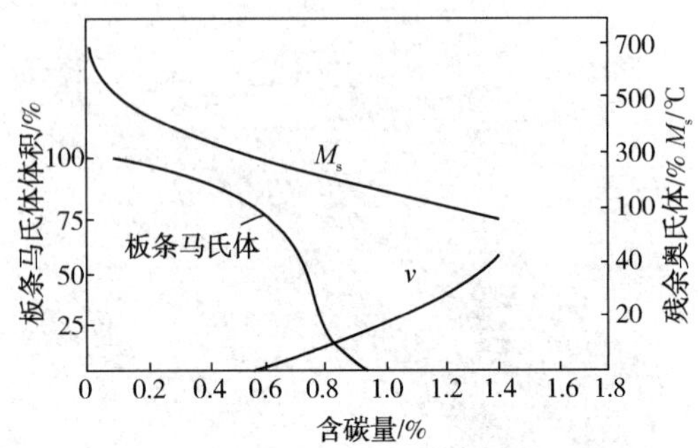

图 4-24 含碳量对 M_s温度、板条马氏体量和残余奥氏体量的影响(碳钢淬火至室温)

合金元素对马氏体形态的影响大致分为两类：凡能缩小奥氏体相区的均能促使得到板条状马氏体；凡能扩大奥氏体相区的将促使马氏体形态从板条状转化为片状。

在中碳钢及一些合金钢中，常常在 M_s以下较高温度时先形成板条状马氏体，而在较低温度下形成片状马氏体。钢中加入不同的合金元素也会改变所形成马氏体的形态。合金元素 Cr、Mo、Mn、Ni(降低 M_s点的一些元素)和 Co(升高 M_s点的元素)都有增加形成孪晶马氏体的倾向，但程度有所不同，如 Cr、Mo 等影响较大，Ni 使马氏体形成孪晶的倾向较小。

同属片状马氏体，因合金成分不同而在形态上有所不同，如高碳马氏体当含碳量超过 1.4%时会形成连锁式的$\{259\}_\gamma$马氏体片。不同 M_s温度的合金，片状马氏体内孪晶的分布也不相同。

4.3.5 Fe-C 合金片状马氏体显微裂纹的形成

高碳钢淬火时，容易在马氏体内部形成显微裂纹。过去认为是由于马氏体相变时比体积增大而引起的显微应力造成的。近年来双磨面金相分析表明，显微裂纹是由于马氏体成长时相互碰撞而形成的。马氏体形成速度极快，相互碰撞或与奥氏体晶界相撞时因冲击而引起相当大的应力场，又因为高碳马氏体很脆，不能通过滑移或孪生变形来消除应力，因此容易形成撞击裂纹。这种先天性的缺陷使高碳马氏体钢件附加了脆性，在其他应力(热应力和组织应力)作用下，显微裂纹将发展成为宏观裂纹，甚至导致开裂。同时，显微裂纹的存在也将使零件的疲劳寿命明显下降。

高碳钢过热淬火容易开裂，是因为奥氏体晶粒粗大和马氏体含碳量过高而引起形成显微裂纹敏感度增大的缘故。因此，常在生产中采用较低的加热温度和较短的保温时间，以减少马氏体的含碳量，并获得细小的晶粒。通常过共析钢常采用不完全淬火获得隐晶马氏体，由于不易产生显微裂纹，因此具有良好的综合性能。

4.4 马氏体转变的热力学条件

虽然马氏体转变与其他类型的转变有很多不同之处，但是马氏体转变仍然符合相变的一般规律，也遵循相变的热力学条件。

4.4.1 相变驱动力

马氏体转变和一般相变一样，相变的驱动力是新相与母相的自由能差。同一成分合金的马氏体与奥氏体的化学自由能和温度的关系如图4-25所示。

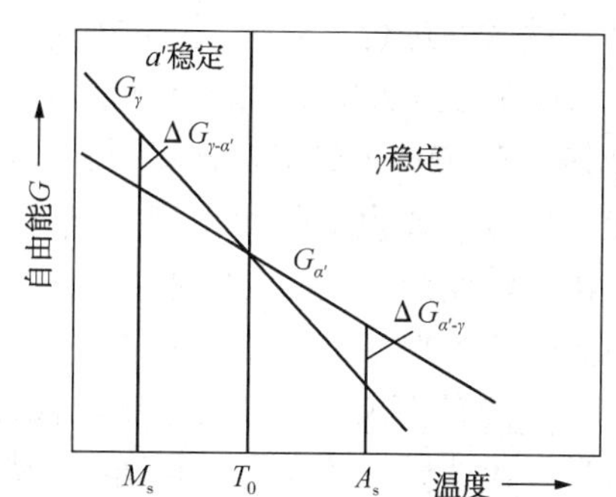

图4-25 马氏体和奥氏体的自由能和温度的关系

图中T_0为两相热力学平衡温度，即温度为T_0时

$$G_\gamma = G_{\alpha'} \qquad (4-2)$$

式中，G_γ为高温γ相的自由能，$G_{\alpha'}$为马氏体的自由能。在其他温度下两相自由能不相等，则

$$\Delta G_{\gamma-\alpha'} = G_{\alpha'} - G_\gamma \qquad (4-3)$$

当式(4-3)为正时，马氏体的自由能高于奥氏体的自由能，奥氏体比马氏体稳定，不会发生$\gamma \to \alpha'$转变；反之，当式(4-3)为负时，则马氏体比奥氏体稳定，奥氏体有向马氏体转变的趋势。因此，$\Delta G_{\gamma-\alpha'}$即称为马氏体相变的驱动力。显然，在$T_0$温度下，$\Delta G_{\gamma-\alpha'}=0$。马氏体转变开始点$M_s$必定在$T_0$以下，即马氏体转变的热力学条件是必须在一定的过冷度下才能进行。

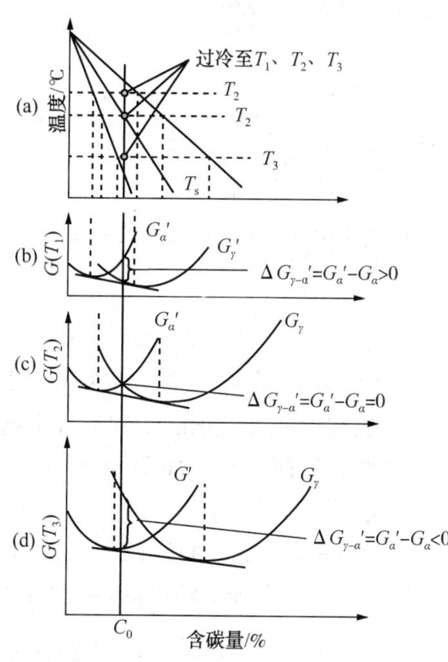

图4-26 低碳钢奥氏体过冷至不同温度的马氏体相变驱动力示意图

4.4.2 M_s点的定义

以普通低碳钢中的马氏体转变为例，转变是由面心立方点阵的奥氏体转变为体心正方点阵的马氏体。图4-26(a)示出这两个相的平衡图，下面的(b)(c)(d)图中相应地示出了这两个相分别在T_1、T_2和T_3温度下的自由能-成分变化曲线。

如果碳浓度为C_0的合金从奥氏体急冷至T_1温度，因马氏体相变为无扩散型相变，新相马氏体和母相奥氏体成分相同，由图4-26(b)可见，在T_1温度下，$\Delta G_{\gamma-\alpha'} = G_{\alpha'} - G_\gamma > 0$，奥氏体比马氏体稳定，所以马氏体相变不能发生。若碳浓度为C_0的合金过冷至T_3温度时，如图4-26(d)所示，则$\Delta G_{\gamma-\alpha'}<0$，这时马氏体比奥氏体稳定，相变有可能发生。如果作出碳浓度为C_0的合金在不同温度下的自由能-成分变化曲线，则可在T_1和T_3之间找到$\Delta G_{\gamma-\alpha'}=0$的温度$T_2$，如图4-26(c)所示。这个温度即为该合金的$T_0$点，即$T_2=T_0$。显然，不同成

分合金的 T_0点是不同的。图 4-26(a)中标以 T_0的虚线即为不同成分合金的 T_0点连线。应当注意，这里的 T_0乃是 $\gamma\to\alpha'$无扩散性相变的两相平衡温度，与实际马氏体转变的开始温度是不一致的。无扩散性相变需要较大的过冷度才能发生，因为从热力学条件看，合金必须过冷至 T_0温度以下才可能发生 $\gamma\to\alpha'$转变。M_s点即表示新相和母相之间的体积自由能之差达到相变所需要的最小驱动力值时的温度。

4.4.3 M_d点的定义

图 4-27 示出 T_0、M_s、A_s和合金成分的关系。它们均为浓度的函数。$\gamma\to\alpha'$转变在 M_s ~ M_f温度区间进行，$\alpha'\to\gamma$ 转变在 A_s ~ A_f温度区间进行，如图中影线区所示。在 Fe-Ni 合金中 A_s约比 M_s高 420℃。试验证明，M_s和 A_s之间的温度差，可因引入塑性变形而减小。即奥氏体如在 M_s点以上经受塑性变形，会诱发马氏体转变而引起 M_s点上升达到 M_d点。同样，塑性变形也可使 A_s点下降到 A_d点。M_d和 A_d分别称为形变马氏体点和形变奥氏体点。因形变诱发马氏体转变而形成的马氏体，称为形变马氏体。同样，也把形变诱发马氏体逆转变而形成的奥氏体称为形变奥氏体。

M_d点的定义为可获得形变马氏体的最高温度，若在高于 M_d点的温度下形变，便会失去诱发马氏体转变的作用。同理，A_d点为可获得形变奥氏体的最低温度，如图 4-28 所示。在大多数材料中，由于塑性变形引起应力松弛，所以 M_d点通常都低于 T_0。

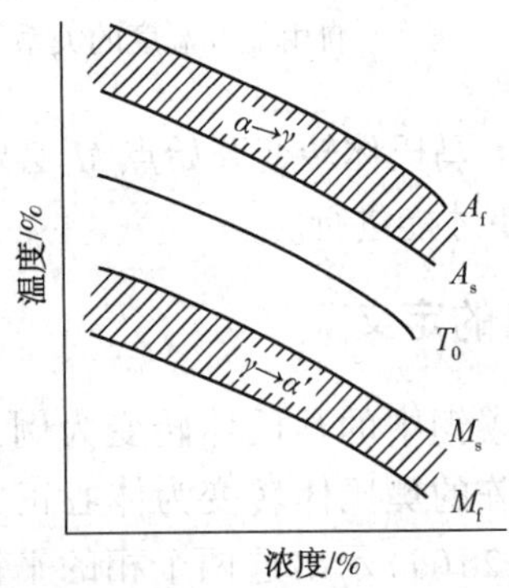

图 4-27 T_0、M_s、A_s和合金成分关系

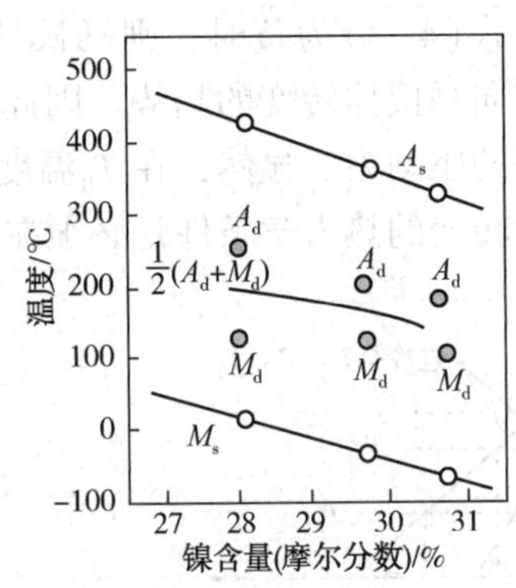

图 4-28 Fe-Ni 合金中 M_d、A_d、T_0之间的关系

4.4.4 影响 M_s点的主要因素

M_s点在生产实践中具有很重要的意义。例如分级淬火的分级温度，水、油淬火的水、油温度都应在 M_s点附近。M_s点还决定着淬火马氏体的亚结构和性能。对于碳钢和低合金钢，如果 M_s点低，淬火比较容易淬裂，而且，所得到的马氏体性能硬而且脆；如果 M_s点高，淬火后有可能获得高的强度和韧性。对要求在奥氏体状态下使用的钢则要求 M_s点低于室温(或工作温度)。此外，M_s点高低还决定着淬火后得到的残余奥氏体量多少，而控制一定量的残余奥氏体则可以达到减小钢件的变形开裂，稳定尺寸及提高产品质量等不同目的。可见，掌握影响 M_s点的因素是十分必要的。

1. 化学成分对 M_s点的影响

化学成分对 M_s点的影响十分显著，一般说来，M_s点主要取决于钢的化学成分，其中又以含碳量的影响最为显著，如图 4-29 所示，随钢中含碳量增加，马氏体转变温度下降，并且含碳量对 M_s 和 M_f 的影响并不完全一致。对 M_s 点的影响呈连续的下降。对 M_f 点的影响，在含碳量小于 0.6%时比 M_s 下降更显著，因而扩大了 $M_s \sim M_f$ 温度范围。当含碳量大于 0.6%时，M_f 点下降很缓慢，且因 M_f 点已下降到0℃以下，致使这类钢在淬火至室温的组织中将存在较多的残余奥氏体。

元素 N 对 M_s 点有类似于 C 的影响。N 和 C 一样，在钢中形成间隙固溶体，对 γ 相和 α 相均有固溶强化作用，其中对 α 相的固溶强化作用尤为显著，因而增大了马氏体转变的切变阻力，使相变驱动力增大，因此降低 M_s 点。

钢中常见合金元素均有使 M_s 点降低的作用，但效果不如 C 显著。只有 Al 和 Co 使 M_s 点提高(图 4-30)。降低 M_s 点的元素按其影响强烈程度顺序排列为：Mn、Ni、Cr、Mo、Cu、W、V、Ti。其中 W、V、Ti 等强碳化物形成元素在钢中多以碳化物形式存在，淬火加热时一般溶于奥氏体中甚少，故对 M_s 点影响不大。若钢中同时加入几种合金元素，则其综合影响比较复杂。如碳钢中单独加入 Si 时，对 M_s 点的影响很弱；而 Ni-Cr 钢中 Si 含量高时，Si 会引起 M_s 明显下降。

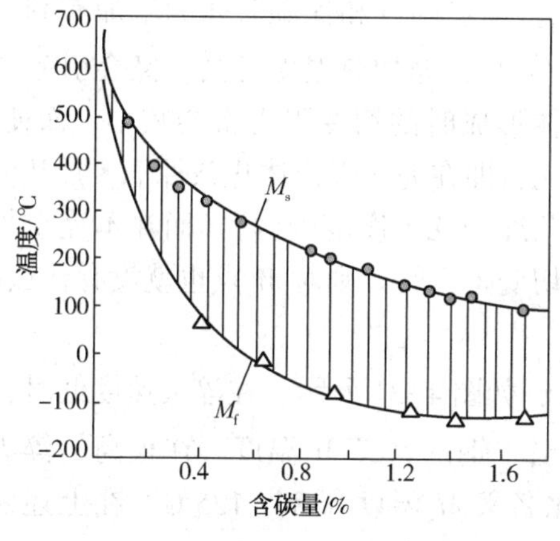

图 4-29 含碳量对 M_s 点的影响

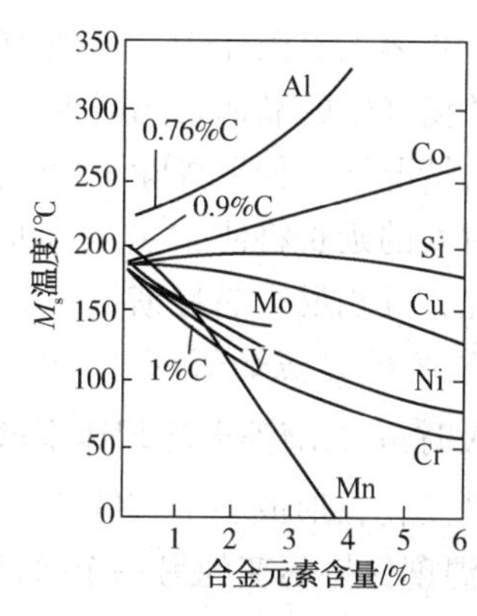

图 4-30 合金元素含量对 M_s 点的影响

合金元素对 M_s 点的影响主要决定于它们对平衡温度 T_0 的影响及对奥氏体的强化效应。凡剧烈降低 T_0 温度及强化奥氏体的元素，均剧烈降低 M_s 点，如 Co、Mn、Ni、Cr 和 C 类似，既降低 T_0 温度，又稍增大奥氏体的屈服强度，所以也降低 M_s 点。而元素 Al、Co、Si、Mo、W、V、Ti 等不仅提高 T_0 温度，也不同程度地显著增加奥氏体的屈服强度。所以两个作用相比较，若提高 T_0 的作用大时，则使 M_s 点升高，如 Al 和 Co。若强化奥氏体的作用大时，则使 M_s 点降低，如 Mo、W、V、Ti 等。合金元素对 M_f 点的影响，一般认为凡降低 M_s 点的元素同样也使 M_f 点下降，但作用较弱。

2. *形变与应力对 M_s 点的影响*

由前述可知，当奥氏体冷至 $M_s \sim M_d$ 点温度范围内进行塑性变形会诱发马氏体相变。同理，如果奥氏体冷至 $M_s \sim M_f$ 温度范围内进行塑性变形也能促进马氏体转变，使马氏体转变量增加。一般说来，塑性变形量越大，形变温度越低，形成马氏体的数量也越多。

弹性应力对马氏体转变亦有与形变类似的影响。由于马氏体转变时必然产生体积膨胀，因此多向压缩应力阻止马氏体的形成，因而降低 M_s点。在 Fe-C 合金中，每 1000MPa 压应力约使 M_s点降低 4℃。而拉应力或单向压应力往往有利于马氏体的形成，使 M_s点升高（表 4-2）。

表 4-2　应力对 M_s点的影响

应力类型	单向拉应力	单向压应力	多向压缩
合金成分	0.5%C-20%Ni 钢	0.5%C-20%Ni 钢	Fe-30%Ni 合金
应力每增加 6.86MPa 时 M_s 点的变化	+1.0℃	+0.65℃	-0.57℃
应力每增加 102.9MPa 时 M_s 点的变化	+15℃	+10℃	-5.8℃

通过研究高压对马氏体转变的影响，发现高压不仅降低 M_s点，而且使 Fe-C 合金可能获得马氏体的含碳量范围移向低碳。如 0.1%C 钢在常压下淬火，在冷却过程中容易发生过冷奥氏体分解，不易淬成马氏体，但在 4000MPa 的高压下可以淬成板条状马氏体。高压下容易产生相变孪晶，使马氏体形态由板条状向片状变化的含碳量范围也移向低碳。

3. 奥氏体化条件对 M_s点的影响

加热温度和保温时间对 M_s点的影响较为复杂。加热温度和保温时间的增加有利于碳和合金元素进一步溶入奥氏体中，促使 M_s点下降。但是，随加热温度升高，又会引起奥氏体晶粒长大，并使其中的晶体缺陷减少，这样马氏体形成时的切变阻力将会减小，而使 M_s点升高。在通常情况下，如果排除了化学成分的变化，即在完全奥氏体化条件下，加热温度的提高和保温时间的延长将使 M_s点有所提高（约在几度到几十度范围内）。而在不完全加热的条件下，情况正好相反。晶粒细化并不明显影响切变阻力时，则对 M_s点也就没有什么影响。

4. 淬火速度对 M_s点的影响

高速淬火时 M_s点随淬火冷却速度增大而升高，如图 4-31 所示。在淬火速度低时，M_s点不随淬火速度变化，形成一个较低的台阶，它相当于钢的名义 M_s温度。在很高的淬火速度下，出现 M_s温度保持不变的另一个台阶，大约比名义 M_s温度高 80～135℃。在上述两种淬火速度之间，M_s点随淬火速度增大而升高。

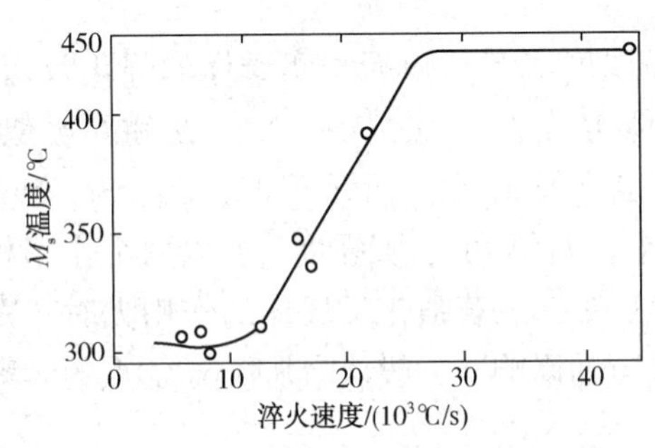

图 4-31　淬火速度对 Fe-0.5%C-2.05%Ni 钢 M_s点的影响

上述现象可解释如下：假设在马氏体转变发生之前的奥氏体中 C 的分布是不均匀的，在点阵缺陷处（主要为位错）发生了偏聚，形成“C 原子气团”。这种“C 原子气团”的大小与温度有关，在高温下原子扩散活动性强，C 原子偏聚的倾向较小，因此“C 原子气团”尺寸也比较小。而当温度降低时，原子扩散活动性减弱，C 原子偏聚的倾向逐渐增大，因而“C 原子气团”尺寸随温度下降而逐渐增大。在正常的淬火条件下，这些“C 原子气团”可以获得足够的大小，而对奥氏体起强化作用。而极快的淬火速度抑制“C 原子气团”的形成，引起奥氏体弱化，使马氏体转变时的切变阻力降低，从而使 M_s点升高。当冷却速度足够大时，“C 原子气团”完全被抑制，M_s点便不再随淬火速度增大而升高。

5. *磁场对 M_s点的影响*

钢在磁场中淬火时，磁场对马氏体转变亦有明显的影响，例如，高碳低合金钢(1%C、1.5%Cr)在磁感应强度为 1.6T(特斯拉)磁场中淬火时，与不加磁场比较，M_s点升高 5℃，同时相同转变温度下的马氏体转变量增加 4%~9%。试验证明，加磁场只使 M_s点升高，而对 M_s点以下的转变行为并无影响。淬火时加上磁场使 M_s升高到 M'_s，但转变量增加的趋势与不加磁场时基本一致。而当转变尚未结束时撤去外磁场，则转变立即恢复到不加磁场时的状态。并且马氏体最终转变量也不发生变化。

外加磁场影响马氏体转变，主要是因为加磁场时，具有最大磁饱和强度的马氏体相趋于更稳定。因此，马氏体的自由能降低，而磁场对于非铁磁相奥氏体的自由能影响不大。在磁场中由于马氏体自由能降低，而奥氏体自由能未变化，因此两相平衡温度 T_0升高，M_s点随之上升。也可以认为，外加磁场实际上是用磁能补偿了一部分化学驱动力，由于磁力诱发而使马氏体相变在 M_s点以上即可发生。这种现象从热力学角度来看和形变诱发马氏体相变很相似。

4.5 马氏体转变动力学

马氏体转变也是形核和长大过程。铁合金中马氏体形成动力学是多种多样的，大体可分为四种不同的类型：

(1) 碳钢和低合金钢中的降温转变；

(2) Fe-Ni、Fe-Ni-C 合金在室温以下的“爆发式”转变；

(3) 某些 Fe-Ni-Mn、Fe-Ni-Cr 合金在室温以下的等温转变；

(4) 表面转变，这是许多铁合金在室温以下表现出来的一种等温类型的转变。

4.5.1 马氏体的降温形成

马氏体的降温形成是碳钢和低合金钢中最常见的一种马氏体转变。其动力学特点是马氏体转变必须在连续不断的降温过程中才能进行，瞬时形核，瞬时长大。马氏体形核后以极大的速度长大到极限尺寸。相变时马氏体转变量的增加是由于降温过程中新马氏体片的形成，而不是已有马氏体片的长大。等温停留，转变立即停止。

降温形成马氏体，其转变速度极快。因为按马氏体相变热力学分析，钢和铁合金中马氏体相变是在很大的过冷度下发生的，相变驱动力很大。同时，马氏体在长大过程中其共格界面上存在弹性应力，使势垒降低，而且原子只需做不超过一个原子间距的近程迁动，因而长大激活能很小。正因为马氏体转变驱动力大，长大激活能很小，所以长大速度极快，以至于可以认为相变的转变速度仅取决于形核率，而与长大速度无关。马氏体片一般在形核后 10^{-4}~10^{-7}s 时间内即长到极限大小。降温形成马氏体的转变量主要决定于冷却所能达到的温度 T_q，即决定于 M_s点以下的深冷程度($\Delta T=M_s-M_q$)。等温保持时，转变一般不再进行。这个特点意味着形核似乎是在不需要热激活的情况下发生的，所以也称降温转变为非热学性转变(athermal transformation)。因为降温形成马氏体的转变速度太快，所以要研究它的形核及长大过程是很困难的。

4.5.2 马氏体的爆发式转变

对于 Fe-Ni、Fe-Ni-C 合金来说，当 M_s点低于 0℃时，它们的转变曲线和降温转变曲线有很大差别。马氏体爆发式转变在 M_s点以下，零下某一温度突然发生，并伴有响声，同时急剧放出相变潜热，形成大量马氏体，随后变温长大。这一温度称之为爆发式转变温度，通常用 M_b表示。图 4-32 示出了 Fe-Ni-C 合金的马氏体转变的情况，图中 M_b 温度约为 -150℃。含 27.2%Ni-0.48%C 的合金，爆发转变量最少；19.1%Ni-0.52%C 的合金 M_b温度接近于 0℃时，爆发转变量也不大。可见，在合适的条件下，爆发转变量可达 70%，试样温度可上升 30℃。在 Fe-Ni 合金中，爆发转变量在低温下不下降，始终保持极大值，直至合金的 Ni 含量高至足以使奥氏体完全稳定化。爆发转变停止后，为使马氏体相变得以继续进行，必须继续降低温度。

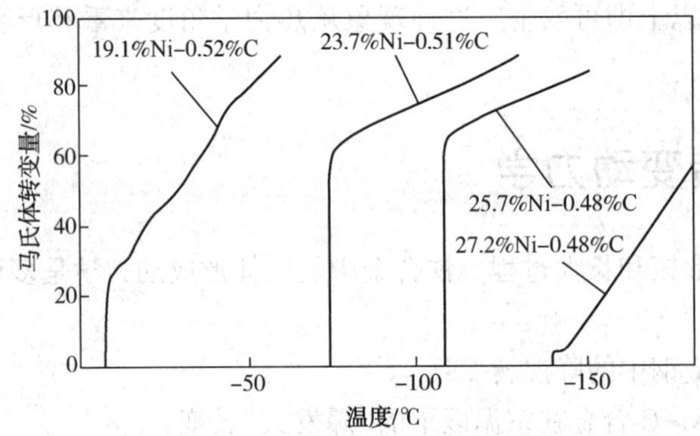

图 4-32 Fe-Ni-C 合金马氏体转变曲线

由于爆发式马氏体转变受自触发形核所控制，即第一片马氏体形成时，其尖端应力足以促使另一片马氏体的形核和长大，因而呈连锁式反应，即爆发式状态。马氏体片的长大速度极快，其显微组织呈“Z”字形。

晶界因具有位向差、不规则的特点，而成为爆发转变传递的障碍。因此细晶粒材料中爆发转变量要受到限制，在同样的 M_b 温度下，细晶粒钢的爆发量较小。马氏体的爆发转变，常因受爆发热的影响而伴有马氏体的等温形成，以后的学习中还会看到完全等温转变的合金也会进行爆发式转变。

4.5.3 马氏体的等温转变

马氏体的等温转变最早是在 Mn-Cu 钢(0.7%C-6.5%Mn-2%Cu)中发现的。后来发现少数 M_s点低于 0℃的 Fe-Ni-Mn、Fe-Ni-Cr 合金和高 C、高 Mn 钢也存在着等温转变。这些合金中的马氏体转变可以在等温的条件下形成，转变的动力学曲线可以用 TTT 曲线表示，也呈“C”字形。

一般碳钢、合金钢都以降温方式形成马氏体，但对高碳钢和高合金钢，如滚珠轴承钢 GCr15 及高速钢 W18Cr4V，虽然它们主要是以降温方式形成马氏体，但在一定条件下也能等温形成马氏体。试验证明，这类等温马氏体的形成，可以是原有马氏体片经等温而继续长大的，也可以是经奥氏体转变重新形核长大的。

马氏体的等温转变一般都不能进行到底，完成一定的转变量后即停止了。这与马氏体转变的热力学特点有关。随着等温转变进行，马氏体转变的体积变化引起未转变奥氏体变形，从而使未转变奥氏体向马氏体转变时的切变阻力增大。因此，必须增大过冷度，使相变驱动力增大，才能使转变继续进行。

马氏体等温转变时，形核需要一定的孕育期。一般说来，核形成后长大速度极快，且能长大到极限尺寸，其转变量取决于形核率，而与长大速度无关。但转变量与等温时间有关，随等温时间的延长转变量增加。这类转变需要通过热激活才能形核，所以可以称为热学性转变。从形式上看，它与降温形成马氏体似乎不同，因为降温形成马氏体不需要通过热激活形核，所以称为非热学性转变。也有人认为，马氏体的降温形成和爆发形成都可看作是等温形成的一种特殊形式。马氏体的爆发式转变从形式上看就是一种等温转变，只不过是一种快速的等温转变。而马氏体的降温形成也可以视为是由每个转变温度下的极快的等温转变组成的。因此，详细研究这类合金的形核和长大过程，有利于揭示马氏体转变的本质。

4.5.4 表面马氏体

在稍高于 M_s 点的温度下等温，往往会在试样的表面层形成马氏体。将其表层磨去，试样内部仍为奥氏体。因此将这种只产生于表面层的马氏体称为表面马氏体。表面马氏体的形成是一种等温转变，形核也需要孕育期，但长大速度极慢，惯习面为 $\{112\}_\gamma$，位向关系为西山关系，形态不是片状而呈条状。

因为在试样内部形成马氏体时，由于晶格点阵发生变化，比体积增加，周围受到奥氏体造成的压应力影响，致使马氏体难以形成。而表面形成马氏体时可以不受压应力的影响，所以，表面马氏体的 M_s 点要比试样内部的 M_s 点高。

4.6 马氏体转变机理

马氏体转变是在无扩散的情况下，晶体由一种结构通过切变转变为另一种结构的变化过程。在相变过程中，点阵的重构是由原子做集体的、有规律的近程迁动完成的，并无成分变化。由于这种切变特性，马氏体可以在很低的温度下(例如 4K)，以很高的速率(10^5 cm/s)进行。虽然如此，马氏体转变仍然是一个形核和长大的过程。

4.6.1 马氏体形核

1. 缺陷形核(非均匀形核)

根据金相观察，人们发现马氏体核胚在合金中不是均匀分布的，而是在其中一些有利的位置上优先形核。有人做过试验，把小颗粒(100μm 以下)的 Fe-Ni-C 合金奥氏体化后淬火到马氏体转变温度范围内，这时发现，各个颗粒的开始转变温度可以有相当大的差别。对于某些尺寸和成分都相同的小颗粒，甚至在降低到很低的温度以后，也不发生转变。图 4-33 示出，在冷至稍低于 M_s 温度时，五个颗粒里只有两个产生马氏体，在 T_1 温度时 1 号和 5 号颗粒开始出现马氏体，而 3 号颗粒要冷到 T_2 温度时才开始出现马氏体。由此可见，合金的形核是很不均匀的，在某些颗粒里，有利于形核的位置很少，所以需要有更大的过冷度才能产生马氏体。合金中有利形核的位置是那些结构上的不均匀区域，如晶体缺陷、内表面(由夹杂物造成)以及由于晶体成长或塑性变形所造成的形变区等。这些"畸变胚芽"可以作为马氏体的非均匀核心，通常称之为马氏体核胚。当试样经高温退火后，其中一些缺陷被消除或重新排列，因而使有利于形核的位置有所减少，亦即马氏体核胚数量减少了。

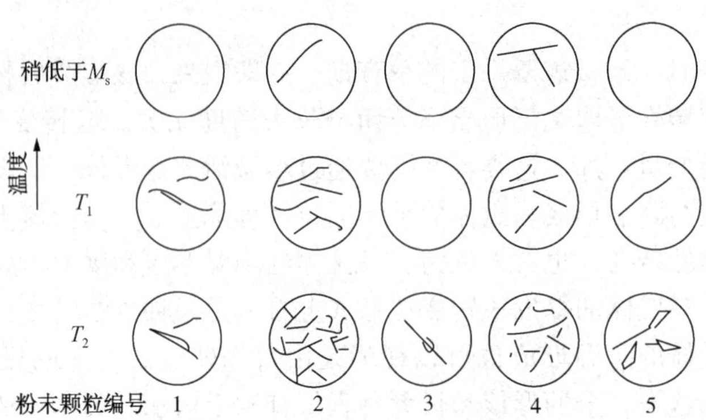

图 4-33 Fe-Ni-C 合金粉末颗粒马氏体转变试验结果示意图

这种预先存在马氏体核胚的设想，后来从电子显微分析中获得了一些间接证明。有人在奥氏体 Fe-Ni 合金薄膜电子显微图中，发现有片状斑点存在。电子衍射分析表明，与斑点相对应的是体心立方的马氏体结构。斑点分布大小不等，正像上述理论对马氏体核胚的考虑一样。

定量测出的最大核胚尺寸和计算值的比较列于表 4-3。由表中可见，计算值和实验值相差不算太远。随着合金中 Ni 含量增加，核胚变小，相变比较困难，这与试验结果是一致的。

表 4-3 Fe-Ni 合金中的最大核胚尺寸和计算值的比较

镍含量	M_s/℃	核胚直径/Å		核胚厚度/Å	
		实验值	计算值	实验值	计算值
28	+7	15000	2300	130	66
29.3	-30	4700	2150	55	67
30.7	-72	2500	2080	35	72

关于钢中马氏体核胚的位错结构模型，学说较多，见解也不统一，目前发展还不成熟。近十几年来，随着透射电子显微镜和电子衍射技术的发展，人们假想在 Ni-Cr 不锈钢和高 Mn 钢中，层错可能是马氏体的核胚，面心立方的奥氏体(γ)要经过一个密排六方结构的中间相(ε)之后才能转变为体心正方的马氏体(α')。从电子显微镜可以直接观察到，马氏体总是在 ε 相的接壤处出现，特别是在两片 ε 相的交界处出现。因此，人们设想不全位错之间的堆垛层错可以作为二维的马氏体核胚。

2. 自促发形核

试验表明，已存在的马氏体能促发未转变的母相形核，因此在一个母相晶粒内往往在某一处形成几片马氏体。由此人们提出了自发形核的设想。以马氏体形核有非均匀形核和自促发形核两种形式为前提，可以构成马氏体等温转变的动力学模型。

根据对等温转变的 Fe-Ni-Mn 合金的研究，马氏体转变的起始形核率(马氏体转变量为0.2%时)随奥氏体晶粒增大而升高。这说明晶界不是占优势的形核位置。晶粒大小对马氏体形核率的影响说明自促发因素在起作用。奥氏体中除预先存在的马氏体核胚以外，新的核胚主要靠自促发产生，并与马氏体体积成比例。根据透射电镜观察的结果分析可知预先存在的马氏体核胚因为数量稀少其碰撞概率趋近于零。因此，等温转变形核主要是由自促发产生的。

4.6.2 马氏体转变的切变模型

马氏体转变的无扩散性及在低温下仍以很高的速度进行转变等事实，都说明在相变过程中点阵的重组是由原子做集体的、有规律的近程迁动完成的，而无成分的变化。因此，可以把马氏体转变看成为晶体由一种结构通过切变转变为另一种结构的变化过程。

自1924年以来，由贝茵(Bain)开始，人们便根据马氏体相变的特征，设想了各种相变机制。因为相变对母相发生明显的切变，所以早期提出的转变机制常常是从简单的切变过程推导出来的，企图通过简单的切变便可以得到与试验事实(包括点阵结构、位向关系和惯习面等)相符合的马氏体。下面按发展过程对几个机制作一些简要介绍。

1. 贝茵(Bain)模型

早在1924年，贝茵就注意到可以把面心立方点阵看成体心正方点阵，其轴比 c/a 为1.41(即$\sqrt{2}:1$)，如图4-34中(a)及(b)所示。同样，也可以把稳定的体心立方点阵看成为体心正方点阵，其轴比等于1，如图4-34(c)所示。因此，只要把面心立方点阵的 c 轴(图4-34中的 c 轴)压缩，而把垂直于 c 轴的其他两个轴(图中4-34的 x' 和 y')拉长，使轴比为1，就可以使面心立方点阵变成体心立方点阵。马氏体即为这两个极端状态之间的中间状态。因为马氏体中有间隙式溶解的碳，所以其轴比不能等于1，随含碳量不同，马氏体的轴比在1.08~1.00之间。

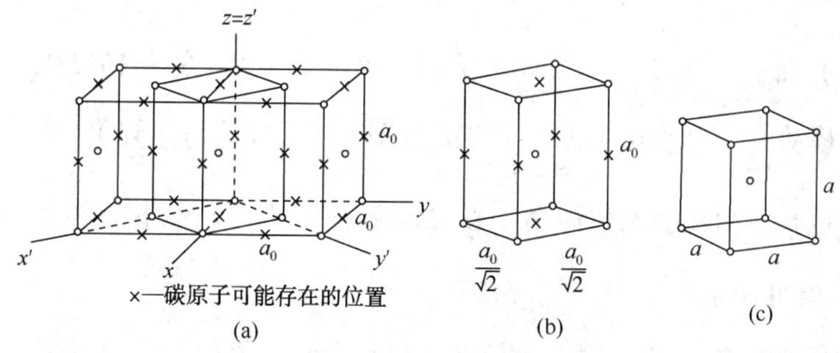

图4-34 面心立方点阵转变为体心正方点阵的贝茵模型

因此，在无C的情况下，希望轴比从1.41变成1.00。按照贝茵模型，在转变过程中原子的相对位移很小。例如，Fe-30%Ni合金，当其从面心立方点阵变成体心立方点阵时，c 轴缩短了20%，a 轴伸长了14%。按照贝茵模型，面心立方点阵改建为体心正方点阵时，奥氏体和马氏体的晶面重合大体符合K-S关系，如图4-35所示。

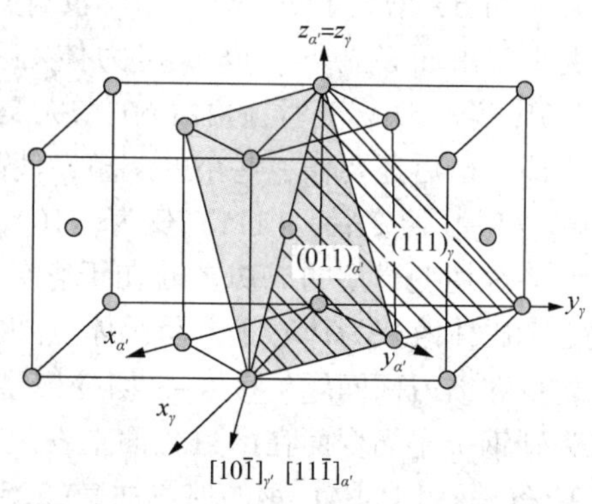

图4-35 按贝茵模型奥氏体和马氏体的晶面重合(符合K-S关系)

按照贝茵模型理论，仅仅能产生马氏体晶格，它还不能解释宏观切变及惯习面的存在，因此还不能完整地说明马氏体相变的特征。

2. K-S(Курдюмов-Sachs)切变模型

K-S 切变过程示于图 4-36(a)中，图中点阵以$(111)_\gamma$面为底面按 *ABCABCABC*……堆积次序自下而上排列。点阵图下面画出其在$(111)_\gamma$面上的投影图，(b)图给出了(a)图在奥氏体点阵中的位向。方便起见，首先考虑没有 C 存在的情况。并设想奥氏体分以下几个步骤转变成马氏体。

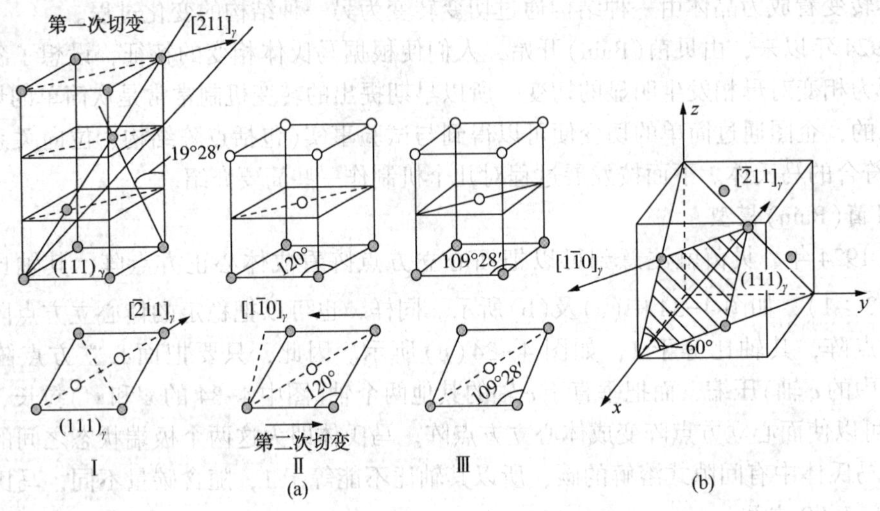

图 4-36 K-S 切变模型示意图

(1) 在$(111)_\gamma$面上，沿$[\bar{2}11]_\gamma$方向产生第一次切变，切变角为 19°28′，如图 4-36 中Ⅰ所示。*B* 层原子移动$\frac{a}{12}[\bar{2}11]$(0.57Å)，*C* 层原子移动$\frac{a}{6}[\bar{2}11]$(1.14Å)，而更高层原子的移动距离则按比例增加。但相邻两层原子的移动距离均为$\frac{a}{12}[\bar{2}11]$(0.57Å)。第一次切变后，原子排列如图 4-36Ⅱ所示。

(2) 第二次切变是在$(11\bar{2})_\gamma$面上[垂直于$(111)_\gamma$面]，沿$[1\bar{1}0]_\gamma$方向产生 10°32′的切变(见图 4-36Ⅱ的投影图)，结果如图 4-36Ⅲ所示。第二次切变后使顶角由 120°变为 109°28′或 α 角由 60°增大至 70°32′。由于没有 C 存在，便得到体心立方马氏体。在有 C 原子存在的情况下，由面心立方点阵改建为体心正方点阵时，切变角略小些，第一次切变角约为 15°15′，第二次切变时顶角由 60°增大至 69°。

(3) 最后还要作一些小的调整，使晶面间距和测得的数值相符合。

经 K-S 切变后，$(111)_\gamma$变为$(110)_{\alpha'}$。K-S 切变后获得的点阵为体心正方点阵。

K-S 切变模型的成功之处在于它导出了所测量到的点阵结构和位向关系，给出了面心立方奥氏体改建为体心正方马氏体点阵的清晰模型。但是，这个早期的理论完全没有考虑宏观切变和惯习面问题。按 K-S 切变模型引起的表面浮凸与实测结果相差很大。另外，既然认为碳钢中主切变面在$(111)_\gamma$面上发生，那么这个面似乎应该是惯习面，而测量结果表明，0.92%C 钢和 1.4%C 钢的惯习面是$(225)_\gamma$，1.78%C 钢的惯习面是$(259)_\gamma$。

3. G-T(Greninger-Troiano)模型

G-T 模型也常称为两次切变模型，如图 4-37 所示。为了便于分析，亦将切变过程分为以下几步：

(1) 首先在接近$(259)_{\gamma}$面上发生均匀切变，产生整体的宏观变形，造成磨光的样品表面出现浮凸，并且确定了马氏体的惯习面。这个阶段的转变产物是复杂的三棱结构，还不是马氏体，不过它有一组晶面间距及原子排列和马氏体的$(112)_{\alpha'}$面相同，如图4-38(a)(b)所示。

(2) 在$(112)_{\alpha'}$面的$[11\bar{1}]_{\alpha'}$方向发生12°~13°的第二次切变，这次切变限制在三棱点阵范围内，并且是宏观不均匀切变(均匀范围只有18个原子层)，如图4-38(c)(d)所示。对于第一次切变所形成的浮凸也没有可见的影响。经第二次切变后，点阵转变成体心正方点阵，取向和马氏体一样，晶面间距也差不多。

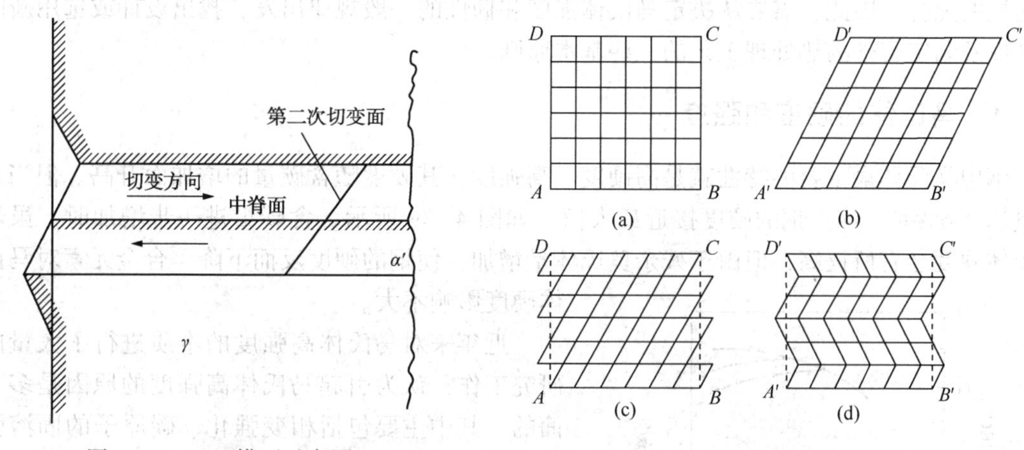

图4-37 G-T模型示意图　　图4-38 G-T模型切变过程示意图

(3) 最后做一些微小的调整，使晶面间距和实验测得的符合。

均匀切变亦称可见切变，可以比较容易地从晶体的宏观表面浮凸确定。不均匀切变涉及微观结构的变化，亦称不可见切变，不易直接测定。不均匀切变可以是在平行晶面上的滑移，如图4-38(c)所示，也可以是往复的孪生变形，如图4-38(d)所示。均匀切变不仅使单胞由正方形变为斜方形，并且使晶体的外形由$ABCD$变为$A'B'C'D'$，如图4-38(b)所示。不均匀切变可以产生和均匀切变相似的微观结构变化，但晶体无宏观变形。非均匀切变的这两种方式分别和马氏体的两种亚结构相对应。

G-T模型比较圆满地解释了马氏体转变的宏观变形、惯习面、位向关系和显微结构变化等现象，但是没有解决惯习面的不应变、无转动，而且也不能解释碳钢($<1.4\%$C)的位向关系等问题。

马氏体相变的切变模型还在不断地发展，随着马氏体相变试验研究的深入，新的现象不断出现，这就要求理论必须继续发展，才能解释试验发现的新现象，同时使理论本身逐渐完善。例如，在Ni-Cr钢、不锈钢、高Mn钢中，α'马氏体总是在ε相的交接处出现，特别常在两个ε相的相交处出现。因此，有人提出这类合金相变的顺序是$\gamma\to\varepsilon\to\alpha'$，显然，这个过程是根据直接观察得出的。而Курдюмов和Sachs由于受当时实验技术水平限制，没能想到ε相的作用，却假设了另外两个切变过程，直接由γ得到α'。当然，$\gamma\to\alpha'$直接转变的可能性也是存在的。有人认为C可以提高Mn钢的层错能，因含碳量高时，$\gamma\to\varepsilon$转变困难，这时就会发生$\gamma\to\alpha'$直接转变。

近年来，由于马氏体异常正方度的发现，也给马氏体相变的切变理论提出了新的课题，按上述一般设想的马氏体相变切变模型，相变是无扩散的、均匀的、有规律的点阵重组。这样必然导致所有 C 原子只分布在马氏体间隙位置的一个亚点阵上，从而使马氏体的 c/a 最大。显然，这样的转变机理无法解释新生马氏体的异常正方度现象。这就启发人们在设想马氏体相变的切变模型时，还必须把 C 原子的移动方式考虑在内。

4.7 马氏体的机械性能

钢件热处理强化后的性能与淬火马氏体的性能有密切的关系，其中最突出的问题是强度和韧性的配合。因此，需要从决定马氏体强度和韧性的一般规律出发，找出设计或选用新的钢种以及制定合理的热处理工艺的一些基本原则。

4.7.1 马氏体的硬度和强度

钢中马氏体最主要的特性就是高硬度、高强度，其硬度随含碳量的增加而升高。但当含碳量达 0.6%时，淬火钢的硬度接近最大值，如图 4-39 所示。含碳量进一步增加时，虽然马氏体硬度会有所提高，但由于残余奥氏体量增加，使钢的硬度反而下降。合金元素对马氏体硬度影响不大。

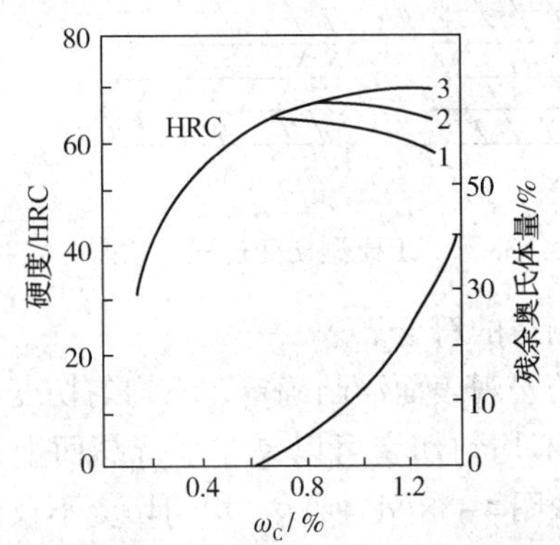

图 4-39 淬火钢最大硬度与含碳量的关系

1—高于 A_{c_3} 淬火；2—高于 A_{c_1} 淬火；3—马氏体硬度

近年来对马氏体高强度的本质进行了大量的研究工作，认为引起马氏体高强度的原因是多方面的，其中主要包括相变强化、碳原子的固溶强化和时效强化等。

1. 相变强化

马氏体相变的切变特性造成晶体内产生大量微观缺陷(位错、孪晶及层错等)，使得马氏体强化，称之为相变强化。试验证明，无碳马氏体的屈服强度为 284MPa。这个值与形变强化铁素体的屈服强度很接近。而退火铁素体的屈服强度仅为 98~137MPa。也就是说，相变强化使强度提高了 47~186MPa。

2. 固溶强化和时效强化

试验表明马氏体中的间隙 C 原子有强烈的固溶强化效应，而 C 溶解在奥氏体中的固溶强化效应则不大。一般认为，奥氏体和马氏体中的 C 原子均处于 Fe 原子组成的八面体中心，但奥氏体中的八面体为正八面体，间隙 C 原子溶入只能使奥氏体点阵产生对称膨胀，并不发生畸变。而马氏体中的八面体为扁八面体，C 原子溶入后形成以 C 原子为中心的畸变偶极应力场，这个应力场与位错产生强烈的交互作用，而使马氏体强度升高。但含碳量超过 0.4%以后，使马氏体进一步强化的效果显著减小，可能是因为 C 原子靠得太近，以至畸变偶极应力场之间因相互抵消而降低了应力。

形成置换式固溶体的合金元素对马氏体的固溶强化效应相对于 C 来说要小得多，据估计，仅与合金元素对铁素体的固溶强化作用大致相当。

时效强化也是一个重要的强化因素。理论计算得出，马氏体在室温下只需几分甚至几秒就可通过原子扩散而产生时效强化。在-60℃以上，时效就能进行，发生C原子偏聚现象(回火时C原子析出以前的阶段)。C原子偏聚是马氏体自回火的一种表现。因此，对于在-60℃以上形成的含碳马氏体都有一个自回火问题，在强化的总效果中都包括了时效强化在内。

时效强化是由C原子扩散偏聚钉扎位错引起的。因此，如果马氏体在室温以上形成，淬火冷却时又未能抑制C原子扩散，则在淬火至室温途中C原子扩散偏聚已自然形成，而呈现时效强化。所以，对于M_s点高于室温的钢，在通常的淬火冷却条件下，淬火过程中即伴随着自回火现象。

3. 马氏体的形变强化特性

在不同残余变形量的条件下，马氏体的屈服强度与含碳量的关系如图4-40所示。由图可见，当残余变形量很小时($\varepsilon=0.02\%$)，屈服强度$\sigma_{0.2}$几乎与含碳量无关，并且很低，约为196MPa。可是，当残余变形量为2%时，σ_2却随含碳量增加而急剧增大。这个现象说明：马氏体本身比较软，但在外力作用下因塑性变形而急剧加工硬化，所以马氏体的形变强化指数很大，加工硬化率高。这与畸变偶极应力场的强化作用有关。

4. 孪晶对马氏体强度的贡献

对于含碳量低于0.3%的Fe-C合金马氏体，其亚结构为位错，主要靠C原子固溶强化(C原子钉扎位错)。含碳量大于0.3%的马氏体，其亚结构中孪晶量增多。还附加孪晶对强度的贡献。图4-41示出C对Fe-C合金马氏体硬度的影响，同时示意地表示出亚结构对马氏体硬度(强度)的贡献与含碳量的关系。由图4-41可见，随着马氏体中含碳量增高，C原子钉扎位错的固溶强化作用增大，如图中直线所示，小于0.3%C为实测值，以上为引伸值(虚线)。横线表示随马氏体中含碳量增高，孪晶相对量增大，附加孪晶对马氏体强化的贡献(影线区)。当含碳量大于0.8%时，硬度不再上升，是由于残余奥氏体的影响。

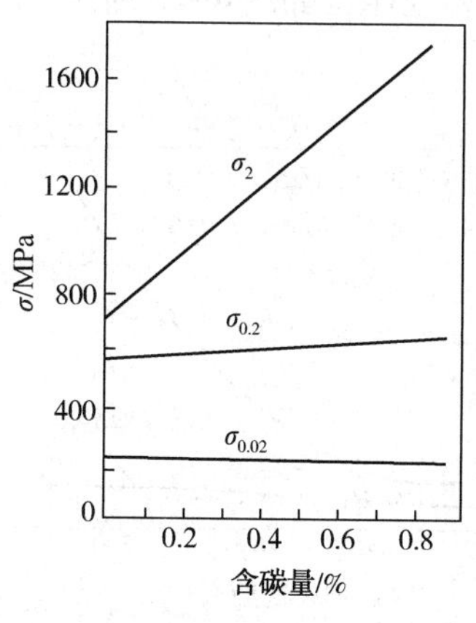

图4-40 马氏体屈服强度与含碳量的关系

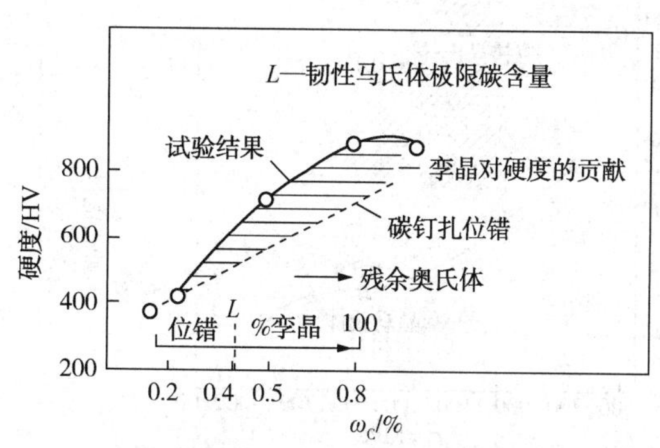

图4-41 C对马氏体硬度的影响(-186℃，7d)

图4-42表示出未经时效的Fe-Ni-C合金的位错型马氏体与孪晶马氏体的抗压强度。由图中可见，在低碳量范围内两者抗压强度相差很小，而随含碳量增加，孪晶马氏体的抗压强度增加较快(直线的斜率较大)，两者的压力强度差增大。这说明含碳量增高时，孪晶亚结构对马氏体的强度贡献增大。

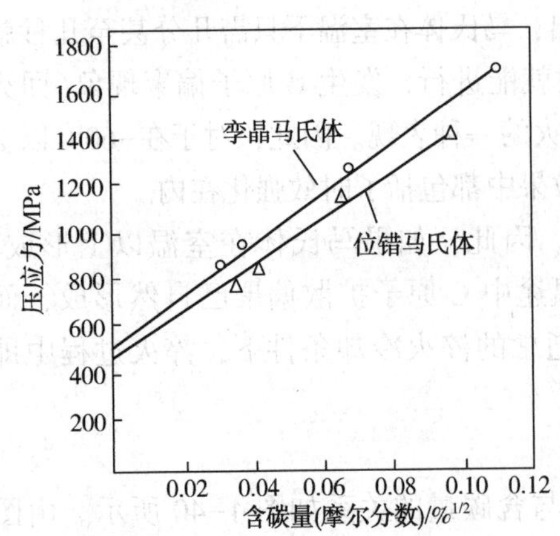

图 4-42 未经时效的孪晶马氏体与位错马氏体的抗压强度

上述试验结果均说明马氏体中存在孪晶时，对强度有贡献。有人解释当有孪晶存在时马氏体的有效滑移系仅为体心立方金属的四分之一，故孪晶阻碍滑移的进行而引起强化。但这个问题目前尚存争论。

5. 原始奥氏体晶粒大小和板条马氏体束大小对马氏体强度的影响

原始奥氏体晶粒大小和板条马氏体束大小对马氏体强度也有一些影响。原始奥氏体晶粒越细小，板条马氏体束越小，则马氏体的强度越高。对中碳低合金结构钢，奥氏体从单晶细化至 10 级晶粒度时，强度增加不大于 245MPa。所以，在一般钢中以细化奥氏体晶粒的方法来提高马氏体强度作用不大，尤其对硬度很高的钢，奥氏体晶粒大小对马氏体强度的影响更不明显。只在一些特殊热处理中，如形变热处理或超细化处理，将奥氏体晶粒细化至 15 级或更细时，才能期望使强度提高 490MPa。

由上述可知，Fe-C 马氏体的强化主要靠其中 C 原子的固溶强化，淬火过程中伴随马氏体时效(自回火)也有显著的强化效果。随马氏体中碳和合金元素含量增加，孪晶亚结构将有附加的强化作用。细化奥氏体晶粒大小和板条马氏体束大小，也能提高一些马氏体的强度。位错型马氏体的亚晶界间距对马氏体的强度也有一定的影响，但目前还有待于进一步的研究。

4.7.2 马氏体的韧性

大量的试验结果都证明，在屈服强度相同的条件下，位错型马氏体比孪晶马氏体的韧性好得多，如图 4-43 所示。即使经回火后，也仍然具有这种规律，如图 4-44 所示。

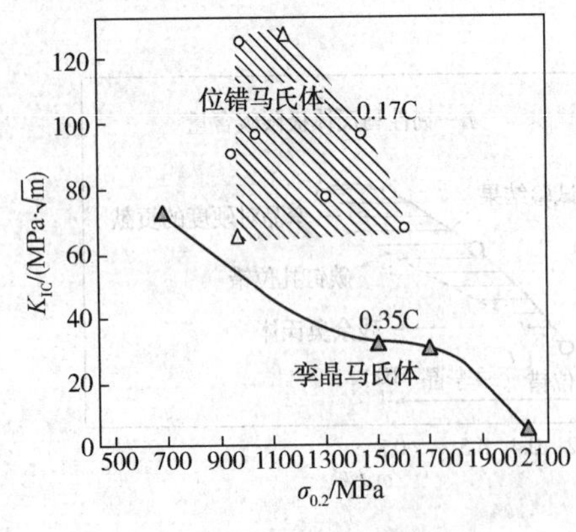

图 4-43 马氏体的断裂韧性

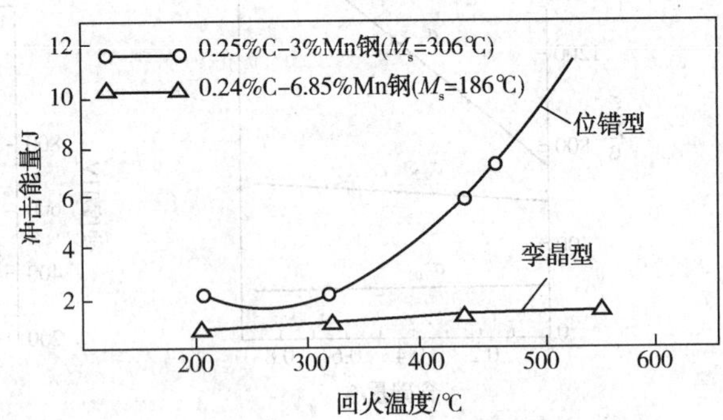

图 4-44 马氏体经不同温度回火后的冲击韧性

一般说来，低碳钢淬火后通常得到位错型马氏体，但若认为低碳马氏体就一定具有良好的韧性则是不够确切的。因为在低碳钢中若加入大量的能使 M_s点降低的合金元素，淬火后也会得到大量的孪晶马氏体，这时钢的韧性将显著降低(表 4-4)，所以，确切地说，应该是位错型马氏体具有良好的韧性。

表 4-4 马氏体形态与韧性之间的关系

序号	化学成分/%			M_s/℃	马氏体形态	σ_0为 950MPa 时的试样冲击能量/J
	C	Ni	Mn			
1	0.26	5.0	—	315	位错型马氏体	57.3
2	0.26	4.9	1.9	271	位错型马氏体+少量孪晶马氏体	57.3
3	0.26	4.85	3.8	192	孪晶马氏体较多	24.6
4	0.25	—	3.0	315	位错马氏体	57.3
5	0.25	—	4.9	235	—	16.4
6	0.25	—	6.85	199	孪晶马氏体较多	11.9

Fe-Cr-C 合金中的研究工作清楚地展示了马氏体的强度、韧性和亚结构之间的关系，当提高铬含量使孪晶亚结构相对量增加时，在 0.17%C 钢中屈服强度并不增加。对于 0.17%C 马氏体，当其中孪晶马氏体量增加 2 倍以上时，断裂韧性才显著下降；而对含碳 0.35%的马氏体，随着孪晶马氏体量增加，强度直线上升，断裂韧性直线下降。由此可见，马氏体的韧性主要决定于它的亚结构。

孪晶马氏体之所以韧性差，可能与孪晶亚结构的存在及在回火时碳化物沿孪晶面析出呈不均匀分布有关。也有人认为可能与 C 原子在孪晶晶界偏聚有关，但尚无试验证据，高碳马氏体形成显微裂纹的敏感度高也是其韧性差的原因之一。

综上所述，马氏体的强度主要决定于它的含碳量，而马氏体的韧性主要决定于它的亚结构。低碳的位错型马氏体具有相当高的强度和良好的韧性。高碳的孪晶型马氏体具有高的强度，但韧性很差。因此，以各种途径强化马氏体，促使其亚结构仍保持位错型，便可兼具强度和韧性，这是一条很重要的强韧化途径。

位错型马氏体不仅韧性优良，而且还具有脆性转折温度低、缺口敏感性低等优点。所以目前对结构钢的显微组织都力图处理成位错型马氏体。马氏体形态与 M_s点有直接关系，钢的 M_s点越高，马氏体的韧性和塑性越好。因此，目前结构钢成分设计均限制含碳量在 0.4%以下，使 M_s点不低于 350℃。对轴承钢，马氏体中含碳量宜保持在 0.5%的水平，以降低脆性，提高疲劳寿命。

4.7.3 马氏体的相变塑性

金属及合金在相变过程中塑性增大，往往在低于母相屈服极限的条件下发生了塑性变形，这种现象即称为相变塑性。钢在马氏体相变时也会产生相变塑性现象，称为马氏体的相变塑性。马氏体相变塑性的现象早就应用于生产，如高速钢应力淬火时进行热校直就是利用了马氏体的相变塑性。

图 4-45 示出 0.3%C-4%Ni-1.3%Cr 钢的马氏体相变塑性。该钢经 850℃奥氏体化后，其 M_s点为 307℃，奥氏体的屈服强度为 137MPa。由图 4-45 可以看出，于钢奥氏体化后在 307℃及 323℃下施加应力，在所加应力低于钢的屈服强度时，即产生塑性变形，且塑性随应力的加大而增长，这个现象完全可以用应力诱发马氏体相变的理论解释。在 307℃施加应力时，温度已达钢的 M_s点，故有马氏体相变发生。而马氏体相变一旦发生，即贡献出塑性，所以随应力增长，马氏体相变在应力诱发下不断进行，因而相变塑性也就不断增长。在 323℃加应力时，虽然在 M_s点以上，但因应力诱发形成马氏体，所以所呈现的高塑性也是由马氏体相变引起的。

研究表明，马氏体相变所诱发的塑性还可显著提高钢的韧性。图 4-46 为 0.6%C-8%Cr-9%Ni-2%Mn 钢经 1200℃水淬再经 420℃形变 75%后，在不同温度下的断裂韧性。从图中可以看出存在着两个明显的温度区间：在 100~200℃高温区，因为在断裂过程中没有发生马氏体相变，所以 K_{IC} 很低；在-196~20℃的低温区，在断裂过程中伴有马氏体相变，结果使 K_{IC} 显著升高。如将高温区曲线延长至室温，可以看到，在室温下伴有马氏体相变的 K_{IC} 较不发生马氏体相变的 K_{IC}(即奥氏体的 K_{IC})提高了 63.8MPa · $\sqrt{m}$。

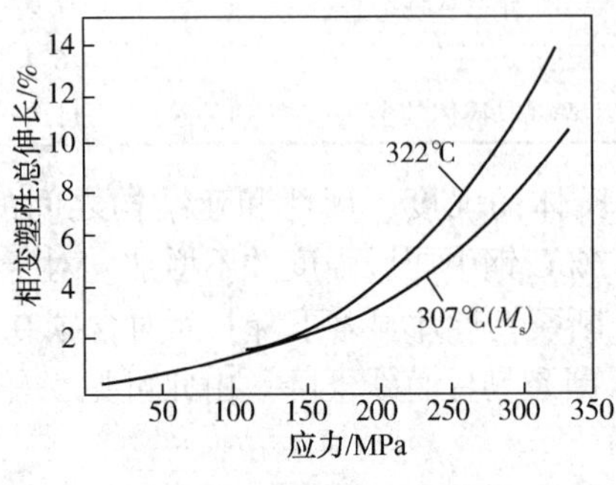

图 4-45 马氏体的相变塑性

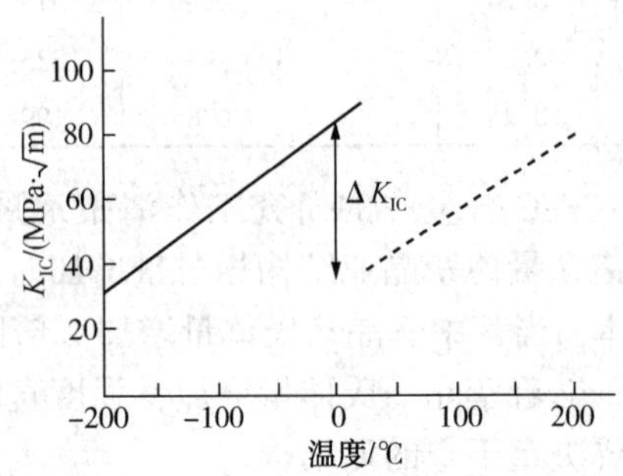

图 4-46 断裂韧性与温度的关系

关于马氏体相变诱发塑性，可从如下两方面加以解释：

(1) 由于塑性变形而引起局部区域的应力集中，将因为马氏体的形成而得到松弛，因而能够防止微裂纹的形成。即使微裂纹已经产生，裂纹尖端的应力集中亦会因马氏体的形成而得到松弛，故能抑制微裂纹的扩展，从而使塑性和断裂韧性得到提高。

(2) 在发生塑性变形的区域，有形变马氏体形成，随形变马氏体量增多，形变强化指数不断提高，这比纯奥氏体经大量变形后接近断裂时的形变强化指数要大，从而使已发生塑性变形的区域继续发生变形困难，故能抑制颈缩的形成。

马氏体相变塑性的研究引起了材料和工艺的一系列变革。近年来应用马氏体的相变塑性已设计出相变诱发塑性钢，这种钢 M_s 点和 M_d 点符合 M_d>20℃>M_s，即钢的马氏体转变开始点低于室温，而形变马氏体点高于室温。当钢在室温变形时便会诱发形变马氏体，而马氏体转变又诱发了塑性，因而这类钢具有很高的强度和塑性。

课后习题

1. 请简单叙述马氏体相变的主要特征。

2. 简单叙述钢中板条马氏体和片状马氏体的形貌特征、晶体学特征、亚结构及其力学性能的差异。

3. 钢中马氏体高强度、高硬度的本质是什么(强化机制)？为什么板状马氏体具有较好的强韧性，而片状马氏体塑韧性较差？

4. M_s 点很低的原因是什么？马氏体形成的两个条件是什么？影响 M_s 点的主要因素有哪些？

5. 什么是诱发马氏体？M_d 点的物理意义是什么？

6. 什么是奥氏体稳定化现象？热稳定化和机械稳定化受哪些因素的影响？

7. 两个 T12 钢试样，分别加热到 780℃和 880℃，保温后水淬到室温，问哪种加热温度的马氏体晶粒更粗大，原因是什么？试问哪种加热温度的马氏体含碳量较高，原因是什么？试问哪种加热温度的硬度较高，原因是什么？

第5章　贝氏体转变

钢中的贝氏体是过冷奥氏体在中温区域分解的产物，一般为铁素体和渗碳体组成的非层状组织。在许多钢中至少有两种或可能有多种贝氏体组织形态。贝氏体转变是钢经奥氏体化后，过冷到珠光体转变和马氏体转变之间中温区域发生的，所以称为中温转变。在贝氏体相变过程中只有碳原子的扩散，而贝氏体中的铁素体是过冷奥氏体通过与马氏体相变类似的切变共格机制转变来的，故贝氏体相变既不是珠光体那样的扩散型相变，也不是马氏体那样的无扩散型相变，而是半扩散相变。这种转变的动力学特征和产物的组织形态，兼有扩散型转变和非扩散型转变的特征，因此对贝氏体转变的深入研究，将有助于珠光体转变和马氏体转变理论的发展和完善。

钢经奥氏体化后，在中温区域转变为贝氏体，常常具有优良的综合力学性能，其强度和韧性都比较高，并具有较高的耐磨性、耐热性和抗回火性。此外，获得贝氏体的等温淬火是一种防止和减小钢件淬火开裂和变形的可靠方法之一。

贝氏体转变不仅在钢中发生，而且在许多非铁合金中(如铜合金、铝合金等)也可以发现。因此，研究贝氏体转变机制和贝氏体转变动力学规律以及了解贝氏体组织形态与性能之间的关系对金属的固态相变研究具有理论价值，同时对金属的热处理实践也具有实际意义。

5.1　贝氏体转变的基本特征

根据大量的试验研究结果，综合归纳贝氏体转变的特征如下。

1. 贝氏体转变的温度范围

贝氏体转变有一上限温度(B_s)，也有一下限温度(B_f)。奥氏体必须过冷至B_s点以下才开始形成贝氏体；低于B_f等温奥氏体可全部转变为贝氏体，故B_f为形成100%贝氏体的最高温度。对于不同的钢种，B_f可能高于M_s，也可能低于M_s，当B_f低于M_s时，在B_f以下等温，由于形成马氏体，而不可能获得100%贝氏体。

2. 贝氏体转变动力学

贝氏体转变是一种形核、长大过程。钢中贝氏体可以在一定温度范围内等温形成，也可以在某一冷却速度范围内连续冷却转变。贝氏体等温形成时需要一定的孕育期，虽然在某些钢中其孕育期极短，甚至达到难以测定的程度。

3. 贝氏体转变的产物

贝氏体转变产物是由α相和碳化物组成的机械混合物，但与珠光体不同，为非层片状组织。钢中贝氏体的碳化物分布状态随形成温度不同而异，较高温度形成的上贝氏体，碳化物一般分布在铁素体条之间；较低温度形成的下贝氏体，碳化物主要分布在铁素体条内部。在低、中碳钢中，当形成温度较高(接近B_s)时，也可能产生不含碳化物的无碳化物贝氏体，随贝氏体形成温度下降，贝氏体中铁素体的含碳量升高。

4. 贝氏体转变的扩散性

贝氏体转变过程中存在原子扩散现象，但是 Fe 和合金元素的原子不发生扩散，只有 C 原子发生扩散，对贝氏体转变起控制作用。因此，影响 C 原子扩散的因素都会影响到贝氏体形成速度。

5. 贝氏体相变的晶体学特征

贝氏体长大时，与马氏体相似，在平滑试样表面有浮凸现象发生，这说明 α-Fe 可能是按共格切变方式长大的，但与马氏体转变不同，相变时 C 扩散重新分配，α 相长大速度受到钢中 C 扩散控制，因而很慢，可以用高温金相显微镜直接观察。贝氏体中的铁素体有一定的惯习面，并与母相奥氏体之间保持一定的晶体学位向关系。上贝氏体的惯习面为$(111)_\gamma$，下贝氏体的惯习面一般为$(225)_\gamma$。贝氏体铁素与奥氏体之间存在 K-S 位向关系。

一般认为，上贝氏体中的渗碳体与奥氏体遵循下列晶体学位向关系：

$$(001)_{Fe_3C}//(252)_\gamma;\ [100]_{Fe_3C}//[545]_\gamma;\ [010]_{Fe_3C}//[\bar{1}01]_\gamma$$

下贝氏体中的渗碳体与铁素体遵循下列晶体学位向关系：

$$(001)_{Fe_3C}//(11\bar{2})_\alpha;\ [100]_{Fe_3C}//[1\bar{1}0]_\alpha;\ [010]_{Fe_3C}//[111]_\alpha$$

上贝氏体中的碳化物是渗碳体，下贝氏体中的碳化物既可能是渗碳体，也可能是 ε-碳化物。

5.2 钢中贝氏体的组织形态

钢中贝氏体的组织形态是多种多样的，这是由钢中化学成分不同以及转变过程中不同形态的贝氏体其形成温度不同造成的。除上贝氏体和下贝氏体两种经典形态外，有时也可以见到粒状贝氏体(granular bainite)、无碳化物贝氏体(carbide-free bainite)、柱状贝氏体(columnar bainite)及反常贝氏体(inverse bainite)等。

5.2.1 上贝氏体

在贝氏体转变区较高温度范围内形成的贝氏体称为上贝氏体。典型的上贝氏体组织在光镜下观察时呈羽毛状、条状或针状，少数呈椭圆状或矩形，如图 5-1 所示。钢中典型的上贝氏体为成簇分布的平行的条状铁素体和夹于条间的断续条状渗碳体的混合物。条状铁素体多在奥氏体晶界形核，自晶界的一侧或两侧向晶内长大。条状铁素体的含碳量接近平衡浓度，而条间碳化物均为渗碳体型碳化物。图中暗黑色羽毛状的组织是上贝氏体，白色的基体组织是淬火马氏体加残余奥氏体，右边黑色团状是屈氏体组织。上贝氏体的立体形貌可以从双磨面金相组织获得，如图 5-2 所示。

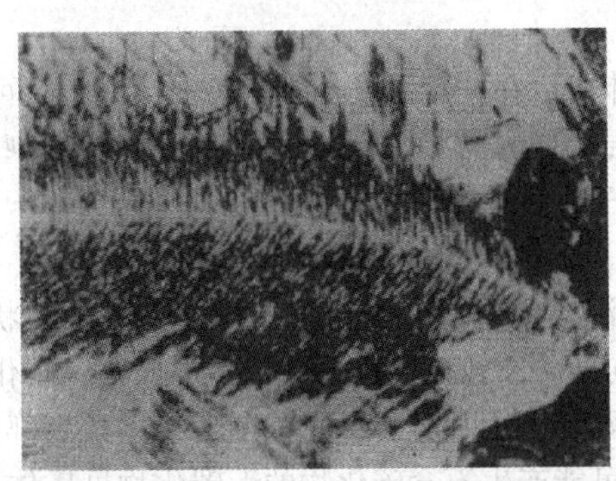

图 5-1 65Mn 钢 450℃ 等温淬火组织(600×)

图 5-3 是电镜下的上贝氏体组织，可以清楚地看到平行的条状铁素体之间夹有断续的条状碳化物(图中基体是碳过饱和程度不大的铁素体，白色条状为碳化物)。

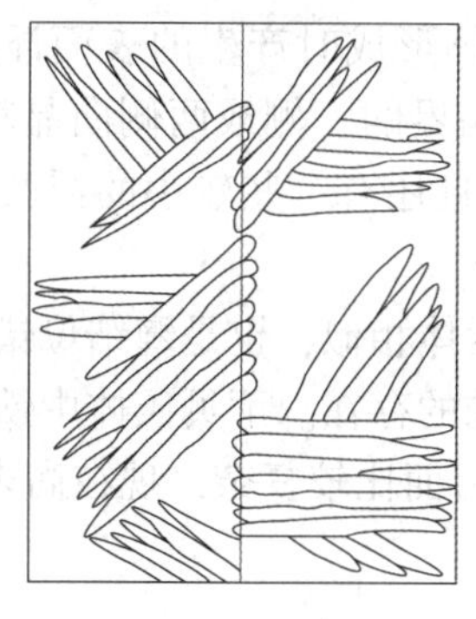

图 5-2 上贝氏体双磨面金相示意图

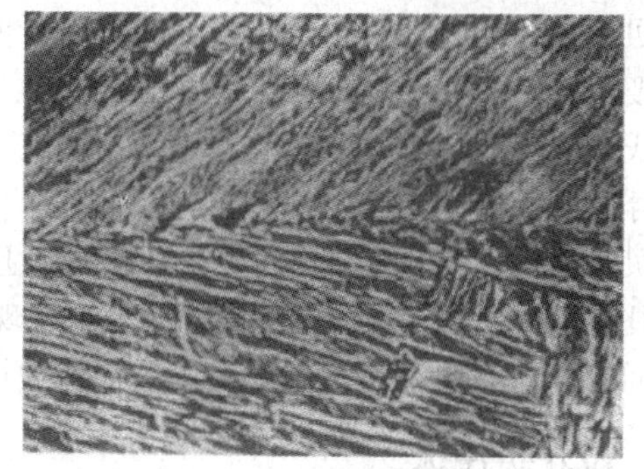

图 5-3 65Mn 钢上贝氏体电镜形貌(4500×)

在一定情况下，随着钢中含碳量增加，上贝氏体中的铁素体板条增多、变薄，铁素体板条间的渗碳体数量增多，上贝氏体的形态也由粒状变为链珠状、短杆状，直至断续条状。当含碳量达到共析浓度时，渗碳体不仅分布在铁素体条之间，而且也沉淀在铁素体条内，这种组织称为共析钢上的上贝氏体。

上贝氏体组织形态与转变温度有关，随转变温度下降，铁素体条变薄，渗碳体细化且弥散度增大。上贝氏体中的铁素体形成时可在抛光试样表面形成浮凸。值得指出的是在含有 Si 或 Al 的钢中，由于这些元素具有延缓渗碳体沉淀的作用，使铁素体条之间的奥氏体为碳所富集而且趋于稳定，因此很少沉淀或基本上不沉淀出渗碳体，形成在条状铁素体之间夹有残余奥氏体的上贝氏体。

5.2.2 下贝氏体

在贝氏体转变区较低温度范围内形成的贝氏体称为下贝氏体。在光学显微镜下的下贝氏体呈暗黑色针状或片状，而且各个针状物之间经常呈交角相遇，如图 5-4 所示，图中黑色针状为下贝氏体组织，白色基体为淬火马氏体和残余奥氏体。下贝氏体既可以在奥氏体晶界上形核，也可以在奥氏体晶粒内部形核。下贝氏体的立体形貌呈透镜状，与试样磨面相交呈片状或针状。

图 5-5 为下贝氏体的电镜形貌，基体为碳过饱和的铁素体，白色粒状或短杆状为碳化物。从下贝氏体的电子显微组织中可以看出，在下贝氏体铁素体片中，分布着排列成行的细片状或粒状碳化物，并以 55°~60°的角度与铁素体针的长轴相交。通常，下贝氏体的碳化物仅分布在铁素体针的内部。

图 5-4 45 钢贝氏体组织(500×)

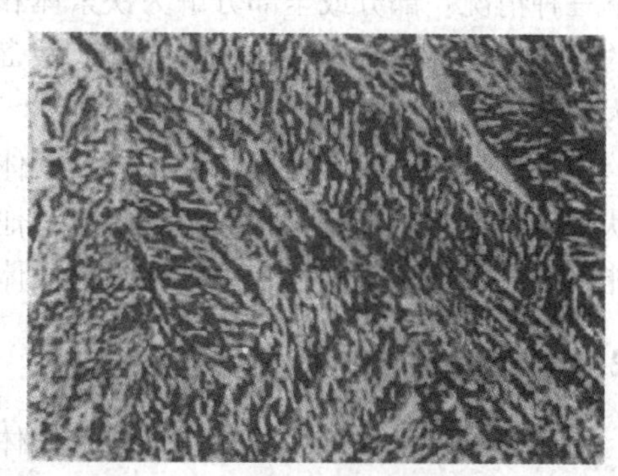

图 5-5 下贝氏体电镜形貌(8500×)

下贝氏体在形成时，也会产生表面浮凸，但与上贝氏体形成时产生的表面浮凸形态不同。主要区别是上贝氏体的表面浮凸大致平行，从奥氏体晶界的一侧或两侧向晶粒内伸展，而下贝氏体的表面浮凸，往往相交呈“V”形或“Λ”形，而且还有一些较小的浮凸在先形成的较大浮凸的两侧形成。

下贝氏体铁素体的亚结构与板条马氏体和上贝氏体铁素体相似，也是缠结位错，但位错密度往往比上贝氏体铁素体中的高，而且未发现孪晶亚结构的存在。下贝氏体中铁素体与奥氏体之间的位向关系为 K-S 关系。下贝氏体中铁素体的惯习面比较复杂，现在尚未确定。

5.2.3 粒状贝氏体

粒状贝氏体组织可由低、中碳合金钢以一定的速度连续冷却或在一定温度范围内等温后获得。在正火、热轧空冷或焊缝热影响区中都可发现粒状贝氏体，其形成温度稍高于上贝氏体的形成温度。

粒状贝氏体在刚刚形成时，是由块状的铁素体和粒状(岛状)或短杆状富碳奥氏体组成。富碳奥氏体可以分布在铁素体晶粒内，也可以分布在铁素体晶界上，呈不连续分布状态。在光学显微镜下，较难识别粒状贝氏体的组织形貌。在电子显微镜下，则可看出粒状(岛状)物分布在铁素体之中，常具有一定的方向性。这种组织的基体是由条状铁素体合并而成的，如图 5-6 所示。富碳奥氏体区中的合金元素含量与钢中的平均含量相近。

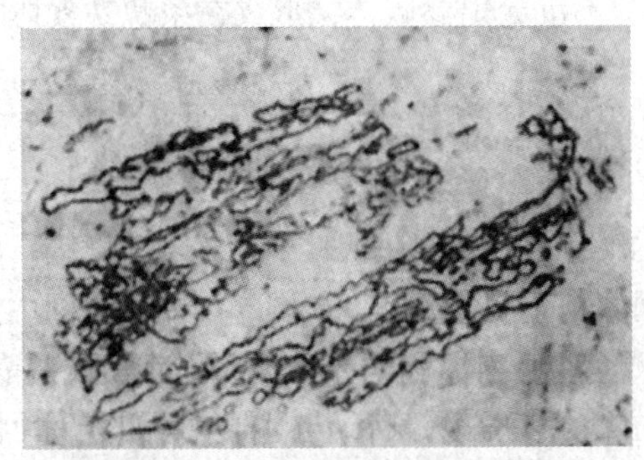

(a)18Mn2CrMoBA,920℃→480℃(1000×)

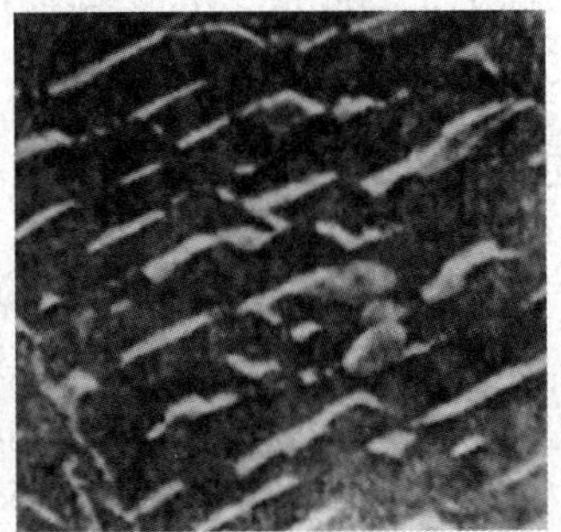

(b)19Mn2钢以7℃/s冷速进行正火(5000×)

图 5-6 粒状贝氏体的形貌和亚结构

富碳奥氏体区在随后冷却过程中，由于冷却条件和过冷奥氏体稳定性的不同，可能发生以下三种情况：部分或全部分解为铁素体和碳化物的混合物；部分转变为马氏体，这种马氏体的含碳量甚高，常常是孪晶马氏体，故岛状物是由“$\gamma-\alpha'$”组成，或者全部保留下来，而成为残余奥氏体。

由上述可知，粒状贝氏体系指在铁素体基体上分布有奥氏体或其转变产物的岛状组织。岛状组织的形状可以是条状、颗粒状或其他形状。这种岛状组织原为富碳奥氏体，在室温下可能因条件不同而不同程度地转变为马氏体、贝氏体或其他分解产物。

5.2.4 无碳化物贝氏体

无碳化物贝氏体的形成温度是在贝氏体转变的最高温度范围内形成的。无碳化物贝氏体是指由条状铁素体单相组成的组织，所以也称为铁素体贝氏体或无碳贝氏体，图 5-7 示出了30CrMnSiA钢在450℃等温20s后形成的无碳贝氏体组织。它由大致平行的铁素体板条组成，条状铁素体之间有一定的距离，有时距离较大，条间一般为由富碳奥氏体转变而成的马氏体。在某些情况下，也可能是富碳奥氏体在冷却过程中的分解产物或者全部是未转变的残余奥氏体。由此可见，无碳化物贝氏体在钢中是不能形成单一的组织，而是形成与其他组织共存的混合组织。

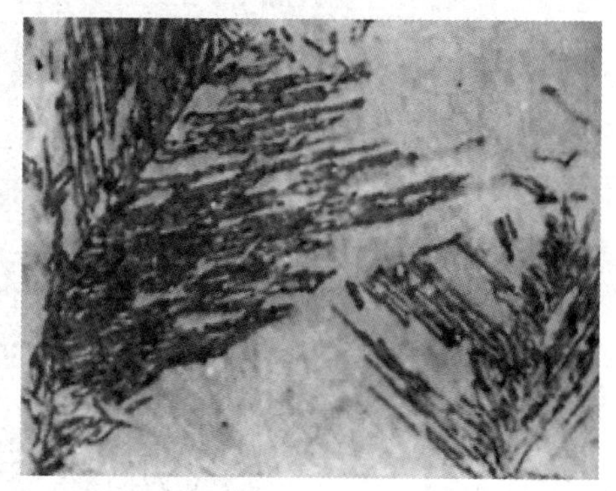

图5-7 无碳化物贝氏体组织(1000×)

无碳化物贝氏体在低碳低合金钢中出现的概率较大。在Si、Al含量高的钢中，由于Si、Al元素不溶于碳化物中，抑制了碳化物形成，容易形成类似于无碳化物贝氏体的组织，条状铁素体之间夹有未转变的富碳残余奥氏体，其数量可高达30%~40%。无碳化物贝氏体形成时，也会出现表面浮凸，其铁素体中也有一定数量的位错。

5.2.5 柱状贝氏体

在高碳钢或高碳中合金钢中，当等温温度处于下贝氏体形成温度范围时，一般形成柱状贝氏体。在高压下柱状贝氏体也可以在中碳钢中形成，如0.44%C钢在24000Pa压力下经等温处理，即可形成柱状贝氏体。

柱状贝氏体的铁素体呈放射状，碳化物分布在铁素体内部，与下贝氏体相似。图5-8示出了1.02%C-3.5%Mn-0.1%V钢经950℃加热、250℃等温80min后水淬的柱状贝氏体组织。

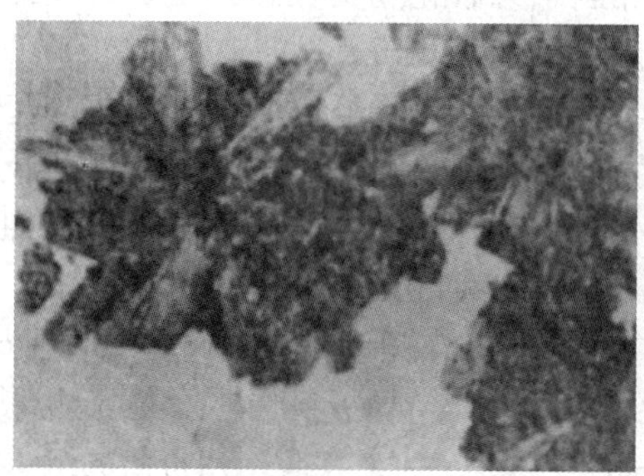

(a)光学显微组织(500×)

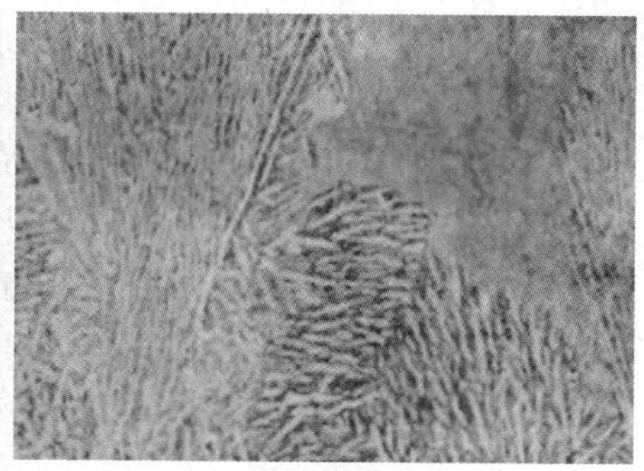

(b)电子显微组织(5000×)

图5-8 柱状贝氏体

5.2.6 反常贝氏体

反常贝氏体也称反向贝氏体或倒置贝氏体，产生在过共析钢中，形成温度略高于350℃。图5-9是1.17%C-4.9%Ni钢的反常贝氏体的电子显微组织。图中较大的针状物是魏氏组织碳化物，在这种碳化物两侧形成的是铁素体片层，这种混合物即为反常贝氏体。图中的细杆状碳化物和铁素体组成的混合物则为普通上贝氏体。

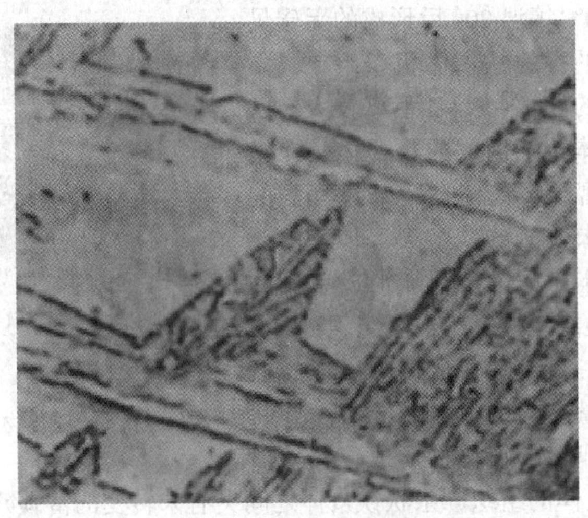

图 5-9　反常贝氏体组织

5.2.7　关于低碳合金钢中的 $B_Ⅰ$、$B_Ⅱ$、$B_Ⅲ$组织

在某些低碳低合金高强度钢中，发现贝氏体可以明显地分为三类，分别称为 $B_Ⅰ$、$B_Ⅱ$和 $B_Ⅲ$。它们的铁素体均为条状，但碳化物的形貌和分布不相同，$B_Ⅰ$中没有碳化物存在；$B_Ⅱ$中碳化物主要以杆状或断续条状分布在条状铁素体之间；$B_Ⅲ$中的碳化物呈粒状均匀分布于条状铁素体内部。图 5-10 为这三类贝氏体的形成过程示意图。例如，0.22% C－0.3% Cu－1.1% Ni－0.5%Cr－0.5% Mo 钢在 600～500℃之间等温形成 $B_Ⅰ$，相当于无碳化物贝氏体；在 500～450℃之间等温形成 $B_Ⅱ$，相当于普通的上贝氏体；在 450℃～M_s点之间等温形成 $B_Ⅲ$，类似于普通的下贝氏体。

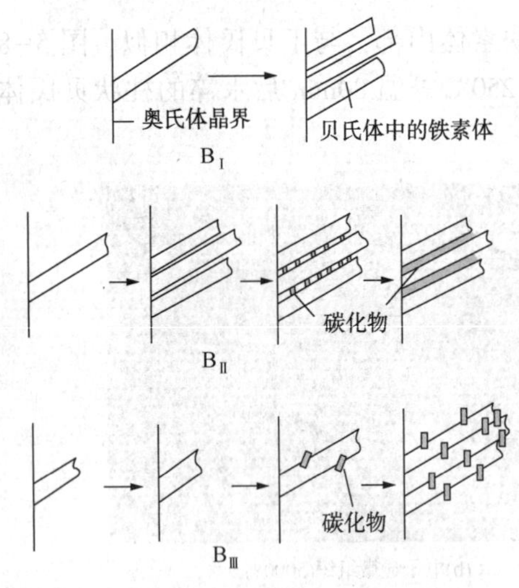

图 5-10　三类贝氏体形成过程示意图

在连续冷却时，也可以形成这三类贝氏体。冷却速度较慢时，形成 $B_Ⅰ$；以中等速度冷却时，形成 $B_Ⅱ$；冷却速度较快时，形成 $B_Ⅲ$。

应该指出，$B_Ⅲ$组织具有较高的综合机械性能，特别是钢中获得 $B_Ⅲ$加板条状马氏体组织，其强度、韧性都高，这是一种有工程应用价值的组织形态。

关于贝氏体分类的标准目前尚未完全统一，通常按光学显微组织以铁素体的形貌为依据，铁素体成簇分布呈条状的为上贝氏体，呈针状或片状的为下贝氏体；按电子显微组织以碳化物形状和分布为依据，碳化物呈断续条状或杆状分布在条状铁素体之间的为上贝氏体，呈粒状或细片状分布在条状铁素体之中的为下贝氏体。这样，上述 $B_Ⅲ$组织，既可类似于上贝氏体（铁素体是平等条状的），也与下贝氏体有相似之处（碳化物为粒状且分布在铁素体之中），很难按上、下贝氏体归类。

5.3 贝氏体转变的热力学条件及转变过程

5.3.1 贝氏体转变的热力学条件

贝氏体转变遵循固态相变的一般规律，也服从一定的热力学条件。钢的成分一定时，根据热力学可知，奥氏体与贝氏体的自由能皆随温度而变化，两者的变化率不同。因此，在它们的自由能与温度的关系曲线中，可以找出一个交点为二者的自由能相等的温度(B_0点)，如图 5-11 所示。这种情况与珠光体转变及马氏体转变相似。为便于比较，将奥氏体与珠光体及马氏体的自由能与温度的关系曲线亦示于图 5-11 中。

因为贝氏体转变属于有共格、有扩散型相变，所以，贝氏体形成时所消耗的能量，除了新相表面能外，还有母相与转变产物之间因比体积不同而产生的应变能和维持贝氏体与奥氏体之间共格关系的弹性应变能。因此，贝氏体形成时系统自由能变化也可用式(2-1)表示，即

$$\Delta G=V\cdot\Delta g_V+S\sigma+\varepsilon V \qquad (5-1)$$

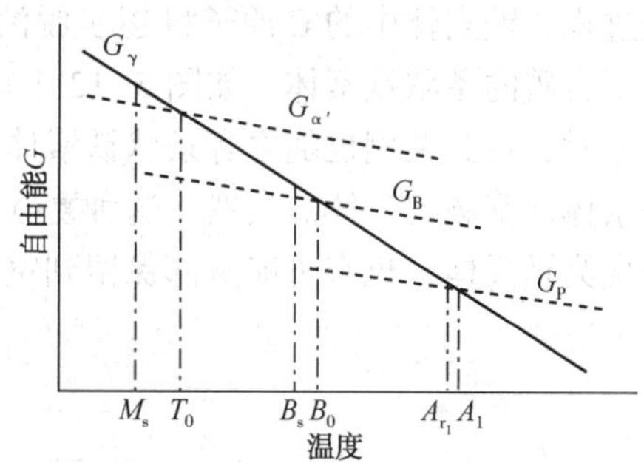

图 5-11 钢中奥氏体、贝氏体的自由能与温度之间的关系(示意图)

与马氏体转变相比较，贝氏体转变的相变驱动力($V\cdot\Delta g_V$)较大，而弹性应变能 εV 较小。因为贝氏体转变时，C 的扩散降低了贝氏体中铁素体的过饱和含碳量，因而使铁素体的自由能降低，所以相变驱动力增大。由于 C 的脱溶，使贝氏体与奥氏体之间的比体积差减小，因此由相变时体积变化引起的弹性应变能减小，所以 εV 亦较小。因此，从相变的热力学条件看，贝氏体转变可以在钢的 M_s点以上(但在 B_s 点以下)的温度范围内进行。

由于贝氏体形成时 εV 小于马氏体形成时的 εV，而大于珠光体形成时的 εV，所以贝氏体转变的上限温度 B_s与 B_0之间的温度差小于 M_s与 T_0之间的温度差，而大于 A_{r_1}与 A_1之间的温度差。

关于影响 B_s点的因素目前研究得不多，一般认为，钢中含碳量对 B_s点有明显的影响，随钢中含碳量增加 B_s点下降，钢中合金元素的含量对 B_s点也有影响。B_s点与钢的化学成分的关系可用下式估算

$$B_s(℃)=830-270(C\%)-90(Mn\%)-37(Ni\%)-30(Cr\%)-83(Mo\%) \qquad (5-2)$$

上式适用于下列成分范围：C = 0.1% ~ 0.55%，Cr≤3.5%，Mn = 0.2% ~ 1.7%，Mo≤1.0%，Ni≤5%，计算值与实际值之差小于±(20~25)℃。

5.3.2 贝氏体形成过程

在贝氏体转变开始之前，过冷奥氏体中的 C 原子发生不均匀分布，出现了许多局部富碳区和局部贫碳区。在贫碳区中可能产生铁素体晶核，当其尺寸大于该温度下的临界晶核尺寸时，这种铁素体晶核将不断长大。由于过冷奥氏体所处的温度较低，铁原子的自扩散已经相当困难，形成的铁素体晶核，只能按共格切变方式长大(也有人认为是按台阶机制长大)，

而形成条状或片状铁素体。与此同时，碳从铁素体长大的前沿向两侧奥氏体中扩散，而且铁素体中过饱和 C 原子不断脱溶。温度较高时，C 原子穿过铁素体相界扩散到奥氏体中或在相界上沉淀为碳化物。温度较低时，C 原子在铁素体内部一定晶面上聚集并沉淀为碳化物。当然，也可能出现同时在相界上和铁素体内沉淀碳化物的情况。这种按共格切变方式(或台阶机制)长大的铁素体与富碳奥氏体(或随后冷却时的转变产物)或碳化物构成的混合物，即为贝氏体。

钢中常见的几种贝氏体组织，都可以用上述转变过程来描述。

1. 无碳化物贝氏体

在亚共析钢中，当贝氏体的转变温度较高时，首先在奥氏体晶界上形成铁素体晶核，如图 5-12(a)所示。随着碳的扩散，铁素体长大，形成条状，如图 5-12(b)所示。伴随这一相变过程，铁素体中的 C 原子将逐步脱溶，并扩散穿过共格界面进入奥氏体中，因而形成几乎不含碳的条状铁素体，如图 5-12(b)(c)所示。在一个奥氏体晶粒中，当一个条状铁素体长大时，在其两侧也随之有条状铁素体形成和长大，如图 5-12(c)(d)所示。结果形成条状铁素体加富碳奥氏体。当然，这种富碳奥氏体在随后冷却时，有可能部分或全部发生分解或转变为马氏体，也有可能全部保留到室温成为残余奥氏体。

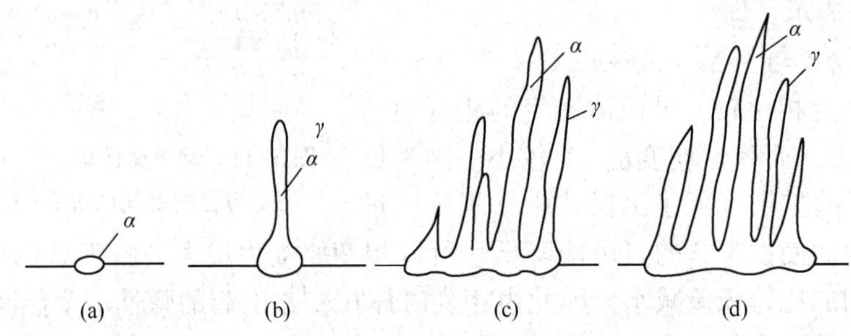

图 5-12　低碳钢中铁素体加无碳化物贝氏体形成过程示意图

2. 上贝氏体

首先在过冷奥氏体晶界处或晶界附近的贫碳区生成铁素体晶核，如图 5-13(a)所示，并且成排地向晶粒内长大。与此同时，条状铁素体长大前沿的 C 原子不断向两侧扩散，而且，铁素体中多余的碳也将通过扩散向两侧的相界面移动。由于碳在铁素体中的扩散速度大于在奥氏体中的扩散速度，因而在温度较低的情况下，碳在晶界处将发生富集，如图 5-13(b)所示。当富集的碳浓度相当高时，将在条状铁素体之间形成渗碳体，而转变为典型的上贝氏体，如图 5-13(c)(d)所示。

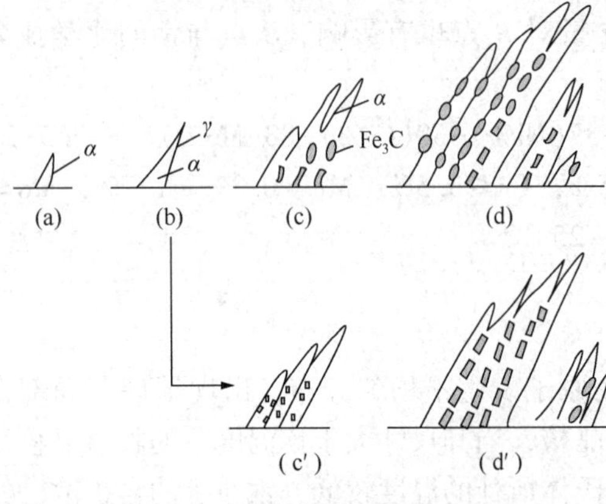

图 5-13　上贝氏体形成过程示意图

如果上贝氏体的形成温度较低或钢的含碳量较高，上贝氏体形成时在铁素体条间沉淀碳化物的同时，在铁素体条内也沉淀出少量的多向分布的渗碳体细小颗粒，如图 5-13(c′)(d′)所示。

3. 下贝氏体

在中、高碳钢中，如果贝氏体转变温度比较低时，首先在奥氏体晶界或晶粒内部某些贫碳区形成 α-Fe 晶核，如图 5-14(a)所示，并按切变共格方式长大成片状或透镜状，如图 5-14(b)所示。由于转变温度较低，C 原子扩散困难，较难迁移至相界，因此，与 α-Fe 共格长大的同时，C 原子只能在 α-Fe 的某些亚晶界或晶面上沉淀为细片状碳化物，如图 5-14(c)所示，和马氏体转变相似，当一片 α-Fe 长大时，会促发其他方向形成片状 α-Fe，如图 5-14(d)所示，而形成典型的下贝氏体。

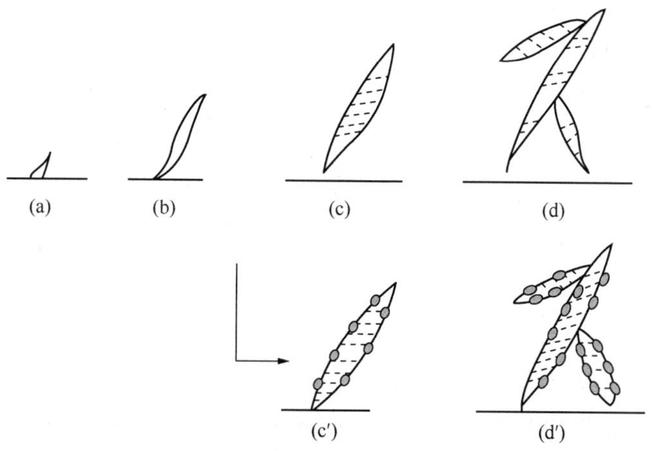

图 5-14　下贝氏体形成过程示意图

如果钢的含碳量相当高，而且下贝氏体的形成温度又不过低时，形成的下贝氏体不仅在片状 α-Fe 沉淀渗碳体，而且在 α-Fe 片的边界上也有少量渗碳体形成，如图 5-14(c′)(d′)所示。

4. 反常贝氏体

上述几种贝氏体形成时，都是以铁素体作为领先相。如果钢的含碳量很高(一般为过共析钢)，当贝氏体转变的温度较低时，首先从奥氏体中析出渗碳体，如图 5-15(a)所示。针状渗碳体纵向长大的同时也侧向长大，这样针状渗碳体周围的奥氏体含碳量降低，在这些低碳的奥氏体中形成铁素体，如图 5-15(b)所示。铁素体长大时，C 原子从铁素体中脱溶并扩散到侧面的奥氏体中，因此又促进针状渗碳体的形成，结果形成如图 5-15(c)所示的成排分布的组织。当然，如果转变温度低、碳扩散困难，也可能形成单独的反常贝氏体组织。

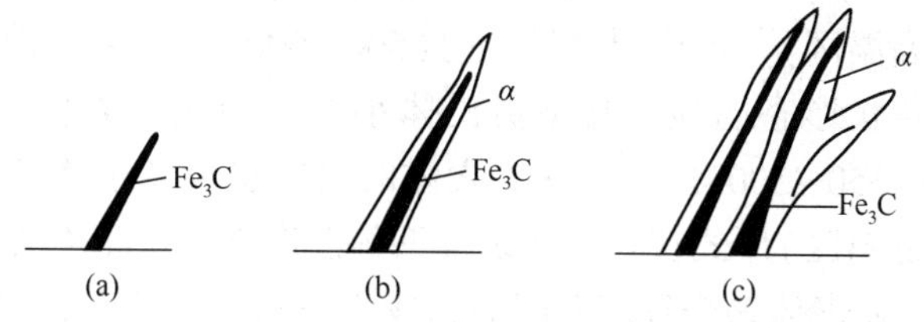

图 5-15　高碳钢中反常贝氏体的形成过程示意图

5. 粒状贝氏体

关于粒状贝氏体的形成过程目前认识尚很不统一。近年来提出的铁素体溶合模型可以较好地解释贝氏体组织形貌的多样性，如图 5-16 所示，分高温区、中温区、低温区三种情况。

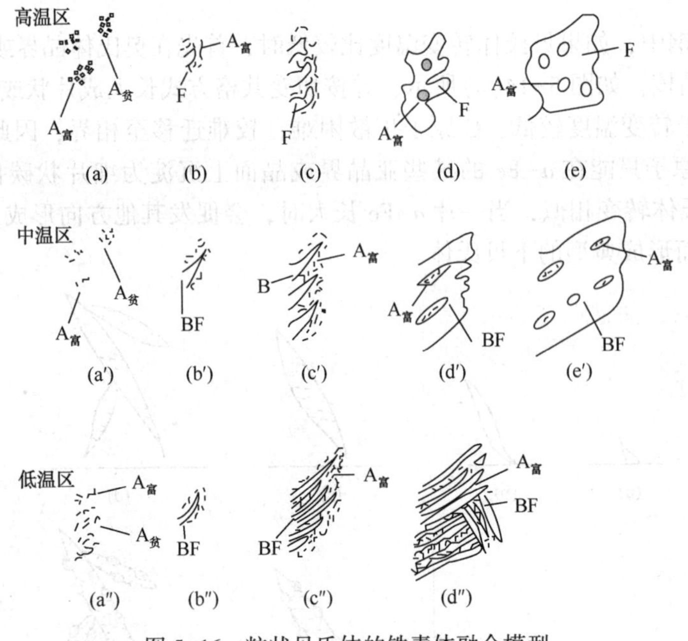

图 5-16 粒状贝氏体的铁素体融合模型

在转变的孕育期，母相奥氏体中即存在贫碳区和富碳区[图 5-16(a)(a′)(a″)]。相变开始时，首先在贫碳区出现铁素体晶核并长大，因自促发形核作用，出现一排相互平行的条状铁素体。随着条状铁素体长大，伴有 C 原子通过相界面向附近的奥氏体区富集，使奥氏体内出现碳的浓度梯度，靠近相界面区域的碳浓度高，远离相界面区域的碳浓度则接近原奥氏体的碳浓度，因此在奥氏体中出现碳的扩散，使碳浓度趋于均匀化。为维持相界面碳浓度平衡，而导致条状铁素体继续长大。碳向周围奥氏体扩散的速度在不同的方向上是不同的。在条状铁素体尖端附近的奥氏体中，C 原子可向开阔宽广的远处扩散，扩散速度较快，因而使条状铁素体纵向长大速度较快。而在相互平行的条状铁素体之间，夹着狭长奥氏体条，C 原子不容易从这种奥氏体长条中扩散出去，而导致条间的奥氏体碳浓度增高，碳浓度梯度减小，使条状铁素体横向长大速度变慢。条间富碳奥氏体被条状铁素体包围时，便形成了富碳奥氏体小岛，常为长方形，呈一定的方向性分布。贝氏体形成温度高时(680~720℃)，条状铁素体纵、横方向长大速度差别甚小，原子容易从条间狭长的奥氏体条中扩散出去，故铁素体条状形态不明显，而呈块状，铁素体基体上分布着富碳奥氏体小岛，呈颗粒状，分布无明显的方向性(图 5-16 高温区)。形成温度较低时(500~600℃)，由于铁素体纵、横向长大速度差别增大，铁素体条状形态明显，富碳奥氏体小岛呈明显的方向性分布(图 5-16 中温区)。形成温度很低时(350~500℃)，条状铁素体的横向也可产生条状铁素体，而使富碳奥氏体以小岛(图 5-16 低温区)形式存在。在足够低的温度下，由于 C 原子很难从条间的狭长奥氏体条中扩散出去，铁素体融合程度不明显，成为条状铁素体夹着富碳残余奥氏体的粒状贝氏体。如果有碳化物在条间沉淀，便成为经典的上贝氏体；如果没有富碳奥氏体小岛呈方向性分布在块状铁素体基体上，那就成为无碳贝氏体。

碳的扩散及脱溶沉淀是控制贝氏体转变及其形貌的基本因素。阻碍碳的扩散或碍阻碳化物脱溶沉淀的合金元素，如 Si、Mo、Al、V 等，都会提高富碳奥氏体的碳浓度而提高其稳定性，例如55SiMnMo钢很容易在350～720℃这样宽的温度范围内形成粒状贝氏体组织，即是由于Si和Mo元素作用影响的。

5.3.3 贝氏体铁素体长大机制

贝氏体相变的特征比马氏体相变更为复杂。贝氏体相变时既出现表面浮凸现象，又有成分变化，并且转变速度比马氏体转变速度慢得多。过去认为贝氏体相变是既有共格切变又伴有扩散的相变。在钢中，相变时Fe原子点阵改组以共格切变方式进行，但相变速率受碳的扩散控制，所以转变速度很慢。

近年来用电镜观察发现上贝氏体铁素体有条状亚结构，认为是切变长大的基元，据此推测，贝氏体铁素体的纵向长大和横向长大都是通过基元的形核和长大完成的，如图5-17所示。基元长大到一定大小(长10μm，厚0.5～0.7μm)以后，由于体积应变能积累太大而停止长大，待另一个基元形成后再继续长大，以此来解释贝氏体相变虽属切变，但长大速度很慢。根据一些新的实验结果，也有人提出了新的理论。对0.66%C、3.32%Cr钢在400℃形成的上贝氏体进行直接观察。发现基元长大速率与贝氏体铁素体的整体长大速率基本相同，未观察到比整体长大快得多的现象，平均生长速率约为1.4×10^{-3}cm/s，与受碳扩散控制的非共格界面的移动速度相当。据此推断，贝氏体铁素体是以台阶机构长大的，而长大速度受碳在奥氏体中的扩散控制，下贝氏体中的碳化物可能不是从α相中沉淀的，而是相间沉淀，但迄今尚未能直接用电镜观察到台阶的存在。

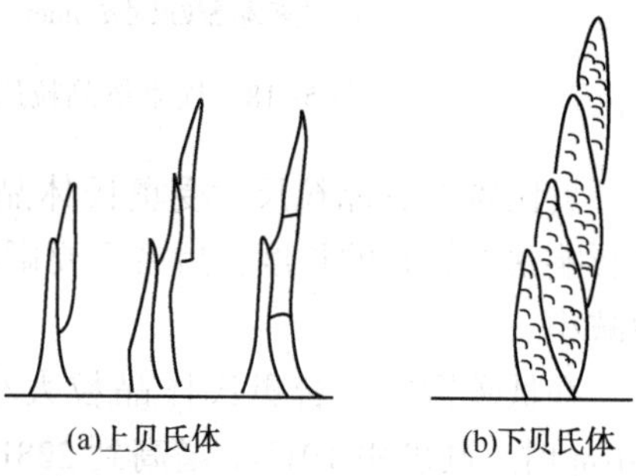

图5-17 上贝氏体与下贝氏体的基元长大模型

综上所述，目前人们对贝氏体铁素体长大机制的认识正在深化，但对机制的判据尚感不足，传统的切变机制已经受到挑战，而新的台阶机制还未能得到充分的证实，因此不同学派的争论正在继续。

5.4 钢中贝氏体的机械性能

粒状贝氏体、上贝氏体、下贝氏体等不同形态的贝氏体，其组织形貌、相组成和内部亚结构均有明显的区别。因此它们的机械性能各不相同，而且它们的性能与钢的化学成分也有密切的关系。

5.4.1 影响贝氏体机械性能的基本因素

贝氏体的性能，主要决定于其显微组织形态，并受下列因素影响：

1. α的影响

贝氏体中的α呈条状或针状，比呈块状具有较高的硬度和强度，硬度可高出100～150HB。随转变温度下降，贝氏体中的α由块状向条状、针状或片状转化。

贝氏体中α晶粒(或亚晶粒)越小，强度越高，而韧性不仅不降低，甚至还有所提高。贝氏体中铁素体条尺寸与屈服强度的关系如图5-18(a)所示，符合Petch公式。

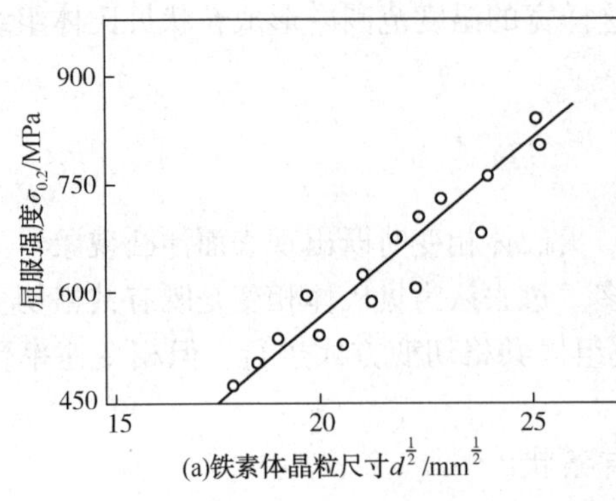

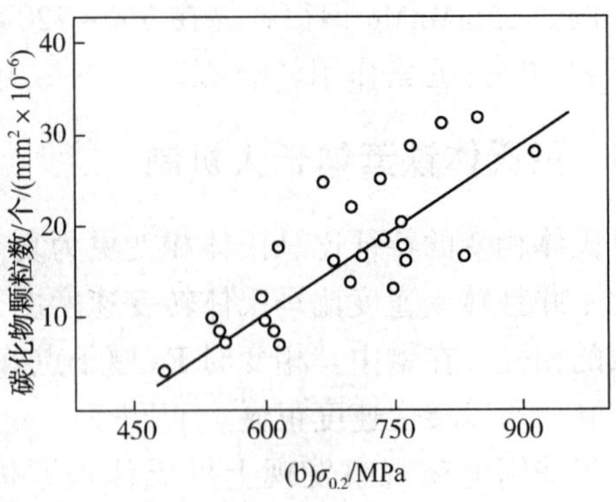

图 5-18　铁素体晶粒尺寸和渗碳体分散度对贝氏体屈服强度的影响

贝氏体中 α 晶粒尺寸受奥氏体晶粒大小和转变温度的影响，以后者影响为主。前者主要影响铁素体条的长度，后者主要影响铁素体条的厚度。α 晶粒整个尺寸也随转变温度降低而减小。

在低碳钢中，若奥氏体晶粒大小相同，则贝氏体铁素体的平均直径由 37μm 减小到 28μm 时，硬度由 191HV 增高到 228HV。

贝氏体中的 α 往往较平衡状态的铁素体含碳量稍高，但一般都在 0.25%以下。贝氏体中 α 的过饱和度，主要受到形成温度的影响，转变温度越低，碳的过饱和度越大，其强度、硬度增高，但韧性、塑性降低较少。

贝氏体中 α 的亚结构主要为缠结位错。这些位错主要是由相变应变产生的。随转变温度降低，位错密度增大，强度、韧性增高。随贝氏体中铁素体基元的尺寸减小，强度和韧性也增高。

2. 渗碳体的影响

在渗碳体尺寸大小相同的情况下，贝氏体中渗碳体数量越多，硬度和强度越高，韧性、塑性越低。渗碳体的数量主要决定于钢中的含碳量。当钢的成分一定时，随着转变温度的降低，渗碳体的尺寸减小，数量增多，硬度和强度增高，但韧性和塑性降低较少。贝氏体组织中，单位截面上渗碳体颗粒数与屈服强度的关系如图 5-18(b)所示。

贝氏体中的渗碳体，可以是片状、粒状、断续杆状或层状。一般说来，渗碳体是粒状的韧性较高，细小片状的强度较高，断续杆状或层状的脆性较大。

贝氏体中渗碳体的形态，随转变温度的降低，由断续杆状或层状向细片状变化；随着等温时间的延长或进行较高温度回火，渗碳体将向粒状转化。贝氏体中的渗碳体，在某些组织中等向均匀分布，而在另一些组织中定向不均匀分布。通常，渗碳体等向均匀弥散分布时，强度较高，韧性较大。如果渗碳体定向不均匀分布，强度较低，且脆性大。在上贝氏体中渗碳体易定向不均匀分布，而在下贝氏体中渗碳体则分布较为均匀。

5.4.2　非贝氏体组织对贝氏体混合组织机械性能的影响

1. 残余奥氏体的影响

与贝氏体相比，残余奥氏体是软相。如果贝氏体中含有少量奥氏体并且均匀分布时，强度降低较少，而且可以提高韧性和塑性。而当奥氏体含量较多时，虽然会提高钢的塑性和韧性，但会降低钢的强度，特别是会降低钢的屈服强度和疲劳强度。当贝氏体形成温度高时，由于未转变奥氏体含碳量增高，残余奥氏体数量增多。当形成温度低时，由于贝氏体转变不完全性减小，残余奥氏体数量减少。但是，当等温转变温度过低时，由于等温保持时产生的奥氏体稳定化作用，又会使残余奥氏体数量增多。

2. 马氏体(回火马氏体)的影响

贝氏体转变时，未转变的奥氏体在随后冷却过程中，有可能部分地转变为马氏体。在M_s点较高的钢中，形成的马氏体还可能发生自回火而成为回火马氏体。如果贝氏体等温处理温度在M_s点以下，则在贝氏体形成之前，将有部分马氏体形成，并随后被回火成马氏体。

当贝氏体处理后有片状马氏体存在时，会使钢的硬度增高，韧性明显降低。而当有板条马氏体存在时，会使钢的硬度、强度增高，而韧性稍有降低或不降低。对于有回火板条马氏体存在时，由于机械性能与下贝氏体相似甚至稍高，所以对钢的强度和韧性均无不良影响。但是，当马氏体为片状时，回火析出的碳化物沿孪晶界或马氏体晶界分布，则会降低钢的冲击韧性。

3. 珠光体转变产物的影响

如果贝氏体转变时冷却速度较小，在贝氏体形成之前，有可能发生珠光体转变。转变产物通常是铁素体或铁素体加珠光体。与下贝氏体相比，会明显降低钢的硬度和强度；如果是索氏体或屈氏体，则对钢的硬度、强度降低较少。如果贝氏体转变的等温温度较高(在400~450℃以上)，对于B_s点较高的钢，在等温温度保持过程中，也可能部分转变为索氏体或屈氏体。在这种情况下，与形成的上贝氏体相比，钢的机械性能不降低，甚至还可能稍有提高。

4. 针状铁素体及上贝氏体的影响

如果钢的贝氏体转变要求获得下贝氏体，而在实际处理时，可能有部分针状铁素体或普通上贝氏体形成。在这种情况下，将明显降低钢的硬度和强度，而且也会降低钢的韧性。针状铁素体或上贝氏体的出现，主要是由于过冷奥氏体稳定性较小和钢件处理时实际冷却速度较慢引起的。

贝氏体中的残余奥氏体，在中温区域回火后，会转变为下贝氏体、二次淬火马氏体等，这将明显降低钢的韧性。

综上所述，由于钢的过冷奥氏体稳定性不同，贝氏体处理工艺参数和钢件实际冷却速度不同，处理后获得的贝氏体形态和非贝氏体组织的类型、数量、分布可能是不同的，使钢中贝氏体处理后的机械性能可能存在较大差异。为了使贝氏体处理后的组织具有高的强韧性，应该避免奥氏体在等温前发生分解和尽可能使贝氏体在较低温度下形成。

5.4.3 贝氏体的强度和硬度

根据上述分析可以得出，贝氏体的强度随转变温度降低而升高，在图5-19中示出了中、低碳钢贝氏体的抗拉强度与转变温度的关系。

贝氏体的屈服强度可用下列经验公式表示：

$$\sigma_{0.2}(\mathrm{MPa})=15.4\times[-12.6+11.3d^{-1/2}+0.98n^{1/4}] \tag{5-3}$$

式中 d——贝氏体铁素体尺寸(平均线截距)，mm；

n——单位面积中碳化物颗粒数，1/mm^2。

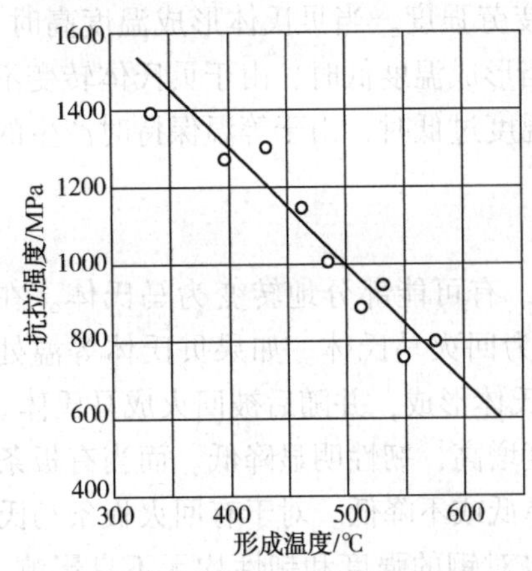

图 5-19 贝氏体的抗拉强度与形成温度的关系

式(5-3)仅适用于细小弥散碳化物的分布状态，只有在碳化物间距小于贝氏体中条状铁素体尺寸时，碳化物弥散度才成为有效的强化因素。所以，在低碳上贝氏体中，强度实际上完全由贝氏体铁素体的尺寸所控制。只有在下贝氏体或高碳上贝氏体中，碳化物的弥散强化才有比较明显的贡献。上贝氏体中由于位错主要在贝氏体铁素体的边界形成，故其位错强化包含在晶界强化之中。而下贝氏体的位错强化作用包含在碳化物弥散强化效应之中。

5.4.4 贝氏体的韧性

韧性是高强度材料的重要机械性能指标。贝氏体钢和等温淬火获得的贝氏体，常以具有高韧性著称，在工业生产中获得广泛应用，可是，在某些情况下，贝氏体又常常具有较大的脆性，因而揭示其规律性显得十分重要。

从冲击韧性比较，究竟是贝氏体还是回火马氏体优越，人们在认识上还存在一定分歧。然而，在低碳钢中，上贝氏体的冲击韧性比下贝氏体的低，以及从上贝氏体过渡到下贝氏体时，脆性转折温度突然下降，这是比较公认的普遍规律。在图 5-20 中示出含碳量为 0.10%~0.15% 的低碳贝氏体钢的抗拉强度和脆性转折温度与贝氏体形态变化的关系。图中标出转变温度在 550℃左右，从上贝氏体过渡到下贝氏体，同时脆性转折温度突然下降，其原因是：

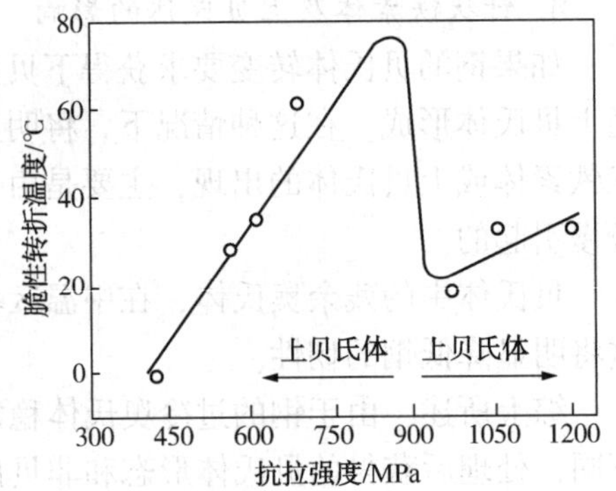

图 5-20 低碳贝氏体钢的抗拉强度和脆性转折温度与贝氏体形态变化的关系

(1) 在上贝氏体中存在粗大的碳化物颗粒或断续的条状碳化物，也可能存在高碳马氏体区(由未转变奥氏体在冷却时形成)，所以容易形成大于临界尺寸的裂纹，并且裂纹一旦扩展，便不能由贝氏体中铁素体之间小角晶界来阻止，而只能由大角贝氏体"束"界或原始奥氏体晶界来阻止，因此上贝氏体中裂纹扩展迅速。

30Cr3MoV 钢经不同温度等温处理后的冲击韧性，如图 5-21 所示。在 350~400℃以上等温处理，获得上贝氏体组织，会使钢的冲击韧性急剧降低。这种现象称为"贝氏体脆性"，在许多中碳合金钢中都有出现。贝氏体脆性产生的原因是由于上贝氏体铁素体条之间碳化物分布的不均匀性。此外，在出现贝氏体脆性的等温转变温度范围内，钢的宏观硬度增高，表明这种脆性也与过冷奥氏体在该温度范围内转变不完全，部分过冷奥氏体在随后冷却时转变为马氏体有关。

(2) 在下贝氏体中，较小的碳化物不易形成裂纹，即使形成裂纹也难以达到临界尺寸，因而缺乏脆断的基础。即使形成解理裂纹，其扩展也将受到大量弥散碳化物和位错的阻止。因此，尽管强度高，裂纹在较低温度下形成，但也不易扩展，以至常常被抑制，从而形成新的裂纹，因而脆性转折温度范围扩大。所以，下贝氏体的冲击韧性要比强度稍低的上贝氏体大得多。

对于具有回火脆性的钢种，等温淬火获得的贝氏体与淬火、回火处理获得的马氏体相比，如果在回火脆性温度范围内回火，当硬度、强度相同时，贝氏体组织的冲击韧性要高于回火马氏体组织。图 5-22 示出了 40CrNiMo 钢经等温淬火、回火处理后冲击韧性的变化规律。当等温处理温度较低(<400℃)时，获得下贝氏体可保持较高的冲击韧性，优于淬火、回火处理；当等温温度较高(>400℃)时，获得上贝氏体，不仅强度降低而且冲击韧性明显下降，甚至低于淬火、回火处理的数值。因此，等温处理只有获得下贝氏体加残余奥氏体，钢件才具有较高的冲击韧性和较低的脆性转折温度。

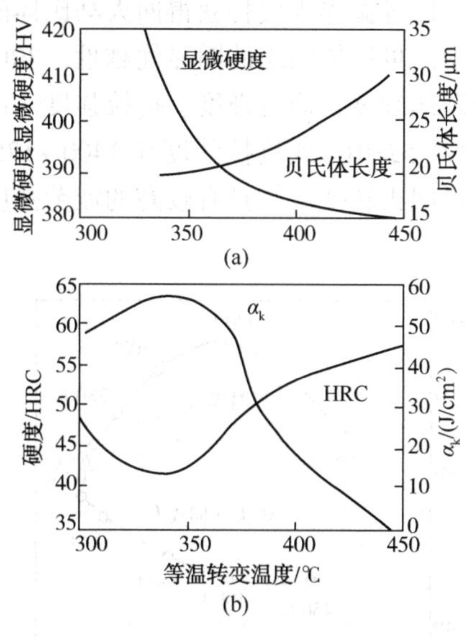

图 5-21 贝氏体的冲击韧性

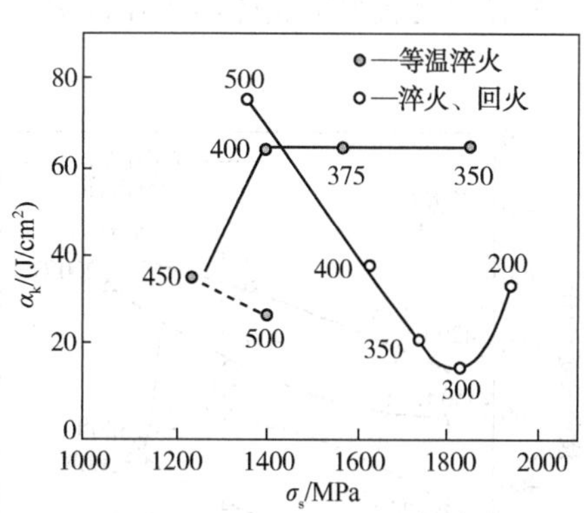

图 5-22 热处理对冲击韧性的影响

若钢的含碳量或合金元素含量较高，其 M_s 点较低，淬火后获得孪晶马氏体，在这种情况下，等温淬火获得的下贝氏体与淬火后低温回火获得的回火马氏体相比较，常常具有较高的冲击韧性。

5.4.5 贝氏体的综合机械性能

经贝氏体处理的钢件的机械性能，主要通过等温处理温度来控制。等温处理温度对 30CrMnSi 钢机械性能的影响如图 5-23 所示。

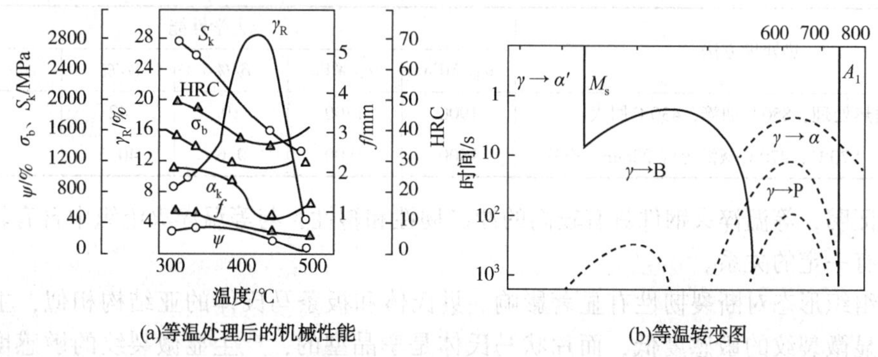

图 5-23 等温处理温度对 30CrMnSi 钢机械性能的影响

当等温温度低于400℃时，主要形成下贝氏体，在这个等温处理温度范围内，随等温温度升高，上贝氏体量有所增加，因此强度、硬度稍有降低，而塑性、韧性很少升高甚至还有所降低。当等温温度高于400℃时，由于主要形成上贝氏体，因此随等温湿度升高，不仅硬度、强度降低，而且韧性、塑性也明显下降。但当等温温度高于450℃时，由于过冷奥氏体转变为贝氏体的稳定性增大，在随后冷却时有可能部分转变为马氏体或在等温时可能有珠光体形成。所以随等温温度继续升高，硬度和强度也随之有所升高，但塑性和韧性将继续降低。

工业上对回火脆性敏感的一些钢种，若采用贝氏体等温淬火代替获得回火马氏体的淬火回火处理，往往具有较高的综合机械性能，因而显示出贝氏体组织的明显优越性。30CrMnSi钢经不同温度等温淬火和淬火后经不同温度回火处理的硬度、疲劳强度、抗拉强度、冲击韧性的对比，列于图5-24中。可以看出，在硬度为47~52HRC或抗拉强度在1400~1750MPa范围内，等温淬火获得贝氏体组织比淬火、回火获得回火转变产物具有较高的疲劳强度和冲击韧性。

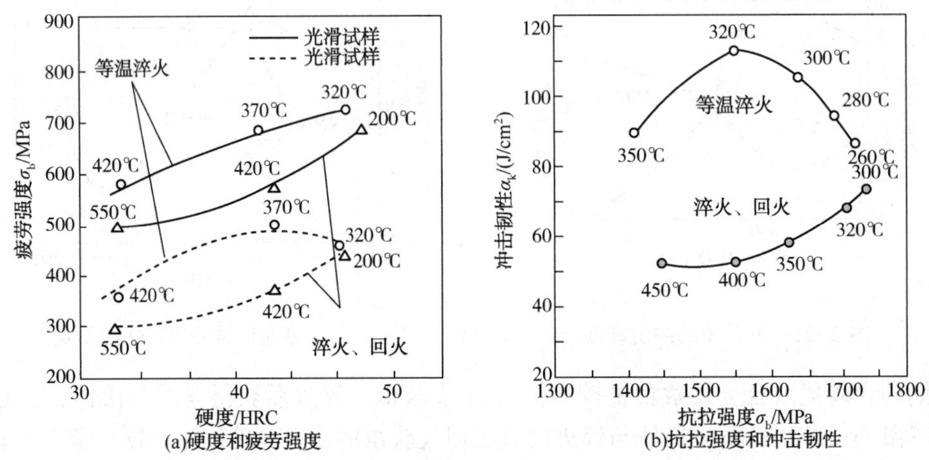

图5-24 30CMnSi钢经等温淬火和淬火、回火后的力学性能对比

60Si2钢等温淬火处理后，与普通淬火、回火处理相比较，在强度相同的条件下，冲击韧性明显提高(表5-1)；在硬度相同的条件下，塑性大幅度增加(图5-25)。

表5-1 60Si2钢经不同热处理后的力学性能

热处理方法	力学性能				
	σ_b/MPa	σ_s/MPa	δ/%	ψ/%	α_k/(J/cm^2)
普通热处理，850℃油淬，430℃回火	1900	1700	10	42	270
等温淬火，870℃，270℃碱浴等温20min，空冷	1800	1800	9.6	40.5	720

试验证明，等温淬火钢件具有较高的冲击韧性和塑性，与等温淬火组织中含有较多的残余奥氏体有一定的关系。

钢的组织形态对断裂韧性有显著影响。贝氏体和板条马氏体的亚结构相似，主要为位错，产生显微裂纹的敏感度低，而片状马氏体是孪晶型的，产生显微裂纹的敏感度高。但是，贝氏体中的碳化物分布方向性较为明显，与碳化物分布比较均匀弥散的回火板条马氏体相比，显微裂纹较易发展，但优于碳化物沿孪晶界分布而脆化的回火片状马氏体。几种钢的显微组织对断裂韧性的影响如表 5-2 所列。由表中可见，钢的成分不同，强度水平相同时，下贝氏体由于亚结构相似，断裂韧性 K_{IC}值相差不大。当显微组织为回火马氏体时，若亚结构不同，K_{IC}值相差甚大，位错型马氏体比孪晶型马氏体高一倍左右。下贝氏体的 K_{IC}值则在两类回火马氏体的 K_{IC}值之间。所以，对淬火获得孪晶型马氏体的高碳钢采用贝氏体等温淬火显然是有益的。

60Mn2 钢经不同热处理获得不同的组织，它们的耐磨性如图 5-26 所示。等温淬火获得的贝氏体比淬火、回火获得的回火转变产物具有较高的耐磨性。生产中对要求具有高的抗土壤磨损能力的农具，常采用等温淬火方法获得贝氏体组织，可以达到提高使用寿命的效果。

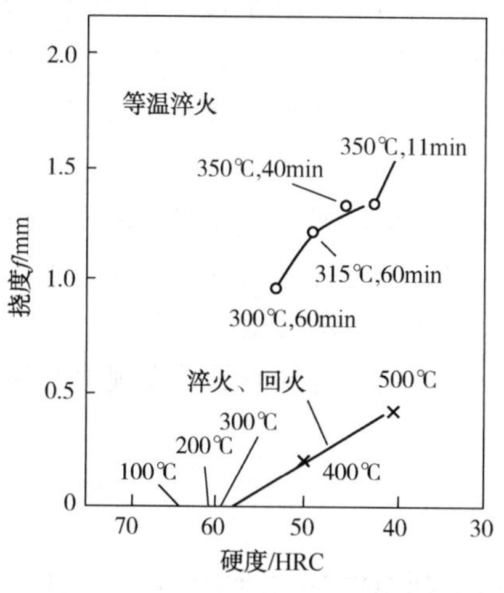

图 5-25 60Si2 钢硬度与挠度的关系

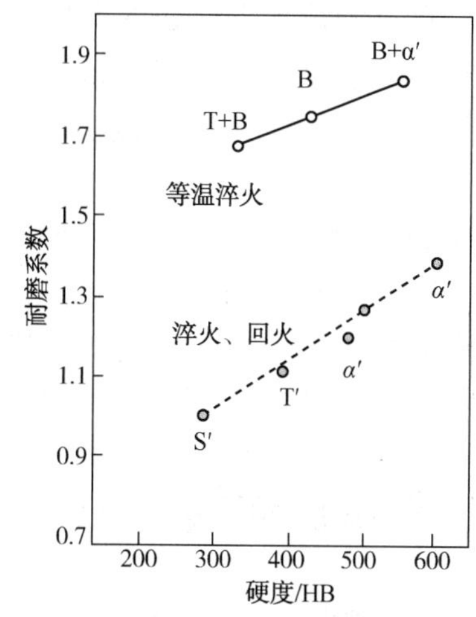

图 5-26 60Mn2 钢硬度与耐磨性的关系

表 5-2 钢的显微组织对断裂韧性的影响

钢的主要成分/%	强度/MPa		-196℃的断裂韧性 K_{IC}/(MPa·$\sqrt{m}$)		马氏体的亚结构
	σ_b	σ_{a1}	回火马氏体	下贝氏体	
0.24C-8.4Ni-3.9Co	1300	1200	362	201	基本为位错
0.2C-11.3Ni-7.5Co	1340	1240	391	261	基本为位错
0.34C-8.6Ni-4.0Co	1600	1330	156	179	基本为孪晶
0.40C-8.3Ni-7.2Co	166.5	143.5	119	134	基本为孪晶

课后习题

1. 贝氏体转变的基本特征。
2. 贝氏体的组织形态以及分类。
3. 贝氏体的形成过程。
4. 贝氏体的机械性能。

第6章 钢的过冷奥氏体转变图

钢在加热转变时形成奥氏体以后，在随后的冷却过程中会发生组织转变。转变可在某一恒定的温度下进行，也可在连续冷却过程中进行。随着冷却条件的不同，奥氏体的转变产物也不同。在实际冷却条件下，奥氏体虽然冷却到了A_1点以下，但并不立即发生转变，在这种情况下存在的奥氏体称为“过冷奥氏体”。由于过冷奥氏体的转变属于非平衡过程，所以就不能完全依据$Fe-Fe_3C$平衡图进行分析。为了掌握奥氏体在过冷条件下的转变行为，人们通过实验手段建立了过冷奥氏体转变图，也称为过冷奥氏体转变曲线。

过冷奥氏体转变图是用来表示不同冷却条件下过冷奥氏体转变过程的起止时间和各种类型组织转变所处的温度范围的一种图形，如果转变在恒温下进行，则有过冷奥氏体等温转变图；如果转变在连续冷却条件下进行，则有过冷奥氏体连续冷却转变图。

本章主要讨论过冷奥氏体在不同温度下等温或以不同速度冷却时的转变规律及其应用。

6.1 过冷奥氏体转变图

在连续冷却过程中，过冷奥氏体转变是在一个较大的温度范围内发生的，可能有几种不同类型的转变重叠出现，我们首先来讨论情况比较简单的过冷奥氏体等温转变。

6.1.1 过冷奥氏体等温转变图的建立

将奥氏体迅速冷却到临界温度以下的一定温度，并在此温度下等温，在等温过程中所发生的相变称为过冷奥氏体等温转变。

由于金属在组织转变的同时必然伴随某些物理性质的变化，如体积、磁性、电阻率等的变化，同时还会放出或吸收相变潜热，可采用金相、膨胀、磁性、电阻和热分析等方法测定等温转变图。下面以金相法为例，简要介绍测定等温转变图的方法。

将某种碳钢加工成许多相同尺寸的薄片试样，如$\phi(10\sim15)\times1.5$mm，并分成若干组，每次取一组进行奥氏体化，获得均匀的奥氏体组织后，迅速置于A_{c_1}以下某一温度(如650℃)的盐浴炉中，保持恒温，随后每隔一定时间取出其中的一个试样淬火，使未转变的奥氏体转变成马氏体。再用金相法确定该试样的转变产物类型和转变量，其中马氏体的量就表示了未转变的过冷奥氏体的量。绘出该温度下过冷奥氏体转变量与时间的关系曲线。然后取第二组试样用同样的方法，在另一温度下(如600℃)等温，同样绘出该温度下过冷奥氏体转变量与时间的关系曲线。图6-1(a)是不同温度下的转变量与时间的关系曲线。由图可见，在每一个等温温度下的转变都有一个孕育期。转变开始后转变速度逐渐加快，当转变量达50%左右时转变速度最大，以后逐渐降低，直至转变终了。

如果将不同温度下的等温转变开始时间和终了时间绘制在温度-时间半对数坐标系中，并将不同温度下的转变开始点和转变终了点分别连接成曲线，则可得如图6-1(b)所示的过冷奥氏体等温转变图。过冷奥氏体等温转变图可反映过冷奥氏体在不同温度下的等温转变过程、转变开始和终了时间、转变产物的类型以及转变量与温度和时间的关系等。由于等温转变图通常呈“C”形状，所以又称为C曲线，也称为TTT(Temperature Time Transformation)图。图中*ABCD*线代表不同温度下的转变开始(通常取转变量为2%左右)时间，而*EFGH*线和*JK*、*LM*线分别表示发生50%和100%(实际上常为98%左右)转变的时间。

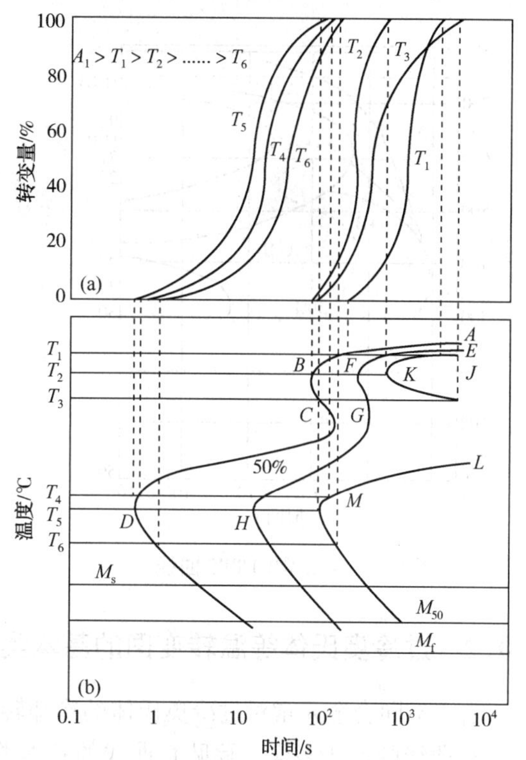

图6-1 过冷奥氏体等温转变图的建立

(a)不同温度下的等温转变动力学曲线；

(b)过冷奥氏体等温转变图

图6-1(b)中的等温转变曲线可以看成是由两个“C”形曲线组成的，第一个“C”曲线与珠光体转变区相对应，第二个“C”曲线与贝氏体转变区相对应。曲线中两个凸出部分分别称为珠光体和贝氏体转变曲线的“鼻子”，分别对应着珠光体和贝氏体转变孕育期最短的温度。在两个曲线相重叠的区域(图6-2的550℃)内等温时可以得到珠光体和贝氏体混合组织。在珠光体区内，随着等温温度的下降，珠光体片层间距减小，珠光体组织变细。在贝氏体区较高温度等温时，获得上贝氏体，在较低温度区等温时，获得下贝氏体。

对M_s点较高的钢，贝氏体等温转变曲线可延伸到M_s线以下，即贝氏体与马氏体转变相重叠。如果在稍低于M_s温度等温，则在形成少量马氏体后，继而形成贝氏体。

对亚共析钢和过共析钢而言，在珠光体转变之前将分别析出先共析铁素体和先共析渗碳体，因此它们的C曲线上分别多了一条先共析铁素体和先共析渗碳体的析出线，图6-2为一幅典型的亚共析钢C曲线，多了一条先共析铁素体的析出线。通常图中标出临界点A_{c_1}、A_{c_3}、M_s、M_f和各个相区(A或γ、F或α、P、B、C-碳化物)等。有时也标出转变产物的硬度和各类组织所占的百分数。

共析碳钢的C曲线呈简单的“C”字形，实际上可以看成是由两个邻近的C曲线合并而成，如图6-3所示。在鼻尖以上温度(>550℃)等温时，形成珠光体，在鼻尖以下温度等温时，形成贝氏体。

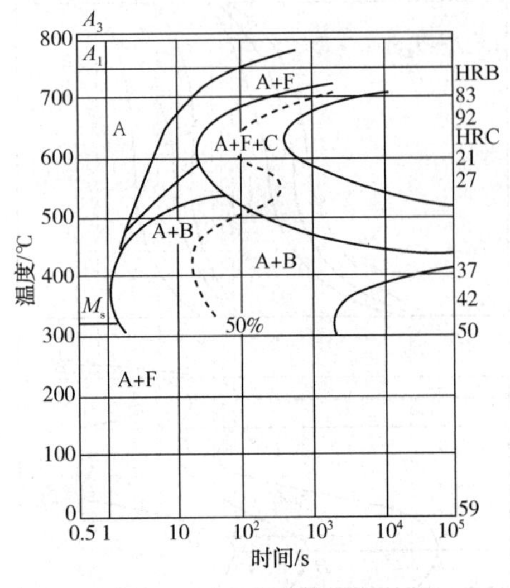

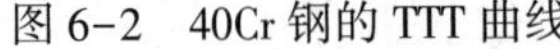
图 6-2　40Cr 钢的 TTT 曲线

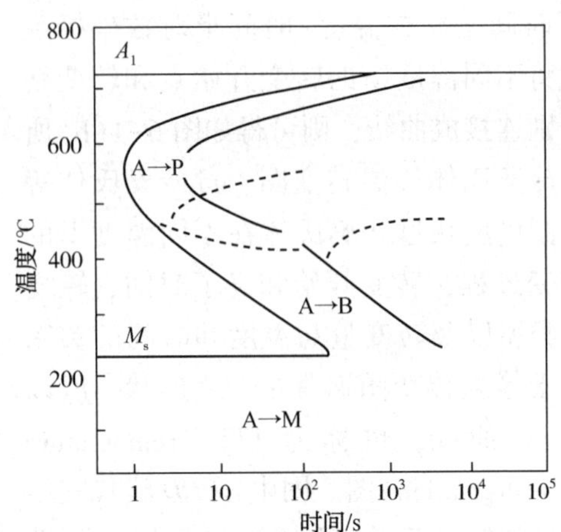

图 6-3　两个 C 曲线合并为一个 C 曲线

6.1.2　过冷奥氏体等温转变图的基本类型及影响因素

由于不同合金元素对过冷奥氏体的冷却转变温度范围及转变速度具有不同的影响规律，导致 C 曲线的形状多样，常见 C 曲线的基本类型大致有以下六种：

第一种，具有单一的"C"形曲线。珠光体转变与贝氏体转变 C 曲线部分重叠，在鼻尖以上温度等温时，形成珠光体，在鼻尖以下温度等温时，形成贝氏体。除共析碳钢外，含有 Si、Ni、Co 等元素的钢均属此种，除个别合金元素如 Co 等以外，大多数合金元素如 Ni、Cr、Mn、Si、W、Mo、B 等都会使 C 曲线位置右移(图 6-4)。

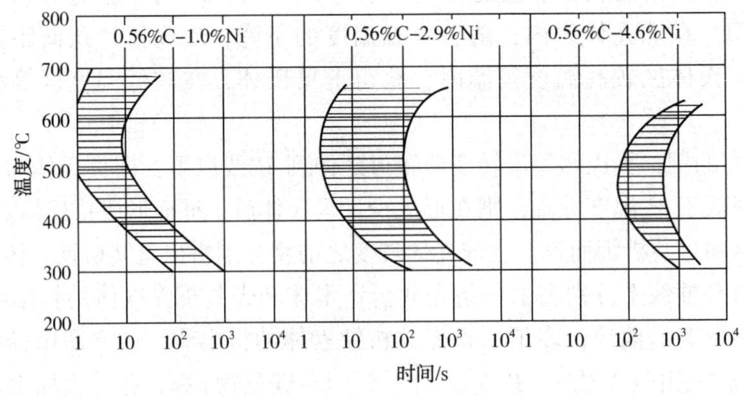

图 6-4　Ni 对 C 曲线的影响

第二种及第三种，曲线呈双"C"形。钢中加入能使贝氏体转变温度范围下降，或使珠光体转变温度范围上升的合金元素(如 Cr、Mo、W、V 等)时，则随着合金元素含量的增加，珠光体转变 C 曲线与贝氏体转变 C 曲线逐渐分离(图 6-5)。当合金元素含量足够高时，二曲线将完全分开，在珠光体转变和贝氏体转变之间出现一个奥氏体稳定区。

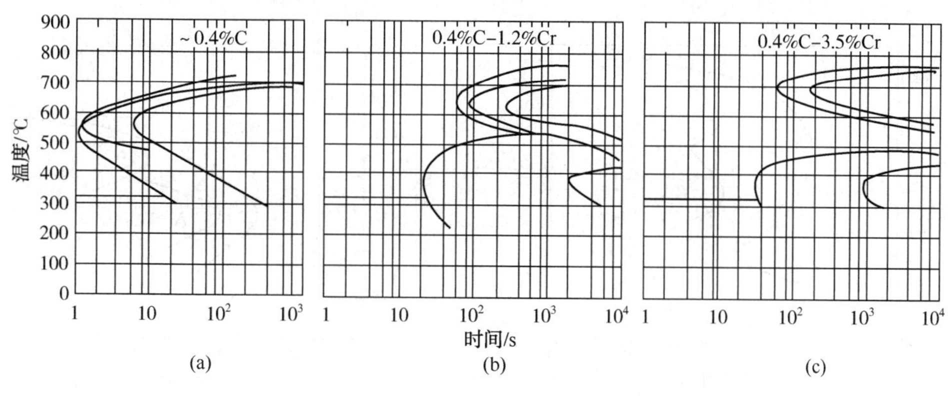

图 6-5 Cr 对 C 曲线的影响

如果加入的合金元素不仅能使珠光体转变与贝氏体转变分离，而且能使珠光体转变速度显著减慢，但对贝氏体转变速度影响较小，则将得到如图 6-6 所示的等温转变图(第二种)，这种类型在含有 Cr、Mo、W、V 等强碳化物形成元素的钢中经常出现。图 6-6 为 45CrMo 钢 860℃奥氏体化后测定的 C 曲线，其中 A_1线为 730℃，A_3线为 800℃，M_s线为 310℃。如果加入的合金元素能使贝氏体转变速度显著减慢，而对珠光体转变速度影响不大，则将得到如图 6-7 所示的等温转变图(第三种)，这种类型在含碳量较高的合金钢中经常出现，图 6-7 为 W18Cr4V 钢 1290℃奥氏体化后测定的 C 曲线，其中 A_{1s}为 810℃，A_{1f}为 860℃，M_s为 140℃。

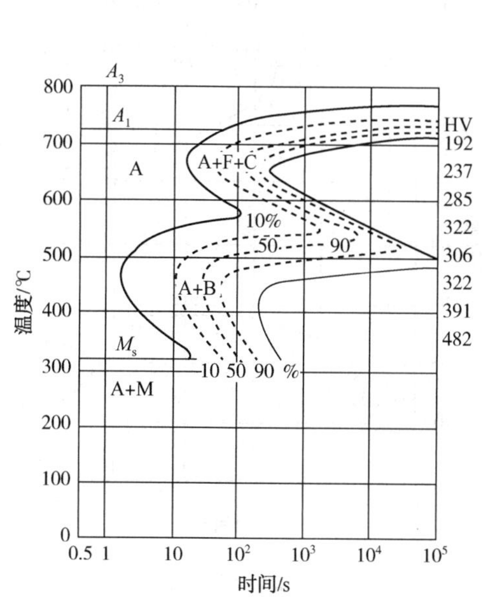

图 6-6 45CrMo 钢的 C 曲线

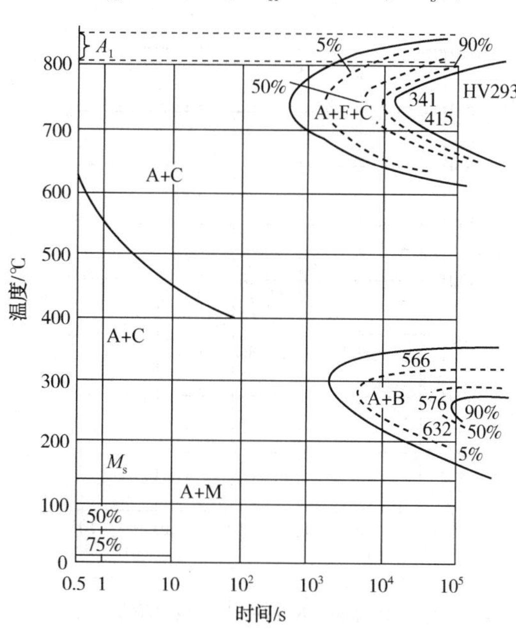

图 6-7 W18Cr4V 钢的 C 曲线

Mn 对奥氏体等温转变图的影响较为特殊。钢中加入 Mn 量较少时，只出现单一的 C 曲线，但 Mn 量增加到 1.5%以上时，却会在转变后期出现分离现象(图 6-8)。继续增大 Mn 量到 3%以上时，也呈现双 C 形曲线(图 6-9)。

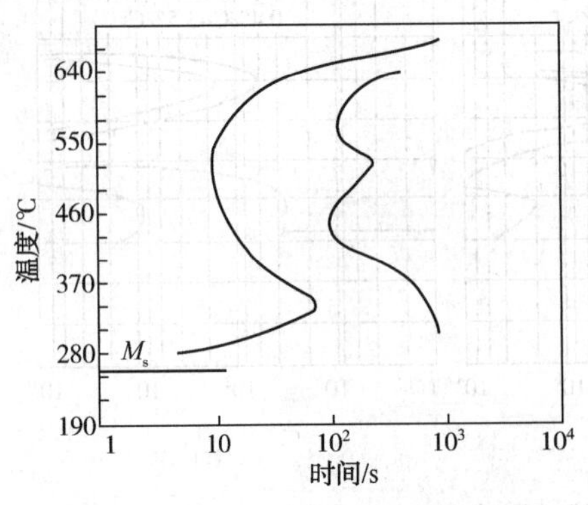

图 6-8　0.42%C-1.8Mn%钢的 C 曲线

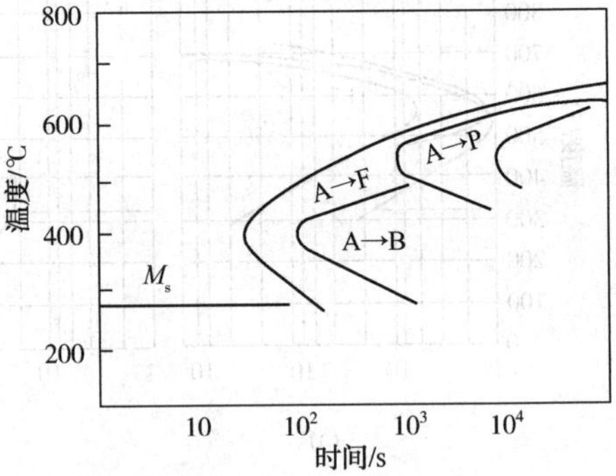

图 6-9　0.2%C-3.2%Mn 钢的 C 曲线

第四种，只有贝氏体转变的 C 曲线。在含碳低(<0.25%)而含 Mn、Cr、Ni、W、Mo 量高的钢中，扩散型的珠光体转变受到极大阻碍，而只出现贝氏体转变 C 曲线，如图 6-10 所示。18Cr2Ni4WA、18Cr2Ni4MoA 钢均属此例。

第五种，只有珠光体转变的 C 曲线。这是因合金元素的作用使贝氏体转变孕育期大大延长，以致贝氏体转变曲线未能在图中出现。在中碳高铬钢(如 3Cr13、4Cr13 等)中出现这种等温转变图(图 6-11)。

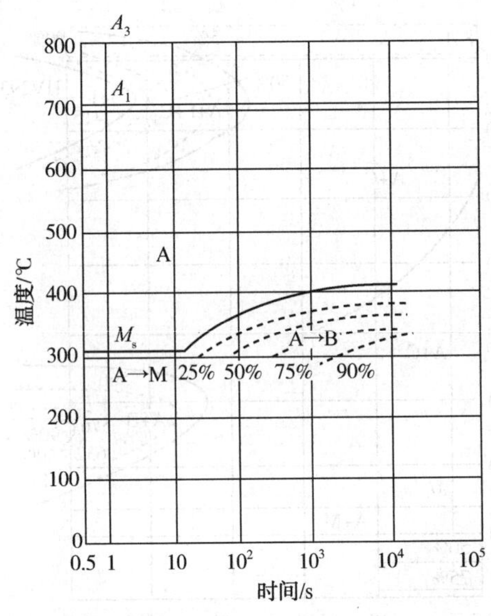

图 6-10　18Cr2Ni4WA 钢的 C 曲线

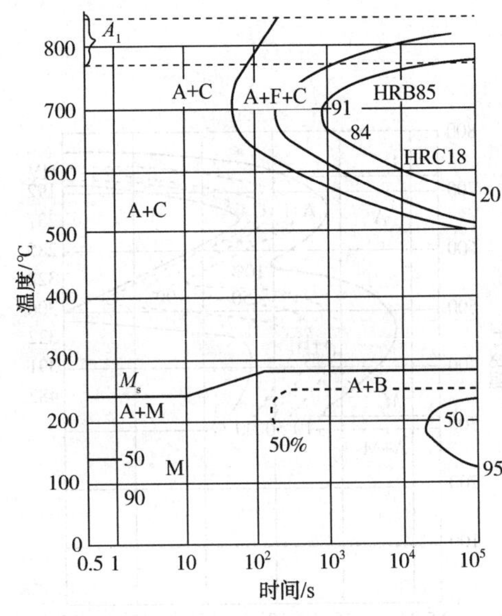

图 6-11　3Cr13 钢的 C 曲线

第六种，在马氏体点(M_s)以上整个温度区内不出现 C 曲线。这类钢珠光体转变与贝氏体转变都被强烈抑制，通常为奥氏体钢。高温下稳定的奥氏体组织全部过冷至室温。但可能有过剩碳化物的高温析出，使得在 M_s 点以上出现一个碳化物析出 C 形曲线(图 6-12)，如 4Cr14Ni14W2Mo 钢。

应该指出，C 曲线的形状除了与钢的化学成分有关外，还与钢的热处理工艺有关。如细化奥氏体晶粒，会加速过冷奥氏体向珠光体的转变。当原始组织相同时提高奥氏体化温度或延长奥氏体化时间，将促使碳化物溶解、成分均匀和奥氏体晶粒长大，导致C曲线的右移等。此外，奥氏体的高温或低温变形会显著影响珠光体转变动力学。一般来说，形变量越大，珠光体转变孕育期越短，即加速珠光体转变。

综上所述，奥氏体等温转变图的形状和位置是许多因素综合作用的结果。在应用等温转变图时，必须注意所用钢的化学成分、奥氏体化温度和晶粒度等，否则可能导致错误的结论。

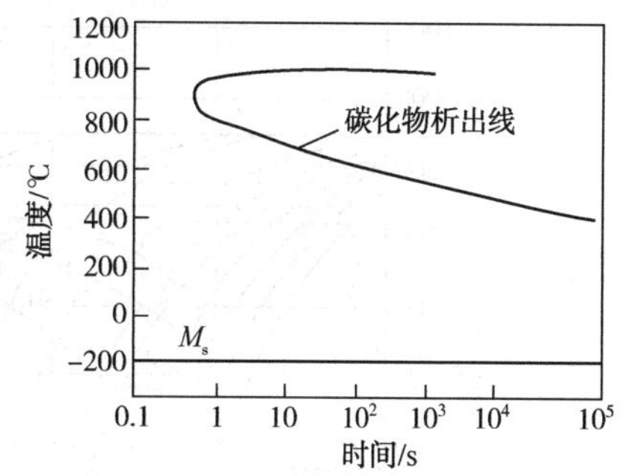

图6-12 只有碳化物析出线的C曲线

6.2 过冷奥氏体连续冷却转变图

等温转变图反映的是过冷奥氏体的等温转变规律，因此可以直接用来指导等温热处理工艺的制定，如等温退火、等温淬火等。在实际生产中过冷奥氏体除了进行等温冷却以外，更多的是连续冷却，如淬火、正火和退火等。不同工艺的冷却速度不同，得到的组织也不同。为了研究连续冷却时过冷奥氏体的转变规律，有必要建立各种钢的过冷奥氏体连续冷却转变图。连续冷却转变图是指钢经奥氏体化后在不同冷速的连续冷却条件下，过冷奥氏体转变为亚稳态产物时，转变开始及转变终止的时间与转变温度之间的关系曲线，也称CCT（Continuous Cooling Transformation）图。

6.2.1 过冷奥氏体连续冷却转变图的建立

过冷奥氏体连续冷却转变图可以采用膨胀法、金相法和热分析法来测定，现在通常采用快速膨胀仪来测定CCT图。快速膨胀仪所用试样尺寸通常为$\phi3\times10$mm，采用真空感应加热方法加热试样，程序控制冷却速度，在800~500℃范围内平均冷却速度可从100000℃/min变化到1℃/min。从不同冷却速度的膨胀曲线上可确定出转变开始点（转变量为1%），各种中间转变点和转变终了点（转变量为99%）所对应的温度和时间。将数据记录在温度-时间半对数坐标系中，连接相应的点，便得到连续冷却转变图。为了提高测量精度，常用金相法或热分析法进行定点校对。

6.2.2 冷却速度对转变产物的影响

图6-13为典型的亚共析钢的CCT图。自左上方至右下方的若干曲线代表不同冷速的冷却曲线。这些曲线与铁素体、珠光体和贝氏体转变终止线相交处所标注的数字，是指以该冷速冷至室温后的组织中铁素体、珠光体和贝氏体所占的体积百分数。冷却曲线下端的数字代表以该速度冷却时获得的组织的室温维氏（或洛氏）硬度值。常在图的右上角注明奥氏体化温度和时间。

亚共析钢在冷却过程中一般首先进入铁素体析出区，随着冷速的增大，铁素体析出量越来越少直至为零。亚共析钢的奥氏体在一定冷速范围内连续冷却时，可以形成贝氏体。在贝

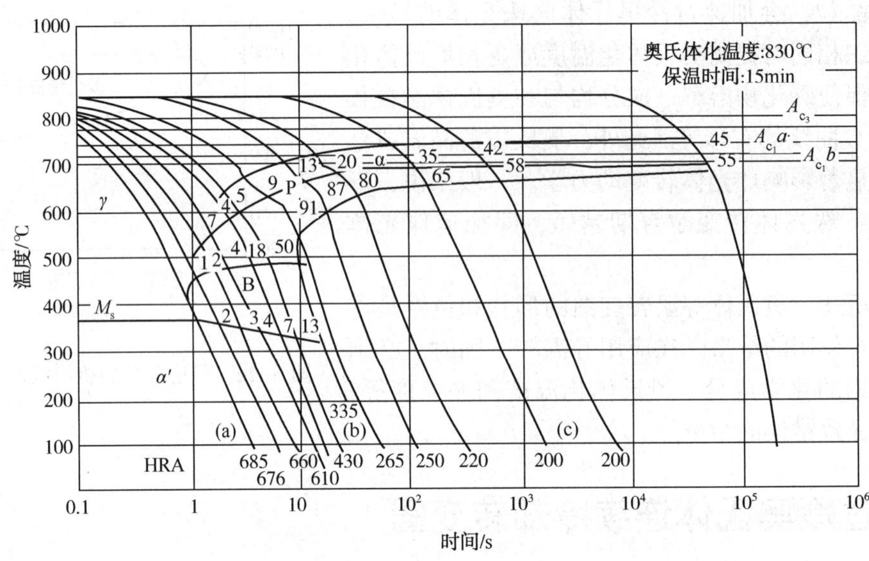

图 6-13　0.46%C 钢的 CCT 曲线

氏体转变区，出现了 M_s线向右下倾斜的现象，这是由于亚共析钢中析出铁素体后，使未转变的奥氏体中含碳量有所增高，以致 M_s温度下降。

下面根据图 6-13 讨论在三种典型的冷却速度(a)(b)和(c)下，过冷奥氏体的转变过程，并说明冷却速度对转变产物的影响。以图 6-13(a)速度(冷至 500℃需 0.7s)冷却时，直至 M_s点(360℃)仍不见扩散型相变发生。从 M_s点开始马氏体转变，冷至室温后得到马氏体加少量残余奥氏体组织，硬度为 685HV。以图 6-13(b)速度(冷至 500℃需 5.5s)冷却时，约经 2s 在 630℃开始析出铁素体，经 3s 冷却至 600℃左右，析出铁素体达 5%后开始珠光体转变，经 6s 冷至 480℃，珠光体达 50%，然后进入贝氏体转变区，经 10s 冷至 305℃左右，有 13%的过冷奥氏体转变成贝氏体，随后开始马氏体转变，冷至室温仍有奥氏体没转变而残留下来，室温组织由 5%铁素体、50%细片状珠光体、13%贝氏体，30%马氏体和 2%残余奥氏体组成，硬度为 335HV。以图 6-13(c)速度(冷至 500℃需 260s)冷却时，经 80s 冷至 720℃时开始析出铁素体，经 105s 冷至 680℃左右，形成 35%铁素体并开始珠光体转变，经 115s 冷至 655℃，转变终了，获得 35%铁素体和 65%珠光体的混合组织，硬度为 200HV。

6.2.3　连续冷却转变图与等温转变图的比较

在连续冷却条件下，过冷奥氏体转变是在一个温度范围内发生的。可以把连续冷却转变看成为许多温度相差很小的等温转变过程的总和，因此可以认为，连续冷却转变组织是不同温度下等温转变组织的混合。

由于 TTT 图与 CCT 图均采用温度-时间半对数坐标，因此可以将两类图形重叠绘制在相同的坐标轴上，加以比较。图 6-14 为共析碳钢的 TTT 图与 CCT 图的比较。由图可见：CCT 图位于 TTT 图的右下方，即表明连续冷却转变温度较低，孕育期较长；而且共析碳钢的 CCT 图无贝氏体转变区，*AB* 线为珠光体转变中止线，即当冷却曲线与 *AB* 线相交时，珠光体转变停止，剩余的奥氏体冷至 M_s点以下发生马氏体转变。例如以 90℃/s 的速度冷却时，到 *a* 点有 50%的奥氏体转变为珠光体，余下的 50%在 *a*-*b* 间转变中止，从 *b* 点开始进行马氏体转变。通过 A 点的冷却速度(140℃/s)使珠光体转变不能发生，可获得 100% 马氏体的最小冷却速度，称为临界淬火速度。A 点与 TTT 图中的鼻尖点 N 并不是同一个点。

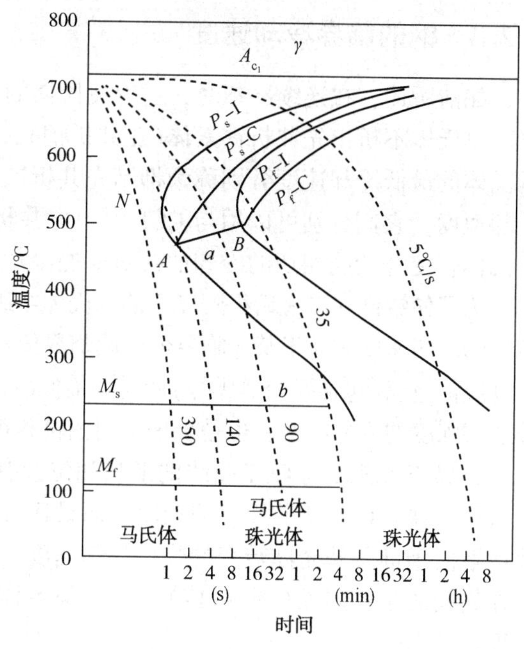

图 6-14　共析碳钢的 TTT 图与 CCT 图的比较

合金钢连续冷却转变时可以有珠光体转变而无贝氏体转变，也可以有贝氏体转变而无珠光体转变，也可两者兼而有之。具体图形由加入钢中合金元素的种类和含量而定。合金元素对连续冷却转变图的影响规律与对等温转变图的影响相似。合金钢连续冷却转变图的基本类型示于图 6-15。

对图 6-15 说明如下：(a)只有珠光体转变区，代表成分为共析碳钢和过共析碳钢，当含碳量在中碳以下，可以存在贝氏体转变区；(b)珠光体与贝氏体转变区同时存在，两者相分离，贝氏体转变区超前，代表成分是含碳较低的合金结构钢，例如 35CrMo、35SiCr、22CrMo；(c)珠光体与贝氏体转变区同时存在，珠光体转变区超前，代表成分是高碳合金工具钢，如 Cr12、Cr12Mo、4Cr5MoVSi；(d)只有贝氏体转变区，代表成分为含较高 Cr、Ni 元素，特别是含 Mo(或 W)元素的低碳和中碳合金结构钢，如 18Cr2Ni4W、35CrNi4Mo；(e)只有珠光体转变区，代表成分是中碳高铬钢，如 3Cr13、4Cr13；(f)只有碳化物析出线，马氏体点低于 0℃，代表成分是易形成碳化物的奥氏体钢，如 4Cr14Ni14W2Mo 钢。

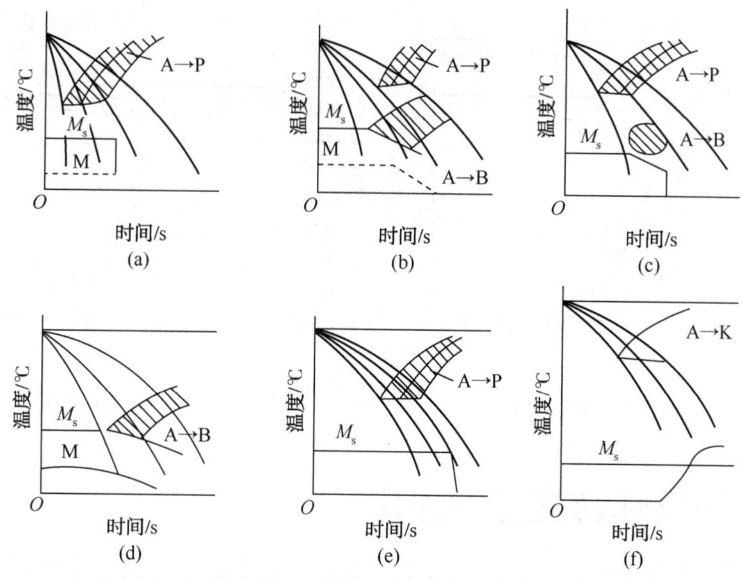

图 6-15　过冷奥氏体连续冷却转变图的几种主要类型

6.2.4 钢的临界冷却速度

如前所述，在连续冷却时，过冷奥氏体的转变过程和转变产物取决于钢的冷却速度。使过冷奥氏体不析出先共析铁素体(亚共析钢)、先共析碳化物(过共析钢)或不转变为珠光体、贝氏体的最低冷却速度分别称为抑制先共析铁素体、先共析碳化物、珠光体和贝氏体的临界冷却速度。它们分别可以用与CCT图中先共析铁素体和先共析碳化物析出线，或珠光体和贝氏体转变开始线相切的冷却曲线对应的冷却速度来表示。

为了使钢件在淬火后得到完全的马氏体组织，应使奥氏体在冷却过程中不发生分解。这时钢件的冷却速度应大于某一临界值，此临界值称为临界淬火速度，通常以V_c表示。V_c是得到完全马氏体组织(包括残余奥氏体)所需的最低冷却速度。V_c代表钢接受淬火的能力，是决定钢件淬透层深度的主要因素，也是合理选用钢材和正确制定热处理工艺的重要依据之一。

临界淬火速度与CCT曲线的形状和位置有关。图6-16是高碳高铬工具钢的CCT图。由图可见，珠光体转变的孕育期较短，而贝氏体转变的孕育期较长，因而Cr12钢的临界淬火速度取决于抑制珠光体转变的临界冷却速度。与此相反，中碳Cr-Mn-V钢珠光体转变比贝氏体转变的孕育期长(图6-17)，这时临界淬火速度将取决于抑制贝氏体转变的临界冷却速度。

亚共析碳钢和低合金钢的临界淬火速度多取决于抑制先共析铁素体析出的临界冷却速度。抑制先共析碳化物析出的临界冷却速度，可用来衡量过共析成分的奥氏体在连续冷却时析出碳化物的倾向性。从Cr12钢的CCT图(图6-16)可知，抑制先共析碳化物析出的临界冷却速度较大，因而在淬火过程中容易析出碳化物。

总之，使CCT曲线左移的各种因素，都将使临界淬火速度增大。而使CCT曲线右移的各种因素，都将降低临界淬火速度。

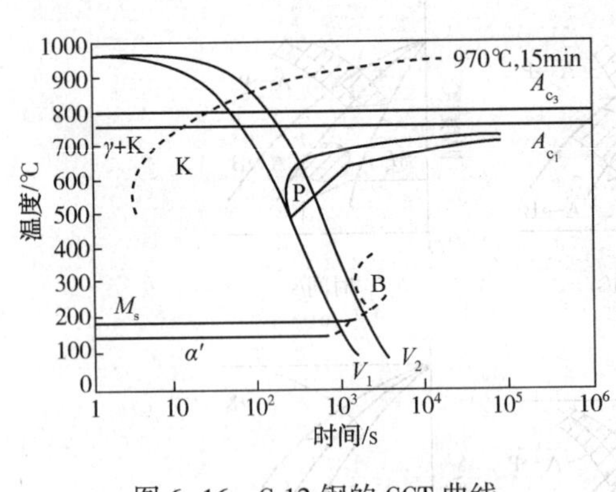

图6-16 Cr12钢的CCT曲线

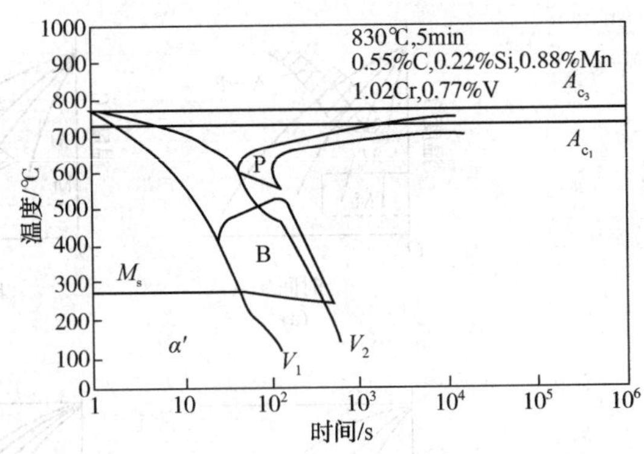

图6-17 中碳Cr-Mn-V钢的CCT曲线

6.3 过冷奥氏体转变图的应用

过冷奥氏体等温转变图和连续转变图反映了过冷奥氏体在临界点(A_3或A_1)以下等温或以一定冷却速度冷却时的转变规律，可以为制定钢的热处理工艺、分析热处理后的组织和性能以及合理选用钢材等提供依据。

6.3.1 过冷奥氏体等温转变图的应用

1. 分级淬火

分级淬火是将奥氏体化后的工件以高于临界淬火速度的冷速快冷至稍高于M_s点的奥氏体较稳定区的某一温度下等温保持一段时间，使工件表面与心部的温差减小，然后空冷，使奥氏体转变为马氏体的热处理工艺(图6-18)。其目的是减小淬火内应力，减小工件变形和避免开裂。根据TTT图可以确定过冷奥氏体较稳定区的位置，即可选择分级(等温)温度及保持时间。

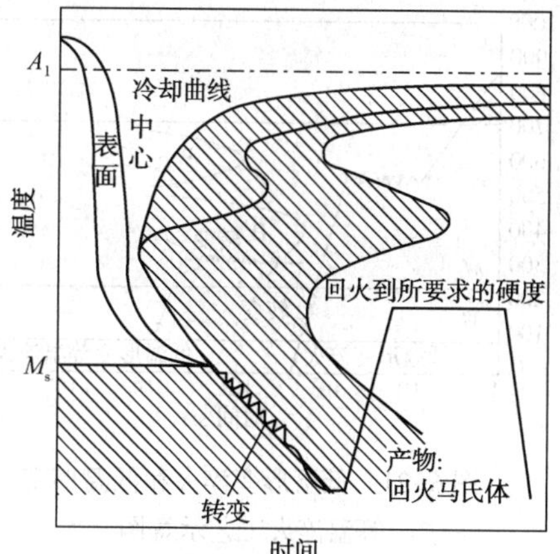

图6-18 钢的分级淬火示意图

2. 等温淬火

等温淬火是将奥氏体化后的工件以高于临界淬火速度的冷速快冷至下贝氏体转变区某一温度等温保持一定时间，使奥氏体转变为下贝氏体的热处理工艺(图6-19)。根据TTT图可以确定等温温度及保持时间。

3. 等温退火

等温退火是将奥氏体化后的工件冷却到珠光体转变区某一温度等温保持一定时间，使奥氏体转变为珠光体的热处理工艺。其目的是软化钢材，使其便于机械加工。根据TTT图可以确定等温温度及保持时间并可估计出工件退火后的最终组织和性能。

Cr-Mo结构钢的TTT图和CCT图示于图6-20。Cr、Mo元素使合金钢的TTT曲线分为珠光体转变和贝氏体转变两支，连续冷却时有贝氏体形成。从图中可看到，如果在600℃进行等温，则只需10min左右转变即可完成，达到软化钢材的目的，这就是所谓的等温退火。但如果按D冷却曲线连续冷却，尽管慢冷几个小时，得到的却是铁素体、珠光体、贝氏体和马氏体的混合组织，达不到退火软化钢材的目的。

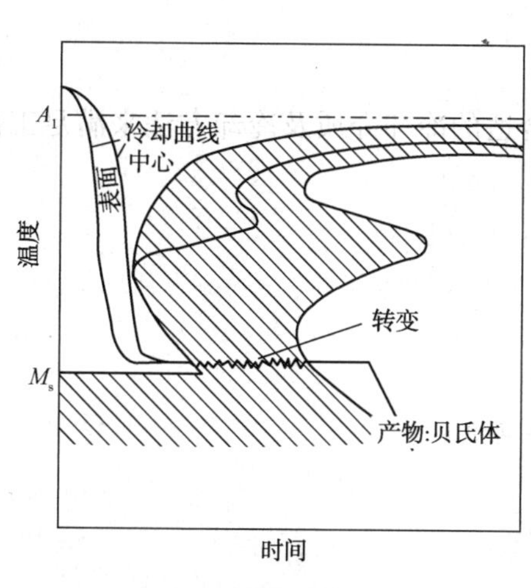

图6-19 钢的等温淬火示意图

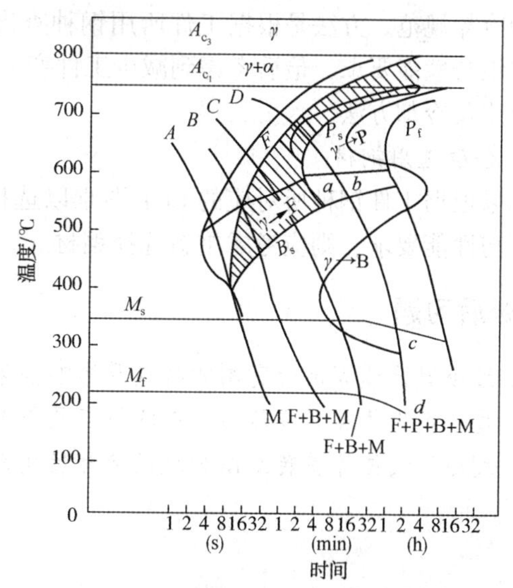

图6-20 Cr-Mo结构钢的TTT图和CCC图

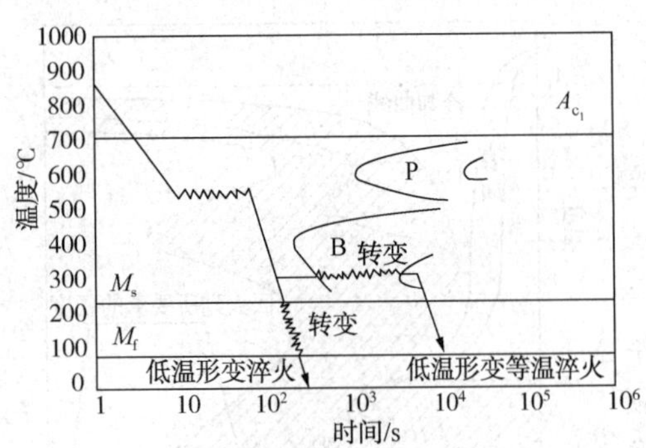

图 6-21 低温形变淬火和低温形变等温淬火工艺示意图

4. 形变热处理

形变热处理是将压力加工与淬火结合起来的工艺，目的是获得形变强化和相变强化的综合效果，详见第 12 章。例如低温形变淬火和低温形变等温淬火中的形变都是在过冷奥氏体稳定区进行的，然后淬火或等温淬火(图 6-21)。根据 TTT 图可以判断某种钢是否适于进行这两种形变热处理，以及选择形变温度及时间或等温淬火温度和保持时间。

6.3.2 过冷奥氏体连续冷却转变图的应用

钢的热处理多数是在连续冷却条件下进行的，因此 CCT 图对热处理生产具有更为直接的指导意义。

1. 确定临界淬火速度(V_c)

临界淬火速度代表钢接受淬火的能力，是决定钢件淬透层深度的主要因素，也是合理选择钢材和正确制定热处理工艺的重要依据之一。在 CCT 图中与最先转变开始线相切的冷却曲线，即代表临界淬火速度。临界淬火速度的大小与 CCT 曲线的形状和位置有关。

2. 预测转变产物及性能

如果已知工件的材料、尺寸、形状及热处理工艺，可将该工件在该工艺下对应的冷却速度曲线叠画在该材料的 CCT 图上，根据两者的交点可方便地预测出可能得到的转变产物及其机械性能(如硬度)。

3. 选择冷却规范

由于 CCT 图反映了过冷奥氏体连续冷却转变的全过程，并给出对应于每一个冷却规范所得到的组织和性能，这样有可能按照工件的尺寸、形状以及性能要求，根据 CCT 图选择适当的冷却规范。方法是根据工件所用钢种查出 CCT 图，然后分析在哪些冷却规范内能够满足组织与性能要求，最后考虑到减少工件变形、开裂和提高生产率等因素，选择出合适的冷却介质及冷却方法。

4. 合理选用钢材

如果根据工件钢种所对应的 CCT 图难以选择出合适的冷却介质及冷却方法来满足工件的组织与性能要求，则应考虑重新选择钢材。

课后习题

1. 过冷奥氏体等温转变图的特点及影响因素。
2. 过冷奥氏体连续冷却转变图的特点及影响因素。
3. 过冷奥氏体等温转变图和连续冷却转变图的异同点。

第 7 章　淬火钢回火时的转变

回火就是在淬火后将工件加热到低于临界点 A_{c_1} 某一温度，保温一定时间，然后以适当的冷却方式冷却到室温的一种热处理工艺。

工件淬火后获得的组织，主要是马氏体和残余奥氏体。该组织在室温下处于亚稳状态。尽管其强度硬度高，但却很脆，塑性韧性低，难以承受变形和冲击。并且淬火后的工件内部存在很大的内应力，淬火后如不及时回火，有的形状复杂或尺寸较大的工件甚至会自行变形或开裂。回火的目的就是提高淬火钢的塑性和韧性，消除或减少淬火引起的残余内应力，获得所需要的稳定组织。

回火是紧接着淬火的一种热处理操作，也往往是工件在整个热处理生产过程中的最后一道工序，决定了工件最终的使用性能。因此，回火操作进行得正确与否对工件的使用寿命有着决定意义。本章主要讨论回火转变的原理及其应用。

7.1　淬火钢回火时的组织转变

淬火钢的组织主要是马氏体和残余奥氏体。马氏体是 C 在 α-Fe 中的过饱和间隙固溶体，微观缺陷多，有很高的应变能和界面能，而残余奥氏体又处于过冷状态，因而是不稳定的组织，有向室温平衡组织(铁素体和渗碳体)转变的趋势。但由于室温时原子活动能力较弱，无法满足转变所需的动力学条件。在回火加热时，C 原子的扩散能力提高，能够加速转变的过程。

淬火钢在回火过程中发生组织转变，必然伴随着某些物理性能的变化。在钢的各种组织中，从比体积来看，完全处于过饱和状态的马氏体最大，其次为珠光体，奥氏体的比体积最小。从储存相变潜热来看，残余奥氏体全部保存了钢在加热时由珠光体转变为奥氏体时吸收的潜热，而淬火成马氏体将放出部分潜热，因此淬火马氏体中仍保留部分相变潜热。因此，回火时淬火马氏体发生的转变，将使体积缩小并放出热能；残余奥氏体发生的转变，将使体积胀大并大量放出热能。由此可见，可以通过淬火钢在回火过程中的体积和比热的变化，研究马氏体和残余奥氏体的转变过程。淬火碳素钢试样于不同温度下回火时的体积和比热变化情况如图 7-1 和图 7-2 所示。由图中可知，淬火碳钢回火时，物理性能有几处突变。这些变化表明，在相应的温度下，比较集中地发生了某种组织变化。可以从淬火钢回火加热时各相物理性能的不同变化来揭示不同阶段回火时的组织变化特征。根据图 7-1 和图 7-2，并配合金相、硬度测定结果，可将淬火高碳钢的回火转变按回火温度区分为下述几个阶段：

前期阶段(亦称预备阶段或时效阶段)：回火温度在 80~100℃以下，从尺寸、比热、金相和硬度上都观察不到有明显变化，在这一温度范围内回火时，将发生 C 原子的偏聚(集团化)。

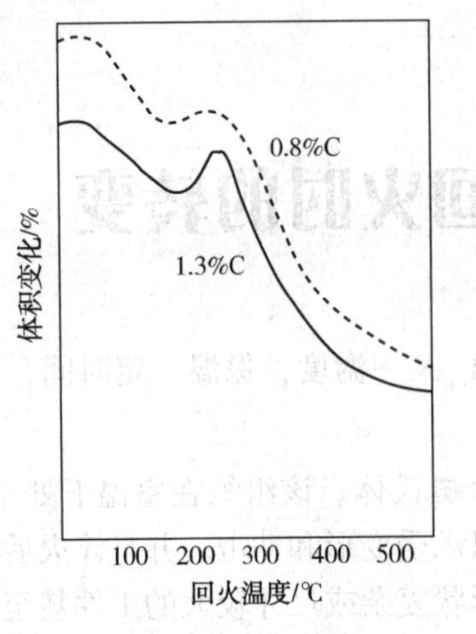

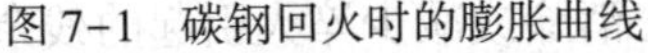
图 7-1　碳钢回火时的膨胀曲线

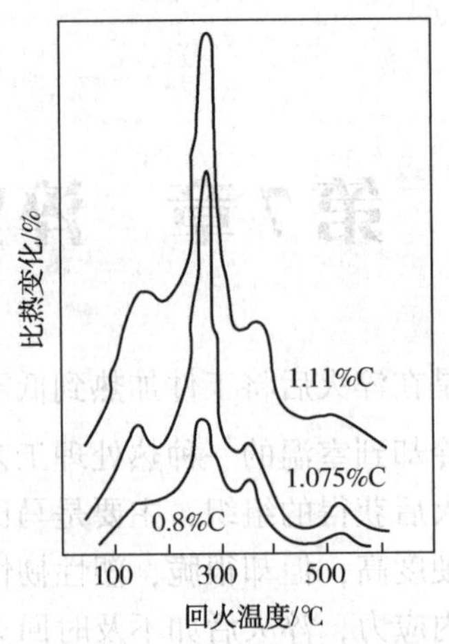

图 7-2　碳钢回火时的热分析曲线

第一阶段：回火温度在 80~170℃之间。试样尺寸将减小并放热。发生的反应是过饱和碳从正方马氏体中以微小 ε-碳化物形式析出，使基体碳浓度减少，变成立方马氏体。回火第一阶段获得的立方马氏体的含碳量与淬火钢的含碳量无关，均为 0.25%左右。因此，钢含碳量越高，第一阶段的反应越强烈。在这一阶段获得的立方马氏体加 ε-碳化物的混合组织为回火马氏体。

第二阶段：回火温度在 250~300℃之间。试样尺寸增大，大量放热并稍有硬化，是残余奥氏体向低碳正方马氏体和 ε-碳化物的分解过程。

第三阶段：回火温度在 270~400℃之间。试样尺寸收缩，放热并显著软化。发生的反应是 ε-碳化物向 θ-碳化物(渗碳体)转化。反应是通过 ε-碳化物的溶解和 θ-碳化物重新从马氏体基体中析出的方式完成的。最终得到的是铁素体加渗碳体的混合组织称为回火屈氏体。该组织中的渗碳体呈片状。

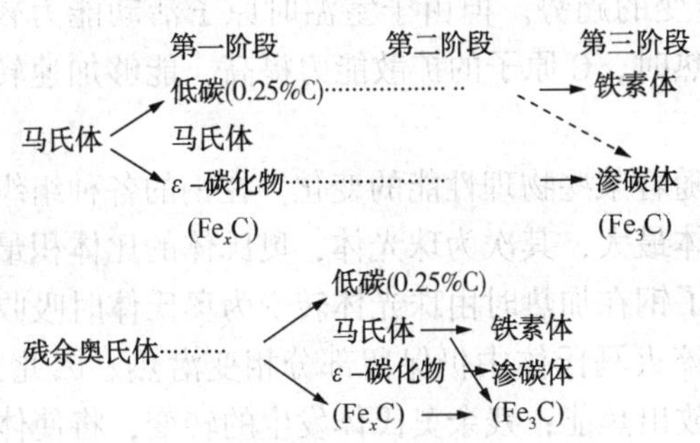

图 7-3　回火过程中的组织转变概况

第四阶段：回火温度在 400℃以上时，渗碳体逐渐球化并长大，铁素体基体也将发生回复和再结晶。我们将铁素体加颗粒较大的粒状渗碳体的混合组织叫作回火索氏体。

淬火高碳钢连续加热回火过程中的组织转变概况列于表 7-1 和图 7-3。应该指出，淬火碳钢在等温回火或连续加热回火过程中发生的各种转变的温度范围往往是相互重叠的，不同的研究者给出的温度范围会有一些差异。

表 7-1　淬火高碳钢回火时的组织转变和物理性能的变化

阶段	温度/℃	长度变化	放热情况	硬度变化	最终组织
前期阶段	<80	变化不大	—	—	
第一阶段	80~170	收缩	放热	—	回火马氏体
第二阶段	250~300	膨胀	显著放热	稍许硬化	回火马氏体
第三阶段	270~400	收缩	放热	软化	回火屈氏体>400℃是回火索氏体

7.1.1 马氏体中碳的偏聚(回火前期阶段——时效阶段)

马氏体是 C 在 α-Fe 中的过饱和间隙固溶体，C 原子分布在体心立方点阵的扁八面体间隙位置，使晶体产生了较大的弹性变形，这部分弹性变形能储存在马氏体内，加之晶体点阵中的微观缺陷较多，因此也使马氏体的能量增高，处于不稳定状态。

在室温附近，Fe 及合金元素原子难以扩散迁移，但 C、N 等间隙原子尚能做短距离的扩散，当 C、N 原子扩散到上述微观缺陷的间隙位置后，将降低马氏体的能量。因此处于不稳定状态的淬火马氏体在室温附近，甚至在更低的温度下停留时，C、N 原子可以做一定距离的迁移，出现 C、N 原子向微观缺陷处偏聚现象。

对于板条状马氏体，由于晶体内部存在大量位错，C 原予倾向于在位错线附近偏聚，形成 C 的偏聚区，导致马氏体弹性畸变能的下降。

钢中 C 原子的偏聚现象，无法用普通金相方法观察到，但可以用电阻、内耗等实验方法来推测。由于马氏体中的 C 原子分布在正常间隙位置比分布在位错线附近的电阻率高，因此从淬火钢的电阻率变化，可以间接推断 C 原子是否发生偏聚。将厚度为 0.25mm 的不同含碳量的铁碳合金薄片试样在真空中奥氏体化后淬入冰盐水，淬火速度足够高，以致使这些合金完全转变为马氏体，并且在淬火时不发生碳化物沉淀。然后，将样品放入液氮中并测量其电阻，结果如图 7-4 所示。由图可见，可将电阻率变化分为两个不同的区域。第一区，从 0~0.2%C，C 对电阻率的贡献是 1μΩ·cm/(0.1%C)；而在第二区，碳的贡献是第一区的 3 倍，约为 3μΩ·cm/(0.1%C)。在低碳区电阻率特别低，是因为淬火时原子向位错偏聚的缘故。当含碳量超过 0.2%时，可供 C 偏聚的位置几乎饱和，因此，多余的 C 原子必然存在于无缺陷的晶格上，从而导致对电阻率有较大贡献。用 C 原子在缺陷处偏聚的观点，能够较圆满地解释含碳量低于 0.2%时，马氏体不呈现正方度，为立方马氏体，只有当含碳量高于 0.2%时，才可能察觉出正方度。采用内耗法测得的马氏体中的偏聚情况，与上述电阻率试验的结果一致。

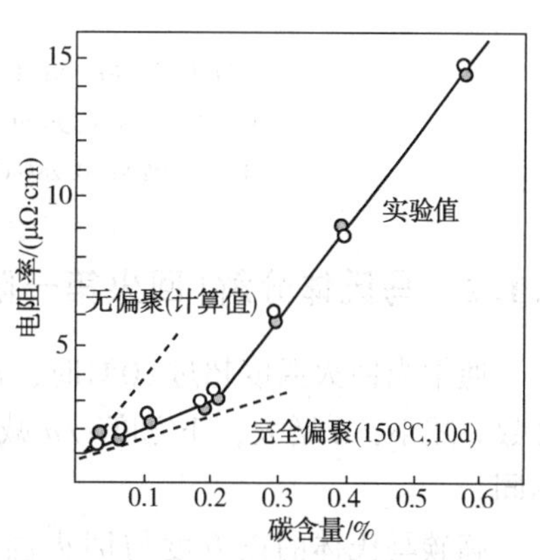

图 7-4 淬火 Fe-C 合金的电阻率与含碳量的关系

对于亚结构主要是孪晶的片状马氏体，由于它可被利用的低能量位错位置很少，因此除少量 C 原子可向位错线偏聚外，大量 C 原子可能在某些晶面上富集(Clustering)，形成小片状富碳区。富碳区厚度只有几个 Å，直径小于 10Å。

碳在马氏体某一晶面上的富集，将使电阻率升高。一组淬火 Fe-Ni-C 合金经温度低于 80℃回火 3h 后的电阻率变化情况示于图 7-5。电阻率是在液氮温度下测量的。从图中可以看出，电阻率变化-回火温度关系曲线上，有与富碳区的形成相对应的峰值，合金的含碳量越多，形成的富碳区越多，峰值越高。富碳区的形成也将使合金的硬度有所提高。

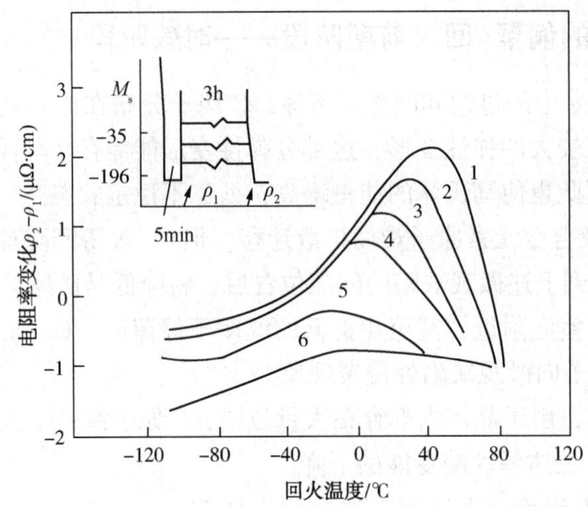

图 7-5 Fe-Ni-C 合金马氏体电阻率变化与回火温度的关系
1—15. 1%Ni-0. 96%C；2—19. 0%Ni-0. 63%C；3—20. 3%Ni-0. 48%C；
4—24. 5%Ni-0. 28%C；5—29. 0%Ni-0. 08%C；6—30. 8%Ni-0. 02%C

7. 1. 2 马氏体分解(回火第一阶段转变)

通常当回火温度超过 80℃时，马氏体开始发生分解，使马氏体中的碳浓度降低，点阵常数 c 减小，a 增大，正方度 c/a 减小，并有碳化物析出。不同含碳量的碳钢，其分解过程不同。

高碳马氏体的正方度与回火温度间的关系如表 7-2 所示。由表可见，当回火温度在 100℃以下时，α 相呈现两种正方度：一种与未经回火的淬火高碳马氏体接近($c/a=1.062\sim1.054$)；另一种为低碳马氏体($c/a=1.012\sim1.013$)。计算得知，$c/a=1.062\sim1.054$ 与含碳量为 1. 4%~1. 2%相对应，$c/a=1.012\sim1.013$ 与含碳量为 0. 25%~0. 28%相对应。当回火温度高于 125℃时，α 相的正方度只有一种，而且随着回火温度的增高，c/a 逐渐减小，即 α 相中的含碳量逐渐降低。与表 7-1 对照可知，表 7-2 中 100℃以下回火与表 7-1 中的回火前期阶段对应，即两种正方度的马氏体可能与碳偏聚后形成的贫碳区和富碳区分别对应。而当回火温度超过 100℃以后才真正发生了马氏体的分解过程。

高碳马氏体回火第一阶段中形成的碳化物属于 Fe_3N 型，称 ε-碳化物，一般用 ε-Fe_xC 表示，ε-碳化物具有密排六方点阵。回火时，马氏体转变为回火马氏体，可用下式表示：

$$\alpha' \rightarrow M_{回}(\alpha\ 相+\varepsilon\text{-}Fe_xC)$$
$$\qquad\qquad \| \qquad\qquad\quad \|$$
$$\qquad\quad 0.25\%C \qquad 2\%\sim3\%C$$

在回火马氏体中，ε-Fe_xC 与基体 α 相间保持着共格关系。从马氏体中析出的 ε-Fe_xC 有一定的惯习面，常为$\{100\}_{\alpha'}$，并与母相保持一定的位向关系，例如高碳钢和高镍钢中有如下关系

$$(0001)_{\varepsilon}//(011)_{\alpha'} \qquad (10\bar{1}0)_{\varepsilon}//(211)_{\alpha'}$$

表 7-2 高碳(1.4%)马氏体的正方度和含碳量与回火温度的关系

回火温度/℃	回火时间	a/Å	c/Å	c/a	ω_C/%
室温	10 年	2.846	2.880，3.02	1.012，1.062，	0.27，1.4
100	1h	2.846	2.882，3.02	1.013，1.054	0.27，1.2
125	1h	2.846	2.886	1.013	0.29
150	1h	2.852	2.886	1.012	0.27
175	1h	2.857	2.884	1.009	0.21
200	1h	2.859	2.878	1.006	0.14
225	1h	2.861	2.872	1.004	0.08
250	1h	2.863	2.870	1.003	0.06

使用普通金相显微镜，观察不出回火马氏体中的 ε-Fe_xC。但由于 ε-Fe_xC 的析出却使马氏体片极易被腐蚀成黑色，所以很容易区分淬火马氏体和回火马氏体。在电子显微镜下可观察到 ε-Fe_xC，呈长度为 1000Å 左右的条状。由于 ε-Fe_xC 呈薄片状，平卧于$\{100\}_{\alpha'}$面族中三组互相垂直的(100)面上，所以 ε-Fe_xC 薄片在三度空间是互相垂直的，而在试片平面上则以一定角度交叉分布，图 7-6 为 25%Ni-0.4%C 钢淬火后在 150℃ 回火 1h 后析出的 ε-Fe_xC 的微观形貌。ε-Fe_xC 是一种过渡型的亚稳碳化物，只要条件合适，它就会自动地向稳定碳化物转变。

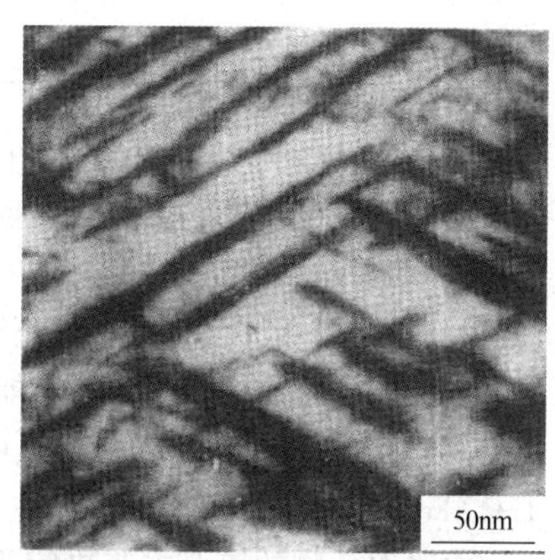

图 7-6 ε-Fe_xC 的微观形貌

对于低碳(<0.2%C)板条状马氏体，在 100~200℃之间回火，不析出 ε-Fe_xC，C 原子仍然偏聚在位错线附近，这是由于 C 原子偏聚能量状态低于析出碳化物的能量状态。

对于中碳钢来说，在普通淬火条件下，得到的是板条马氏体和片状马氏体的混合组织。回火时，马氏体的分解兼有高碳马氏体和低碳马氏体转变的特征。在低温回火时既有 ε-Fe_xC 的析出，又有 C 原子在位错线附近的偏聚。

7.1.3 残余奥氏体的转变(回火第二阶段转变)

钢在淬火后或多或少含有一定量的残余奥氏体，含碳量越高的钢淬火后残余奥氏体量越多。残余奥氏体本质上就是一种过冷奥氏体，但残余奥氏体所处的物理状态有些特殊。例如，残余奥氏体在淬火过程中可能发生塑性变形并存在着很大的弹性畸变，残余奥氏体中也可能已经发生了热稳定化现象等。所有上述因素都会影响残余奥氏体的转变。

残余奥氏体回火时的转变随回火温度不同而异。1.11%C-4.11%Cr 钢中残余奥氏体的恒温分解动力学曲线如图 7-7 所示。由图可见，残余奥氏体与过冷奥氏体二者的分解动力学曲线是非常相似的。在珠光体形成的温度范围内，残余奥氏体先析出碳化物，随后分解为珠光体。在贝氏体形成温度范围内，残余奥氏体也可转变为贝氏体。在珠光体、贝氏体两种转变之间，也有一个残余奥氏体稳定区。

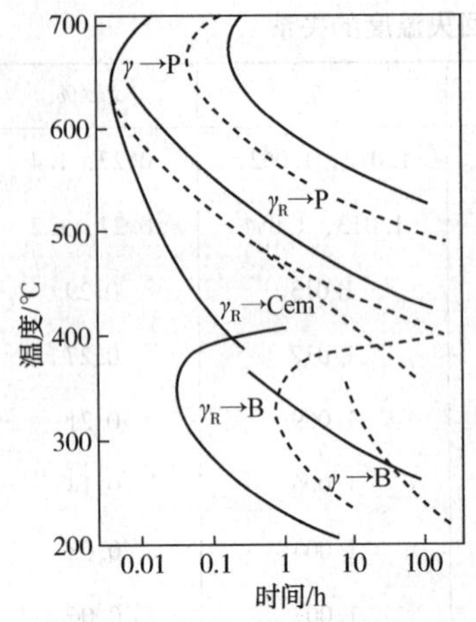

图 7-7　残余奥氏体等温转变图

淬火高碳钢，在连续缓慢加热条件下，当温度升高到200℃左右时，可以明显地观察到残余奥氏体的转变。其转变产物是 α 相与 ε-Fe_xC 的机械混合物，称回火马氏体或下贝氏体。其转变可以用下式表示：

$$\gamma_A \rightarrow M_{回} \text{或} B(\alpha_{相}+\varepsilon\text{-}Fe_xC)$$

这时，α 相中的含碳量与马氏体在该温度分解后的含碳量相近，或与过冷奥氏体在相应温度下形成的下贝氏体的含碳量相似。

实际上，如果提高测量精度，则发现残余奥氏体的分解温度可能更低。因此应该认为，表 7-1 中所示的第二阶段温度范围表示的是反应剧烈进行的温度范围，并不是残余奥氏体的开始和终止转变温度。

7.1.4　碳化物的转变(回火第三阶段转变)

回火温度升高到 250～400℃，碳钢马氏体中过饱和的 C 几乎已全部脱溶，并形成比 ε-Fe_xC更为稳定的碳化物，这属于回火第三阶段转变。

在碳钢中比 ε-Fe_xC 更为稳定的碳化物常见的有两种：一种是χ-碳化物(Fe_5C_2，单斜晶系)，另一种是 θ-碳化物(Fe_3C，正交晶系)，它们的磁性转变点分别是 270℃和 208℃。碳钢回火过程中碳化物的转变序列可能为：

$\alpha' \rightarrow \alpha$ 相$+\varepsilon$-$Fe_xC \rightarrow \alpha$ 相$+\chi$-$Fe_5C_2+\varepsilon$-$Fe_xC \rightarrow \alpha$ 相$+\theta$-$Fe_3C+\chi$-$Fe_5C_2+\varepsilon$-$Fe_xC \rightarrow \alpha$ 相$+\theta$-$Fe_3C+\chi$-$Fe_5C_2 \rightarrow \alpha$ 相$+\theta$-Fe_3C

回火时碳化物的转变主要决定于温度，但也与时间有关，随着回火时间的增长，发生碳化物转变的温度降低，如图 7-8 所示。

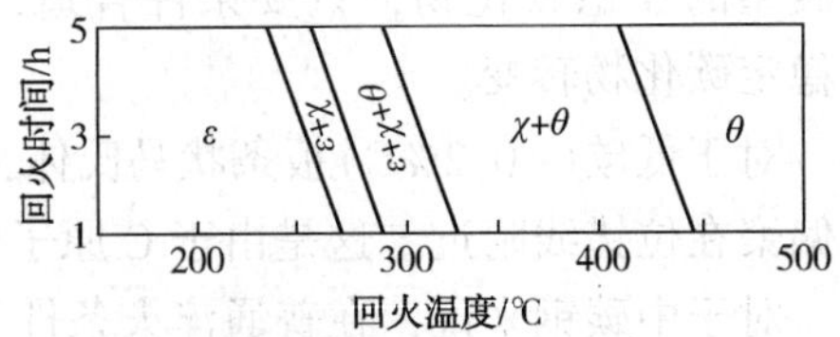

图 7-8　高碳钢(1.34%C)回火时碳化物转变温度和时间关系

碳钢回火过程中是否出现χ-Fe_5C_2，可能与钢的含碳量有关，含碳量高时有利于χ-Fe_5C_2的形成。

回火时碳化物析出的惯习面和位向关系对不同类型的碳化物是不尽相同的。中、低碳钢中，χ-Fe_5C_2的惯习面是$\{112\}_{\alpha'}$，位向关系为：

$$(100)_{\chi}//(\bar{1}2\bar{1})_{\alpha'},\ (010)_{\chi}//(101)_{\alpha'},\ [001]_{\chi}//(\bar{1}11)_{\alpha'}$$

θ-Fe_3C 的惯习面是$\{110\}_{\alpha'}$或$\{112\}_{\alpha'}$，位向关系为：

$$(001)_{\theta}//(112)_{\alpha'},\ [010]_{\theta}//[11\bar{1}]_{\alpha'},\ [100]_{\theta}//(\bar{1}10)_{\alpha'}$$

碳化物转变的形核、长大方式，可以分为两类：一类是在原来碳化物的基础上发生成分变化和点阵重构，即所谓“原位”(in-situ)转变；另一类是原来碳化物溶解，新碳化物在其他部位重新形核和长大，即所谓“单独”(Separate)形核长大转变。

碳化物转变的形核、长大方式，主要取决于新旧碳化物与母相的惯习面和位向关系，如果相同，可能进行原位转变；如果不同，则为单独形核长大转变。由于 ε-Fe_xC 的惯习面和位向关系与χ-Fe_5C_2和 θ-Fe_3C 不同，因此，ε-Fe_xC 转变为χ-Fe_5C_2和 θ-Fe_3C 时，不可能是原位直接转变，而是通过 $\varepsilon-Fe_xC$ 的溶解，新碳化物的单独形核、长大的方式进行。而对 $\chi-Fe_5C_2$ 和 $\theta-Fe_3C$，它们的惯习面和位向关系可能相同，也可能不同，所以 $\chi-Fe_5C_2$ 转变为 $\theta-Fe_3C$ 时，既可能原位转变，也可能由 $\chi-Fe_5C_2$ 溶解，$\theta-Fe_3C$ 单独形核长大。

上述分析，已为电镜试验所证实。1.22%C 钢经 350℃ 回火后，形成的 χ-碳化物的形态如图 7-9 所示。

在更高的温度回火时，形成的碳化物将全部转变为 $\theta-Fe_3C$。初期形成的 $\theta-Fe_3C$ 常呈板片状，图 7-10 为 0.4%C 低合金钢 350℃ 回火时在马氏体板条间析出的渗碳体。因此，碳钢回火时的第三阶段转变就是由具有一定饱和度的 α 相及与其有共相联系的 $\varepsilon-Fe_xC$ 的混合物转变为 α 相及与其无共格联系的渗碳体的混合物。转变后的组织叫回火屈氏体。

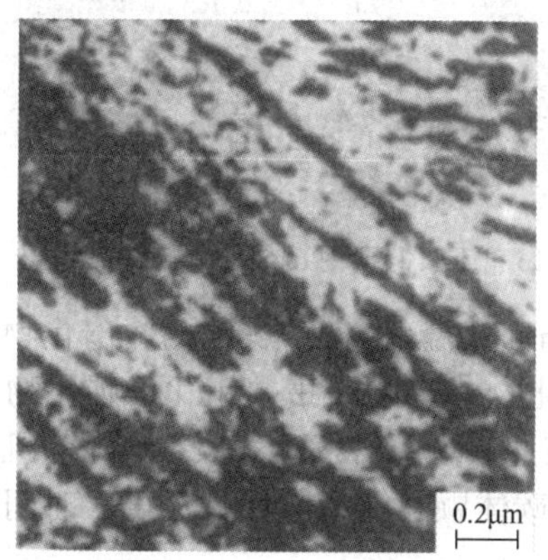

图 7-9 χ-碳化物的微观形貌

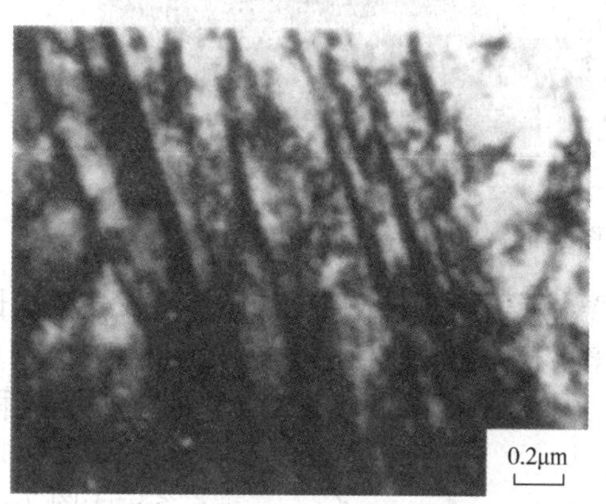

图 7-10 在马氏体条间形成的渗碳体

7.1.5 α 相状态的变化及碳化物聚集长大

一般在淬火钢件中残留着较大的第一类、第二类和第三类内应力，而回火将使内应力得以消除。以第一类内应力为例(图 7-11)，当回火温度达 550℃ 时，碳钢的第一类残余内应力接近于全部消除。试验证明，在 550℃ 回火时，淬火碳钢的第二类和第三类内应力也消除大半。因为这时 $\varepsilon-Fe_xC$ 已经变为渗碳体，碳化物与 α 相的共格联系已经破坏，而且渗碳体颗粒也得到了一定程度的长大。

由于淬火马氏体晶粒的形状为非等轴状，而且晶内的位错密度很高，所以与冷变形金属相似，在回火过程中，也会发生回复和再结晶。一般来说，600℃ 以下是回复阶段，600℃ 以上开始再结晶阶段。对板条状马氏体，在回复过程中 α 相中的位错胞和胞内的位错线将逐渐消失，晶体中的位错密度降低，剩下的位错将重新排列成二维位错网络，形成由它们分割而成的亚晶粒。回火温度高于 400℃ 后，α 相已开始明显回复。回复后的 α 相形态仍呈板条状。图 7-12 为低碳钢(0.18%C)淬火后在 600℃ 回火 10min 后 α 相的回复组织。回火温度高于 600℃ 时，回复了的 α 相开始发生再结晶。这时，由位错密度很低的等轴 α 相新晶粒

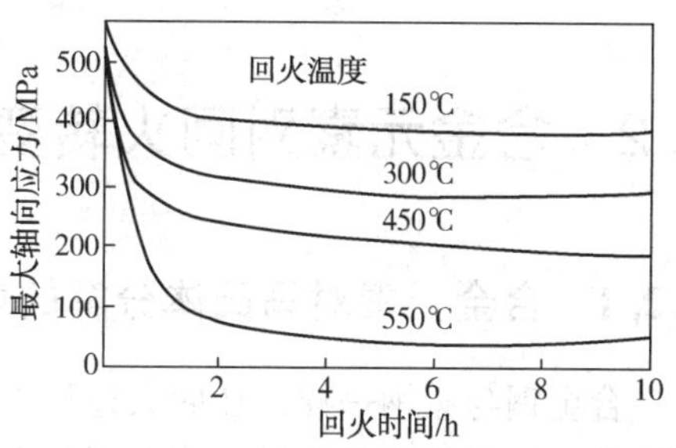

图 7-11 回火对淬火钢残余内应力的影响

逐步代替板条状 α 晶粒。图 7-13 示出了淬火低碳钢(0.18C%)600℃回火 96h 后，α 相发生部分再结晶的情况。对片状马氏体，当回火温度高于 250℃时，马氏体片中的孪晶亚组织开始消失；当回火温度达到 400℃时，孪晶全部消失，α 相发生回复；当温度高于 600℃时，α 相发生再结晶。

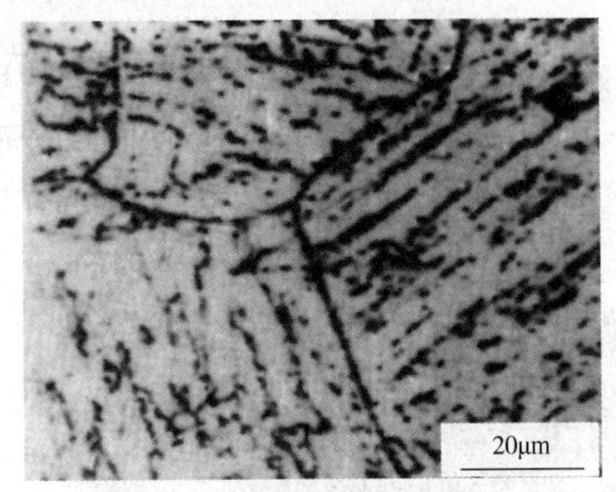

图 7-12 淬火低碳钢 α 相的回复组织

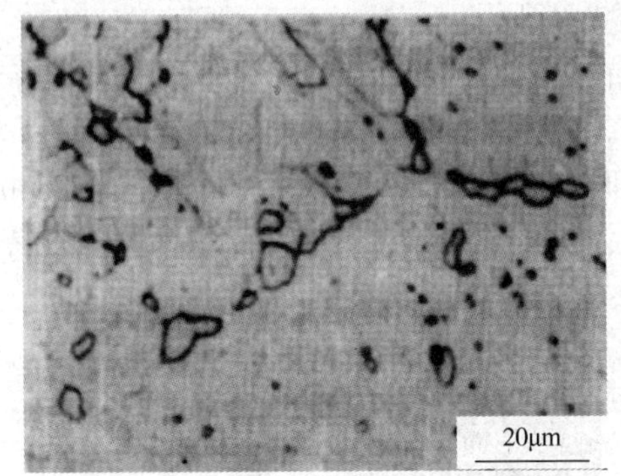

图 7-13 淬火低碳钢 α 相部分再结晶组织

淬火碳钢高温回火时，渗碳体会发生聚集长大。当回火温度高于 400℃时，碳化物即已开始聚集和球化。而当温度高于 600℃时，细粒状碳化物将迅速聚集并粗化。碳化物的球化、长大过程，是按照小颗粒溶解、大颗粒长大的机制进行的。0.34%C 钢渗碳体颗粒直径与回火温度、时间的关系示于图 7-14。

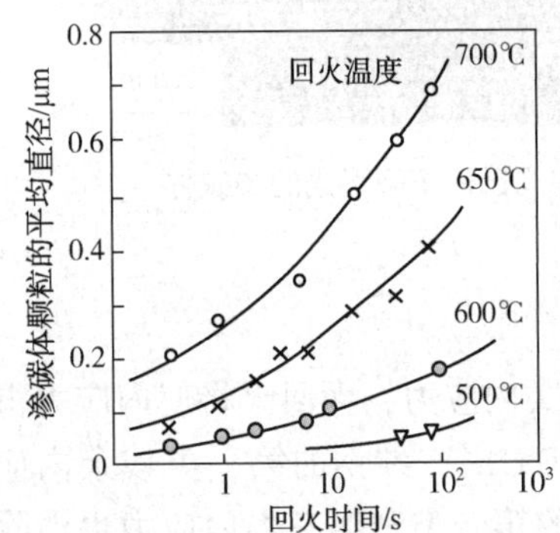

图 7-14 温度和时间对渗碳体颗粒直径的影响

综上所述，淬火碳钢在 400℃以上温度回火时发生的过程可概括为 α 相物理状态的变化和渗碳体形状与颗粒大小的变化，通常称之为回火第四阶段转变，但在这个阶段并不像第一、第二和第三阶段转变那样各有其实质性转变过程。因此不宜称其为回火的第四阶段转变，而将其看成为第三阶段转变的继续则较为恰当。但由于在回火的这个阶段中，α 相和渗碳体的物理状态发生了变化，导致显微组织发生了变化，所以我们称这种回复或再结晶了的 α 相加颗粒状渗碳体的混合组织为回火索氏体。

7.2 合金元素对回火转变的影响

7.2.1 合金元素对马氏体分解的影响

合金钢与碳钢一样，在回火过程中都将发生马氏体分解，但它们的分解速度不同。在马氏体分解阶段中要发生马氏体中过饱和碳的脱溶和碳化物微粒的析出与聚集，同时 α 相中含碳量下降。合金元素的作用在于通过影响碳的扩散而影响马氏体分解过程及碳化物微粒的聚集速度，从而影响了 α 相中碳浓度的下降速度。这种作用的大小因合金元素与碳的结合力不同而异。

非碳化物形成元素 Ni、弱碳化物形成元素 Mn 与 C 的结合力和 Fe 比较，相差无几，所以对马氏体分解无明显影响。强碳化物形成元素 Cr、Mo、W、V、Ti 等与 C 的结合力强，增大 C 原子在马氏体中的扩散激活能，阻碍 C 原子在马氏体中的扩散，从而减慢马氏体的分解速度。非碳化物形成元素 Si 和 Co 能够溶解到 ε-Fe_xC 中，使 ε-Fe_xC 稳定，减慢碳化物的聚集速度，从而推迟马氏体分解。合金元素除了阻碍碳化物的聚集过程外，还以另一种方式阻碍马氏体分解，即 α 相中如溶有强碳化物形成元素时，由于它们和碳的强大结合力，将阻碍碳从固溶体中脱溶。合金元素的这种阻碍 α 相中含碳量降低和碳化物颗粒长大而使钢件保持高硬度、高强度的性质称为合金元素提高了钢的回火抗力或“抗回火性”，碳钢回火时，马氏体中过饱和碳的完全脱溶温度约为 300℃，加入合金元素可使完全脱溶温度向高温推移 100~150℃，如表 7-3 所示，表中各钢均回火至含 0.25%C，$c/a=1.003$。

表 7-3　合金元素对钢的回火抗力的影响

序　　号	钢的成分/%	温度/℃
1	1.4C	250
2	1.1C-2.0Si	300
3	GCr15	350
4	1.97C-3.92Co	400
5	1.20C-2Mo	400
6	1.0C-7.39Cr-3.85W-1.24V	450

7.2.2　合金元素对残余奥氏体转变的影响

合金元素对残余奥氏体转变的影响与对过冷奥氏体等温转变及连续冷却转变的影响规律基本相同。

在 M_s点以下回火时，残余奥氏体会转变为马氏体，如果 M_s点较高(>100℃)，则随后还将发生马氏体的分解过程，形成回火马氏体。

在 M_s点以上温度回火时，对残余奥氏体比较稳定的合金钢，残余奥氏体在贝氏体形成区域内等温转变为贝氏体；残余奥氏体在珠光体形成区域内等温转变为珠光体。

残余奥氏体在回火加热、保温过程中不发生分解，而是在随后的冷却过程中转变为马氏体的现象，称为“二次淬火”。

对残余奥氏体很不稳定的碳钢，由于在加热过程中残余奥氏体很快分解，因此很难观察到等温转变。

7.2.3　合金元素对碳化物转变的影响

在讨论合金元素对碳化物转变的影响时，将合金元素区分为非碳化物形成元素和强碳化物形成元素两种情况。钢中加入非碳化物形成元素(如 Cu、Ni、Co、Al、Si 等)时，由于它们与碳并不形成特殊类型碳化物，因此它们只能影响 ε-$Fe_xC\rightarrow\theta$-Fe_3C 转变温度。例如钢中加入 Si，能明显提高钢的回火抗力。而当钢中加入强碳化物形成元素(Mo、V、W、Ti 等)时，不但会强烈推迟 ε-$Fe_xC\rightarrow\theta$-Fe_3C 转变，而且还会发生渗碳体到其他类型特殊碳化物的转变。

因此，在合金钢中，随回火温度升高，或在一定温度下回火时，随回火时间延长，由于合金元素在渗碳体和 α 相之间重新分配，稳定的碳化物逐渐取代原先不稳定的碳化物，而使碳化物的成分和结构都将发生变化。

钢中能否形成特殊碳化物，首先要看合金元素性质、合金元素和碳的含量，其次是温度和时间条件。合金钢中常见的特殊碳化物及其主要参数列于表 7-4。合金钢在回火过程中，由渗碳体转变为特殊碳化物时，通常都是通过亚稳定碳化物，而后再转变为稳定碳化物。例如，高 Cr 高碳钢经淬火之后，在回火过程中的碳化物转变过程为：

$$(Fe, Cr)_3C \rightarrow (Fe, Cr)_3C+(Fe, Cr)_7C_3 \rightarrow (Fe, Cr)_7C_3 \rightarrow (Fe, Cr)_7C_3+(Fe, Cr)_{23}C_6 \rightarrow (Fe, Cr)_{23}C_6$$

表 7-4　合金钢中特殊碳化物的类型和主要参数

类型	晶格类型	点阵常数/Å	每个晶胞中含有的	
			化学式数目	原子数目
TiC	面心立方	$a=4.31$	4	8(4M+4C)
Mo_2C	六角密排	$a=3.00$，$c=4.72$	1	3(2M+1C)
WC	简单立方	$a=2.90$，$c=2.83$	1	2(1M+1C)
$Cr_{23}C_6$	面心立方	$a=10.6$	4	116(92M+24C)
Cr_7C_3	三角	$a=13.9$，$c=4.45$	8	80(56M+24C)
Fe_3C	复杂斜方	$a=4.51$，$b=5.08$，$c=6.71$	4	16(12M+4C)
Fe_4W_2C	面心立方	$a=11.1$	16	112(96M+16C)

而 Mo 钢碳化物转变过程为：

$$Fe_3C \rightarrow Fe_3C+Mo_2C \rightarrow Mo_2C+(Mo, Fe)_6C \rightarrow (Mo, Fe)_6C$$

合金钢中稳定碳化物相的类型，因碳与合金元素含量的多少而定。例如，钨钢 700℃长期回火后的稳定碳化物如表 7-5 所示。

表 7-5　钨钢 700℃长期回火后的稳定碳化物

W/C，原子百分数比值	稳定碳化物	W/C，原子百分数比值	稳定碳化物
<<1	Fe_3C	1<W/C<2	WC+(W, Fe)$_6$C
<1	Fe_3C+WC	>2	(W, Fe)$_6$C
=1	WC		

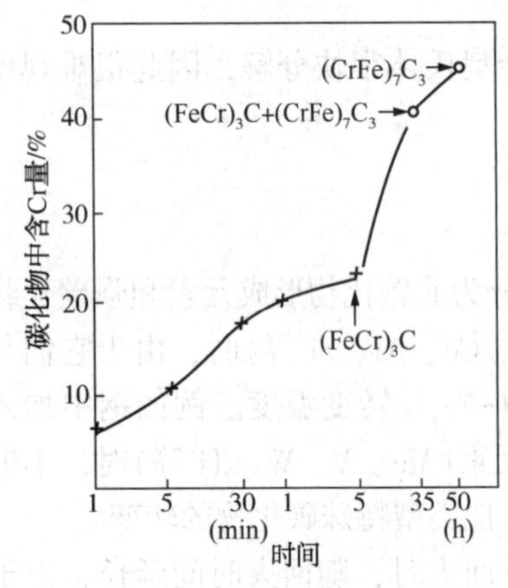

图 7-15　Cr 钢回火过程中碳化物的变化

回火时特殊碳化物也是按两种机制形成的。一种为原位转变，即碳化物形成元素首先在渗碳体中富集，当其浓度超过合金渗碳体的溶解度极限时，渗碳体的点阵就改组成特殊碳化物点阵。低 Cr(<4%)钢的碳化物转变就属于这种类型，图 7-15 示出了 0.4%C-3.6%Cr 钢 550℃回火过程中碳化物成分和结构的变化情况。由图可见，在回火初期，碳化物是渗碳体型的$(Fe, Cr)_3C$。随着回火时间的延长，Cr 逐渐向合金渗碳体中富集，回火保持 6h 后，碳化物中 Cr 含量已达 22.5%，但仍然保持着渗碳体的结构。继续延长回火时间，Cr 进一步向渗碳体中富集，当 Cr 含量超过渗碳体所能溶解的数量(~25%)时，合金渗碳体就转变成特殊碳化物$(Cr, Fe)_7C_3$。回火保持时间延长至 50h，钢中的$(Fe, Cr)_3C$已全部转变为$(Cr, Fe)_7C_3$。提

高回火温度会加速碳化物转变的进程。

另一种形成特殊碳化物的机制是单独形核长大，即直接从α相中析出特殊碳化物，并同时伴有合金渗碳体的溶解。含有强碳化物形成元素V、Ti、Nb、Ta等的钢以及高Cr(>3%~7%)钢，均属于这种类型。图7-16示出了回火温度对0.3%C-2.1%V钢硬度和碳化物的影响，1250℃淬火后低于500℃回火时，析出合金渗碳体，其V含量很低。由于固溶V强烈阻止α相继续分解，因此，这时只有40%左右的碳以渗碳体形式析出，其余的60%仍保留在α相中。当回火温度高于500℃时，从α中直接析出VC。随着回火温度的进一步升高，VC大量析出，渗碳体大量溶解。回火温度达700℃时，渗碳体全部溶解，碳化物全部转化为VC。

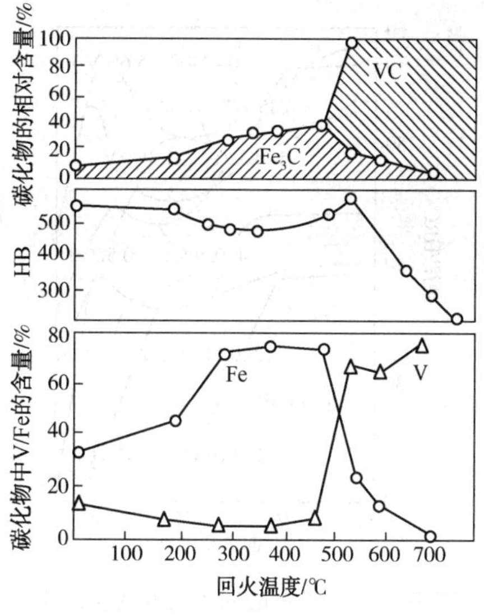

图7-16 回火温度对V钢硬度和碳化物的影响

7.2.4 回火时的二次硬化与二次淬火

在回火第三阶段，随着渗碳体颗粒的长大，碳钢将不断软化(图7-17)。但是，当钢中含有Mo、V、W、Ta、Nb和Ti等强碳化物形成元素时，将减弱软化倾向，即增大了软化抗力。继续提高回火温度，将进入回火第四阶段，析出Mo_2C、V_4C_3、W_2C、TaC、NbC和TiC等特殊碳化物，导致钢的再度硬化，称为二次硬化，有时二次硬化峰的硬度可能比淬火硬度还高。铝含量对低碳(0.1%C)钼钢二次硬化作用的影响示于图7-18。

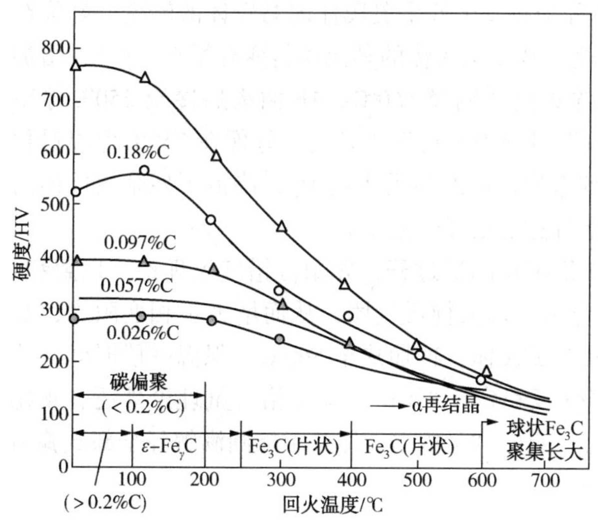

图7-17 Fe-C马氏体在100~700℃回火1h后硬度的变化

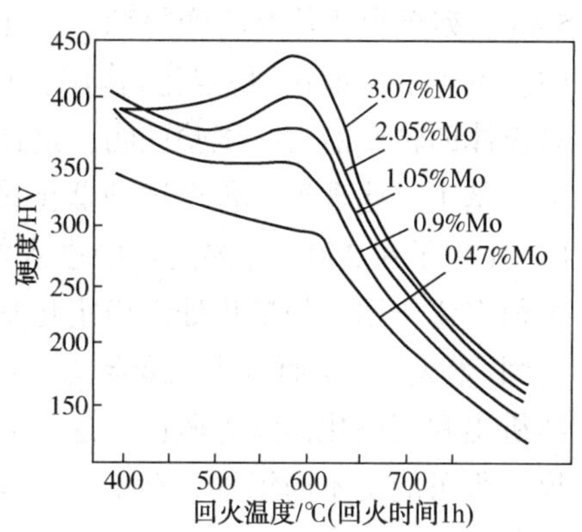

图7-18 低碳Mo钢马氏体回火时硬度变化曲线

可见，随着Mo含量增加，二次硬化作用加剧。其他强碳化物形成元素对二次硬化效应的影响示于图7-19。可见，碳钢中不发生二次硬化现象。Cr有减缓硬度降低的作用，只有

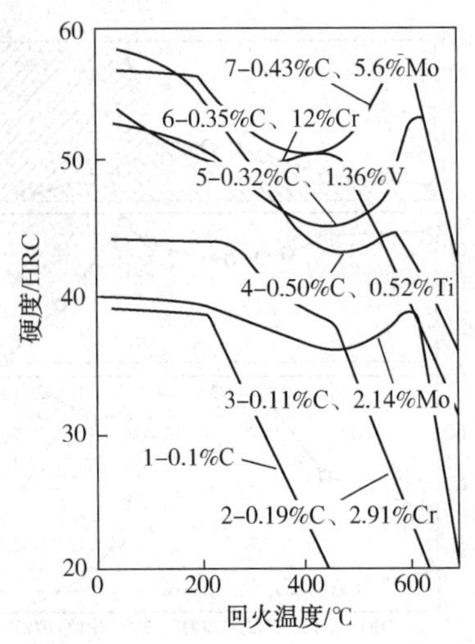

图 7-19　几种钢的回火硬度变化曲线

Cr 含量很高时（如 12%），才出现不太明显的二次硬化峰。而当钢中加入 Mo、Ti 或 V 时，由于在回火时能够形成细小而弥散的特殊碳化物而出现明显的二次硬化峰。

综合上述可认为，对二次硬化有贡献的因素是特殊碳化物的弥散度、α 相中的位错密度和碳化物与 α 相之间的共格畸变。因此可以通过下述途径，提高钢的二次硬化效应：

第一，增大钢中的位错密度，以增加特殊碳化物的形核部位，从而进一步增大碳化物弥散度，例如采用低温形变淬火方法等。

第二，钢中加入某些合金元素，减慢特殊碳化物中合金元素的扩散，抑制细小碳化物的长大和延缓这类碳化物过时效现象的发生。例如钢中加入 Co、Al、Si 等元素，可以减缓 W、Mo、V 等具有二次硬化作用的元素在 α 相中的扩散；加入 Nb、Ta 等元素，可以抑制碳化物的长大。这些元素的加入，都将使特殊碳化物细小弥散并与 α 相保持共格畸变状态，从而获得高的回火稳定性。

如果残余奥氏体比较稳定，在较高温度回火加热保温时未发生分解，则在随后的冷却时将转变为马氏体。这种在回火冷却时残余奥氏体转变为马氏体的现象称为“二次淬火”。将这种现象用于高速钢等工具，可以提高其硬度、耐磨性及尺寸稳定性。高合金钢中二次淬火现象的出现与否与回火工艺密切相关。例如，淬火高速钢中存在着大量的残余奥氏体，如果将它加热到 560℃保温一段时间，在冷却过程中将发生残余奥氏体向马氏体的转变，好像在 560℃保温过程中发生了某种催化作用，提高了残余奥氏体的马氏体转变开始点（$M_{s'}$），增加了残余奥氏体向马氏体的转变能力。如果淬火高速钢经 560℃，1h 回火后冷至 250℃停留 5min，残余奥氏体又将变得稳定，在冷至室温过程中不再发生转变。好像在 250℃保温过程中，发生了反催化（稳定化）作用，降低了残余奥氏体的马氏体点 $M_{s'}$，降低了残余奥氏体向马氏体的转变能力。试验证明，这样的催化与稳定化可反复多次。

基于上述现象，曾把这种催化看成是热稳定化的逆过程，并用位错气氛理论予以解释。C、N 原子在 250℃保温过程中进入位错拉应力区形成柯氏气团，从而增大了相变阻力，起了稳定化作用。如果将处于稳定化状态的残余奥氏体，再加热至 560℃，保温一段时间，使气团“蒸发”，从而减小相变阻力，起了催化（反稳定化）作用。除位错气氛理论外还有碳化物析出和相硬化消除等假说，这些假说都有一定的试验依据，但又不能圆满解释全部试验结果，很可能是不同钢种具有不同的催化机理。

7.2.5　合金元素对 α 相回复和再结晶的影响

合金元素一般均能延缓 α 相的回复和再结晶过程，合金元素含量增高，延续作用增强，几种元素同时加入时，作用加剧。例如 Si 对中碳钢回火时回复（位错密度降低）和再结晶（α 相晶粒长大）过程的延缓作用，如图 7-20 所示。

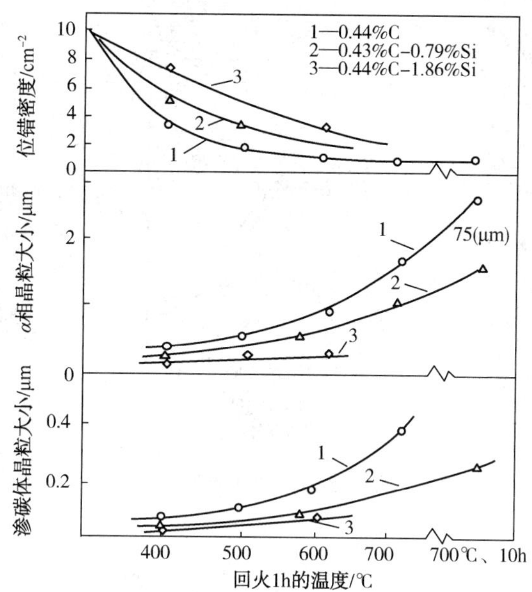

图 7-20 Si 对钢回复、再结晶的影响

7.3 钢在回火时机械性能的变化

7.3.1 硬度

硬度变化总的趋势是，随回火温度升高而不断降低(图 7-21)。高碳钢(>0.8%C)在100℃左右回火时硬度稍许上升，这是由于 C 原子偏聚及共格 ε-碳化物析出所造成的；而 200~300℃回火时出现的硬度"平台"则是因为残余奥氏体转变(使硬度上升)及马氏体大量分解(使硬度下降)这两个因素综合作用的结果。合金元素能在不同程度上减小硬度降低的趋势，强烈形成碳化物的元素还可在高温(500~600℃)回火时形成细小弥散的特殊碳化物，造成二次硬化。

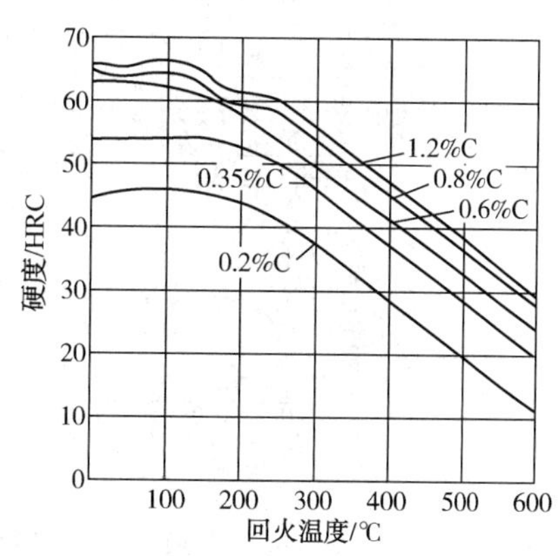

图 7-21 回火温度对淬火碳钢硬度的影响

7.3.2 强度和塑性

各种碳钢随回火温度的升高，强度(σ_b、σ_s)不断下降，而塑性(δ、ψ)不断上升(图 7-22)。在 300~450℃之间回火时，弹性极限最高。高碳钢低温回火时塑性几乎等于零，而低碳马氏体却具有良好的综合性能。

由于合金元素有提高回火稳定性的作用，与相同含碳量的碳钢相比，在高于 300℃回火时，如果回火温度和时间相同，合金钢常常具有较高的强度。如果要求强度相同，合金钢必须经过较高温度的回火。

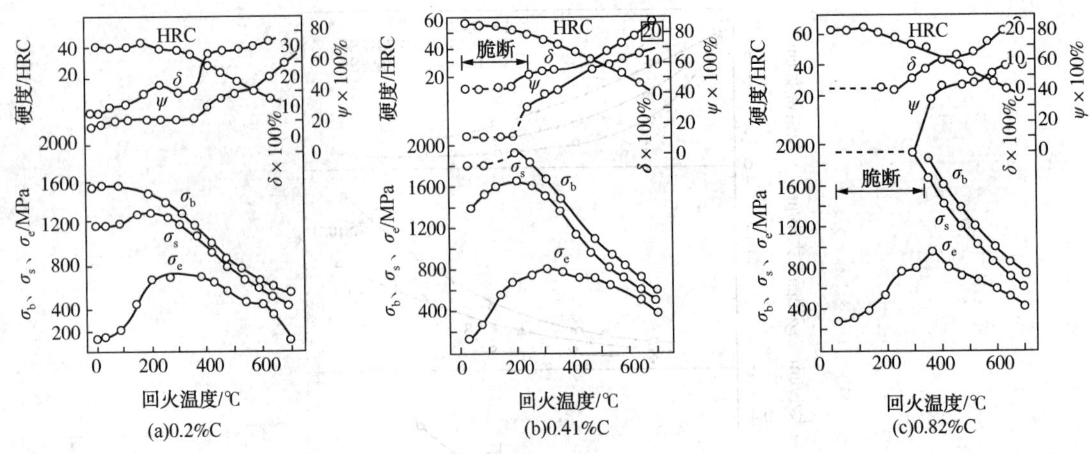

图 7-22 淬火碳钢的拉伸性能与回火温度的关系

7.3.3 韧性

冲击韧性并不一定单调地随回火温度的升高而增大，可能在两个温度区域内出现韧性下降，形成 250~400℃的低温回火脆性区和 450~600℃的高温回火脆性区(图 7-23)。

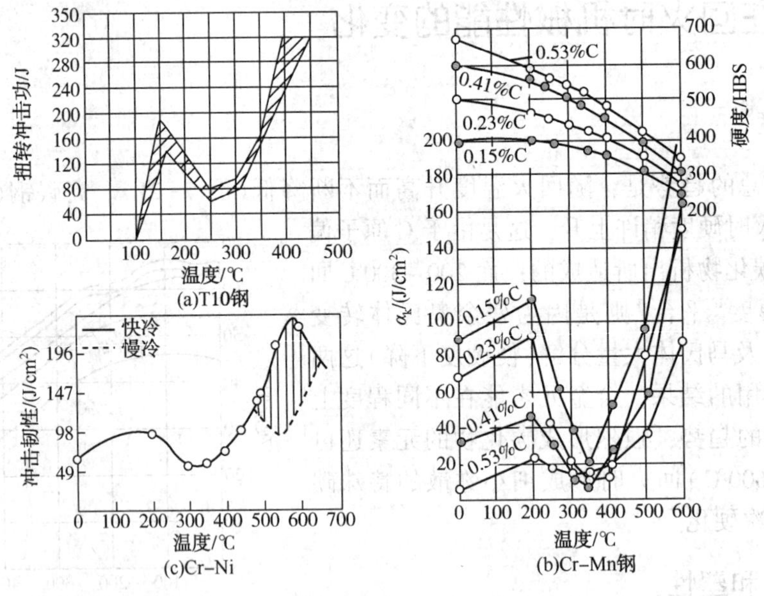

图 7-23 几种钢的冲击韧性与回火温度的关系

7.3.4 钢的回火脆性

1. 第一类回火脆性

将淬火钢在 250~400℃回火一段时间，钢的冲击功会发生明显降低的现象，称为第一类回火脆性，也叫低温回火脆性或回火马氏体脆性。

第一类回火脆性与回火后的冷却速度无关，即在产生回火脆性的温度区保温后，不论随后是快冷还是慢冷，钢材都会脆化。

有人认为残余奥氏体转变是第一类回火脆性的起因。试验发现第一类回火脆性产生的温度区间与回火第二阶段转变(残余奥氏体转变)发生的温度区间大体对应，同时提高残余奥氏体分解温度的元素，恰好也使第一类回火脆性的形成温度移向高温。这种观点认为，不但残余奥氏体转变为回火马氏体或贝氏体可导致钢的脆化，残余奥氏体在回火分解时沿晶界析出的碳化物，也会使钢材的韧性明显降低。但是，这种观点不能说明残余奥氏体量很少的钢(如低磷低合金钢)也会出现第一类回火脆性[图 7-22(b)]，而且回火脆性产生的温度并不完全与残余奥氏体分解温度相一致。

还有人发现，第一类回火脆性断口可以是沿原始奥氏体晶界断裂，也可穿过马氏体板条断裂，或沿板条边界断裂，并且这三种断裂形式均与碳化物析出有关。试验证明，低温回火时 P 会向原始奥氏体晶界偏聚，当碳化物沿晶界析出时，便引起碳化物和基体之间的界面上 P 含量升高。在这种情况下，冲击试验断口沿原始奥氏体晶界断裂，呈晶间型，用俄歇谱仪分析可以发现断口表面 P 含量很高；当碳化物沿板条马氏体的板条边界析出时，它们是由条间残余奥氏体薄膜分解形成的，在某些情况下，冲击试验断口将沿板条边界断裂；当碳化物粗大甚至有裂纹时，断口也可能穿过板条。后两种断口形式与 P 的偏聚没有直接关系。所以，即使是在高纯钢中，P 含量很低时，也会出现第一类回火脆性。以上说明第一类回火脆性主要与低温回火时碳化物析出形态不良有关。不少试验证实，如果提高回火温度，由于析出的碳化物聚集和球化，改善了脆化界面的状态，因而又可能使钢的韧性得到恢复和提高。

改善第一类回火脆性的方法主要有以下几种：

(1) 提高原材料纯度并改善熔炼方法，降低钢中杂质的含量；

(2) 加入能细化晶粒的元素如 Ti、W、Mo 等，以获得细小的奥氏体晶粒，从而降低在单位晶界面积上的杂质偏聚量；

(3) 加入合金元素 Mo(Mo 能抑制 P 在晶界的偏聚)，降低 Mn 的含量(Mn 能促进 P 在晶界的偏聚)；

(4) 采用快速回火的方法来抑制杂质的扩散偏聚过程。

但是，研究结果表明不管用何种方法都不能完全消除第一类回火脆性。为了不使钢件脆化，最好在不发生第一类回火脆性的温度范围内回火。根据第一类回火脆性的碳化物转变机制可以推断，工业用钢都可能产生这种回火脆性，只不过由于所含合金元素不同，出现回火脆性的温度不同而已。例如，钢中加入 Si，可推迟回火时的 $\varepsilon-Fe_xC \rightarrow \theta-Fe_3C$ 或 $\chi-Fe_5C_2$ 转变，使第一类回火脆性推移到 300℃以上发生。

2. 第二类回火脆性

淬火钢在 450~600℃之间回火时出现的冲击功降低的现象称为第二类回火脆性，也叫高温回火脆性。钢材出现这种回火脆性时，韧脆转变温度升高，但抗拉强度和塑性并不改变，对许多物理性能(如矫顽力、密度、电阻等)也不产生影响。

第二类回火脆性与第一类回火脆性相比有两个明显的特点：一个是对时间有更大的依赖性；另一个是可逆性。

在某一脆化温度下，保温时间越长，韧脆转变温度越高；同时第二类回火脆性对冷却速度比较敏感。含 0.75%C-1.97%Mn 的钢淬火后，在 600℃回火 1h，然后以不同方式冷却到室温，其冲击韧性如表7-6所示。可见，高于脆化温度回火后快冷可消除或减弱第二类回火脆性，而慢冷才使该类脆性得以发展。

表7-6　回火冷却方式对钢的冲击韧性的影响

回火后的冷却方式	冲击韧性 α_k/(J/cm²)	
	75Mn2①	40Cr2Ni3②
水冷	139.20	141.1
油冷	125.5	136.4
空气冷	93.2	129.3
炉冷(冷速为50~60℃/h)	34.3	98.0
在300℃热浴中冷却	132.3	133.1

注：①75Mn2：0.75%C-1.97%Mn；

②40Cr2Ni3：0.39%C-1.38%Cr-3.1%Ni。

第二类回火脆性的可逆性是指将处于脆化状态的试样重新回火并快速冷却至室温后，冲击韧性提高，回复到韧性状态的现象。相反，对处于韧性状态的试样，经脆化处理后冲击韧性降低，又会变成脆性状态，所以这种脆性也称为“可逆回火脆性”。可以用韧性回火处理后的脆性转折温度和脆性回火处理后的脆性转折温度之差 $\Delta\theta$ 来表征这种可逆回火脆性的程度，称为回火脆度，$\Delta\theta$ 越大说明脆化程度越大。一般说来，高于600℃回火，不出现回火脆性，在500℃附近回火，第二类回火脆性倾向较为严重，在更低的温度下回火，这种脆性变为缓慢发生，所以，第二类回火脆性的等温动力学曲线变成“C”字形。如图7-24所示。

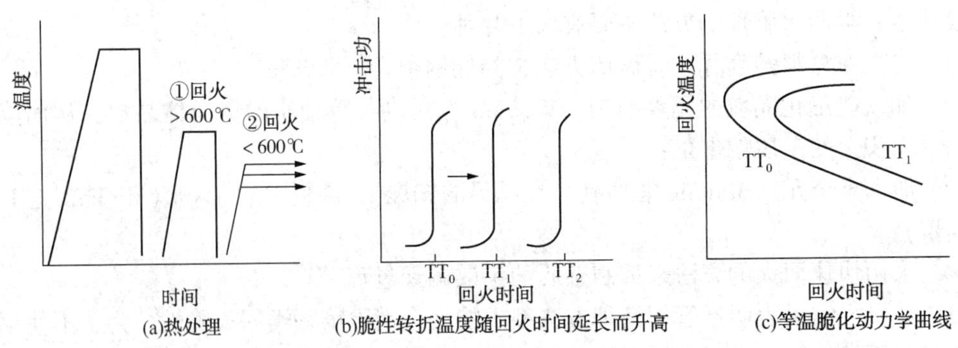

图7-24　两阶段回火脆化示意图

第二类回火脆性受钢的化学成分、奥氏体化温度和原始组织等因素的影响。

化学成分是影响第二类回火脆性的内在因素，加入C、P、Cr、Mn等元素，使钢的回火脆性倾向增大，如表7-7所示。

表7-7　化学成分对钢的回火脆性的影响

序号	钢中的合金元素含量/%				钢的脆性转折温度 θ/℃	
	C	Mn	Cr	P	韧性回火处理	脆性回火处理
1	0.12			0.036	-5	+5
2	0.1	1.4		0.010	-125	+28
3	0.1	1.5		0.038	-125	+119

续表

序号	钢中的合金元素含量/%				钢的脆性转折温度 θ/℃	
	C	Mn	Cr	P	韧性回火处理	脆性回火处理
4	0.08	2.0	1.0		-80	-80
5	<0.001	2.0	1.0	0.084	-85	-85
6	0.09	2.0	1.0	0.044	-55	+10

注：序号 1~4 韧性回火处理为 650℃、1h 水冷，脆化回火处理为 500℃、144h；序号 5~6 韧性回火处理为 650℃、1h 水冷，脆化回火处理为 500℃、48h。

根据表 7-7 中所列数据和其他试验结果，得出化学成分对钢的回火脆性有如下影响：

（1）钢中出现回火脆性，需要含有一定数量的碳。尽管其他回火脆性条件具备，如果钢的含碳量极低，也不会发生回火脆性（表 7-7 序号 5）。

（2）钢中出现回火脆性，需要含有一定数量的 Mn 或 Cr。在不含 Mn、Cr 的钢中回火脆性敏感性大为降低（表 7-7 序号 1）。

（3）P、As、Sb 等元素增大钢的回火脆性敏感性，图 7-25 示出了杂质元素含量对 Cr-Ni 钢回火脆性的影响，图中脆化处理规范为 450℃、等温保持 168h。在不含 P 等元素或其含量极少的钢中，回火脆化倾向很小。

（4）钢中加入 Mo、W 等元素，能够减弱回火脆化倾向。钢中 Mo 含量在 0.5%左右时，抑制回火脆性的作用最大，如图 7-26 所示，钢材为 Cr-Mn 钢（0.3%C-1%Mn-1%Cr-0.03%P）。图中各曲线的处理工艺如下：曲线 1 为正常的淬火、回火工艺，基本上没有回火脆性；曲线 2 是在曲线 1 的基础上先进行 475℃回火，保温 500h，再进行 650℃回火，保温 1h，水冷，相当于先脆化再韧化；曲线 3 是在曲线 1 的基础上先进行 475℃回火，保温 500h，水冷，然后 650℃回火，保温 1h，水冷，与曲线 2 的区别在于脆化处理时用的是水冷；曲线 4 是在 1 的基础上 475℃回火，保温 500h，水冷，属于脆化处理；曲线 5 是在曲线 2 的基础上 475℃回火，保温 500h，水冷，也属于脆化处理。比较图中曲线 1、2、3 可见，Mo 含量对回火脆性的可逆性基本上不发生影响。

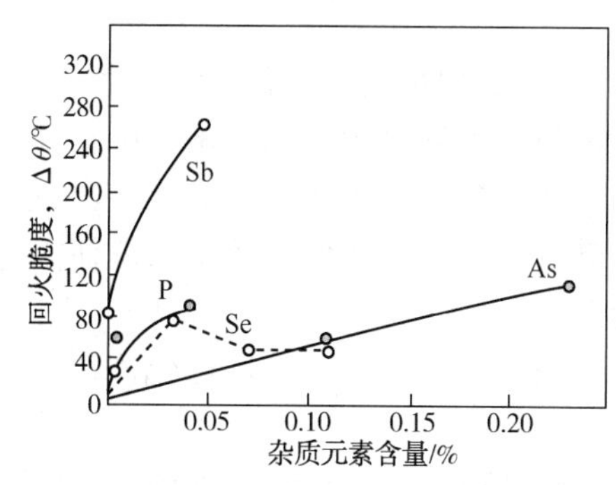

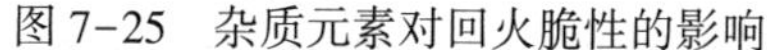
图 7-25 杂质元素对回火脆性的影响

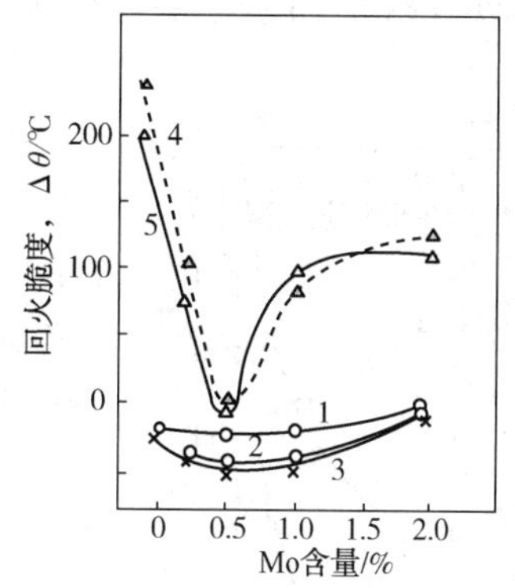

图 7-26 Mo 含量对回火脆性倾向的影响

钢的奥氏体化温度对回火脆性的影响，主要是由于奥氏体化温度改变了奥氏体晶粒大小引起的。钢的奥氏体化温度高，奥氏体晶粒粗大，则回火脆性敏感性增大。

不论钢料具有什么原始组织（珠光体、贝氏体、马氏体），经脆化处理后都会出现第二类回火脆性，但原始组织为马氏体时脆化倾向大。

一般用杂质元素晶界偏聚理论来解释第二回火脆性的若干现象，例如：

(1) 第二类回火脆性是因晶界脆化引起的，所以试样断口为晶间断裂。

(2) 因为杂质元素在晶界的偏聚是在一定的温度、时间条件下发生的，而在另一些温度、时间条件下则可能消除或不发生，所以这种回火脆性是可逆的。试验发现，在500℃回火时，P显著向原始奥氏体晶界偏聚，回火温度升高到600℃以上时，P从奥氏体晶界扩散离开，当再次冷却到500℃保持时，P又向原始奥氏体晶界偏聚。

(3) 粗晶粒钢的回火脆性敏感性比细晶粒钢要大，这是由于晶粒越粗，单位体积内的晶界面积越少，杂质元素在晶界偏聚的浓度越高，因而回火脆性倾向越大。

虽然杂质元素晶界偏聚理论比较好地解释了钢在450~500℃长期停留(杂质元素有充裕时间向晶界偏聚)后脆化的原因，但是却难以说明该类回火脆性对冷速的敏感性。因此又出现了α相时效脆化理论，认为高温回火脆性的产生是由α相的时效所引起的，时效时产生细小的$Fe_3C(N)$沉淀，造成对位错的强固钉扎，从而导致韧性的下降。

综合时效机制与偏聚机制于图7-27中，图中简明地表示了短时间回火脆性的时效机制和长时间保温的偏聚机制。时效机制可解释回火、铸造或焊接后慢冷时所出现的脆性，而偏聚机制可解释锅炉、汽轮机零件等在450~550℃高温下长时间工作所出现的脆性。

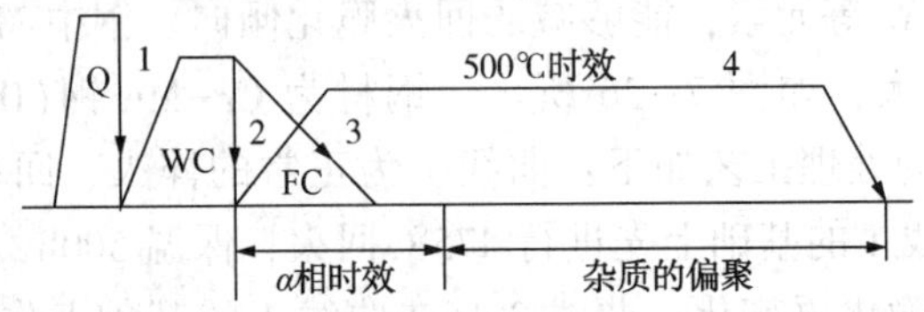

图7-27　中碳低合金钢回火脆性机制示意图

1—淬火态；2—回火后水冷，韧性状态；3—回火后炉冷，脆性状态；4—长时间时效，脆性状态

预防或减轻第二类回火脆性的方法：

(1) 对于用回火脆性敏感钢料制造的小尺寸工件，可采用回火快冷的方法抑制回火脆性，为消除因回火快冷而引起的内应力，可在稍低于产生回火脆性的温度进行一次补充回火；

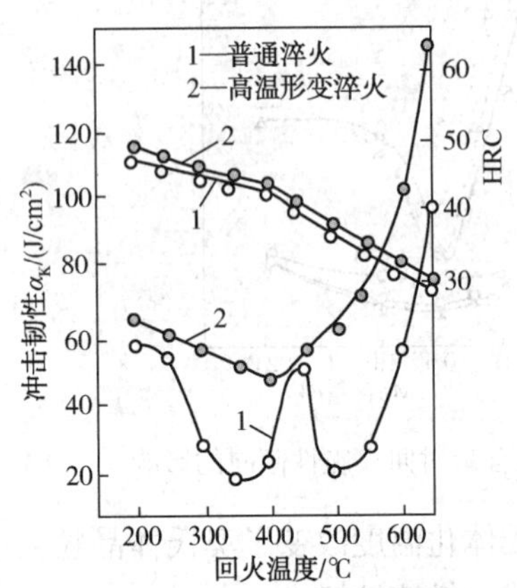

图7-28　淬火方法对冲击韧性的影响

(2) 采用含Mo钢，以抑制回火脆性的发生；

(3) 对亚共析钢采用亚温淬火的方法，可在淬火加热时，使缩小γ区的P等元素溶入残留α相中，减少了P等元素在原始奥氏体晶界上的偏聚浓度，从而降低了钢的回火脆化倾向；

(4) 选用有害杂质元素极少的高纯度钢，可以减轻第二类回火脆性；

(5) 采用形变热处理方法以减弱回火脆性，37CrNi3钢经普通淬火(1000℃奥氏体化，油淬)和高温形变淬火(1000℃奥氏体化，900℃形变30%，油淬)后的冲击韧性与回火温度的关系如图7-28所示，由图可见，高温形变淬火可大大减弱回火脆性。

7.3.5 非马氏体组织的回火

由于受淬透性所限，钢件淬火时常常不会在整个截面上全部得到马氏体组织。表层可能得到马氏体加残余奥氏体，次层是马氏体加贝氏体，心部则可能是贝氏体加珠光体或完全是珠光体组织。原始组织不同，回火后机械性能的变化也不同。由图 7-29 可知，0.94%C 钢贝氏体、屈氏体及珠光体只有当回火温度分别达到 350℃、450℃和 550℃上时，硬度才发生明显的下降。这表明只有温度升高到上述温度以上时，组织上才有明显变化。

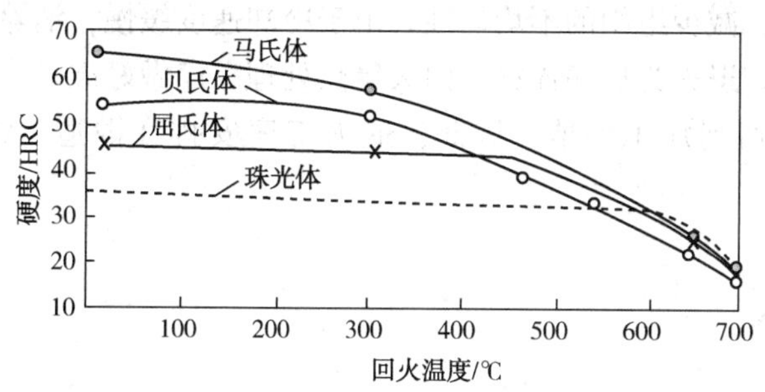

图 7-29 T9 钢回火时硬度变化(回火时间 80min)

当原始组织为贝氏体时，其回火转变过程与回火马氏体相近。300℃以下，α 相与 $\varepsilon-Fe_xC$ 都不发生转变。只有当温度高于 300℃时，$\varepsilon-Fe_xC$ 才开始转变为渗碳体并粒状化。当温度高于 400~500℃时，α 相开始回复、再结晶，渗碳体发生集聚和球化。

当原始组织为珠光体时，回火加热时的变化较小，只有当片层间距很细小(屈氏体和索氏体)，又在 450℃以上作较长时间停留时，才会发生渗碳体由片状向球状的转化。渗碳体片越薄，球化倾向越大，所以屈氏体回火时的硬度开始降低，温度低于珠光体。而且由于渗碳体越细小，越容易集聚、长大和球化，因此在相同的高温回火条件下(>600℃)，回火珠光体的硬度稍高于屈氏体、贝氏体和马氏体回火产物的硬度(图 7-29)。

课后习题

1. 淬火钢回火时组织转变概况。
2. 淬火钢回火时组织转变特点。
3. 合金元素对钢回火转变的影响。
4. 钢在回火时机械性能变化的特点。

第 8 章　钢的退火

退火是冶金厂尤其是合金钢厂广为应用的一种热处理工艺。退火为预先热处理，经退火工艺，细化钢的晶粒，减少组织的不均匀性。由于冷却速度缓慢，消除了工件在锻造、铸造过程中产生的内应力。退火为后序淬火、回火等热处理工序做好准备。经过退火处理，降低了钢的硬度，改善了切削加工性能。因此，退火工序安排在锻造、铸造之后，切削加工之前。

8.1　钢的退火

钢的退火是将组织偏离平衡状态的金属或合金加热到适当的温度，保持一定时间，然后缓慢冷却以达到接近平衡状态组织的热处理工艺。

钢的退火目的：

(1) 降低钢件硬度，以利于切削加工，通常钢件布氏硬度为 160~230HB 时，最适合于切削加工，退火能控制钢件的硬度；

(2) 消除残余应力，稳定钢件尺寸并防止变形和开裂；

(3) 细化晶粒，改善组织，提高钢的力学性能；

(4) 为最终热处理(淬火，回火)做组织上的准备。

钢的退火为后续工序做好准备，故退火是属于半成品热处理，又称预先热处理。

8.2　钢的退火工艺

钢的退火工艺可分为两大类：

第一类退火是不以组织转变或改变组织形态与分布为目的的工艺方法。第一类退火分为：扩散退火、再结晶退火、去应力退火。

第二类退火是以改变组织和性能为目的的工艺方法。第二类退火分为：完全退火、不完全退火、等温退火、球化退火。这一类退火过程中伴随点阵结构的改变，如同发生重新结晶一样，故称为重结晶，建立在此种变化基础上的退火称为重结晶退火，亦即第二类退火。

生产上常用的退火操作有完全退火、等温退火、球化退火、去应力退火。

退火工艺加热温度范围如图 8-1 所示，完全退火、不完全退火和等温退火的退火工艺曲线如图 8-2 所示。

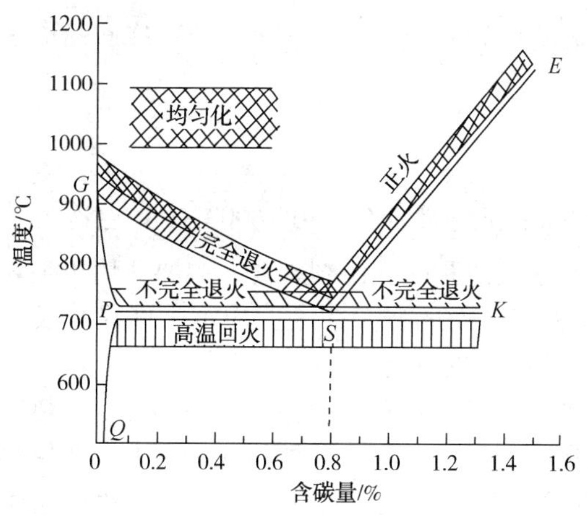

图 8-1　退火工艺加热温度范围

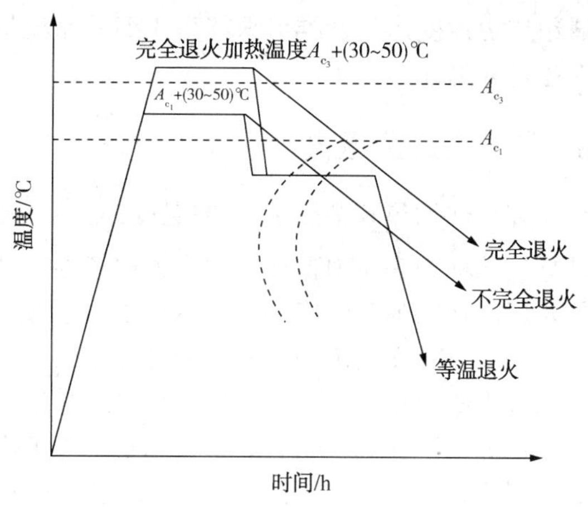

图 8-2　完全退火、不完全退火和等温退火的工艺曲线

8.2.1　扩散退火

扩散退火又称均匀化退火，是在略低于固相线温度长期保温的处理方法。加热温度在A_{c_3}以上 150~250℃（通常为 1100~1200℃）长时间地保温，使钢中的成分和组织在高温下通过扩散而得到均匀化。

钢件扩散退火加热温度通常选择在A_{c_3}或$A_{c_{cm}}$以上 150~300℃，随钢种和偏析程度而异。温度过高影响加热炉寿命，并使钢件烧损过多。碳钢一般为 1100~1200℃，合金钢一般为 1200~1300℃。加热速度常控制在 100~200℃/h。扩散退火的保温时间，理论上可以根据原始组织成分不均匀性的程度，假设其浓度分布模型，用扩散方程的特解来进行计算。但其浓度分布的测定需要很长的周期，实际上很少采用理论计算，而采用经验公式进行估算。估算方法是：保温时间一般按截面厚度每 25mm 保温 30~60min，或按每毫米厚度保温 1.5~2.5min 来计算。若装炉量较大，可按下式计算：

$$\tau = 8.5 + Q/4 \quad (8-1)$$

式中　τ——时间，h；

Q——装炉量，t。

一般保温时间不超过 15h，否则氧化损失过大。冷却速度一般为 50℃/h，高合金钢则为≤20~30℃/h。通常降温到 600℃以下，即可出炉空冷。高合金钢及高淬透性钢种最好在 350℃左右出炉，以免产生应力及使硬度偏高。

8.2.2　再结晶退火

再结晶退火是经过冷变形后的金属加热到再结晶温度以上，保持适当时间，使形变晶粒重新结晶为均匀的等轴晶粒，以消除形变强化和残余应力的热处理工艺，是应用于经过冷变形加工的金属及合金的一种退火方法。目的为使金属内部组织变为细小的等轴晶粒，消除形变硬化，恢复金属或合金的塑性和形变能力。

再结晶退火是以恢复和再结晶现象为基础，对冷变形纯金属和没有相变的合金，为了恢复它们的塑性而进行的退火。再结晶退火过程中由于恢复和再结晶的结果，内应力消除，显微组织由冷变形的纤维组织转变成细的晶粒状组织，因而金属的强度降低，塑性提高，恢复了塑性变形能力。

8.2.3 去应力退火

将钢件加热到稍高于 A_{c_1} 的温度，保温一定时间后随炉冷却到 550~600℃出炉空冷的热处理工艺称为去应力退火。去应力加热温度低，在退火过程中无组织转变，主要适用于毛坯件及经过切削加工的零件，目的是为了消除毛坯和零件中的残余应力，稳定工件尺寸及形状，减少零件在切削加工和使用过程中的形变和裂纹倾向。

去内应力退火一般可在稍高于再结晶温度下进行。钢铁材料一般在 550~650℃，对热模具及高速钢可适当升高到 650~750℃。为了不致在冷却时再次产生附加的残余应力，在保温后缓慢冷却到 500℃以下再空冷。大型件应采取更慢的冷却速度，甚至要控制为每小时若干摄氏度，待冷到 300℃以下才能空冷。

8.2.4 球化退火

球化退火是使钢中碳化物球化而进行的退火，得到在铁素体基体上均匀分布的球状或颗粒状碳化物的组织，用以降低工具钢和轴承钢锻压后的偏高硬度。将工件加热到钢开始形成奥氏体的温度以上 20~40℃，保温后缓慢冷却，在冷却过程中珠光体中的片层状渗碳体变为球状，从而降低了硬度。所得的球化处理乃是在退火处理后能获得球状碳化物的一种处理。一般可采用以下几种方法得到：

(1) 长时间热浸置于略低于 A_e 的温度下；

(2) 轮番加热并冷却于 A_e 温度上下(最好刚刚高于 A_c 及低于 A_r)；

(3) 加热至高于 A_c，然后慢慢在炉中冷却；

(4) 从刚能完全溶解碳化物的温度冷却下来，所有冷却速率须不产生碳化物。然后再按(1)或(2)法升温至原温度。

球化退火工艺方法很多，可分为以下几种。

(1) 普通球化退火

普通球化退火即将钢加热到 730~740℃保温足够时间，然后以小于 20℃/h 的速度缓冷到 650℃出炉。这种退火工艺适用于共析成分附近的碳素工具钢。

(2) 周期球化退火

周期球化退火也叫循环退火。它是在 A 点附近的温度反复进行加热和冷却，一般进行 3~4 个周期，使片状珠光体在几次溶解—析出的反复过程中，碳化物得以球化。该工艺生产周期较长，操作不方便，难以控制，适用于片状珠光体比较严重的钢。

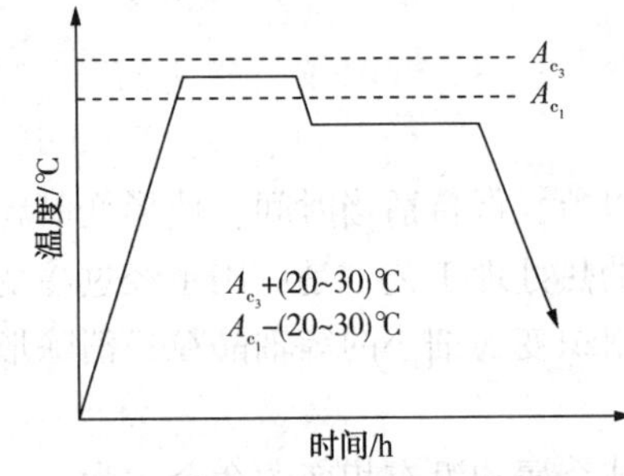

图 8-3 等温球化退火工艺曲线

(3) 等温球化退火

等温球化退火与普通球化退火工艺同样地加热保温后，随炉冷却到略低于 A_{r_1} 的温度进行等温，等温时间为其加热保温时间的 1.5 倍。等温后随炉冷至 500℃左右出炉空冷。和普通球化退火相比，等温球化退火不仅可缩短周期，而且可使球化组织均匀，并能严格地控制退火后的硬度。工艺曲线如图 8-3 所示。

这种方法适用于过共析钢、合金工具钢的球化退火，球化进行得很充分，并且容易控制，退火周期比较短，适宜于大件的球化退火。常用工具钢等温球化退火工艺规范如表 8-1 所示。

表 8-1 常用工具钢等温球化退火工艺规范

钢号	临界点/℃			加热温度/℃	等温温度/℃	硬度（HBS）
	A_{c_1}	A_{c_m}	A_{r_1}			
T8A	730	—	700	740~760	650~680	≤187
T10A	730	800	700	750~770	680~700	≤197
T12A	730	820	700	750~770	680~700	≤207
9Mn2V	736	765	652	760~780	670~690	≤229
9SiCr	770	870	730	790~810	700~720	197~241
CrWMn	750	940	710	770~790	680~700	207~255
GCr15	745	900	700	790~810	710~720	207~229
Cr12MoV	810	—	760	850~870	720~750	207~255
W18Cr4V	820	—	760	850~880	730~750	207~255
W6Mo5Cr4V2	845~880	—	805~740	850~870	740~750	≤255
5CrMnMo	710	760	650	850~870	~680	197~241
5CrNiMo	710	770	680	850~870	~680	197~241
3Cr2W8	820	1100	790	850~860	720~740	—

（4）变形球化退火

将塑性变形与球化退火工艺结合在一起，由于塑性变形的作用，钢内位错密度和畸变能增加，促使片状碳化物在退火时加速熔断和球化，从而加快球化速度，缩短球化退火时间。

最常用的两种工艺是普通球化退火和等温球化退火。

球化退火主要用于过共析的碳钢及合金工具钢(如制造刃具、量具、模具所用的钢种)。其主要目的在于降低硬度，改善切削加工性能，并为以后淬火作好准备。这种工艺有利于塑性加工和切削加工，还能提高机械韧性。尤其对于轴承钢、工具钢等钢种而言，如在淬火前实施球化退火，即可获得下列效果。对于轴承钢来说，可使淬火效果均一，减少淬火变形，提高淬火硬度，改善工件切削性能，还可提高耐磨性和抗点蚀性等轴承的性能；对于工具钢来说，可使淬火效果均一，抑制淬裂、淬弯等现象，还可提高耐磨性、刀刃锋利程度及使用寿命。

（5）反复球化退火

将钢加热到 A_{c_1} 以上稍高的温度，短时保温后冷却至略低至 A_{r_1}，再行短时保温，如此反复进行多次，称为往复球化退火，如图 8-4 所示。A_{c_1} 以上的短时加热，除奥氏体化外，还可使网状碳化物开始溶解，呈被切断的形状；而在 A_{r_1} 以下温度保持时变为球状，同时使珠光体中的渗碳体附着在这

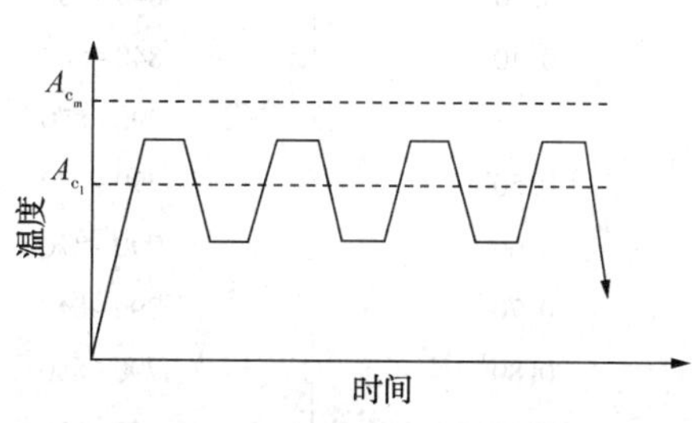

图 8-4 往复球化退火工艺曲线

些球上生长。几次反复后，便可得到较好的球化组织。

往复球化退火适用于小批量生产的小型工具。在实际操作中，可将小型工件加热到 A_{c_1} 以上，然后自炉中拿出空冷到 A_{r_1} 以下，随后又放入炉中加热，如此反复几次，能获得满意的球化效果(工件心部球化较差)。

批量较大、球化质量要求较高时，可采用自动控制的专用设备。

某厂采用往复球化退火代替等温球化退火，对 T7A、GCr15 钢进行球化退火，工艺曲线如图 8-5 和图 8-6 所示。生产实践指出，使用往复球化退火，工艺易控制、周期短、所得球化组织良好，而且工件的淬火开裂倾向大为减少。

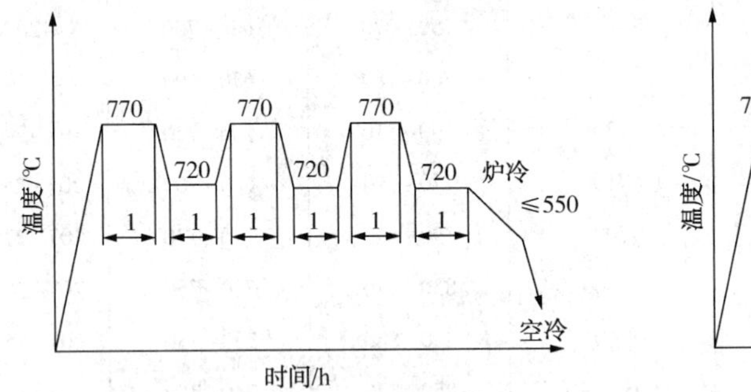

图 8-5　T7A 钢往复退火工艺曲线

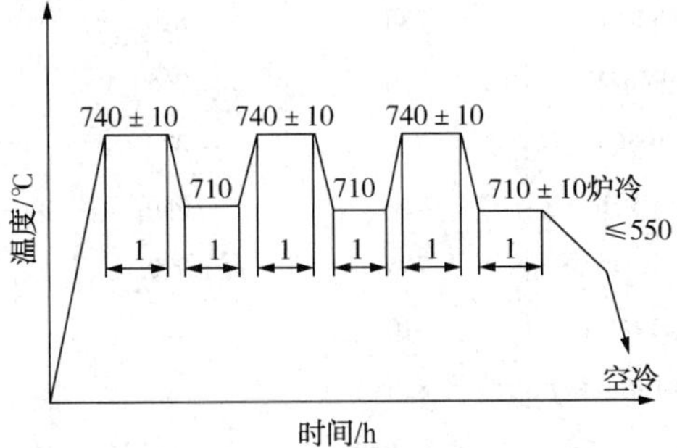

图 8-6　GCr15 钢往复退火工艺曲线

8.2.5　完全退火

完全退火是将钢件或钢材加热到 A_{c_3} 点以上，使之完全奥氏体化，然后缓慢冷却，获得接近于平衡组织的热处理工艺，又称为重结晶退火。

这种工艺主要用以细化中、低碳钢经铸造、锻压和焊接后出现的力学性能不佳的粗大过热组织。将工件加热到铁素体全部转变为奥氏体的温度以上 30~50℃，保温一段时间，然后随炉缓慢冷却，在冷却过程中奥氏体再次发生转变，即可使钢的组织变细。表 8-2 为推荐的碳钢完全退火温度。

表 8-2　碳钢推荐的完全退火温度

ω_C/%	奥氏体化温度/℃	奥氏体分解温度范围/℃	硬度(HBS)
0.20	860~900	860~700	111~149
0.25	860~900	860~700	111~187
0.30	840~880	840~650	126~197
0.40	840~880	840~650	137~207
0.45	790~870	790~650	137~207
0.50	790~870	790~650	156~217
0.60	790~870	790~650	156~217
0.70	790~840	790~650	156~217
0.80	790~840	790~650	167~229
0.90	790~830	790~650	167~229
0.95	790~830	790~650	167~229

对于亚共析钢锭来说，$\omega(\mathrm{C})<0.3\%$或尺寸较小的钢锭通常不需要进行退火(奥氏体亚共析钢锭一般也不需退火。铁素体钢钢锭有时需退火，以消除应力)。$\omega(\mathrm{C})>0.3\%$、淬透性较好或尺寸较大的碳钢及合金钢钢锭，均需进行完全退火，以消除铸造应力、改善铸态组织、降低表面硬度，及便于存放和表面清理。浇注后如不及时退火，钢锭会因内应力而自行开裂，甚至炸裂(如高铬钢、高速钢等钢锭应在浇注后 48h 内进行退火以保证安全)。钢锭表面的各种缺陷应在锻轧前清除，否则会在加工中扩大，甚至形成开裂而使钢锭报废，这对含高铬、铝、钛等的钢锭尤为重要。部分亚共析钢钢锭完全退火温度如表 8-3 所示。

表 8-3　部分共析钢钢锭完全退火温度

钢种	钢　号	温度/℃
结构钢	4O、40Mn2，40Cr，35CrMo，38CrS1，38CrMoAl，30CrMnSi	840~870
弹簧钢	65、60Mn、55SiMn、60Si2Mn、50CrVA	840~870
热模钢	5CrNiM、5CrMnMo	810~850

完全退火操作上应注意下述三个方面。

(1) 加热温度

完全退火的加热温度，理论上一般推荐为：碳钢加热温度$=A_{c_3}+30\sim50$℃；合金钢加热温度$=A_{v_3}+50\sim70$℃。

对于碳钢来说，这一温度可以从铁碳平衡图上来确定。而合金钢就必须查出其临界点A_{c_3}和退火温度，并参考确定。对常用结构钢、弹簧钢及热作模具钢钢锭，完全退火的加热速度取 100~200℃/h；保温时间按下式计算

$$\tau=8.5+Q/4 \tag{8-2}$$

式中　Q——装炉量，t。

但在生产实践中，为了加速钢的组织转变，并进一步使奥氏体化学成分趋于均匀，退火往往在更高的温度下进行。例如：45 号钢的A_{c_3}为 770℃，而退火一般采用 840~870℃，高出A_{c_3}竟达 70~100℃之多。但在这种温度下，只要保温时间不太长的话，并不会引起晶粒的粗大，所以还是合适的。对一些合金钢来说，温度高出这个范围更没有什么关系了，因为合金元素大多(除锰外)有组织晶粒长大的作用。如 45Cr 的$A_{c_3}=765$℃，而退火温度常采用 840~860℃，甚至更高。

(2) 加热速度与保温时间

完全退火主要用于具有不良组织的亚共析钢和共析钢工件的热处理。为了得到均匀一致的良好组织，故加热速度不宜过快，以保证工件的均匀热透和组织的完全重结晶，各种不同钢种在反射炉中加热时，加热速度一般以每毫米厚度 1.5~2min 计算。对一般工件来说，已可以满足要求。但应该注意的是：退火时一般装炉量较大，计算加热时间时，必须结合装炉情况来考虑。在生产实践中的经验数据上，一致认为完全退火的加热速度不宜超过每小时 200℃，最好在 150~180℃之间。

(3) 冷却速度

完全退火应当缓慢冷却，特别是合金钢更应缓慢冷却，以保证奥氏体在高温下分解为珠光体组织，所以一般都在炉内进行。对亚共析钢锻轧钢材，通过完全退火，主要消除锻后组织及硬度的不均匀性，改善切削加工性能和为后续热处理做准备，其保温时间可稍短于钢锭的退火，一般可按下式计算

$$\tau=(3\sim4)+(0.4\sim0.5)Q \tag{8-3}$$

式中 Q——装炉量，t。

碳素钢的冷却速度应小于200℃/h；合金钢的冷却速度应降至100℃/h；高合金钢的冷却速度应更小，一般为50℃/h。如果冷却太快，即得到较细的珠光体类的组织(索氏体)，钢的硬度将有所增加，不利于切削加工；反之，如果冷却速度太慢，亚共析钢的组织中，将可能出现软点，这些都是我们所不希望的。故完全退火时，应严格控制冷却速度。

8.2.6 不完全退火

不完全退火是将钢加热到A_{c_1}与A_{c_3}之间的一个温度，并在这个温度下停留一段时间，然后缓慢冷却下来的退火。

这种退火的主要目的是消除工件在热加工过程中形成的内应力，使工件中部分组织(珠光体)降低硬度，提高塑性，从而提高工件的机械性能，改善切削加工性能。但是，它不是全部组织发生重结晶细化。因为，亚共析钢中的过剩铁素体与过共析钢中过剩渗碳体并溶解于奥氏体，所以它不能全部消除加工过程中形成的组织缺陷。

正因为如此，所以不完全退火，一般只用于已经过正确热加工后的亚共析钢，不需要改变去组织构造，仅为降低硬度时才采用。对于过共析钢而言，如果退火前并无网状渗碳体存在，也可采用其他组织缺陷时，必须采用正火消除网状渗碳体及其他组织缺陷后，才能采用这种退火法。不完全退火工艺中的加热时间、保温时间、冷却速度及应注意事项都与完全退火相同。

8.2.7 等温退火

等温退火工艺是将钢件加热到临界温度以上30~50℃(亚共析钢加热到A_{c_3}以上，共析钢和过共析钢加热到A_{c_1}以上)保持一定时间，使奥氏体转变为珠光体组织，然后缓慢冷却的热处理工艺。等温退火工艺曲线如图8-7所示。普通退火是连续降温，而不同温度下得到的珠光体组织的片层间距是不同的，因而获得粗细不匀匀、性能也不均匀的组织。而等温退火是以等温条件下转变获得均匀的组织和性能，两者工艺示意图如图8-8所示。

等温退火的目的是降低钢的硬度、提高塑性，以利于切削加工和冷变形加工；消除钢件中的残余应力，以稳定钢件的尺寸，防止和减少模具最终热处理后的变形和开裂；细化晶粒，均匀钢的组织和成分，改善钢的组织与性能，为后续的热处理做好准备。

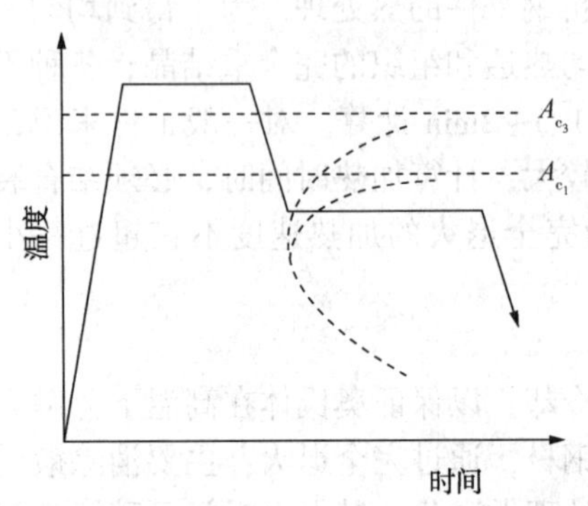

图8-7 等温退火工艺曲线

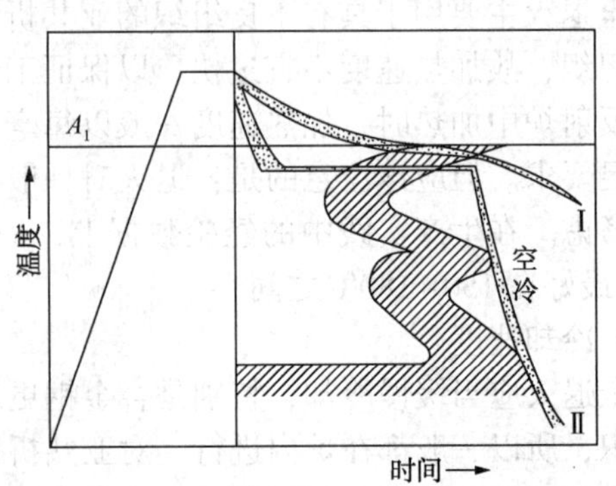

图8-8 普通退火(Ⅰ)与等温退火(Ⅱ)示意图

等温退火可以代替完全退火，主要用于合金钢。在钢材生产或加工的各个阶段，都可以利用等温退火，如高合金模具钢的钢锭或热轧钢坯，当自由冷却到室温时，容易出现裂纹，在这种情况下，可将热的钢锭或钢坯放到温度为700℃左右的等温退火炉中(该温度相当于钢的珠光体转变温度)，转变完成以后再自由地冷却到室温。

8.3 不同钢件的退火工艺

8.3.1 冷加工钢材的再结晶退火

钢在冷加工(冷冲、冷拉和冷轧等)过程中随变形量的增大，其硬度、强度增高，延展性降低，难以继续加工，必须利用退火过程中的再结晶来消除冷作硬化。再结晶退火就是将经冷变形的金属加热到高于其再结晶的温度，使之重新形核和长大，以获得原来晶体结构的、没有内应力的稳定组织，以恢复其加工变形能力。再结晶退火的温度主要决定于冷变形程度。冷变形程度越小，金属中存在的畸变能越低，再结晶的推动力就越小，因而再结晶温度越高。金属中如含有极微量的异类原子或杂质，会使再结晶过程大大推迟，因而再结晶的温度也就越高。金属的原始晶粒粗大也可使再结晶温度略有升高。由于影响再结晶温度的因素较多，所以再结晶退火的温度通常比理论再结晶温度高约100~150℃。

再结晶退火主要用于有色金属，软钢，极低碳的硅钢片，精密合金和各种冷加工的板、锌、丝、带、型钢等金属材料的加工过程中。

例如，作变压器铁芯的冷轧硅钢片是由热轧的板卷经多次冷轧成形的，其中需经1~3次中间退火(再结晶退火)和一次高温退火的热处理，其工艺简述如下：

(1) 中间退火

中间退火主要是为消除冷轧应力，进行再结晶。另外，为保证硅钢片的磁性要求钢中含碳量要尽可能地降低，所以在中间退火时，还要进行脱碳，以使钢中碳量降低到0.01%左右。为此目的常采用较高的中间退火温度。温度过低，碳原子的扩散较慢，会影响脱碳的效果。中间退火大多是在连续式加热炉中进行，加热到800~900℃温度后，保温3~8min，然后冷却到低温段的150℃左右出炉。

中间退火的次数是随成品的厚度而定，一般认为冷轧至0.3mm的成品只需进行一次中间退火；轧至0.2mm的成品，需两次中间退火；轧至0.08mm的成品，需进行三次中间退火。

在连续式加热炉内通以分解的氨和水蒸气，作为脱碳的气氛，以加快碳原子的去除。

(2) 高温退火

高温退火的目的在于进行二次再结晶，以使钢中的晶体形成高斯织构，达到最佳的磁性；去除钢中有害的气体和夹杂；得到合适的晶粒大小；进一步降低钢中的碳量。

高温退火是影响硅钢片质量的重要因素。通常是在有内外两层的罩式退火炉中进行的。加热到500℃左右保温是为了脱去MgO中的水分(高温退火前为了防止钢片叠装退火时发生片与片之间黏结而涂上含水的氧化镁)。在900~1000℃之间的缓慢升温是为了让具有高斯织构取向的晶粒得到发展，在此温度范围内使二次再结晶过程充分地进行。形成高斯织构以后再把温度升到1150℃左右进行保温是为了消除杂质或使其中弥散夹杂物聚集成粗大的粒状，或使它们在高温下分解而逸出，减少其对性能的危害。有时，为了提高钢的纯度，尚可进行一次高温真空退火。

在罩式炉内高温退火时，一般都通入高纯度的干氢(H_2)作为保护气氛，除保护硅钢片在高温下不受氧化外，还可去除定量的有害气体(氧、氮)和杂质(硫)，提高钢的纯洁度。

对一般冷加工钢材的中间退火，不像硅钢片这样复杂，也不要求很高的温度，其目的比较单纯，仅为消除加工硬化，进行再结晶。因而，通常是加热到该钢种的再结晶温度以上100~150℃，促使再结晶以较快的速度进行。例如，冷轧深冲薄板通常都采用优质低碳钢(08钢)，对冲压性能较为理想的铁素体晶粒度为6级，晶粒形状为“饼形”。如果再结晶退火温度过高，再结晶后的晶粒会强烈长大，晶粒形状也会由饼形长成为等轴晶粒，这对薄板的冲压性能是不利的。反之，如果再结晶退火温度过低，则冷作硬化难以消除，铁素体晶粒过细，钢板的强度较高，也使冲压性能恶化。

保温时间并不需要很长，但应使炉料热透，内外温度均匀，再结晶完全。需要强调的是，温度的均匀性十分重要，否则再结晶后将得到大小不均的晶粒，这对钢板的冲压性能影响甚大。一般对再结晶退火时的加热速度要求并不特别严格，只要炉料内外温差小、温度均匀和不超温即可。

8.3.2 工具钢的球化退火

球化退火是合金钢厂最常用的一种退火工艺。碳素工具钢、一部分合金工具钢(Cr、Cr2、9SiCr、CrMn、CrWMn、9CrWMn、CrW5等)和滚珠轴承钢，在轧(锻)后的堆冷或空冷时，组织中都会出现片状珠光体(甚至网状渗碳体)。它的硬度较高，切削加工后零件的表面光洁度差，淬火过程中工件易变形和开裂。为此，使用部门要求冶金厂能够提供球状珠光体组织，即在铁素体的基体上均匀地分布着球状或粒状的碳化物。

球化使组织中的碳化物由片状转变为球状。因为，片状表面积大，处于不稳定状态，若转化为球状则有最小的界面，能量最低，处于稳定的平衡状态。

原始组织为片状珠光体的钢，刚加热到 A_{c_1} 以上温度时，珠光体中的片状碳化物开始溶解，而又未完全溶解。由于温度较低，扩散过程进行得缓慢，此时，一片碳化物逐渐断开为许多细小的链状或点状弥散地分布在奥氏体基体上。未完全溶解的碳化物导致奥氏体的成分极不均匀，在随后的缓慢冷却过程中，或以原有的细小碳化物质点为核心，或在奥氏体中碳原子富集的地方产生新的核心，而均匀地形成颗粒状的碳化物。刚形成的碳化物颗粒很小，在保温或缓冷过程中发生聚集，长成较大的颗粒。另一种理论认为片状碳化物是通过“溶解与沉积”转化为球状的。如过共析钢加热到 A_{c_1} ~ A_{cm} 之间温度时，未溶的游离碳化物被奥氏体所包围，片状渗碳体的两端棱角处，界面的曲率半径小，表面碳原子易于迁移到奥氏体中去，使奥氏体的碳浓度增高。而片状渗碳体中部边界较为平直的地方，界面的曲率半径大，相对地说，碳原子比较难以出渗碳体表面转入奥氏体中去，因而其附近奥氏体中磷的浓度较低，这样，就造成奥氏体晶粒内碳原子的浓度差，引起碳原子的扩散。碳原子从渗碳体端角附近向其中部平直部分附近的扩散，使渗碳体中部平直处附近的奥氏体碳浓度增大，于是，碳原子就沉积到渗碳体的中部。因此，从一片渗碳体来说，两端部分逐渐溶解，碳原子通过奥氏体流向中部沉积并逐渐长大，最后聚集为球状。

由此可见，球化过程需要碳原子做较长距离的扩散迁移，这就要求球化退火过程中保温时间要充分，冷却速度要缓慢。

图 8-9(a)的工艺曲线适于共析成分附近的碳素工具钢，如 T7、T8、T8Mn 和 T9 等钢种的球化退火。

图 8-9(b)的工艺曲线适于过共析成分的碳素工具钢，如 T10、T11、T12、T13 和合金工具钢 9Mn2V、CrMn、9CrWMn、CrWMn 等钢种的球化退火。

图 8-9(c)适于含铬的合金工具钢和滚珠轴承钢如 Cr、Cr2、9Cr2 和 GCr15、GCr9、GMnMoV 等钢种的球化退火。

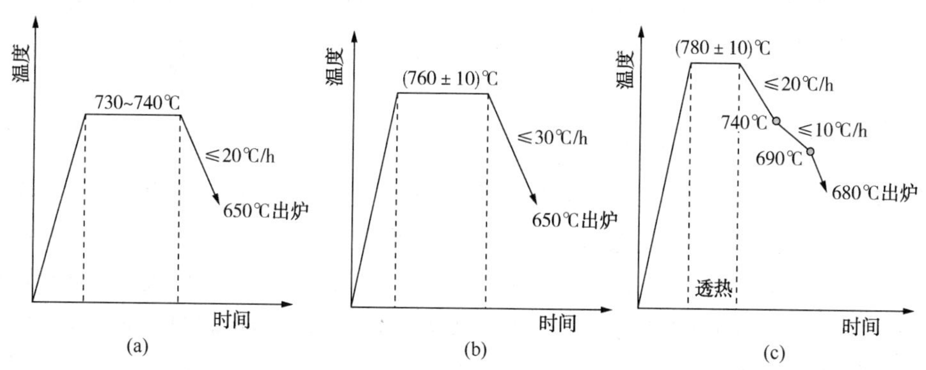

图 8-9　碳素钢和合金钢球化退火工艺

球化退火的工艺制度较为严格，尤其是加热温度的选择，它是获得球化程度完全与否的关键因素。加热温度选择适当，则既能保证原来的片状珠光体消失，又能保留一部分未完全溶于奥氏体的碳化物，形成较为粗大的颗粒状碳化物，如图 8-10 所示。如果加热温度略高于正常的温度，

保留下来的未溶碳化物量较少，冷却时将在奥氏体晶粒内形成一部分粗片状的珠光体和颗粒状的碳化物，如图 8-11 所示，一般认为属于过热的组织。如果加热温度很高，碳化物全部溶于奥氏体，使得奥氏体的成分较为均匀，冷却后将形成粗厚的片状珠光体和极少量的细粒状碳化物。倘若加热温度在 A_{c_1} 附近或略低于 A_{c_1} 点温度，部分原始的片状珠光体未能完全溶于奥氏体，因而保留少量的片状珠光体未溶，同时奥氏体的成分极不均匀，在冷却过程中碳化物将沿着原来珠光体片的方向析出。由于温度低，已析出的碳化物来不及聚集长大，而形成大部分细粒状的碳化物和一部分接近于细片状或链状的碳化物，如图 8-12 所示，即所谓欠热组织。实践证明，加热时剩余碳化物微粒越多，越易于球化。因而，碳素工具钢中的 T10~T13 相对于 T7~T9 钢较易于球化。含有铬、钼、钨、钒等强碳化物形成元素的合金工具钢和滚珠轴承钢，它们在加热时钢中的合金渗碳体或碳化物比较稳定难溶，当加热温度略高于 A_{c_1} 点时，奥氏体成分也较不均匀，这就易于获得良好的球化条件，所以这些钢球化退火的加热温度范围较宽。

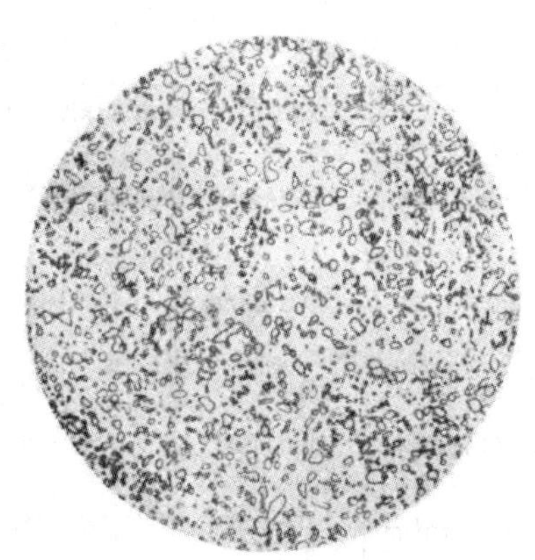

图 8-10　碳素工具钢退火后的正常组织(×500)

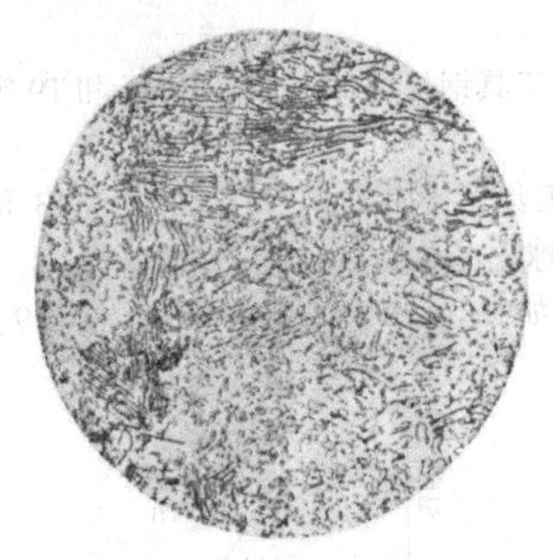

图 8-11 碳素工具钢退火后的过热组织(×500)

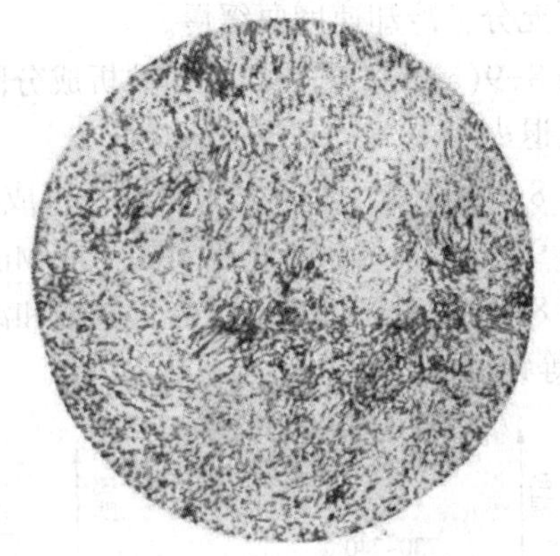

图 8-12 碳素工具钢退火后的欠热组织(×500)

冷却速度的大小也是极其重要的影响因素。它直接影响到粒状碳化物的颗粒大小和均匀性。当加热温度一定时，冷却速度越小或冷却的越缓慢，奥氏体向珠光体转变时在高温区经历的时间越长，因而析出的碳化物进行扩散、聚集的时间也越充分，形成的碳化物颗粒就越大而均匀。反之，冷却速度越大，形成的碳化物尺寸越小，因而得到的是细粒状组织，硬度偏高，对切削加工不利。

8.3.3 铸铁件的去应力退火

铸铁件在铸造后由于结构应力、组织应力及热应力的影响，可能发生几何形状不稳定，甚至开裂，尤其在机械加工后，由于应力平衡的破坏，常会造成变形超差使工件报废。因此，各类铸铁件在加工前应进行去应力退火，常用工艺规程如表 8-4 所示。

表 8-4 各种铸铁的去应力退火工艺

铸铁	装料炉温/℃	加热速度/(℃/h)	加热温度/℃	保温时间/h	冷却速度/(℃/h)	出炉温度/℃
普通灰铸铁	100~300	60~150	~550	每 25mm，1h 再加 2~8h	30~80	100~300
合金灰铸铁	100~300	60~150	600(低合金) 650(高合金)	每 25mm，1h 再加 2~8h	30~80	100~300
高硅白口铸铁	100~300	~100	850~900	2~4h	30~50	100~300
高铬白口铸铁	100~300	20~50	620~850	每 25mm，1h	30~50	100~150
普通球墨铸铁	100~300	60~150	550~600	每 25mm，1h 再加 2h	空冷	—
合金球墨铸铁	100~300	60~150	580~620	每 25mm，1h 再加 2h	空冷	—

8.3.4 过共析钢及莱氏体钢钢锭的不完全退火

过共析钢不完全退火的目的之一是减少溶入奥氏体中的碳化物数量，以降低奥氏体的稳定性，提高退火冷却速度，缩短冷却时间。此外，不完全退火还可以消除铸造应力，改善铸态组织；降低表面硬度以改善切削加工性；使钢锭便于存放和表面清理。常用过共析钢(包括莱氏体钢)钢锭的不完全退火温度如表 8-5 所示。

表 8-5　过共析钢钢锭的不完全退火时的加热温度

钢种	钢　号	温度/℃
碳素工具钢及低合金工具钢	T7、T10、T12、9Mn2V、9SiCr、Cr2、CrMn、CrWMn、8CrV、W2	810~850
冷模钢及高速钢	Cr12Mo、3Cr2W8、W18Cr4V、W9Cr4V2	900~950
轴承钢	GCr15、GCr15SiMn	810~850

钢锭不完全退火时的加热速度为 100~200℃/h，保温时间可按下式计算：

$$t=T+Q/4 \tag{8-3}$$

式中　Q——装炉量，t；

T——基本保温时间。

合金工具钢及轴承钢：$T=6.5$，莱氏体钢：$T=2.5$。冷却速度一般控制在 50℃/h 左右；高合金钢则取 20~30℃/h 或更慢。碳素工具钢及低合金工具钢可在炉冷到 600℃以下时出炉，高合金工具钢则最好冷却到 350℃以下时再出炉，以免产生新的内应力和硬度偏高。

8.3.5　石墨钢的石墨退火

石墨具有良好的润滑作用，当其以细小质点分散分布于钢的组织中时，将极大地提高钢的耐磨性，石墨钢即为经适当热处理后含有细小石墨质点的钢种。它多用于制作不能应用润滑剂而又要求耐磨的工件，也可用于制作轴承及模具等。石墨钢：ω(C)1.40%~1.60%，ω(Si)1.0%。为得到优良的使用性能，必须经过石墨化退火，规范是：加热到 A_{cm} 以上(通常是950℃)温度，保温适当时间，在水或油中淬火，650~700℃低温石墨化退火。退火保温时间越长，则石墨化程度越大。低温石墨化退火后，再进行最终的热处理：860℃奥氏体化后水或油冷淬火和 150~200℃低温回火，以提高石墨钢的硬度。在硬度相同的条件下，石墨钢工件使用寿命显著增长。例如，用石墨模具钢 SiMnMo 制造的模具，比 Cr12Mo 及 CrWMn 钢制作的模具平均使用寿命延长了 1.5~2.5 倍。

8.4　其他退火工艺

8.4.1　盐浴退火

对于淬火后硬度不足或过热的工件，在热处理返修之前需进行退火处理。少量返修品的退火以在盐浴中进行较为方便，可减少氧化、脱碳及腐蚀等现象。这种退火方法在工具生产中得到广泛的应用。

盐浴退火常采用分级冷却方式。例如淬硬不足的 9SiCr 刀具，返修退火是以消除应力为目的的，可在盐浴中加热到 720~740℃，保温时间可取淬火加热时间的 2 倍，然后在 600~650℃另一盐浴中分级冷却 2~5min，最后取出空冷。

过热的 9SiCr 刀具，返修退火时还要考虑晶粒的细化，则应在盐浴中加热到较高的温度 800~810℃(与毛坯退火加热温度相同)，保温 10min，最后空冷。

此外，某些高速钢刀具在锻坯退火后，为了进一步改善可加工性和降低成形刀具铲切表面的粗糙度，常进行一次盐浴退火作补充的预备热处理，硬度根据要求在 30~40HRC 范围内。这种退火可按下列两种方式进行。

（1）空冷方式

盐浴加热 850~870℃（W18Cr4V 钢）或 840~860℃（W6Mo5Cr4V2 钢），保温时间按 30~40s/mm 计算，然后空冷。

（2）分级方式

盐浴加热到 880~890℃（W18Cr4V 钢）或 860~880℃（W6Mo5Cr4V2 钢），保温时间按 25~35s/mm 计算，在 720~730℃分级冷却 60~90s 后空冷。

另外，高速钢刀具如果在淬火前进行一次盐浴低温（730~760℃、10~30min）退火，则可更有助于获得均匀一致的晶粒度，并可免除大型刀具出现萘断口的危险。

批量较多的返修品，可采用双箱封闭法在炉中退火。

8.4.2 装箱退火

需退火的钢件置于有木炭、铸铁屑等填料的箱中，箱盖用耐火泥密封，然后装入炉中加热退火，以保护表面避免氧化与脱碳。装箱退火常用于碳钢及合金钢工具的大批量生产。

对于已成形的工具，由于过热或硬度不足而必须返修时，于第二次淬火之前采用双箱密闭退火法，以保证不产生氧化、脱碳等缺陷。退火时。将工件置于内箱并加盖；内箱放入外箱后，在其周围各填入 30~50mm 厚的干燥木炭，箱盖用耐火泥密封，然后放入炉中加热退火。

退火时的加热温度，应根据所用钢材的化学成分来确定。由于工件外增加了箱子及导热性能很差的木炭，为使加热均匀，加热速度应较缓慢，或进行中间（例如 600~650℃）保温，再升温至最终加热温度。在此温度的保温时间应较（一般退火）长，以使工件均匀烧透。保温时间延长的幅度应根据工件尺寸、每箱工件数量、箱子的大小以及每炉的箱数等因素来确定，不能作统一的规定。退火时的冷却方式，可为连续缓慢冷却，也可进行等温停留，以达到工件的退火要求为目的。

8.4.3 局部退火

通常的退火大都作为预备热处理在机械加工前进行。有些工件的绝大部分需要淬硬（或冷作硬化）而仅有较小部分要求硬度较低。这类工件采用局部淬火往往比较困难，而常用整体热处理后再对不需要淬硬部分进行退火软化。

局部退火可采用盐浴、感应或火焰加热等方法。例如，GCr15 钢制公法线千分尺测微螺杆，要求硬度为 60~63HRC，而头部硬度必须极低。可在热处理（850℃加热、150~180℃分级淬火、−60~−70℃冰冷处理、150~180℃回火）后用高频感应加热头部使其软化。

许多带螺纹、沟槽或需钻孔的工件，均可进行高频局部退火，然后进行车螺纹、铣槽或钻孔等加工。

8.4.4 脱碳退火

脱碳退火是可锻铸铁的可锻化退火的工艺方法之一，其过程是：白口铸铁在氧化介质中加热至高温并长时间保持，使坯件表面脱碳、心部石墨化的退火工艺，所得的铸铁称为白心可锻铸铁。

退火之前白口铸坯(具有珠光体、莱氏体和渗碳体组织)装入填有 Fe_3O_4 及建筑用砂的箱中，或在氧化气氛炉中加热至高温(一般为 950~1050℃)并进行长时间保持。在保温过程中表面产生脱碳，心部的自由渗碳体转变为石墨。高温保温完后坯件随炉冷至 650~550℃出炉空冷。经如此处理后铸铁表面为铁素体，心部为珠光体(有时还有少量铁素体或渗碳体)及团絮状石墨组织。珠光体塑性较差，打断时断口的心部呈白色，白心可锻铸铁因而得名。脱碳退火后使铸件的可加工性及韧性均获得提高。

脱碳退火所需加热温度高、保温时间长，所得组织沿截面的分布又不均匀，所以近年来多为可锻化退火工艺所取代。

8.4.5 可锻化退火

白口铸铁铸坯经高温长时间退火后，使显微组织中的共晶渗碳体、二次渗碳体和共析渗碳体转变为石墨，这一工艺称为可锻化退火。经可锻化退火后，铸铁获得铁素体和石墨组织，断口呈深灰色。因此，这种铸铁又称为黑心可锻铸铁，其中石墨呈团絮状。

可锻化退火的退火工艺曲线如图 8-13 所示。一般为冷炉装料，并缓慢进行加热。渗碳体的石墨化是在 910~960℃及 730~780℃保温时进行。在 910~960℃保温时主要进行着共晶渗碳体和二次渗碳体的石墨化。在此温度范围内加热温度越高，则石墨化过程进行得越迅速。但是，加热温度过高，例如超过 1000℃，则容易出现片状石墨，而损坏了可锻铸铁的性能。加热温度还与铸坯的几何形状、尺寸等因素有关。形状复杂、薄壁工件等宜采用较低的退火加热温度，以防退火过程中铸坯的变形。相反，形状简单的铸坯则可以选用较高的加热温度，以缩短工艺周期。在高温加热时的保温时间，视炉子大小、装料数量及其在炉中的排布和加热温度等因素而定，一般为 15~30h。高温保温结束后铸铁应具有奥氏体和团絮状石墨组织，不应再有大块状的渗碳体存在。这一石墨化过程称为石墨化的第一阶段。

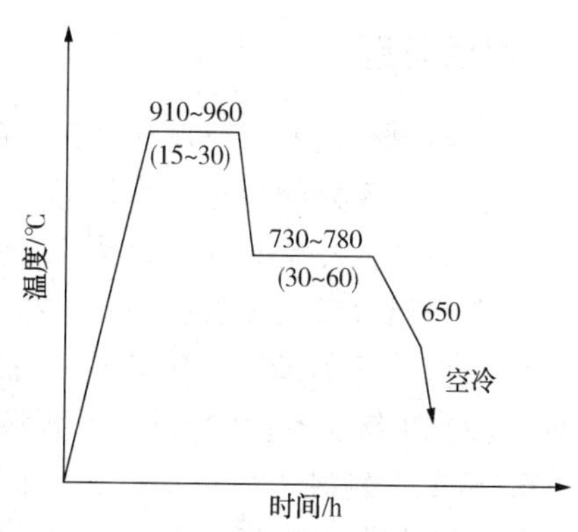

图 8-13 碳素工具钢退火后的欠热组织(×500)

730~780℃等温保持时，进行着共析渗碳体的石墨化。因为温度较低，所需时间较长，一般为 30~60h。等温完后随炉缓冷到 650℃，然后出炉空冷，以防继续缓冷所引起的韧性的降低。这一过程称为石墨化的第二阶段。

可锻化退火时，渗碳体的分解主要由石墨化的第一阶段和第二阶段组成。

经上述可锻化退火后，铸铁获得了铁素体、石墨和少量的珠光体组织，使可加工性、塑性和韧性得到了改善。

铁素体基体可锻铸铁硬度不高(110~150HBS)，耐磨性欠佳。为了提高可锻铸铁的性能，可通过获得不同基体组织的途径。其方法是：使石墨化第一阶段充分进行以消除自由渗碳体；控制石墨化第二阶段，使其部分进行或完全抑制，以获得珠光体及铁素体或完全珠光体基体。

控制石墨化第二阶段的措施有：缩短在730~780℃温度区间的保温时间；加快通过临界区时的冷却速度；或改变石墨化第一阶段结束后的冷却速度等方法。

石墨化第一阶段结束后随着冷却速度的增大(空冷、吹风、喷雾、油冷等)，可锻铸铁的基体可为珠光体、细片状珠光体、马氏体等，从而能够满足提高耐磨性的要求。可锻铸铁经快冷后应进行适当温度的回火，以消除应力及稳定尺寸。

8.4.6 快速可锻化退火

白口铸铁在可锻化退火前，预先加热到900~950℃、保温0.5~1.0h，然后以水、油、空气或在250~300℃的盐浴中以较快速方式进行冷却(冷却速度应根据铸件的形状及尺寸来选择，以免产生裂纹)。然后再按一般可锻化退火温度进行可锻化退火。与一般可锻化退火工艺相比较，能在保证质量的前提下，快速可锻化退火可节省大量的工艺时间。预先处理时的冷却速度越快(如空冷<油冷<水冷)，则最终可锻化退火所需的时间就越短。

两种(一般和快速)可锻化退火工艺所得结果的另一不同之处是：快速可锻化退火后石墨颗粒更小、更分散，这可能是由于预先的快速冷却，增多了退火时石墨的结晶核所致。

课后习题

1. 何谓热处理？热处理加热保温的主要目的是什么？

2. 为什么要对钢件进行热处理？

3. 何谓退火？退火的目的是什么？

4. 常用退火工艺方法有哪些？指出退火操作的应用范围。

5. 为改善可加工性，确定下列钢件的预备热处理方法，并指出所得到组织：(1)20钢钢板；(2)T8钢锯条；(3)具有片状渗碳体的T12钢钢坯。

6. 确定下列钢件的退火方法，并指出退火目的及退火后的组织：

(1) 经冷轧后的15钢钢板，要求降低硬度；

(2) ZG35的铸造齿轮；

(3) 锻造过热后的60钢锻坯；

(4) 具有片状渗碳体的T12钢坯。

7. 一批45钢试样(尺寸ϕ15×10mm)，因其组织、晶粒大小不均匀，需采用退火处理。拟采用以下几种退火工艺：

(1) 缓慢加热至700℃，保温足够时间，随炉冷却至室温；

(2) 缓慢加热至840℃，保温足够时间，随炉冷却至室温；

(4) 缓慢加热至1100℃，保温足够时间，随炉冷却至室温。

问上述三种工艺各得到何种组织？若要得到大小均匀的细小晶粒，选何种工艺最合适？

8. 何谓球化退火？为什么过共析钢必须采用球化退火而不采用完全退火？

9. 现有一批45钢普通车床传动齿轮，其工艺路线为锻造—热处理—机械加工—高频感应加热淬火—回火。试问锻后应进行何种热处理？为什么？

第 9 章 钢的正火

9.1 正火

正火是工业上常用的热处理工艺之一。正火是一种将钢材或各种金属机械零件加热到临界点 A_{c_3} 或 $A_{c_{cm}}$ 以上的适当温度，保温一定时间后在空气中冷却，得到珠光体基体组织的热处理工艺。正火的主要特点是冷却速度快于退火而低于淬火，正火时可在稍快的冷却中使钢材的结晶晶粒细化，不但可得到满意的强度，而且可以明显提高韧性，降低构件的开裂倾向。一些低合金热轧钢板、低合金钢锻件与铸造件经正火处理后，材料的综合力学性能可以大大改善，而且也改善了切削性能。

正火既可作为预备热处理工艺，为下续热处理工艺提供适宜的组织状态，例如为过共析钢的球化退火提供细片状珠光体，消除网状碳化物等；也可作为最终热处理工艺，提供合适的机械性能，例如碳素结构钢零件的正火处理等。此外，正火处理也常用来消除某些处理缺陷。例如，消除粗大铁素体块，消除魏氏组织等。正火的冷却速度较退火的缓慢冷却稍大些，得到的珠光体组织的片层间距较小，珠光体更为细薄。

低碳钢正火后，可得到较细的片状珠光体，硬度较退火略高，利于切削加工。由于所得铁素体晶粒较细，钢的韧性较好，板、管、带及型材等大多采用正火处理，以保证较好的力学性能组合。表 9-1 为常用钢的正火温度及正火后的硬度。

表 9-1 常用钢的正火温度及正火后的硬度

钢号	加热温度/℃	硬度(HBS)	钢号	加热温度/℃	硬度(HBS)
35	860~890	≤191	50CrV	850~880	≤288
45	840~870	≤226	20	890~920	≤156
45Mn2	820~860	187~241	20Cr	870~900	≤270
40Cr	850~870	≤250	20CrMnTi	950~970	156~207
35CrMo	850~870	≤241	20CrMnMo	870~900	—
40MnB	850~900	197~207	38CrMoAl	930~970	—
40CrNi	870~900	≤250	T8A	760~780	241~302
40CrNiMnA	890~920	—	T10A	800~850	255~321
65Mn	820~860	≤269	T12A	850~870	269~341
60Si2Mn	830~860	≤254	9Mn2V	870~880	—

其工艺参数主要有：

(1) 加热温度：低碳钢为 A_{c_3}+(100~150)℃；中碳钢为 A_{c_3}+(50~100)℃；高碳钢为 A_{c_3}+(30~50)℃

（2）加热时间(s)

$$\tau = KD \tag{9-1}$$

式中 D——工件厚度，mm；

K——系数，K 值工厂经验数据如表 9-2 所示。

表 9-2 K 值经验数据

加热设备	加热温度/℃	K	
		碳素钢	合金钢
箱式炉	860~890	50~60	60~70
盐浴炉	860~890	15~25	20~30

（3）冷却方式：为了获得不同的组织，采用不同的冷却方式。一般在静止空气中冷却。如果工件很大，可采用吹风或喷水雾的方法冷却。工件散开放置以控制冷却速度，最好有专用空冷床或吊架。

9.2 正火的目的与用途

（1）用于低碳钢和低合金钢，正火可以提高其硬度，以改善切削性。

（2）用于中碳钢，正火可代替调质处理，为高频淬火做组织准备，并可减少钢件的变形和降低加工成本。

（3）用于高碳钢，正火可消除网状渗碳体组织，便于球化退火。

（4）用于大型钢锻件或截面有急剧变化的钢铸件，可用正火代替淬火，以减少变形开裂倾向，或为淬火做好组织准备。

（5）用于工具钢、轴承钢、渗碳钢等，可以消降或抑制网状碳化物的形成，从而得到球化退火所需的良好组织。

（6）用于铸钢件，可以细化铸态组织，改善切削加工性能。

（7）用于球墨铸铁，可使其硬度、强度、耐磨性得到提高，如用于制造汽车、拖拉机、柴油机的曲轴、连杆等重要零件。

球墨铸铁件经完全奥氏体化或不完全奥氏体化后，出炉采用风吹或喷雾的方法正火冷却，为球磨铸铁的快速正火。与空冷正火相比较，快速正火后球墨铸铁可获得更多、更细的珠光体，因而可提高其强度性能。

快速正火时的加热温度、保温时间与普通正火相同。但当其他条件(工件尺寸、装炉数量和在炉内排布方式)相同时，如组织中自由渗碳体较多时，则应采用较高的加热温度和较长的保温时间。正火后进行 550~600℃的回火。

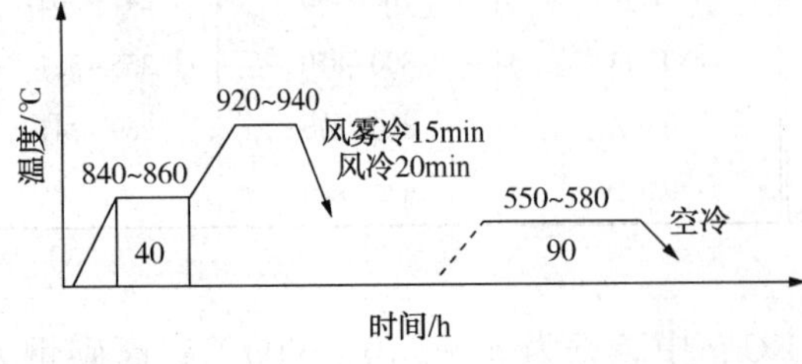

图 9-1 球墨铸铁曲轴快速正火工艺曲线

图 9-1 所示为稀土镁球墨铸铁所制曲轴快速正火工艺曲线。曲轴经快速正火和空冷正火后的力学性能如表 9-3 所示。由表中数据可见，快速正火提高了球墨铸铁的综合力学性能，其中尤以强度、塑性的提高更为明显。

表 9-3 球墨铸铁快速正火与空冷正火后的性能比较

工艺	σ_b/MPa	δ/%	a_k/(J/cm^2)	HBS
空冷正火	730	3.0	2.2	260
快速正火	893	3.8	2.4	266

9.3 不同类型的正火工艺

9.3.1 等温正火

等温正火是将普通碳钢材加热奥氏体化，加热温度及保温时间与普通正火相同。保温完后钢材冷至 S 曲线鼻部(孕育期最短，温度约为 550～600℃)，等温保持，使过冷奥氏体在此温度范围内转变完毕，得到较细(相对于等温退火而言)的珠光体组织，然后空冷，以获得较好的加工性能和力学性能的热处理工艺，如图 9-2 所示。等温正火比普通等温退火所用的工艺周期较短，所得组织也较均匀。

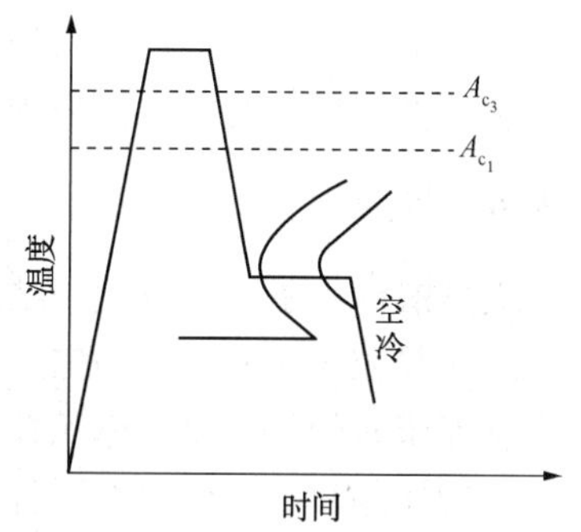

图 9-2 等温正火工艺示意图

9.3.2 亚温正火

亚共析钢在 A_{c_1}～A_{c_3} 温度之间加热，保温后空冷的热处理工艺，称为亚温正火。亚共析钢经热加工后，先共析相的大小适中，分布均匀，只是由于珠光体片层间距较大，硬度较低。在此情况下，为了改善其切削加工性能，可进行亚温正火。

亚温正火还可改善含有粒状贝氏体亚共析钢的强韧性，如 15SiMnVTi 钢。该钢含有较多数量的粒状贝氏体，且颗粒粗大、分布不均匀，在粒状贝氏体内部有孪晶马氏体，使得钢的强韧性匹配失调而影响使用。对其进行 770℃的亚温正火，能够改善粒状贝氏体的数量、尺寸和分布；在其内位错型马氏体代替了孪晶马氏体，从而使 15SiMnVTi 钢的力学性能全面达到了 441N(45kg)级结构钢的性能。

9.3.3 水冷正火

含碳量极低的大型铸钢件用水冷代替空冷进行正火，可以得到较少数量的铁素体及较细、较多数量的珠光体组织，而使强度、塑性及低温脆性等均得到改善。

水冷正火还常用于高碳钢球化退火之前，可更有效地抑制渗碳体网的形成，获得均匀一致的组织，以稳定球化质量和获得更细小、更均匀分布的碳化物。例如，T10V 钢制某工件 1050℃锻造后空冷，再进行 830～850℃水冷正火(在盐水中冷却)，然后在 680～730℃等温球化退火作为预备热处理，经机械加工后再进行最终热处理，取得了良好的效果。

水冷正火时钢材的加热温度与保温时间与普通正火相同。

9.3.4 风冷正火

工件堆装厚度(或锻件尺寸)较大时，在静止空气中往往因得不到普通正火时所要求的冷却速度，而出现块状铁素体或网状渗碳体组织，此时需采用鼓风冷却的方法来达到正火的目的，这种工艺称为风冷正火。

9.3.5 喷雾正火

对于一些机械零件毛坯，正火时可用喷雾冷却代替空冷。喷露的冷却速度介于水冷与风冷之间。

过共析钢的喷雾正火常用于球化退火之前，可有效地抑制网状碳化物的形成，获得均匀的原始组织，以便球化退火更易进行和获得球化组织。

对需表面淬火的结构钢制工件，如 EQ140 汽车半轴，可用喷雾正火预备热处理代替调质处理，中频淬火后，两者的强度性能、疲劳寿命无明显差别。但是，喷雾正火简化了生产工艺和工件的加工费用，作为预备热处理，在这种情况下喷雾正火的优点是很明显的。

9.3.6 风冷正火

大型锻件由于钢锭较大，结晶缓慢，铸态组织粗大而偏析严重；铸造形变量小而不均，故再结晶晶粒粗大而且不均匀，内外温差较大。终锻温度相差较多，锻件心部及先锻好部分在高温停留时间长，奥氏体晶粒粗大、不均匀。通常用加入少量强烈形成碳化物或氮化物元素，以细化晶粒的方法对大锻件也很少有效。多次正火(2~3 次)是细化及均匀大锻件晶粒的有效方法。为此，常用两次正火：第一次奥氏体化的温度较高，以割断原始(铸态)组织中粗大晶粒与新生晶粒之间的联系，但这时所得奥氏体晶粒仍较粗大；第二次奥氏体化的温度较低，得到较细晶粒。对含有稳定碳化物的钢种(如 CrMoV 钢)，第二次奥氏体化时还应使碳化物大部分溶解，在其后的冷却过程中依靠未溶细小碳化物作为核心面得到较细的贝氏体组织。多次正火后的回火工艺与一次正火相同。

9.3.7 余热正火

应用铸件的浇注余热进行正火的热处理工艺，称为余热正火。以球墨铸铁为例，球墨铸铁的余热正火有以下两种方法。

(1) 铸件浇注并凝固，冷待达到正火温度后，脱模空冷正火。例如，5t 汽车 6 缸发动机曲轴，用 QT600-2 浇注成形，在浇注 30~50min 后铸件脱模空冷正火，即使用这种工艺的实例。正火后获得了如下的力学性能。

强度极限：600~755MPa；伸长率(s)：0%~6.0%；布氏硬度：200~260。完全达到了 QT600-2 的技术指标。

资料指出，浇注后的冷待时间随气候而异；夏季取冷待时间的上限，冬季则取其下限。

(2) 球墨铸铁件浇注和冷凝后，带温装入已加热至正火温度的炉中，保温适当时间，均温后出炉空冷。与第一种工艺相比较，这种方法可使多批量铸件的正火温度一致。因而所得力学性能也更均匀。

余热正火后球墨铸铁件皆需进行 550~600℃ 的回火，以消除应力。采用余热正火，可缩短工艺周期、节约能源，优点是明显的。

9.4 正火与退火的区别

9.4.1 温度

正火的温度较高，退火的温度较低。

9.4.2 冷却速度

正火的冷却速度比退火的冷却速度快。因而正火组织要比退火组织更细一些，其机械性能也有所提高。

9.4.3 周期

正火的周期短，操作方便；退火的周期长，操作较麻烦，指需要控制一定的冷却速度。

9.4.4 硬度

钢正火后的硬度比退火高。正火时不必像退火那样使工件随炉冷却，占用炉子时间短，生产效率高，所以在生产中一般尽可能用正火代替退火。对于含碳量低于0.25%的低碳钢，正火后达到的硬度适中，比退火更便于切削加工，一般均采用正火为切削加工做准备。对含碳量为0.25%~0.5%的中碳钢，正火后也可以满足切削加工的要求。对于用这类钢制作的轻载荷零件，正火还可以作为最终热处理。高碳工具钢和轴承钢正火是为了消除组织中的网状碳化物，为球化退火做组织准备。

9.5 正火、退火的缺陷及控制

正火和退火若由于加热或冷却不当时会出现一些异常组织，造成缺陷，常见的如下：

(1) 过烧

过烧主要是由于加热温度过高，晶界被氧化，甚至晶界局部溶解，使工件报废。

(2) 黑脆

碳素/低合金工具钢在退火后虽硬度很低，但脆性却很大，断口呈灰黑色，故称“黑脆”。主要原因是退火温度过高，保温时间过长，冷却缓慢，珠光体转变按Fe-C进行，即碳石墨化。

(3) 粗大魏氏组织

粗大魏氏组织主要是由于加热温度过高而形成。魏氏组织不仅晶粒粗大，而且由于铁素体针片形成的脆面，使金属的韧性急剧下降。可通过完全退火或重新正火使晶粒细化加以消除。

(4) 反常组织

亚/过共析钢在A_{r_1}附近冷却缓慢，其组织特征是：在亚共析钢中，在先共析铁素体晶界上有粗大的渗碳体存在，珠光体片间距也很大，如图9-3(a)所示。在过共析钢中，在先共析渗碳体周围有很宽的铁素体条，而先共析渗碳体网也很宽，如图9-3(b)所示。可通过重新退火消除。

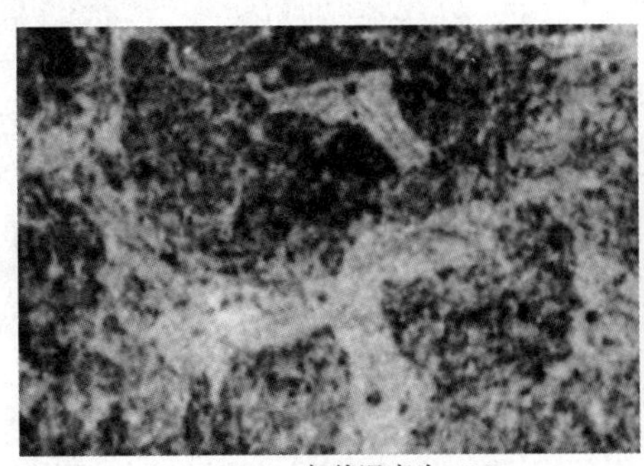
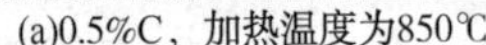

(a)0.5%C，加热温度为850℃

(b)1.2%C，加热温度为970℃

图 9-3　反常组织

（5）网状组织

网状组织主要是由于加热温度过高，冷却速度过慢引起的。网状铁素体或渗碳体降低钢的机械性能，特别是网状渗碳体。这种缺陷多发生在截面尺寸较大的工件中，消除的方法是加快冷却速度，采用鼓风冷却，喷淋水冷等。

（6）球化不均匀

球化不均过共析钢球化退火后有时存在粗大的碳化物，出现碳化物不均匀现象。其原因是球化退火前未消除的网状碳化物在球化退火时发生熔断、聚集形成的。球化退火前通过正火消除网状碳化物可使缺陷消除。

（7）硬度过高

硬度过高主要是由于退火时加热温度过高，冷却速度过快，而使硬度高于规定范围，重新退火即可。产生的原因主要有：

① 冷却速度快或等温温度低，组织中珠光体片间距变细，碳化物弥散度增大或球化不完全；

② 某些高合金钢等温退火时，等温时间不足，随后冷至室温的速度又快，产生部分贝氏体或马氏体转变，使硬度升高；

③ 装炉量过大，炉温不均匀。

重新退火，严格控制工艺参数，可消除硬度过高缺陷。

9.6　正火、退火后的组织和性能

正火和退火所得到的均是珠光体型组织，或者说是铁素体和渗碳体的机械混合物。但是正火与退火比较时，正火的珠光体是在较大的过冷度下得到的，而对亚共析钢来说，析出的先共析铁素体较少，珠光体数量较多，珠光体片间距较小。此外，由于转变温度较低，珠光体形核率较大，因而珠光体团的尺寸较小。对过共析钢来说，若与完全退火相比较，正火的不仅珠光体的片间距及团直径较小，而且可以抑制先共析网状渗碳体的析出，而完全退火的则有网状渗碳体存在。

9.6.1　正火、退火的组织特点

钢在退火、正火后的组织和性能与钢的成分、原始组织状态、工艺规范等因素有关。经

完全退火与正火后的组织有以下区别：

（1）正火的珠光体组织比退火状态的片层间距小，范围也小；

（2）正火的冷却速度快，先共析产物不能充分析出，同时由于奥氏体的成分偏离共析成分而出现伪共析组织，对过共析钢，退火后组织为珠光体+网状碳化物，正火得到全部细珠光体组织，或者沿晶界析出一部分条状碳化物；

（3）由于合金钢中碳化物更稳定，不易充分固溶到奥氏体中，退火后不容易形成层状珠光体，正火后得到的粒状索氏体或屈氏体硬度较高；

（4）正常规范下通过退火、正火使钢的晶粒细化，但是如果加热温度过高，使奥氏体晶粒粗大，退火后形成粗晶粒的组织。

9.6.2 正火、退火的性能关系

由于退火（主要指完全退火）与正火在组织上有上述差异，因而在性能上也不同。对亚共析钢，若以40Cr钢为例，其正火与退火后的机械性能如表9-4所示。

表9-4 40Cr钢正火与退火的机械性能

状态	机械性能				
	σ_b/MPa	σ_s/MPa	δ/%	ψ/%	α_k/(J/cm^2)
退火	643	357	21	53.5	54.9
正火	739	441	20.9	76.0	76.5

由表可见，正火与退火相比较，正火的强度与韧性较高，塑性相近。对过共析钢，完全退火因有网状渗碳体存在，其强度、硬度、韧性均低于正火。只有球化退火，因其所得组织为球状珠光体，故其综合性能优于正火。在生产上对退火、正火工艺的选用，应该根据钢种，冷、热加工工艺，以及最终零件使用条件等来进行。根据钢中含碳量不同，一般按如下原则选择。

（1）对于含碳0.25%以下的钢，在没有其他热处理工序时，由于含碳量少，硬度较低，如采用退火处理，反而使少量的珠光体发生球化，钢变得更软，切削加工时易于黏刀。为了提高硬度和切削加工性能，大多采用正火处理，以获得细片状的珠光体。对渗碳钢，用正火消除锻造缺陷及提高切削加工性能。正火后的硬度为140~190HB左右。

（2）对于含碳0.25%~0.50%的钢，一般采用正火。其中含碳0.25%~0.35%钢，正火后其硬度接近于最佳切削加工的硬度。对含碳较高的钢，硬度虽稍高（200HBS），但由于正火生产率高，成本低，仍采用正火。只有对合金元素含量较高的钢才采用完全退火。

对于含碳0.50%~0.75%的钢，一般采用完全退火。因为含碳量较高，正火后硬度太高，不利于切削加工，而退火后的硬度正好适宜于切削加工。此外，该类钢多在淬火、回火状态下使用，因此一般工序安排是以退火降低硬度，然后进行切削加工，最终进行淬火、回火。

（3）对于含碳0.75%~1.0%的钢，有的用来制造弹簧，有的用来制造刀具。前者采用完全退火做预备热处理，后者则采用球化退火。当采用不完全退火法使渗碳体球化时，应先进行正火处理，以消除网状渗碳体，并细化珠光体片。

(4) 对于含碳大于1.0%的钢，用于制造工具均采用球化退火做预备热处理。

当钢中含有较多合金元素时，由于合金元素强烈地改变了过冷奥氏体连续冷却转变曲线，因此上述原则就不适用。例如低碳高合金钢18Cr2Ni4WA没有珠光体转变，即使在极缓慢的冷却速度下退火，也不可能得到珠光体型组织，一般需用高温回火来降低硬度，以便切削加工。

此外，从使用性能考虑，如钢件或零件受力不大，性能要求不高，不必进行淬、回火，可用正火提高钢的力学性能，作为最终热处理。从经济原则考虑，由于正火比退火生产周期短，操作简便，工艺成本低，因此，在钢的使用性能和工艺性能能满足的条件下，应尽可能用正火代替退火。

9.7　正火与退火的质量控制

9.7.1　加热设备

(1) 在正常装炉情况下，有效加热区内保温精度最大偏差一般为±25℃，但球化退火的保温精度允许最大偏差是±15℃，再结晶退火是±20℃，去应力退火是±30℃，扩散退火可达±35℃。

(2) 高碳钢和高碳合金钢退火加热时，为了减少脱碳层深度，采用保护气氛加热炉、真空炉或装箱保护，也可采用保护涂料。

(3) 工件退火随炉冷却过程中，应尽量保证各部位冷却速度一致。

9.7.2　工件装炉

工件装炉时必须放置在有效加热区内，装炉量、装炉方式及堆放形式应保证工件均匀加热和冷却。避免装炉量过大或乱扔乱放。

9.7.3　冷却速度控制

(1) 正火冷却一般在静止的空气中进行，某些尺寸较大的过共析钢(为消除二次网状碳化物)、铸铁(为增加珠光体量)和渗碳钢(为改善切削性能和消除带状组织)，可采用风冷或喷雾冷却，甚至水冷。

(2) 退火件一般随炉冷至550℃出炉空冷，要求残余应力小的工件，随炉冷至350℃出炉空冷。

9.7.4　质量检验

(1) 外观

正火与退火后工件表面不能有裂纹及伤痕等缺陷。

(2) 硬度

正火退火后若硬度不均(组织不均)将影响切削性能和最终热处理质量。因此表面硬度的误差范围应符合表9-5的规定。

表 9–5 正火退火后硬度值误差范围

工艺类型	级别	硬度误差范围					
		单件			同一批件		
		HBS	HV	HRB	HBS	HV	HRB
正火	A	25	25	4	50	50	8
	B	35	35	6	70	70	12
完全退火	—	35	35	6	70	70	12
不完全退火	—	35	35	8	70	70	12
等温退火	—	30	30	5	60	60	10
球化退火	—	25	25	4	50	50	8

注：1. 大型工件的硬度误差可按照图样规定执行。

2. A 级适用于冷变形加工(指冷轧、冷拔、冷墩)用钢材，B 级适用于切削加工钢材。

(3) 畸变

畸变量应控制在不影响后续机械加工和使用范围，弯曲畸变量不应超过表 9–6 的规定。

表 9–6 正火退火弯曲畸变量允许最大值

工艺类型	每米允许弯曲的最大值/mm		工艺类型	每米允许弯曲的最大值/mm	
	类别			类别	
	1 类	2 类		1 类	2 类
正火	0.5	5	等温退火	0.5	5
完全退火	0.5	5	球化退火	0.2	3
不完全退火	0.5	5	去应力退火	0.3	4

注：1. 1 类为工件原样使用，或者只进行磨削或部分磨削加工；2 类为难以矫正的或随后进行切削或部分进行切削加工的工件。

2. 表中允许弯曲的最大值系工件经校正后的值。

(4) 金相检验

① 结构钢正火后的金相组织一般应为均匀分布的铁素体干片状珠光体。晶粒度为 5~8 级，大型铸锻件为 4~8 级。

② 碳素工具钢退火后的组织应为球化体，根据球化率分为 10 级。其中 4~6 级合格，组织中多为球径在 1pm 以上的球化体(球状及小球状珠光体)；1~3 级是细片状和点状珠光体；7~10 级组织中有粗片状珠光体。

③ 低合金工具钢和轴承钢球化退火后正常组织为均匀分布的球化体。若组织中有点状和细片状珠光体或分布不均的粗大球化体及粗片状珠光体，都是不正常组织。

④ 低、中碳钢的球化体根据球化率分为 6 级，1 级球化率为零，6 级球化率是 100%。对于冷墩、冷挤压及冷弯加工的中碳钢和中碳合金结构钢，变形量≤80%时 4~6 级合格，变形量>80%时 5~6 级合格。组织中的球化体使钢材塑性变好，冷墩时不易开裂。相反，用于自动机床的钢材，塑性太好，切削时易黏刀，不易断屑，对切削性能不利。因此，易切削结构钢，组织为 1~4 级合格；低、中碳结构钢及低、中碳合金结构钢为 1~3 级合格。

⑤ 脱碳层的深度一般不超过毛坯或工件单面加工余量的 1/3 或 2/3。

9.8 正火工艺实例

图 9-4 为想要生产的重型机车的花键齿轮，材料为 20Cr2Ni4A。原加工工序为锻造→正火→回火→加工内花键和加工外花键→气体渗碳→高温回火→淬火→低温回火→抛丸→中检。在生产中发现，内花键齿轮经渗碳淬火后产生较大的热处理畸变，影响了零件齿轮精度，给装配带来了不便。针对这个问题，经过反复实验，通过改善正火工艺，使内花键齿轮热处理畸变得到了有效控制，取得了较好的效果。

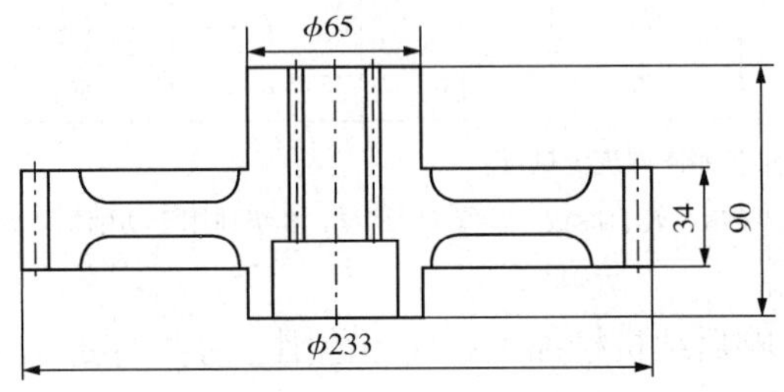

图 9-4 重型机车的花键齿轮

9.8.1 材料化学分析

20Cr2Ni4A 材料的化学分析如表 9-7 所示。

表 9-7 20Cr2Ni4A 材料的化学分析(质量分数) %

化学成分	C	Si	Mn	P
材料标准成分	0.17~0.24	0.20~0.40	0.30~0.60	≤0.04
化验分析成分	0.206		0.60	
化学成分	S	Cu	Cr	Ni
材料标准成分	≤0.04	≤0.03	1.25~1.75	3.25~3.75
化验分析成分			1.30	3.25

分析结果表明，材料化学成分均符合 20Cr2Ni4A。

9.8.2 试验方法

试验共分 3 组，每组共 8 个内花键齿轮。

第一组：工艺路线，正火→高温回火→渗碳→高温回火→淬火→低温回火→抛丸→中检。

(1) 正火

设备型号 RJ-150-9 电阻炉，(930±10)℃正火，保温 180min，出炉空冷，回火，(680±10)℃，保温 150min，空冷，(正火硬度要求 HB≤269)。

(2) 渗碳

零件清洗干净进行渗碳，设备型号为 RTQPF-13-EM 型易普森多用炉(其设备为计算机自动化控制)，(930±10)℃渗碳(渗碳层深 1.3~1.7mm，渗碳剂为丙酮)出炉后放入缓冷罐中滴甲醇保护，高温回火(640±10)℃；(680±10)℃分别回火两次，保温3h。

(3) 淬火

设备型号为RTQPF-13-EM型易普森多用炉(其设备为计算机自动化控制)，加热至(850±10)℃淬火(淬火介质为好富顿G型淬火油)→回火(180±10)℃→保温180min→抛丸→中检。

试验结果如表9-8所示。

表9-8 检测项目

零件序号	正火		渗碳淬火						硬度(HRC)	
	工艺要求硬度(HB)	实测硬度(HB)	外齿 m 值/mm			内齿 m 值/mm			实测	
			热前	热后	畸变量	热前	热后	畸变量	齿部	芯部
1	220~269	240	235.60	235.72	0.12	24.46	24.38	0.08	60	40
2	220~269	230	235.59	235.70	0.11	24.50	24.41	0.09	59	42
3	220~269	200	235.61	235.85	0.24	24.52	24.37	0.15	60	40
4	220~269	260	235.60	235.80	0.2	24.50	24.40	0.1	59	38
5	220~269	251	235.59	235.74	0.15	24.52	24.40	0.12	60	38
6	220~269	220	235.58	235.76	0.18	24.50	24.46	0.04	60	40
7	220~269	240	235.60	235.82	0.22	24.50	24.38	0.12	60	40
8	220~269	240	235.61	235.80	0.19	24.48	24.39	0.09	58	38

注：第一组试验实测层深均为1.62mm，组织M+AR(马氏体+残余奥氏体)2级；F(铁素体)3级；K(碳化物级别)2级。

通过第一组试验发现正火硬度不均匀，外齿 m 值渗淬后涨大了0.11~0.24mm，内花键 m 值缩小了0.08~0.15mm。

第二组：本批同样生产加工8个零件，对正火工艺进行了调整，与第一组实验不同的是，毛坯在粗车后增加了第二次正火，并将正火保温时间延长。

正火采用RJ-150-9电阻炉加热，保温240min，出炉后将零件散开与地面接触。其余工艺路线同第一组。

试验结果如表9-9所示。

表9-9 检测项目

零件序号	正火		渗碳淬火						硬度(HRC)	
	工艺要求硬度(HB)	实测硬度(HB)	外齿 m 值/mm			内齿 m 值/mm			实测	
			热前	热后	畸变量	热前	热后	畸变量	齿部	芯部
1	220~269	240	235.60	235.67	0.07	24.50	24.42	0.08	59	38
2	220~269	250	235.58	235.68	0.1	24.48	24.39	0.09	59	40
3	220~269	235	235.59	235.67	0.08	24.50	24.43	0.07	58	42
4	220~269	248	235.60	235.69	0.09	24.52	24.44	0.08	60	38
5	220~269	250	235.61	235.71	0.1	24.50	24.41	0.09	59	40
6	220~269	252	235.58	235.68	0.1	24.50	24.42	0.08	58	38
7	220~269	245	235.60	235.69	0.09	24.48	24.41	0.07	59	38
8	220~269	240	235.59	235.67	0.08	24.50	24.43	0.07	60	38

注：第二组试验实测层深均为1.65mm，组织M+AR(马氏体+残余奥氏体)2级；F(铁素体)3级；K(碳化物级别)2级。

通过第二组试验发现，增加二次正火后散开接地，其正火硬度值偏差有明显的接近。而且外齿 m 值涨大量控制为 0.7~0.10mm，内花键 m 值缩量控制在 0.07~0.09mm。

第三组：同样生产 8 个零件，这次试验与第一组、第二组试验的不同之处是：对一、二次正火工序增加了鼓风机风冷处理。正火工艺：第一次正火(930±10)℃；保温 240min；出炉鼓风机风冷(3~4h)；再进行回火(680±10)℃；保温 180min。

第二次正火(930±10)℃；保温 240min；出炉鼓风机风冷(3~4h)；再进行回火(640±10)℃；保温 180min。

其余工艺同试验二。

试验结果如表 9-10 所示。

表 9-10　检测项目

零件序号	正火		渗碳淬火						硬度(HRC)	
	工艺要求硬度(HB)	实测硬度(HB)	外齿 m 值/mm			内齿 m 值/mm			实测	
			热前	热后	畸变量	热前	热后	畸变量	齿部	芯部
1	220~269	220	235.60	235.62	0.02	24.50	24.47	0.03	58	40
2	220~269	230	235.59	235.62	0.03	24.52	24.50	0.02	60	40
3	220~269	226	235.60	235.62	0.02	24.50	24.47	0.03	59	38
4	220~269	224	235.58	235.60	0.02	24.48	24.46	0.02	60	40
5	220~269	228	235.61	235.63	0.02	24.50	24.48	0.02	58	40
6	220~269	230	235.58	235.61	0.03	24.50	24.47	0.03	60	38
7	220~269	220	235.60	235.62	0.02	24.50	24.48	0.02	59	38
8	220~269	230	235.60	235.62	0.02	24.48	24.46	0.02	59	40

注：第三组试验实测层深均为 1.63mm，组织 M+AR(马氏体+残余奥氏体)2 级；F(铁素体)3 级；K(碳化物级别)2 级。

通过第三次试验发现，正火硬度值偏差控制在了±5HB 以内，外齿 m 值涨量在 0.02~0.03mm，内花键 m 值缩量在 0.02~0.03mm，均符合工艺要求。

9.8.3　试验结果分析

正火是将钢材加热到上临界点(亚共析钢为 A_{c_3} 过共析钢为 A_{cm})以上适当温度保温一定时间，然后在空气中冷却，得到珠光体型的组织。而在内花键齿轮零件生产过程中，影响内花键齿轮畸变的因素很多，如零件的装料方式、淬火温度、冷却方法与冷却介质、零件的形状、原材料的含碳量等。但正火的目的是以改善晶粒度及获得合适的切削硬度，并为渗碳淬火做组织准备，以减少畸变，通常认为是最简单的热处理工艺而不被人们重视。从第一组实验结果表 9-8 看出，首先正火的硬度不均匀，渗碳淬火后外齿 m 值明显涨大，内花键 m 值明显缩小。这一现象说明正火后其材料原始组织缺陷基本没有消除，奥氏体晶粒没有很好细化，再经冷加工切削时，因硬度不均匀，切削阻力大，或切削时出现黏刀等现象，同时由于组织不均匀对切削加工造成不均匀的塑变应力，导致渗碳淬火变形大。

而第二组试验，粗车后再进行一次正火，并延长正火时间，改变冷却方式(散开与地面接触)，如表 9-9 所示。结果表明，正火硬度有了明显的改变，硬度偏差在±10HB 之间。而

且外齿 m 值涨量明显减小，内花键 m 值缩量明显减小。这是因为经延长正火时间、进行零件散开接地的冷却方式，相应地得到了不同的组织和硬度。但由于此零件实际的冷却速度受其自身的尺寸大小影响，冷速较慢，其组织和性能出现较大范围内的波动，加之切削后产生的残余应力使渗碳淬火后还存在畸变现象。

第三组试验在第二次试验上增加了一道工序，用鼓风机风冷来提高冷速，其结果如表9-10所示。硬度偏差达到±4HB。渗碳淬火后外齿 m 值涨量为0.02mm±0.03mm，内花键 m 值缩量为0.02~0.03mm。这说明根据零件的大小和结构通过鼓风来调整风量和风压，能使零件各部位温度均匀，并在均匀的冷速温度下进行组织转变，从而获得较理想的组织和硬度，同时也能改变切削加工性能，达到较好的正火目的，最终使内花键齿轮渗碳淬火后畸变量得到了较好的控制。

9.8.4 试验结论

通过对正火工艺的改变，根据不同零件的大小、结构，采用鼓风机风冷，改变了正火的转变组织，减小了缺陷，细化了晶粒，改善了切削性能，最后使内花键齿轮的畸变量大大减小，达到了工艺及市场的要求。

9.9 结构钢热轧(锻)后的退火与正火

结构钢是冶金厂产量最大、钢种最广、热处理量最多的一类。按照钢种的特性和对性能的要求，有下列几种热处理方法。

9.9.1 消除内应力的退火

钢材热轧(锻)后，在冷却过程中由于表层和心部冷却速度的不同，有温差存在，导致残留热应力的产生。这种内应力与后续工艺因素产生的应力叠加，有可能造成工件的变形或开裂。为此，对结构钢大多采用退火的方法将内应力消除。单纯为了消除内应力，通常只需采用低温退火，即加热到低于 A_{c_1} 点(650~700℃左右)，均匀热透后出炉空冷或随炉冷却。有的实验指出，锻、轧后的钢材经600℃的低温退火，内应力即可消除。如采用更高温度的完全或不完全退火，虽然对消除内应力更为有利，但钢氧化严重，一般都不采用。

有些合金结构钢，由于合金元素含量高，奥氏体比较稳定，锻、轧后的堆冷或空冷就能转变为马氏体或贝氏体的组织，硬度过高，不利于切削加工。为了降低硬度和消除内应力，加热温度也应低于 A_{c_1} 点温度，形式上虽然也是低温退火的温度范围，但其实质是高温回火。其目的是软化钢材，使组织中的马氏体或贝氏体在加热过程中发生分解，析出粒状碳化物后转变为铁素体。为此，加热温度不许超过 A_{c_1} 点温度，否则形成奥氏体后，在冷却的过程中炉冷又会重新转变成马氏体或贝氏体。

在合金钢厂对结构钢采用低温退火时，并无必要按照每个不同钢种的 A_{c_1} 点来制定低温退火的工艺曲线。由于低温退火的温度范围较宽(500~700℃区间)，因而大多采用混合装炉处理。低温退火和高温回火的加热速度，一般都不加严格限制。冷却时既可空冷，也可炉冷，视钢的成分及有关技术要求而定。

9.9.2 消除组织缺陷的完全退火与正火

在中碳结构钢铸、锻、轧后的组织中，有时会出现魏氏组织、晶粒粗大、带状组织等组织缺陷。

魏氏组织的存在虽然对钢的强度影响比较小，但对塑性、韧性影响大。晶粒粗大对机械性能更是不利。带状组织使钢的机械性能呈现各向异性，断面收缩率较低，尤其是对横向性能影响极大，纵向与横向冲击韧性有时相差一倍。带状组织严重的钢制成工件时得不到所需的塑性及韧性，硬度也不均匀，这对钢板、钢带等质量影响更大。

为了消除上述组织缺陷，只有通过重结晶的完全退火或正火来消除。完全退火或正火的加热温度相同，都使组织发生重结晶，仅是冷却速度不同，这要视工件的形状以及对硬度的要求而决定其工艺(对比较严重的铁素体带状，需先在1200℃左右的高温下进行扩散退火，然后再经正火，方能消除)。

9.9.3 低碳合金钢的正火

低于0.25%C的碳素钢和低合金钢，由于含碳量少，硬度较低，如采用退火处理，反而使少量的珠光体发生球化，钢变得更软，切削加工时易于黏刀。为了提高硬度和切削加工性能，大多采用正火处理，以获得细片状的珠光体。正火后的硬度为140~190HB左右。不同含碳量的钢采用退火和正火后硬度的差别如表9-11所示。

表9-11 碳钢退火与正火后的硬度(HB)

状态	结构钢			工具钢
	软的	中等的	硬的	
退火	~125	~160	~185	~220
正火	~140	~190	~230	~270

实践表明，冷加工切削用钢最合适的硬度范围为150~250HV(相当于140~248HB)。

表9-1给出各种碳钢退火和正火后的硬度值。一般来讲，含碳量大于0.5%的钢采用正火工艺，则硬度过高，难以切削加工。只有含碳量低于0.5%的钢才适合用正火来代替退火工艺，这与表9-11所给出的数据是吻合的。工具钢含碳量大多在0.8%以上，只有退火才能使钢的硬度下降。而低碳钢必须采用正火方可提高硬度，适于切削加工。但是，当含碳量很低(小于0.15%)时，即使采用正火、硬度也不高，切屑不易碎断，缠绕在工件或刀具的上面，不仅切削加工生产率低，而且加工表面的粗糙度也较差，对这类钢必要时可用淬火(水冷)来代替正火。

9.9.4 低碳深冲钢板消除“离异共析”的正火

低碳深冲钢板的含碳量大多在0.1%左右，其正常组织为大量的铁素体和极少量的珠光体，因而具有良好的塑性和冲压性能。如果轧后的冷却较为缓慢或采用退火，在冷却过程中先共析铁素体析出后，剩余少量的奥氏体向珠光体转变时，先共析铁素体和共析铁素体连成一片，组成铁素体晶粒，而珠光体中极少量的渗碳体被分离出来，沿铁素体晶界呈网状分布。这种渗碳体脱离珠光体的片层分布，称为“离异共析”，它将导致钢的塑性降低，深冲时会出现不均匀变形和裂纹等缺陷。为此，需采用正火处理，利用快冷来防止或消除这种缺陷。

淬火是热处理工艺中最重要的工序，它可以显著地提高钢的强度和硬度。如果与不同温度的回火相结合，则可以得到不同的强度、塑性和韧性的配合，使材料获得不同的使用性能。

本章主要介绍淬火和回火过程的本质，钢淬火及回火工艺的制定，淬火及回火质量的控制，淬火应力、变形及开裂的规律等。

课后习题

1. 何谓正火？并且简述正火的目的和应用。

2. 指出下列零件的锻造毛坯进行正火的主要目的及正火后的显微组织：(1)20 钢齿轮；(2)45 钢小轴；(3)T12 钢锉刀。

3. 在生产中为了提高亚共析钢的强度，常用的方法是提高亚共析钢中珠光体的含量，问应该采用什么热处理工艺？

4. 正火与退火的主要区别是什么？生产中应如何选择正火及退火工艺？

第10章 钢的淬火

把钢加热到临界点A_{c_1}(过共析钢)或A_{c_3}(亚共析钢)以上，保温一段时间，使之全部或部分奥氏体化，然后以大于临界冷却速度(V_c)的冷却速度快冷到M_s以下，得到介稳状态的马氏体或下贝氏体组织的热处理工艺称为淬火。

通常也将铝合金、铜合金、钛合金、钢化玻璃等材料的固溶处理或带有快速冷却过程的热处理工艺称为淬火。

淬火的目的是使过冷奥氏体进行马氏体或贝氏体转变，得到马氏体或贝氏体组织，然后配合不同温度的回火，以大幅度提高钢的刚性、硬度、耐磨性、疲劳强度以及韧性等，从而满足各种机械零件和工具的不同使用要求。也可以通过淬火满足某些特种钢材的铁磁性、耐蚀性等特殊的物理、化学性能。

淬火工艺包括加热、保温、冷却三个阶段。

根据上述淬火的含义，实现淬火过程的必要条件是加热温度必须高于临界点以上(亚共析钢A_{c_3}+(30~100)℃，共析钢、过共析钢A_{c_1}+(30~70)℃，以获得奥氏体组织，其后的冷却速度必须大于临界冷却速度，而淬火得到的组织是马氏体或下贝氏体，后者是淬火的本质，因此，不能只根据冷却速度的快慢来判别是否为淬火。例如低碳钢水冷往往只得到珠光体组织，此时就不能称作淬火，只能说是水冷正火；又如高速钢空冷可得到马氏体组织，则此时就应称为淬火，而不是正火。

淬火加热保温时间的影响因素有：钢件材料、有效厚度、加热介质、装炉方式、装炉量等。对于整体淬火而言，保温的目的是使工件内部温度均匀、趋于一致。对各类淬火，其保温时间最终取决于在要求淬火的区域获得良好的淬火加热组织。加热与保温环节是影响淬火质量的重要环节，奥氏体化获得的组织状态直接影响淬火后的性能。

临界淬火冷却速度在研究连续冷却转变图(CCT图)时已经提及，从淬火工艺角度考虑，如果允许得到贝氏体组织，则临界淬火冷却速度应指在连续冷却转变图中能抑制珠光体型(包括先共析组织)转变的最低冷却速度。若以得到全部马氏体作为淬火定义，则临界冷却速度应为能抑制所有非马氏体转变的最小冷却速度。一般没有特殊说明的，所谓临界淬火冷却速度，均指得到完全马氏体组织的最低冷却速度。

工件在冷却过程中，表面与心部的冷却速度有一定差异，如果这种差异足够大，则可能造成大于临界冷却速度部分转变为马氏体，而小于部分不能转变成马氏体的情况。为保证整个截面上都转变为马氏体，需要选用冷却能力足够的冷却介质，以保证工件心部有足够高的冷却速度。但是冷却速度大，工件内部由于热胀冷缩不均匀造成内应力，可能使工件变形或开裂。因而要考虑以上两种矛盾，合理选用淬火介质和冷却方式。

冷却阶段不仅使零件获得合理的组织，达到所需要的性能，而且要保持零件的尺寸与精度，是淬火工艺过程的关键环节。

显然，工件实际淬火效果取决于工件在淬火冷却时的各部分冷却速度。只有那些冷却速度大于临界淬火冷却速度的部位，才能达到淬火的目的。

10.1 淬火介质

钢件进行淬火冷却时所使用的介质称为淬火介质。

淬火介质要求具有足够的冷却能力、良好的冷却性能和较宽的使用范围，同时还应具有不易老化、不腐蚀零件、不易燃、易清洗、无公害、价廉等特点。

根据淬火含义，结合一般钢的连续冷却转变图，理想的淬火介质的冷却能力应如图 10-1 所示，即在碳钢和低合金钢淬火达到 650℃之前，奥氏体还比较稳定，允许较慢的冷却速度，以减少工件因内外温差而引起的热应力。在 650~450℃范围，要求有足够快的冷却速度(超过临界冷却速度，避开 C 曲线鼻子尖部位)，低于 400℃，特别是在 M_s 点以下，需要缓慢冷却，以减少组织应力，防止过大的畸变和淬裂。

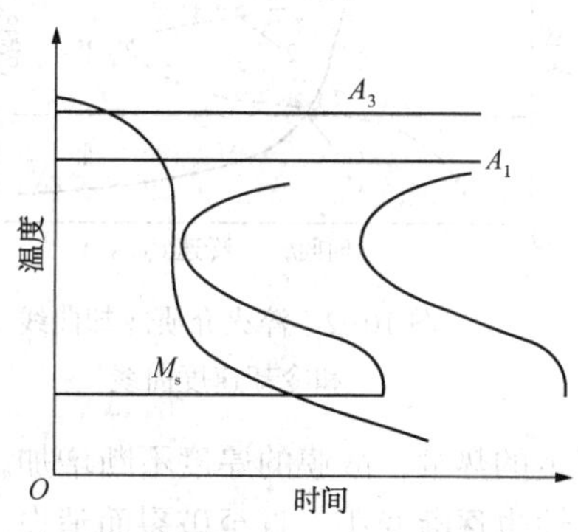

图 10-1 理想的淬火冷却曲线

不同钢种奥氏体最不稳定的温度区间不同。因此理想的冷却曲线因不同的奥氏体转变动力学曲线而异。要想得到能适合各种钢材及不同工件的淬火介质实际上是不可能的。因此必须了解各种淬火介质的冷却特性，以便根据不同钢种的具体零件，选用合适的淬火介质和合理的淬火操作方法。

按聚集状态不同，淬火介质可分为固态、液态和气态三种。

(1) 气体

空气：包括静止空气、流动的空气(自然风、风扇风)、压缩空气。

还原性气体：如氢气。

惰性气体：如氩气、氦气等。

(2) 液体

水：包括清水、无机盐溶液、水溶液、有机物水溶液。

油：包括植物油、机械油、专用淬火油(矿物油中加添加剂)。

熔融热浴：包括熔融盐浴，熔融金属浴。

(3) 固体

流态床：包括气固态流态床，气液固态流态床。

最常用的淬火介质是液态介质，因为工件淬火时温度很高，高温工件放入低温液态介质中，不仅发生传热作用，还可能引起淬火介质的物态变化。因此，工件淬火的冷却过程不仅是简单传热学的问题，尚应考虑淬火介质的物态变化问题。

根据工件淬火冷却过程中，淬火介质是否发生物态变化，可把液态淬火介质分成两类，即有物态变化的和无物态变化的。如果淬火件的温度超过液态淬火介质的沸腾或分解(裂化)温度，则淬火介质在淬火过程中就要发生物态变化，如普通所采用的水基淬火介质及各类淬火油等，这类淬火介质都属于有物态变化的淬火介质，包括水质淬火剂、油质淬火剂和水溶液等。淬火时无物态变化的淬火介质，包括各种熔盐、熔碱、熔融金属等。

10.1.1 淬火介质的冷却作用

淬火介质的沸点都高于工件的淬火加热温度，所以淬火时，淬火介质不会汽化沸腾，而只在工件与介质的界面上，以辐射、传导和对流的方式进行热交换。

对于有物态变化的淬火介质，在淬火冷却时，钢件冷却过程分为三个阶段。

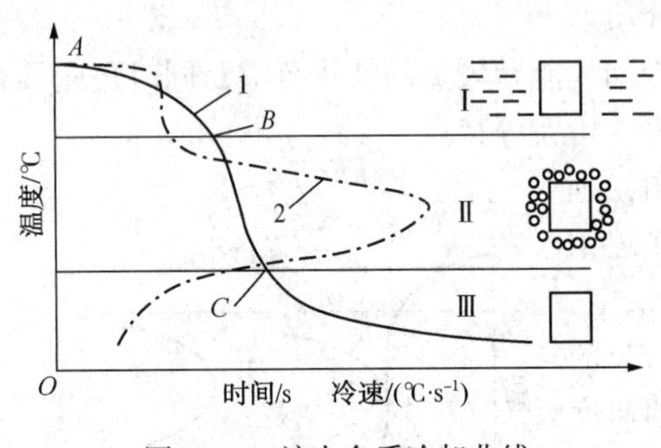

图 10-2 淬火介质冷却曲线和冷却速度曲线

1. 蒸汽膜阶段

当灼热的工件浸入淬火介质后，立即在工件表面产生大量过热蒸汽，紧贴工件形成连续的蒸汽膜，将工件与液体分开。此时只能通过蒸汽膜传递热量，主要靠辐射传热，冷却速度比较缓慢。其冷却过程如图 10-2 中曲线 1 所示（图 10-2 为具有物态变化的淬火介质冷却时特性曲线示意图。图中 1 为冷却曲线，2 为冷却速度和试样心部温度的关系曲线）。冷却开始时，由于工件放出的热量大于介质从蒸汽膜中带走的热量，故膜的厚度不断增加。随着冷却的进行，工件温度不断降低，膜的厚度及其稳定性也逐渐变小，直至破裂而消失，这是冷却的第一阶段。

2. 沸腾阶段

随工件表面温度降低，工件表面产生的蒸汽量少于蒸汽从表面逸出的量，工件表面蒸汽膜破裂，进入泡状沸腾阶段，液体介质直接与工件表面接触，冷却速度骤增，如图 10-2 Ⅱ所示。冷却速度取决于淬火介质的汽化热，汽化热越大，则从工件带走的热量越多，冷却速度也越快。沸腾阶段前期冷速很大，随工件温度下降，其冷速逐渐减慢，当工件的温度降至介质的沸点或分解温度时，沸腾停止。图中 *B* 点的温度称为“特性温度”。

3. 对流阶段

当工件表面的温度降至介质的沸点或分解温度以下时，工件的冷却主要靠介质的对流进行，是冷却速度最低的阶段，如图 10-2Ⅲ所示。*C* 点的温度称为对流开始温度。此时影响对流传热的因素起主导作用，如介质的比热、热传导系数和黏度等。随着工件表面与介质的温差不断减小，冷却速度越来越小，这是冷却的第三阶段。

对于无物态变化的淬火介质，在淬火冷却中主要靠对流散热，相当于上述对流阶段。当然在工件温度较高时，辐射散热也占很大比例。此外，也存在传导散热，这要视介质的传导系数及介质的流动性等因素而定。在整个冷却过程冷速不会出现突然变化，而随着工件与介质之间温差减小逐渐减慢。如图 10-3 所示。

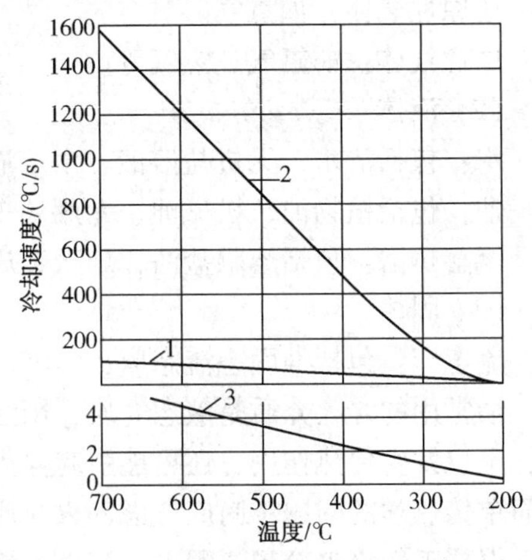

图 10-3 球形试样在几种介质中的冷却速度

1—镍铬合金试样在铁板上；

2—镍铬合金试样在 180℃熔融金属中（70%Cd 和 30%Sn）；

3—银质试样在静止空气中

10.1.2 淬火介质冷却特性的测定

表征淬火介质冷却能力最常用的方法是用所谓的淬火烈度 H。淬火冷却烈度亦称 Grossman 因子。其定义为 $H=h/2\lambda$，英制单位是 1/in。当热导率 λ 值一定时，H 值与换热系数成正比。

规定静止水的淬火烈度 $H=1$，其他淬火介质的淬火烈度由与静止水的冷却能力比较而得。几种常用淬火介质的淬火烈度 H 值如表 10-1 所示。冷却能力较大的，H 值较大。

表 10-1 淬火烈度 H 值

淬火介质、工件运动情况	不同淬火介质的 H 值			
	空气	油	水	盐水
淬火介质、工件不运动	0.02	0.25~0.30	0.90~1.0	—
淬火介质、工件轻微运动	—	0.30~0.35	1.0~1.1	—
淬火介质、工件适当运动	—	0.35~0.40	1.2~1.3	—
淬火介质、工件较大运动	—	0.40~0.50	1.4~1.5	—
淬火介质、工件强烈运动	0.05	0.50~0.80	1.6~2	—
淬火介质、工件极强烈运动	0	0.80~1	4	5

应该指出，钢的热导率取决于钢的成分、组织和温度，并不是常数，所以用 H 值替代换热系数只能是一种近似的方法，是在假定淬火时工件与淬火介质间的给热系数为一常数，以及假定把冷却过程中发生相变及导热系数的变化所产生的热效应也看作常数这样条件下推导出来的。实际上，工件与淬火介质间的给热系数是在一个很宽的范围内变化的，工件的热传导系数也发生变化。因此表 10-1 的 H 值只是淬火烈度的大致数值。遗憾的是，在近半个多世纪的时间里，大量的冷却介质和淬透性的研究工作是环绕平均冷却速度和平均换热系数展开的。

不同淬火介质，在工件淬火过程中其冷却能力是变化的。为了合理选择淬火介质，应测定其冷却特性。淬火介质的冷却特性一般以试样的冷却曲线或试样冷至不同温度时的冷却速度来表征。

但是试样的冷却曲线，或试样冷却过程中的冷却速度与试样本身的物理特性(如比热、密度、热传导系数)及几何形状有关。为了排除试样本身的影响，设计了许多淬火介质冷却特性的测试方法。最常用的试验方法称为银球法，如图10-4所示，即将中心带有热电偶的银球加热，并淬入待测淬火介质中，记录银球中心冷却速度与温度(或时间)的函数关系。但是银球的加工及测试结果的评估存在一定的难度，因此在机械行业标准 JB/T 7951—2004《测定工业淬火油冷却性能的镍合金探头实验方法》中改用镍探头进行测试。

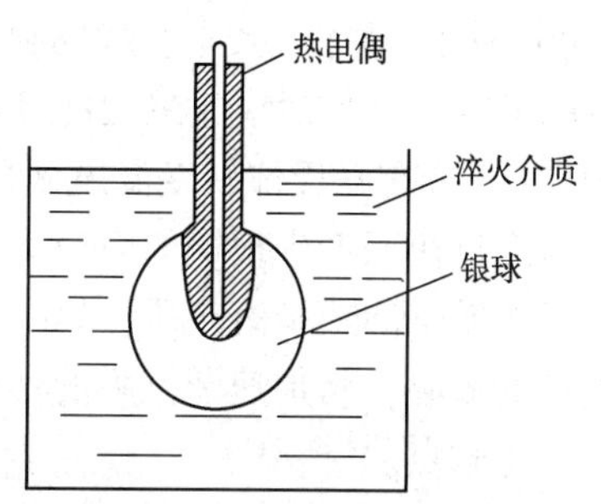

图 10-4 银球法探头示意图

10.1.3 常用淬火介质及其冷却特性

常用淬火介质有水及其溶液、油、水油混合液(乳化液)以及低熔点熔盐。

1. 水及其喷射、喷雾淬火

水是使用最早且至今仍最常用的淬火介质，来源广、价格低、成分稳定不易变质、清洁、对环境无污染，而且具有较强烈的冷却能力。水的汽化热在0℃时为2500kJ/kg，100℃时为2257kJ/kg，热传导系数在20℃时为2.2kJ/(m·h·℃)。图10-5为不同温度和不同运动状态的纯水冷却特性，由图可见：(1)水温对冷却特性影响很大，随着水温的提高，水的冷却速度降低，特别是蒸汽膜阶段延长，特性温度降低；(2)水的冷却速度快，特别是400~100℃温度范围内的冷却速度特别快；(3)循环水的冷却能力大于静止水的，特别是在蒸汽膜阶段的冷却能力提高得更多。因此应重视淬火槽的循环与搅拌系统的设计。

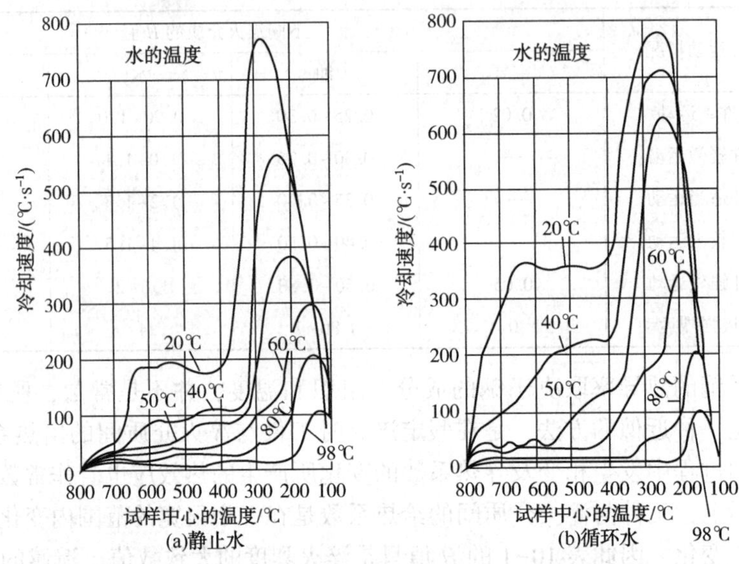

图10-5　水的冷却速度曲线(ϕ20mm银球试样)

用水进行喷射淬火，使蒸汽膜提早破裂，显著地提高了在较高温度区间内的换热系数和冷却速度，喷水压力越高，流量越大，效果越显著。在喷嘴的设计上，可以做到水和空气同时喷出。当水的压力大于0时，属于喷水淬火。随着水压的增加，工件表面被带走的热流密度增大，当水压等于0时，水被压缩空气带出，称为喷雾冷却状态。

喷射和喷雾的浸湿速率很大，有利于均匀冷却，另一方面不同位置上表面冷却的均匀度与喷嘴的布置有关，此外工件的移动(或来回摆动)以及旋转均有助于提高冷却均匀度。

水作为淬火介质也有缺点：(1)冷却能力对水温的变化较敏感，在C曲线的“鼻子”区(500~600℃左右)水处于蒸汽膜阶段，冷却不够快，会形成“软点”；水温升高，冷却能力急剧下降，并使对应于最大冷速的温度移向低温，故使用温度一般为20~40℃，最高不超过60℃；(2)在马氏体转变温度区(300~100℃)，水处于沸腾阶段，冷却太快，易使马氏体转变速度过快而产生很大的内应力，致使工件变形甚至开裂；(3)当水温升高，水中含有较多的气体或不溶或微溶杂质(如油、肥皂等)会显著降低其冷却能力，外来杂质点易作为形成蒸汽的核心，将加速蒸汽膜的形成并增加膜的稳定性，所以当水中混入杂质时，工件淬火后易产生软点。

因此水适用于截面尺寸不大、形状简单的碳素钢工件的淬火冷却。

2. 无机物水溶液

在水中加入适量的食盐和碱，使高温工件进入该冷却介质后，在蒸汽膜阶段析出盐和碱的晶体并立即爆裂，将蒸汽膜破坏，工件表面氧化皮也被炸碎，这样可以提高介质在高温区的冷却能力，使钢件获得较厚的淬硬层。图 10-6 为不同成分盐水溶液的冷却特性曲线（ϕ20mm 银球，液温 20℃，试样移动速度 0.25m/s），图 10-7 为不同温度的盐水溶液的冷却特性曲线（ϕ20mm 银球，试样移动速度 0.25m/s）。

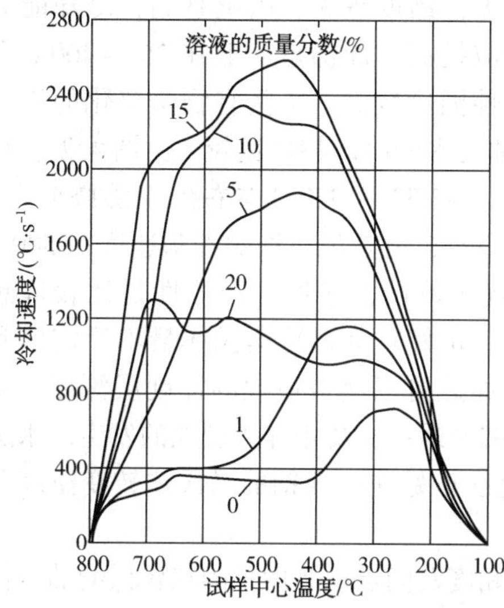

图 10-6　NaCl 水溶液的冷却速度曲线

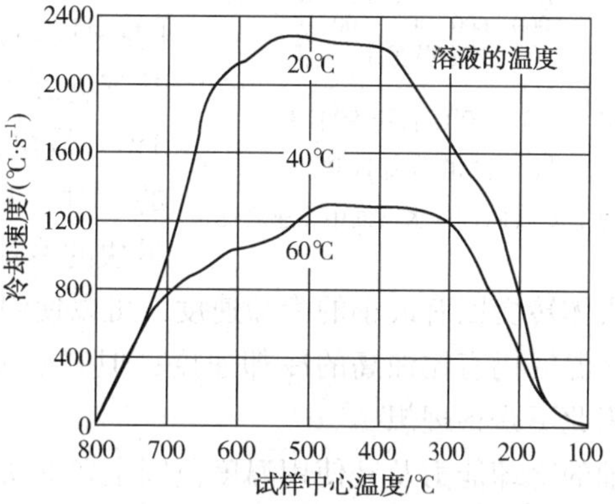

图 10-7　液温对 10%NaCl 水溶液冷却曲线的影响

由图 10-6 可见，NaCl 水溶液的冷却能力在 NaCl 浓度较低时随着 NaCl 浓度的增加而提高，10%的盐水溶液几乎没有蒸汽膜阶段，在 650~400℃温度范围内有最大冷却速度。常用 NaCl 溶液的浓度为 5%~10%（质量分数），在此范围内，随浓度增加，冷速迅速提高。浓度太高（20%以上）因黏度增大使冷速回落。温度的影响和普通水有类似规律，随着温度提高，冷却能力降低。盐水的特性温度比纯水高，其高温（650~550℃）区间的冷却能力约为水的 10 倍，故使钢淬火后的硬度较高且均匀；同时盐水冷却能力受温度的影响也较纯水小，因此目前生产中盐水已完全取代了纯水而广泛用于碳钢的淬火。盐水的使用温度一般为 60℃以下。盐水的缺点是在低温（200~300℃）区间冷速仍很大。

质量分数为 5%~15%的 NaOH 水溶液是目前冷却能力最强的淬火介质，在 200℃以下冷却速度低于水，对于易变形和破裂的工件特别有利。其浓度超过 20%时，随浓度增加冷却速度减小。除此之外，淬火时 NaOH 溶液能和已氧化的工件表面发生反应，使工件淬火后表面呈银白色，具有较好的外观。但 NaOH 溶液对工件及设备腐蚀较大，溅在皮肤上有刺激作用，有刺激性气味，对环境污染严重。

一般情况下，盐水的浓度为 10%，苛性钠水溶液的浓度为 10%~15%，可用作碳钢及低合金结构钢工件的淬火介质，使用温度不应超过 60℃，淬火后应及时清洗并进行防锈处理。盐浴和碱浴的淬火介质一般用在分级淬火和等温淬火中。

3. 淬火油

为了满足热处理工艺要求，淬火油应具备以下性质：

(1) 较高的闪点和燃点，以减少火灾危险；

(2) 较低的面度，以减少随工件带出的损失；

(3) 不易氧化，缓慢老化；

(4) 在珠光体或贝氏体转变温度区间有足够的冷速。

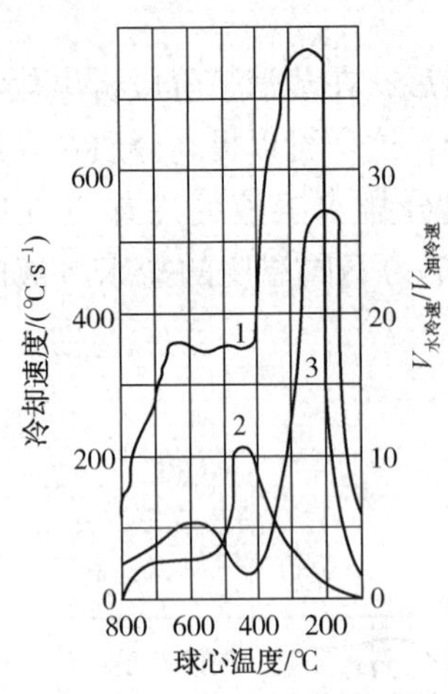

图 10-8 20℃水和 50℃3 号锭子油的冷却速度

1—水；2—油；3—水、油中冷速之比

用作淬火介质的油一般为矿物质油，如锭子油、机油、变压器油和柴油等，机油一般采用 10 号、20 号、30 号机油，油的号越大，黏度越大，闪电越高，冷却能力越低，使用温度相应提高。油沸点一般在 250~400℃左右，与水相比其特性温度较高，是具有物态变化的淬火介质。图 10-8 为油与水的冷却特性比较，由图可见，油的特性温度较水高，在 500~350℃左右处于沸腾阶段，其下就处于对流阶段。也就是说，油的冷却速度在 500~350℃最快，其下就比较慢，这种冷却特性是比较理想的。对一般钢来说，正好在其过冷奥氏体最不稳定区有最快的冷却速度，如此可以获得最大的淬硬层深度，而在马氏体转变区有最小的冷却速度，可以使组织应力减至最小，防止淬火裂纹的发生。水虽然在高温区仍有比油高的冷却速度，但其最大冷却速度正好在一般钢的马氏体转变温度范围，因此不是很理想。

油的冷却能力及其使用温度范围主要取决于油的黏度及闪点。黏度及闪点较低的油，如 10 号和 20 号机油，一般使用温度在 80℃以下。因为工件在油中冷却时，影响其冷却速度的因素有两个：油的黏度及工件表面与油的温差。油的温度提高，黏度减少，流动性提高，冷却能力提高；而油温提高，工件与油的温差减小，冷却能力降低。在黏度低的油中，油温对冷却能力实际没有影响。黏度较高的油，黏度对冷却速度起主导作用，随着油温的升高冷却能力提高，可以在较高温度(160~250℃)下使用。

淬火油经长期使用后，其黏度和闪点升高，产生油渣，油的冷却能力下降，称为油的老化。为了防止油的老化，应控制油温，并防止油温局部过热，避免水分带入油中，经常清除油渣等。但是，油的冷却能力还是比较低。特别是在高温区域，即一般碳钢或低合金钢过冷奥氏体最不稳定区。目前发展的高速淬火油就是在油中加入添加剂，以提高特性温度，或增加油对金属表面的湿润作用，以提高其蒸汽膜阶段的热传导作用。如添加高分子碳氢化合物(气缸油、聚合物)，在高温下高聚合黏附在工件表面，降低蒸汽膜的稳定性，缩短了蒸汽膜阶段。在油中添加磺酸盐、磷酸盐、酚盐或环烷酸盐等金属有机化合物，能增加金属表面油的湿润作用，同时还可阻止可能形成不能溶解于油的老化产物结块，推迟形成油渣。

新型淬火油主要有高速淬火油、光亮淬火油和真空淬火油三种。

高速淬火油是在高温区冷却速度得到提高的淬火油，获得高速淬火油的途径主要有两种：一种是选取不同类型和不同黏度的矿物油，以适当的配比相互混合，通过提高特性温度来提高高温区冷却能力；另一种是在普通淬火油中加入添加剂，在油中形成粉灰浮游物。添加剂有磺酸的钡盐、钠盐、钙盐以及磷酸盐、硬质酸盐等。生产实践表明，高速淬火油在过冷奥氏体不稳定区冷却速度明显高于普通淬火油，而在低温马氏体转变区冷却与普通淬火油相接近。这样既可得到较高的淬透性和淬硬性，又大大减小了变形，适用于形状复杂的合金钢工件的淬火。

随着可控气氛热处理的应用，要求热处理后的工件能获得光亮的表面，故需采用光亮淬火油。油受热裂解的树脂状物质和形成的灰分黏附在工件表面，将影响淬火工件的表面粗糙度。应尽可能用一定馏分切割的石油产品作为基础油，而不能用全损耗系统用油。以石蜡质原油炼制的矿物油作为基础油比苯酚质原油炼制的矿物油性能稳定，工件光亮、淬火效果好。一般认为低黏度油的光亮度比高黏度油好，用溶剂精炼法比硫酸精炼法炼制的油光亮性好。生成聚合物和树脂越少，残碳越少，硫分越少油的光亮性越好。往基础油中加入催化剂，可制成快速光亮淬火油。

光亮淬火油除要求有较好的冷却性能和耐老化性能外，还应具有不使工件氧化的性能。因此，光亮淬火油应含水分少，含硫量低，氧化倾向小，或对已氧化工件有还原作用，以及具有热稳定性好，灼热工件淬火时，气体发生量少等特点。目前大多在矿物油中加入油溶性高分子添加剂来获得不同冷却能力的光亮淬火油，即高、中、低速光亮淬火油，以满足不同的需要。这些添加物的主要成分是光亮剂，其作用是将不溶于油的老化产物悬浮起来，防止在工件上积聚和沉淀。加入的光亮剂中以咪唑啉油酸盐、双脂、聚异丁烯丁二酰亚胺等的效果较好，含量以1%为佳。

在淬火油中，发展的另一系列是真空淬火油。这种油专门用于真空淬火，它具有低的饱和蒸汽压，不易蒸发，不易污染炉膛并很少影响真空炉的真空度，有较好的冷却性能，淬火后工件表面光亮，热稳定性好。真空淬火油是在低于大气压的条件下使用的。是以石蜡基润滑油分馏，经溶剂脱蜡、溶剂精制、白土处理和真空蒸馏、真空脱气后，加入催冷剂、光亮剂、抗氧化剂等添加剂配置而成的。真空淬火油的冷却曲线随真空度而改变，真空度增大，蒸汽膜趋于稳定，泡沸腾开始温度降低。

4. 高分子聚合物淬火介质

这类淬火介质是指含有各高分子聚合物的水溶液，配以适量的防腐剂和防锈剂。使用时根据需要加入水配成不同浓度的溶液，得到介于水、油之间或比油更慢的冷却能力。当工件进入该溶液时，工件表面形成一层蒸汽膜和一层凝胶薄膜，两层膜使加热工件冷却。进入沸腾阶段后，薄膜破裂，工件冷却加快，当达到低温时，凝胶膜复又形成，工件冷却速度又下降，所以这种溶液在高、低温区冷却能力低，在中温区冷却能力高，具有良好的冷却特性。该介质不燃烧，没有烟雾，被认为是有发展前途的淬火油的代用品。

用聚合物水溶液淬火时往往在工件表面形成一层聚合物薄膜，改变了冷却特性，浓度越高，膜层越厚，冷速越慢，通过搅动可使冷速加快。

目前常用的高分子聚合物淬火介质有聚乙烯醇、聚二醇、聚乙二醇等。

(1) 聚乙烯醇(PVA)

PVA是应用最早的高分子聚合物淬火介质，从20世纪70年代中期开发的聚乙烯合成淬火剂产品至今，在我国感应热处理喷射淬火中仍广泛应用。主要缺点是使用浓度低(0.3%，质量分数)、管理困难、冷速波动大、易老化变质、糊状物和皮膜易堵塞及污染大气等。

(2) 聚二醇(PGA)

PGA在水中的溶解度随温度升高而下降，当加热至一定温度后，会出现PGA与水分离现象，称“逆溶性”，此时的温度称为“浊点”。利用PGA的逆溶性可在工件表面形成热阻层，通过改变浓度、温度、搅拌速度就可以对 PGA 水溶液的冷却能力进行调整。PGA 淬火介质系列的冷却能力覆盖了水到油的全部范围，工件冷却均匀性好，在长期使用中性能比较稳定，自从 20 世纪 60 年代美国碳化物公司开始生产以来，已在金属热处理行业中广泛应用。

(3) 聚乙二醇(PEG)

当工件冷却到 350℃左右，PEG 在工作表面形成一层浓缩薄膜，可降低钢材在马氏体转变阶段的冷却速度，有效地防止淬火开裂。PEG 对皮肤没有刺激性，防锈性能优良，泡沫少，耐腐蚀性好，浓度可以用折光仪检查，操作简便；另外工件表面皮膜在水中容易去除，在搅拌程度低时，冷却能力不发生变化。

高分子聚合物的淬火介质又称淬火剂，淬火剂水溶液在常温下是均匀透明溶液，当温度升高时，淬火剂溶解度反而会下降，溶液就从透明变得浑浊，到达 74℃时聚合物的线性大分子就会从水中析出，并与水完全分离。(这叫作逆溶性，74℃就是逆熔点)。通过调整其水溶液的浓度，可在很大范围内调整其冷却能力，得到介于水、油之间，以及相当于油或者更慢的冷却速度。淬火剂需要最少量地添加处理，因为它们和普通的有机聚合物和溶解油相比，不易变质和被氧化，其主要添加工作就是补充蒸发损失的水。淬火剂和普通的油性淬火油相比，能除去烟尘、煤灰和残杂物，使设备维护和工厂清洁工作变得简单轻松。淬火剂在 0℃以下会被冻住，使用前需要在室温下解冻并混合。水性淬火剂对黑色金属及有色金属均无腐蚀性，淬火工件光亮且有短期的防锈作用。最佳使用温度为 20～50℃，不应高于 60℃。

用淬火油也有不可忽视的缺点：污染环境；存在火灾隐患；随着使用时间延长，冷却性能下降，有老化现象；对油槽的保养要求比较严格，例如微量水对油的冷却特性就有比较显著的影响，常因此而产生淬火废品。

10.2 钢的淬透性

10.2.1 淬透性

钢的淬透性是指钢材被淬透的能力，是表征钢材淬火时获得马氏体能力的特性。工件淬火时，其表面与中心的冷却速度是不同的，表面最快，中心最慢。如工件截面上某一处的冷速低于淬火临界冷速，则不能得到全马氏体，或根本得不到马氏体，此时工件的硬度便较低。通常将未淬透的工件上具有高硬度马氏体组织的这一层称为“淬硬层”。应该注意，钢的淬透性与淬硬性两个概念是不同的。淬透性是指淬火时获得马氏体的难易程度，主要和钢的过冷奥氏体的稳定性有关，或者说与钢的临界淬火冷却速度有关。淬硬性指淬成马氏体可能得到的硬度，主要和钢中含碳量有关。

钢材淬透性的好与差，常用淬硬层深度来表示。淬硬层深度，也叫淬透层深度，是指由钢的表面量到钢的半马氏体区(组织中马氏体占 50%，其余 50%为珠光体类型组织)组织的深度(也有个别钢种工具钢、轴承钢需要测到 90%或 95%的马氏体组织处)。钢的淬硬层深度越大，则钢的淬透性越好。

如图 10-9 所示，设有两种钢材制的两根棒料，直径相同，在相同淬火介质中淬火冷却，淬火后在其横截面上观察金相组织及硬度分布曲线，图中画剖面线区为马氏体，其余部分为非马氏体区。由图看到右侧钢棒的马氏体区较深，因而其淬透性较好，左侧材料马氏体硬度较高，即其淬硬性较好。

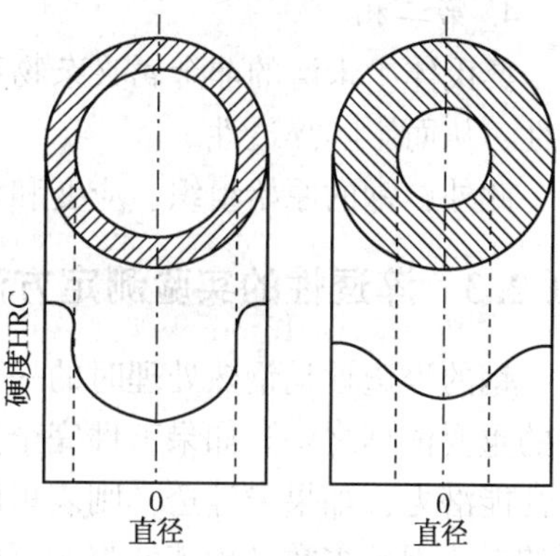

图 10-9 两种钢的淬透性的比较

10.2.2 影响钢淬透性的因素

对淬透性影响主要取决于其临界冷却速度的大小，而临界冷却速度则主要取决于过冷奥氏体的稳定性，影响奥氏体稳定性的主要因素是：

1. 钢的化学成分

化学成分对淬透性的影响主要是含碳量的影响。图 10-10 为钢中含碳量对碳钢临界淬火冷却速度的影响。由图可见，对过共析钢，当加热温度低于 $A_{c_{cm}}$ 点时，在含碳量低于 1% 以下时，随着含碳量的增加，临界冷却速度下降，淬透性提高；含碳量超过 1%则相反，如图中 a。当加热温度高于 A_{c_3} 或 $A_{c_{cm}}$ 时，则随着含碳量的增加，临界冷却速度单调下降(图中 b)。

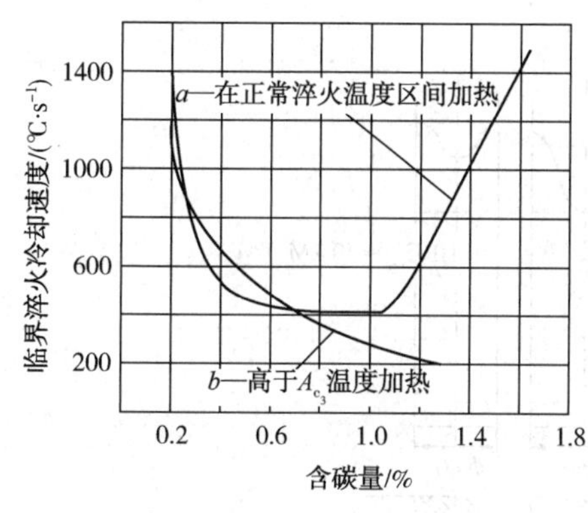

图 10-10 含碳量对临界淬火冷却速度的影响

除 Co 外，所有溶入奥氏体中的合金元素都提高钢的淬透性。当多种合金元素同时加入钢中，其影响不是单个合金元素作用的简单叠加。例如单独加入 V，常导致钢淬透性降低，但与 Mn 同时加入时，Mn 的存在将促使钒碳化物的溶解，而使淬透性显著提高。因此 42Mn2V 钢的淬透性比 45Mn2 及 42SiMn 钢高得多。

钢中加入微量 B(0.001%~0.003%)能显著提高钢的淬透性。但如果含量过高(超过 0.0035%B)钢中将出现硼相，使脆性增加。B 对钢淬透性的良好作用在于 B 元素在奥氏体晶界富集，降低了奥氏体晶界的表面自由能，减少了铁素体在奥氏体晶界上的形核率，因此推迟了奥氏体向珠光体的转变。

2. 奥氏体晶粒度

奥氏体的实际晶粒度对钢的淬透性有较大的影响，粗大的奥氏体晶粒能使 C 曲线右移，降低了钢的临界冷却速度。但晶粒粗大将增大钢的变形、开裂倾向和降低韧性。因此，奥氏体晶粒尺寸增大，淬透性提高，奥氏体晶粒尺寸对珠光体转变的延迟作用比对贝氏体的大。

3. 奥氏体化温度

在相同冷却条件下，奥氏体成分越均匀，珠光体的形核率越低，转变的孕育期增长，C 曲线右移，临界冷却速度减慢。因此提高奥氏体化温度，不仅能促使奥氏体晶粒增大，而且促使碳化物及其他非金属夹杂物溶入并使奥氏体成分均匀化，提高过冷奥氏体的稳定性，从而提高了淬透性。

4. 第二相

奥氏体中未溶的非金属夹杂物和碳化物的存在以及其大小和分布，影响过冷奥氏体的稳定性，从而影响淬透性。

此外，钢的原始组织、应变和外力场等对钢的淬透性也有影响。

10. 2. 3 淬透性的实验测定方法

钢的淬透性是钢热处理时的一种工艺属性。钢的淬透性是正确选用钢材和制定热处理工艺的重要依据之一。如果工件完全淬透，则其表里的性能就均匀一致，能充分发挥钢材的机械性能潜力；如果未淬透，则表里的性能便存在差异，尤其在回火后，心部的强韧性将比表层的低。因此多数结构零件都希望能在淬透的情况下使用。

淬透性的实验测定方法很多，主要有：

1. 理想临界直径法

40 年代初格罗斯曼（Grossmann，M. A.）最先提出描述淬透性的理想临界直径计算公式，计算方法是：选一组由被测钢制成的不同直径的圆形棒按规定淬火条件（加热温度，冷却介质）进行淬火，然后在中间部位垂直于轴线截断，经磨光，制成粗晶试样后，沿着直径方向测定自表面至心部的硬度分布曲线。图 10-11 为不同直径试样在强烈搅动的水中淬火的断面硬度曲线。

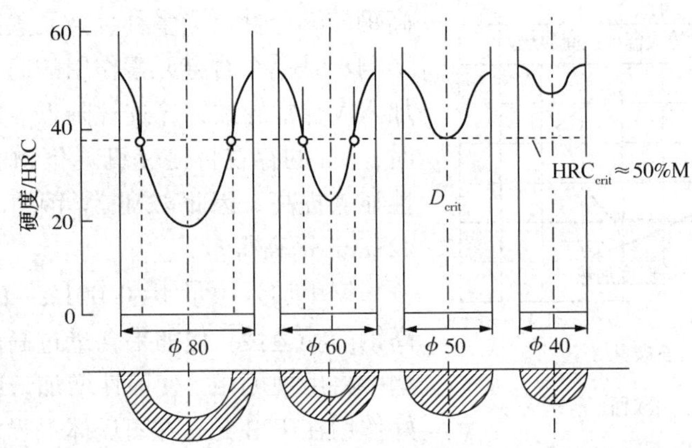

图 10-11 不同直径试棒在强烈搅拌水中淬火的断面硬度曲线

若其磨面用硝酸酒精溶液轻腐蚀，发现随着试样直径增加，心部出现暗色易腐蚀区，表面为亮圈，且随着直径的继续增大，暗区越来越大，亮圈越来越小。若与硬度分布曲线对应地观察，则该二区的分界线正好是硬度变化最大部位；若观察金相组织，则正好是 50% 马氏体和非马氏体的混合组织区，越向外靠近表面，马氏体越多，向里则马氏体急剧减少。分界线上的硬度代表马氏体区的硬度，格罗斯曼将此硬度称为临界硬度或半马氏体硬度。钢中不同马氏体含量的硬度与含碳量的关系如图 10-12 所示。

如果把上述分界线看作淬硬层的分界线，亮区就是淬硬层，暗区就是未淬硬层，把未出现暗区的最大试样直径称为淬火临界直径，则其含义为该种钢在淬火介质中能够完全淬透的最大直径。

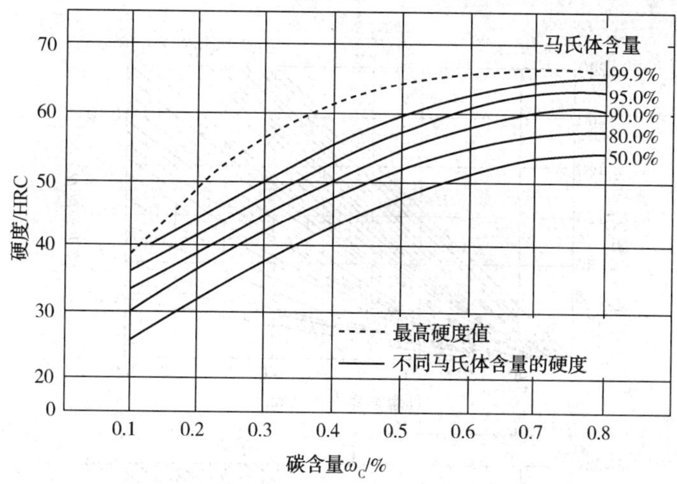

图 10-12 钢中含碳量对不同马氏体含量组织硬度的影响

显然，在给定淬火条件下，淬火临界直径越大，即能完全淬透的试棒的直径越大，因而钢的淬透性越好。因此，可用淬透直径的大小来比较钢的淬透性的高低。图 10-13 为 0.45%C 碳钢(B)与另一含碳相同、但加入了 0.70%Cr(A)的两种钢的不同直径试样心部硬度的变化及不同直径未淬硬部分心部直径 D_U 的变化。由图可见，由于 A 钢中加入 0.70%Cr，使临界直径 D_K 增大，淬透性增高。

上述临界直径 D_K 是在一定淬火条件下测得的，要用临界直径法来表示钢的淬透性，必须标明淬火介质的冷却能力或淬火烈度。为了除去临界直径值中所包含的淬火烈度的因素，用单一的数值直接表征钢的淬透性高低，引入了理想临界直径的概念。所谓理想临界直径就是在淬火烈度为无限大($H=\infty$)的假想的淬火介质中淬火时的临界直径。利用理想临界直径可以很方便地将某种淬火条件下的临界直径，换算成任何淬火条件下的临界直径。

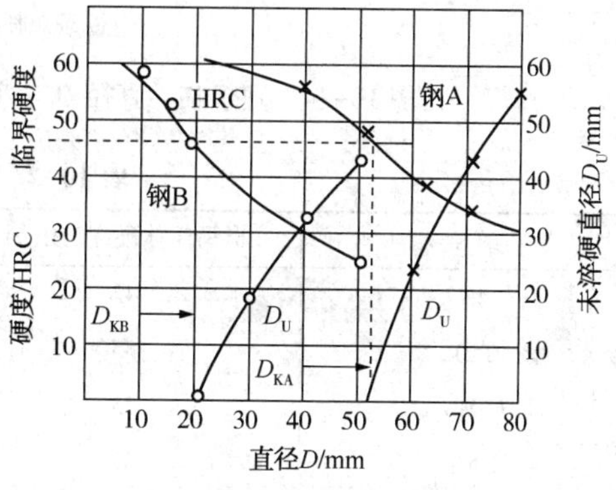

图 10-13 两种钢截面心部硬度、未淬硬心部直径 D_U 与试棒直径 D 的关系

图 10-14 为理想临界直径 D_I，实际临界直径 D 与淬火烈度 H 关系图。

例如，若已知某种钢在循环水中冷却($H=1.2$)时，其临界直径 $D=27$mm，试求在循环油($H=0.4$)中淬火时该种钢的临界直径。在图纵坐标取 $D=27$ 处，作水平线与 $H=1.2$ 的曲线相交，从交点到横坐标的垂线得到该种钢的理想临界直径 $D_I=45$mm。再从此处向上引垂线，与 $H=0.4$ 曲线相交，再从交点引水平线与纵坐标交于 16mm 处，于是得到该种钢在循环油中淬火时的临界直径为 16mm。

掌握临界直径的数据，对生产实践有一定的意义，有助于判断工件热处理后的淬透程度，并制定出相应合理的工艺。但临界直径测定方法复杂，同时存在同一种钢材若检查部位不同，所得结果不同的缺点，因此在实际生产很少采用。在表 10-2 中列出几种常用钢的临界直径，仅供参考。

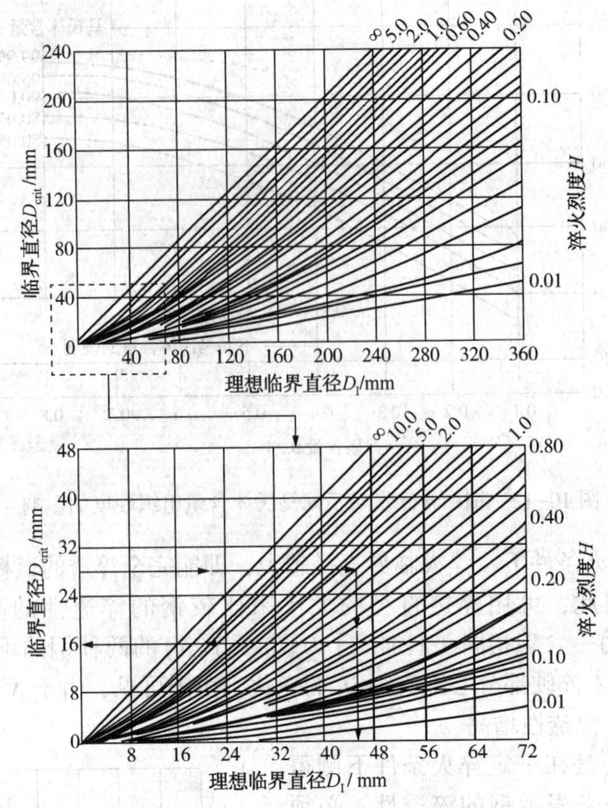

图 10-14　理想临界直径 D_I、实际临界直径 D_{crit} 与淬火烈度 H 的关系图

表 10-2　常用钢的临界直径

钢号	半马氏体硬度(HRC)	20~40℃水 D_0/mm	40~80℃油 D_0/mm
45	42	13~16.5	5~9.5
T10	55	10~15	8
65Mn	53	25~30	17~25
20Cr	38	12~19	6~12
40Cr	44	30~38	19~28
35CrMo	43	36~42	20~28
60Si2Mn	52	55~62	32~46
38CrMoAlA	44	100	80
30CrMnSi	41	40~50	32~40

2. 端淬法

顶端淬火试验法，简称端淬法，为乔迈奈(W. E. Jominy)等人于 1938 年建议采用的，因而国外常称为“Jominy”端淬法。由于该法没有上述缺点，故被许多国家用作标准的淬透性试验，但稍有改动。我国 GB/T 225—2006《钢　淬透性的末端淬火试验方法(Jominy 试验)》规定的试样形状尺寸及试验原理如图 10-15(a)所示。

试验时，将试样加热到 A_{c_3}+30℃(或按产品标准或协议规定)，停留(30±5)min，然后在

5s 以内迅速放到端淬试验台上喷水冷却，喷水管口距试样顶端为(12.5±0.5)mm，喷水柱自由高度为(65±0.5)mm，水温 10~30℃，水冷时间>10min。待喷水到试样全部冷透后将试样沿轴线方向在相对 180°的两侧各磨去 0.4~0.5mm，获得两个相互平行的平面，然后从距顶端 1.5mm 处沿轴线自下而上测定洛氏硬度值。硬度下降缓慢时可以每隔 3mm 测一次硬度，并将测定结果画成硬度分布曲线，称为端淬曲线。如图 10-15(b)所示。

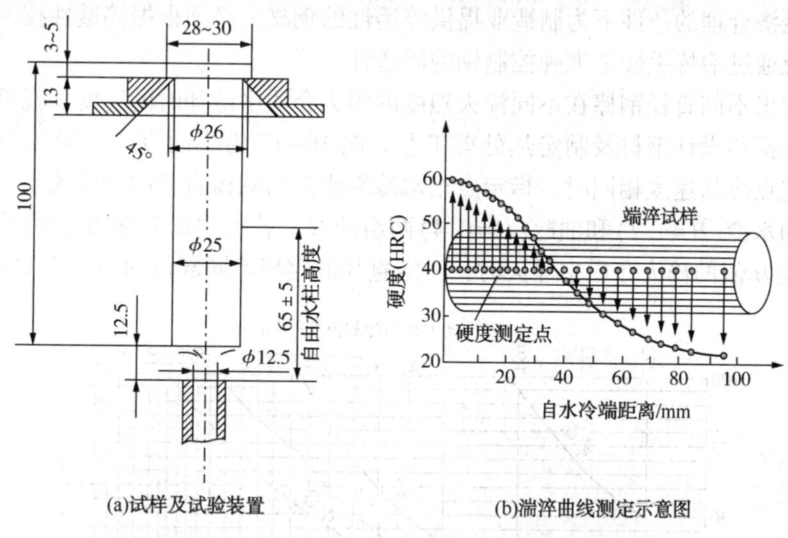

(a)试样及试验装置　　(b)端淬曲线测定示意图

图 10-15　端淬试样、试验装置及端淬曲线的测定

根据 GB/T 225—2006 标准的规定，钢的淬透性值采用 J××-d 表示，其中 J 表示端淬试验，d 表示至水冷端距离，××表示在该处测定的硬度值 HRC，例如，J42-5 即表示距水冷端 5mm 处试样的硬度值为 42HRC。则可表示为 J42-5。由于同一钢号的成分波动，同种钢的端淬曲线都有一个硬度波动范围，称为端淬曲线带或淬透性带，如图 10-16 所示。

相同淬火硬度的棒料直径/mm	硬度部位	淬火
97	表 面	水淬
28 51 74 97 122 147 170	距中心3/4R	
18 31 41 51 61 71 81 91 99	中 心	
20 46 64 76 86 97	表 面	油淬
13 25 41 51 61 71 81 91 102	距中心3/4R	
5 15 25 36 43 51 61 71 79	中 心	

硬度/HRC　60 50 40 30 20
0 3 9 15 21 27 33 39 45
至水冷端距离/mm

图 10-16　55 钢的端淬曲线

10.2.4 淬透性的应用

一般来说，淬透性的应用主要有三种情况：第一，设计(材料)工作者凭借钢种的淬透性资料为零件优化选材，为零件换材，或在紧急情况下寻找代用材料；第二，热处理、锻造、铸造、焊接工作者根据零件用钢的淬透性合理制定和实行生产工艺规程；第三，炼钢工作者为了在经济合理的条件下为制造业提供淬透性的钢材，必须根据淬透性技术和资料设计新钢种，以及通过冶炼手段来准确控制钢的淬透性。

如果测定出不同直径钢棒在不同淬火烈度的淬火介质中冷却时的速度，就可以根据钢的端淬曲线来选择和设计钢材及制定热处理工艺。图 10-17 为不同直径钢棒几个指定部位与端淬试样指定点冷却速度相同时，指定点至水冷端距离与圆棒直径的对应关系。图中仅引入了中等搅拌的水冷(H=1.2)和油冷(H=0.4)两组曲线，若再列出其他 H 值的关系曲线，还可求出在其他 H 值的淬火介质中淬火时，一定直径的钢棒不同部位的淬火冷却速度。

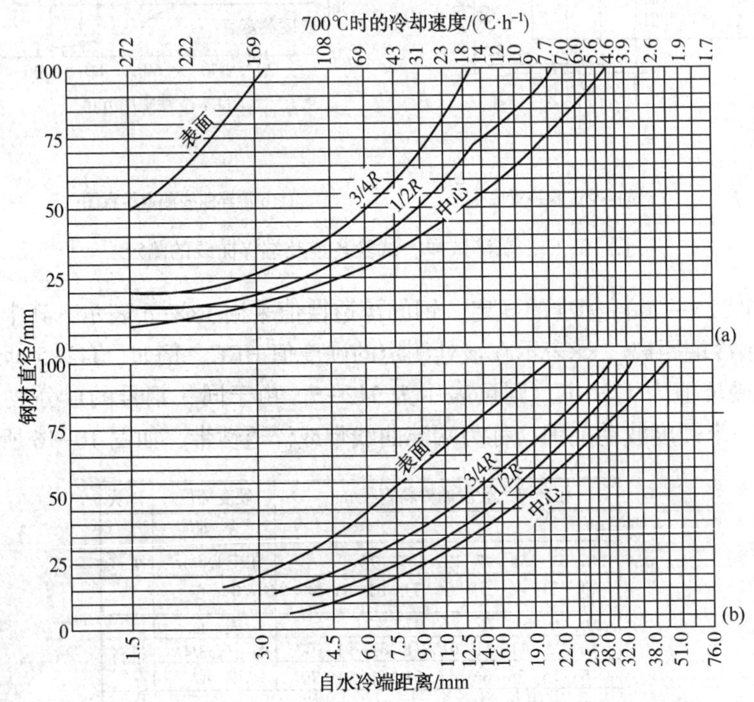

图 10-17 不同直径钢材淬火后从表面至中心各点与端淬试样距水冷端距离的关系

下面举例说明端淬曲线在选择钢材和制定热处理工艺时的应用。

(1) 根据端淬曲线合理选用钢材，以满足心部硬度的要求。

例：有一圆柱形工件，直径 35mm，要求油淬(H=0.4)后心部硬度>45HRC，试问能否采用 40Cr 钢(40Cr 钢的端淬曲线带如图 10-18 所示)?

解：由图 10-17(b)，在纵坐标上找到直径 35mm，通过此点作水平线，与标有“中心”的曲线相交，通过交点作横坐标的垂线，与横坐标交于 12.8mm 处。说明直径 35mm 圆棒油淬时，中心部位的冷却速度相当于端淬试样离水冷端 12.8mm 处的冷却速度。再在图 9-17 横坐标上找到 12.8mm 处，过该点作横坐标垂线，与端淬曲线带下限线相交，通过交点作水平线，与纵坐标交于 35HRC 处，即为可得到的硬度值，不合题意要求。

（2）预测材料的组织与硬度。

例：有 40Cr 钢直径 50mm 圆柱，求油淬后沿截面硬度。

解：首先在 10-17(b) 纵坐标 50mm 向右引一条水平线，与图上各曲线相交，过各交点向下做垂线，找到各点所对应的端淬试样距水冷端距离。然后由 40Cr 的淬透性曲线求出距水冷端距离为已求出值的各点的硬度值，即可做出 40Cr 钢油淬后沿截面的硬度分布。

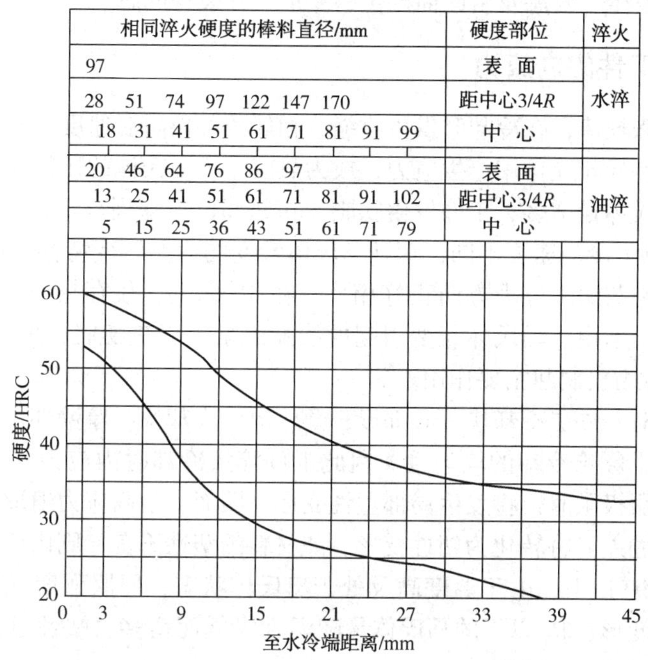

图 10-18　40Cr 钢端淬曲线

端淬法只适用于较低淬透性或中等淬透性钢。在超低淬透性钢中，在端淬试样距水冷端 5mm 范围内发生硬度突降，淬透性的相互差别不甚明显。此时需用腐蚀的办法来进行比较。只要在测量硬度部位磨光、腐蚀，就可清楚地显示出被淬硬的区域。

对高淬透性钢，端淬曲线硬度降低很小，有的呈一水平线，因此不能用端淬法比较其淬透性。对这种钢来说，确定加热温度和冷却时间，常采用连续冷却转变图。

淬透性技术应用的主要过程，就是对淬透性的评估、预测和控制，对淬火钢件关键截面上淬火组织和力学性能的评估、预测和控制。淬透性的预测技术是指对选用钢材或正在设计的新钢种、依据其化学成分预测其淬透性，预测其用于具体零件后，零件关键截面可能获得的组织和性能。显然，淬透性的预测技术必然是暴扣淬透性的评估，但是，预测技术的重点是如何依据淬透性原理和利用已有的大量淬透性资料和实际生产数据，形成一个实际可行的预测系统，以得到准确的预测结果。

淬透性的控制技术则是为了获得规定要求越来越严格的淬透性钢材而在冶炼过程中控制钢的淬透性的一整套方法。显然，这里必须包括淬透性的评估和预测技术。淬透性的评估和预测是淬透性控制技术的基础，是决定控制精度和效果的关键。但是，淬透性控制技术还包括冶炼工艺和将淬透性评估及预测结果同冶炼工艺联系起来的手段。

10.3 淬火应力、变形及开裂

从淬火目的考虑，应尽可能获得最大的淬透层深度。因此，在钢种一定情况下，采用的淬火介质的淬火烈度越大越好。但是，淬火介质的淬火烈度越大，淬火过程中所产生的内应力越大，这将导致淬火工件的变形，甚至开裂等。因此，在研究淬火问题时应考虑工件在淬火过程中内应力的发生、发展及由此而产生的变形、开裂等问题。

10.3.1 淬火时工件的内应力

材料按其热膨胀规律，在冷却时发生收缩，相邻两部位降温速度不同，导致冷却过程的任一时刻比体积的差异相互作用产生应力，成为热应力。马氏体的比体积大于奥氏体，在马氏体转变时，随马氏体量增多，工件发生膨胀。相邻部位冷却到马氏体转变点 M_s 的时间不同，或者说在 M_s 以下冷却速度不同，钢种马氏体转变的变温转变特性也将产生内应力，成为组织应力。热应力与组织应力方向正好相反。在 M_s 以上，仅存热应力机制，在 M_s 以下两种机制同时发生，但由于马氏体相变引起的线膨胀量大于热膨胀(约一个数量级)，所以在 M_s 点以下组织应力机制起主要作用。

工件淬火冷却时，外层冷却快，心部慢；薄壁部位冷却快，厚壁部位慢；冷却介质与工件的相对流动情况也影响冷却的均匀性。因此工件淬火冷却时内应力的形成和发展极其复杂。当应力超过屈服极限时，将发生局部塑性变形。因而，最高应力值取决于受力部位的屈服极限。多余的尺寸差异将转化为塑性变形，如材料的塑性不良，则内应力将迅速超过断裂强度而导致开裂。M_s 以上，由于温度高及处于奥氏体状态，屈服强度低，塑性良好，热应力多表现为工件的变形；M_s 以下的马氏体量随温度降低而增多，塑性迅速下降，组织应力可达很高值，且可导致工件开裂。

1. 热应力的变化规律

在研究热应力时，为了把组织应力与热应力分开，选择不发生相变的钢，例如奥氏体钢，从加热温度直至室温均保持奥氏体状态。设加热温度为 T_0，均温(即心部与表面温度均达到 T_0)后迅速投入淬火介质中冷却，其心部和表面温度将按图 10-19 随着时间的延长而下降。

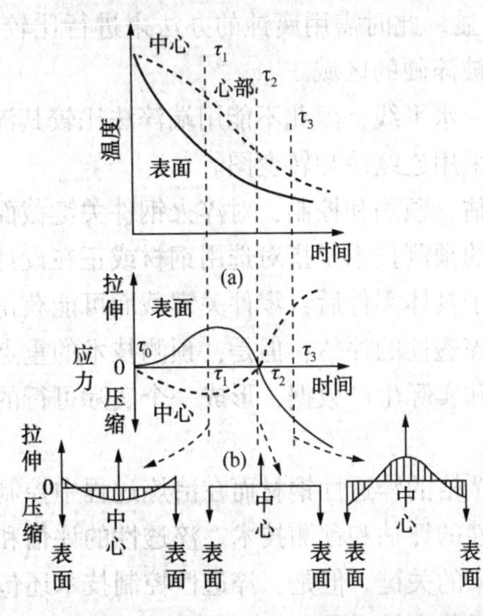

图 10-19 工件冷却时热应力变化示意图

在 τ_0 至 τ_1 时间内，工件表面与淬火介质的温度差别很大，散热很快，因而温度下降得很快，设下降到 T_1；心部靠工件内部温差由热传导方式散热，温度下降很慢，设下降到 T'_1；心部和表面产生很大的温差 $T_1-T'_1$。工件因温度下降导致体积收缩。表面部位温度低，收缩得多；心部温度下降得少，收缩得少。在同一工件上，因内外收缩量不同，则相互之间发生作用力。表面因受心部抵制收缩力而胀大，故表面产生拉应力；而心部则相反，产生压应力。当应力增大至一定值时，例如在 τ_1 时刻，由于此时温度比较高，材料屈服强度比较低，将产生塑性变形，松弛一部分弹性应力，其表面和心部应力如图10-19(a)所示。再继续冷却时，由于表面温度已较低，与介质间的热交换已较少，故温度下降得较慢。而心部由于与表面温差大，故流向表面的热流较大，温度下降得快。

因此，在τ_1至τ_2这段时间内，表面收缩得比较慢，比体积减得少；而心部由于温度下降得多，收缩得比较快，比体积减得多。至τ_2时有可能表面和心部的比体积差减少，相互胀缩的牵制作用减少，内应力减少。因为在τ_1时产生的塑性变形削去了部分内应力，因此在此时刻附近，有可能发生表面的温度虽仍低于心部，但此时内应力为零。再进一步冷却由τ_2至τ_3，表面和心部均达到室温。但由于τ_2时心部温度T'_2高于表面温度T_2，故在这段时间内心部收缩得比表面多。由于τ_2时工件内应力为零，此时将再次产生内应力，心部为拉应力，表面为压应力。因为此时温度很低，材料屈服强度较高，不发生塑性变形，内应力不会削减，此应力将残留于工件内。因此可以得出结论：淬火冷却时，由于热应力引起的残余应力表面为压应力，心部为拉应力。

综上所述，淬火冷却时产生的热应力系由于冷却过程中截面温度差所造成，冷却速度越大，截面温差越大，则产生的热应力越大。在相同冷却介质条件下，工件加热温度越高、尺寸越大、钢材热传导系数越小，工件内温差越大、热应力越大。在高温时若冷却不均匀，将会发生扭曲变形。在冷却过程中，当瞬时拉应力大于断裂强度时，将会产生淬火裂纹。但实际工件内部的应力状态较复杂，其动态变化过程的测定或计算都很困难，一般都测定最终残存于工件内部的残余应力。

图10-20为含碳0.3%，直径为44mm圆钢自700℃水冷后在室温时测定的轴向、径向和切向的热应力分布。由图可见，试样表面的轴向和切向应力均为压应力，中心为拉应力，且轴向应力大于切向应力，径向应力为拉应力，中心处最大。

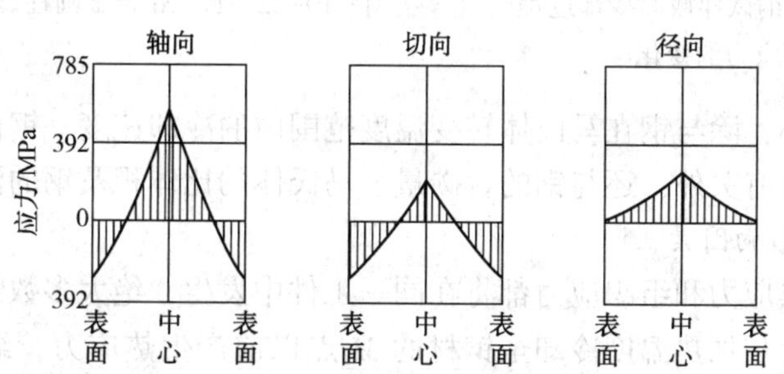

图10-20 含0.3%C，ϕ44mm圆柱试样700℃水冷的残余应力

2. 组织应力的变化规律

为了把热应力分开，选用“C”曲线很靠右的钢，以便从淬火加热温度以极缓慢的冷却速度降温至M_s点的过程中，不发生其他转变。因为冷却速度极慢，故在冷至M_s点时，工件内没有温差发生与存在，因而也无热应力的发生。到M_s点后，突然采用快冷，由于表面直接与淬火介质接触，冷却很快，而心部靠其与表面的温差以热传导方式散热，温度下降极慢，由开始冷却τ_0至τ_1时刻内，表面温度下降至M_s点以下的很大温度范围，则将有大量奥氏体转变成马氏体，因而比体积增大，而心部温度下降很少，奥氏体转变成马氏体数量很少，比体积变化不大。故发生与热应力变化开始阶段相类似，但应力类型恰好相反的情况，即表面

的膨胀受到心部的抑制，从而产生压应力，心部则受拉应力，如图 10-21 所示 τ_1处。

由于此时心部仍处于奥氏体状态，塑性较好，因此当应力超过其屈服强度时将产生塑性变形，削去部分内应力。再继续冷却，可用与热应力分析相类似的方法，相当于 τ_2处心部和表面内应力趋向零。再进一步冷却，由于心部和表面都有大量马氏体存在，屈强比提高，不易发生塑性变形，最后当心部和表面温度一致时，试样内仍残存着内应力。同样可以得出结论：由于组织应力所引起的残余内应力，其表面为拉应力，心部为压应力，如图 10-21 所示。

图 10-22 为含 16%Ni 的 Fe-Ni 合金圆柱试样(直径为 50mm)自 900℃缓冷至 330℃(M_s点附近)，再急冷至室温后的残余内应力。这种应力主要是组织应力。由图可见，由组织应力引起的残余应力：轴向、切向、表面为拉应力，且切向表面拉应力较轴向的大；径向为压应力，最大压应力在中心。

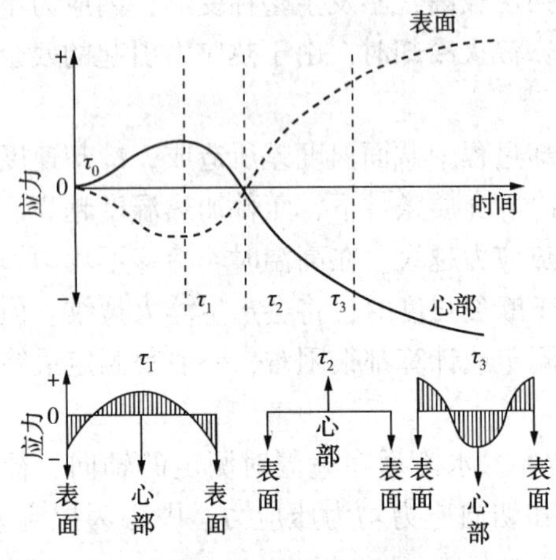

图 10-21　圆柱钢试样截面冷却过程中组织应力的变化

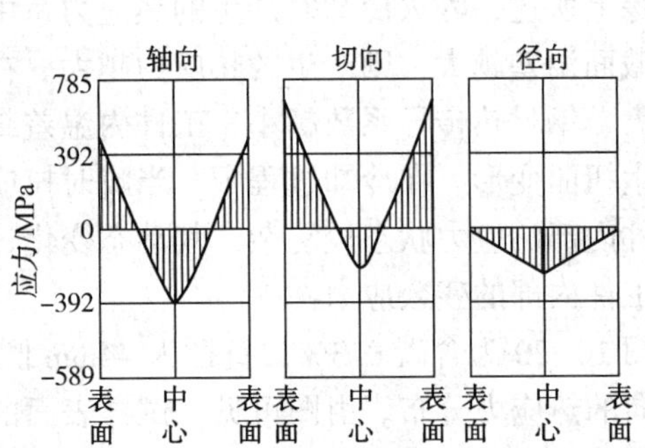

图 10-22　Fe-Ni 合金圆柱试样残余组织应力

组织应力的大小，除与钢在马氏体转变温度范围内的冷却速度、钢件尺寸、钢的导热性及奥氏体的屈服强度有关外，还与钢的含碳量、马氏体的比体积及钢的淬透性等有关。

3. 淬火应力及影响因素

工件淬火时，热应力和组织应力都将在同一工件中发生，绝大多数情况下同时发生。例如普通钢件淬火时，从加热温度冷却至钢材的 M_s点以前产生热应力，继续冷却时，热应力继续发生变化，与此同时，发生奥氏体向马氏体转变产生组织应力。因此，在实际工件上产生的应力是热应力与组织应力叠加的结果。但热应力与组织应力二者的变化规律恰好相反，因此如何恰当利用其彼此相反的特性以减少变形、开裂，是很有实际意义的。

影响淬火应力的因素主要有以下几点：

(1) 含碳量的影响

随着钢中含碳量的增加，马氏体比体积增大，淬火后组织应力应增加。但钢中含碳量(溶入奥氏体中)增加，使 M_s点下降，淬火后残余奥氏体量增加，因而组织应力下降。综合这两方面的相反作用效果，其趋势是随着含碳量增加，热应力作用逐渐减弱，组织应力逐渐增强。图 10-23 为含碳量对含 0.9%~1.2%Cr 钢圆柱(直径为 18mm)淬火试样残余应力的影响(加热温度 850℃，水淬)。

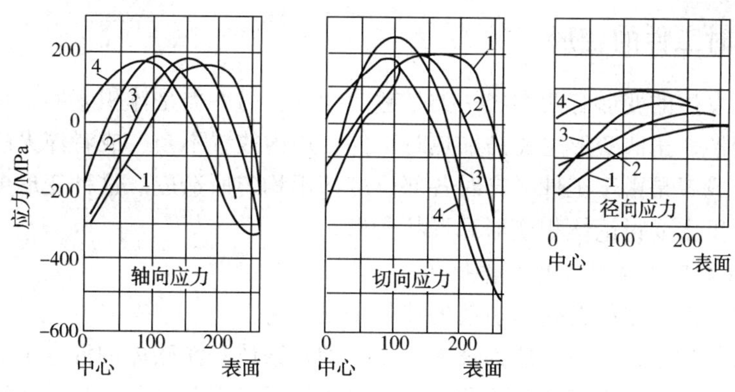

图 10-23 含碳量对圆柱体残余应力的影响

1—0.98%C；2—0.51%C；3—0.35%C；4—0.20%C

由图 10-23 可见，随着含碳量的增加，表面压应力值逐渐减小，拉应力值逐渐增大，而且拉应力值的位置越来越靠近表面。此外，随着含碳量的增加，孪晶马氏体数量增多，马氏体生长过程中有裂纹存在。这些均将导致高碳钢淬裂倾向性增大。

（2）合金元素的影响

钢中加入合金元素后，其热传导系数下降，导致热应力和组织应力增加。多数合金元素使 M_s 下降，这使热应力作用增强。凡增加钢的淬透性的合金元素，在工件没有完全淬透的情况下，有增强组织应力的作用。

（3）工件尺寸的影响

工件尺寸大小对内应力分布的影响，有两种情况：

① 完全淬透的情况

工件尺寸大小主要影响淬火冷却过程中截面的温差，当工件直径较小时，温差较小，热应力作用较小，应力特征主要为组织应力型；而在直径较大时，高温区的温差影响突出，热应力作用增强，因而工件淬火应力变成热应力型。所以，在完全淬透的情况下，随着工件直径的增大，淬火后残余应力将由组织应力型逐渐变成热应力型。

② 不完全淬透情况

在工件没有完全淬透的情况下，除了前述的热应力和组织应力外，由于组织不同，比体积不同，也将引起内应力。如仅考虑由于没有淬透而引起的应力，表面区马氏体比体积大，膨胀；而心部非马氏体比体积小，收缩，其结果是表面为压应力，心部为拉应力。由此可知，在未完全淬透情况下，所产生的应力特性是与热应力相类似的。且工件直径越大，淬硬层越薄，热应力特征越明显。

（4）淬火介质和冷却方法的影响

淬火介质的冷却能力，在不同工件冷却温度区间是不相同的，因而也影响淬火内应力的分布。冷却方法的影响也是如此：如果在高于 M_s 点以上的温度区域冷却速度快，而在温度低于 M_s 点区域冷却速度慢，为热应力型，反之则为组织应力型。因此在选择淬火介质时，在考虑其淬火烈度外，还要考虑其淬火冷却过程中不同温度区间的冷却能力。如此，通过合理地选择淬火介质及淬火冷却方法就可控制工件内应力，防止变形及开裂。

10.3.2 淬火时工件的变形

淬火时工件发生的变形有两类：一类是翘曲变形，另一类是体积变形。翘曲变形包括形状变形和扭曲变形。扭曲变形主要是加热时工件在炉内放置不当，或者淬火前经变形校正后没有定型处理，或者是由于工件冷却时各部位冷却不均匀所造成。这种变形可以针对具体情况分析解决，这里主要讨论体积变形和形状变形。

1. 引起各种变形的原因及其变化规律

(1) 由于淬火前后组织变化而引起的体积变形

工件在淬火前的组织状态一般为珠光体型，即铁素体和渗碳体的混合组织，而淬火后为马氏体型组织。由于这些组织的比体积不同，淬火前后将引起体积变化，从而产生变形。这种变形只按比例使工件胀缩，但不改变形状。

表 10-3 给出了碳钢各相的含碳量和比体积，表 10-4 给出不同含碳量碳钢组织变化时体积和尺寸的变化。

表 10-3　碳钢中各相的比体积

相组成	比体积/($cm^3 \cdot g^{-1}$)	相组成	比体积/($cm^3 \cdot g^{-1}$)
奥氏体	0.1212±0.033	渗碳体	0.130±0.001
马氏体	0.1271±0.00295	ε 碳化物	0.140±0.002
铁素体	0.1271	珠光体	0.1271±0.005

表 10-4　不同含碳量的碳钢组织变化时体积和尺寸的变化

组织变化	体积变化$\frac{V-V_0}{V_0}$/%	长度变化$\frac{L-L_0}{L_0}$/%
球化退火组织→奥氏体→马氏体	1.68	0.56
球化退火组织→奥氏体→下贝氏体	0.78	0.26
球化退火组织→奥氏体→上贝氏体(或珠光体)	0	0
马氏体→(0.25%C 马氏体+ε 碳化物)	0.22~0.88	0.07~0.29

(2)热应力引起的形状变形

热应力引起的形状变形发生在钢件屈服强度较低、塑性较高，而表面冷却快，工件内外温差最大的高温区。此时瞬时热应力为表面拉应力心部压应力。而此时心部温度高，屈服强度比表面低得多，易于变形。因此表现为在多向压应力作用下的变形，即立方体向呈球形方向变化。由此导致下述结果，即尺寸较大的一方缩小，而尺寸较小的一方则胀大，例如长圆柱体长度方向缩短，直径方向胀大。不同形状的零件热应力所引起的变化规律如图 10-24 所示。

(3) 组织应力引起的形状变形

组织应力引起的变形也产生在早期组织应力最大时刻。此时截面温差较大，心部温度较高，仍处于奥氏体状态，塑性较好，屈服强度较低。瞬时组织应力是表面压应力、心部拉应力。其变形表现为心部在多向拉应力作用下的拉长。由此导致的结果为：在组织应力作用下，工件中尺寸较大的一方伸长，而尺寸较小的一方缩短。例如长圆柱体组织应力引起的变形是长度伸长、直径缩小。不同形状的钢件组织应力引起的变形规律如图 10-24 所示。

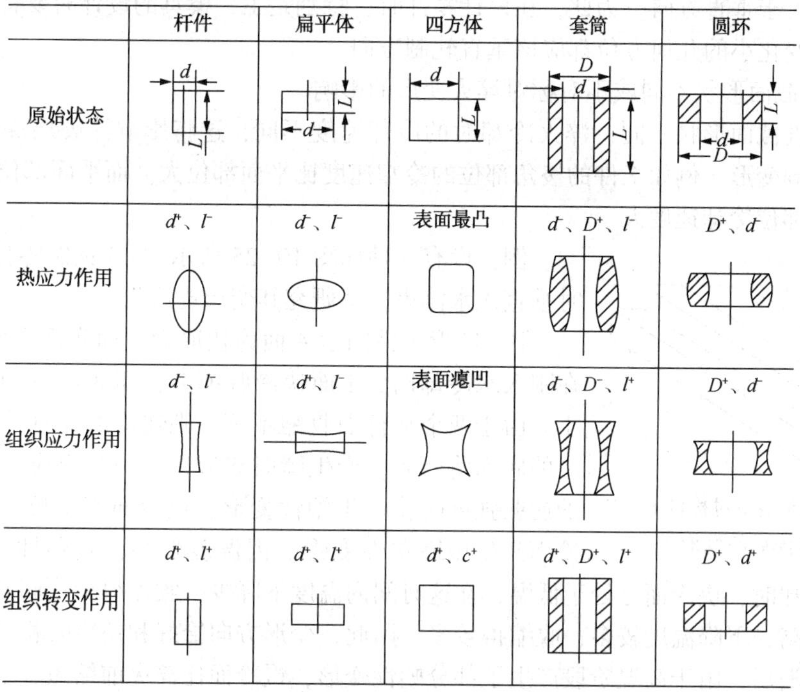

	杆件	扁平体	四方体	套筒	圆环
原始状态					
热应力作用	d^+、l^-	d^-、l^-	表面最凸	d^-、D^+、l^-	D^+、d^-
组织应力作用	d^-、l^-	d^+、l^-	表面瘪凹	d^-、D^-、l^+	D^+、d^-
组织转变作用	d^+、l^+	d^+、l^+	d^+、c^+	d^+、D^+、l^+	D^+、d^+

图 10-24　各种典型钢件的淬火变形规律

2. 影响淬火变形的因素

(1) 淬火前机械加工对变形的影响。当淬火工件进行机械加工时，由于各部分加工的程度不同，势必会造成工件一部分受到拉应力。而另一部分受到压应力。如果切削越多，这些应力也就越大，势必在淬火时发生变形。

(2) 淬火加热时对变形的影响。淬火工件在加热时，外部和截面不均匀的部位，必然会产生温度差。当温度差越大，产生的热应力也就越大。一般来说，加热温度过高、时间太长、速度过快、温度不均匀以及工件在加热炉中放置的位置不当，都将引起工件的变形。

(3) 淬火冷却对变形的影响。淬火冷却是热应力与组织应力发生最集中的工序。特别是当淬火剂不纯(如油中有水、水中有油，或者其他杂质存在)和冷却能力太强时，引起内应力更大，变形也就更严重。

(4) 钢的淬透性。若钢的淬透性较好，则可以使用冷却较为缓和的淬火介质，因而其热应力就相对较小；况且淬透性好，工件易淬透，其组织应力和比体积差效应的作用就相对较大，因而一般是以组织应力造成的变形为主。反之，若钢的淬透性较差，则热应力对变形的作用就较大。

(5) 影响体积变形和形状变形的因素。凡是影响淬火前后组织比体积变化的因素(诸如影响组成的各相的比体积及相对含量等)均影响体积变形；影响淬火应力的因素，都是影响形状变形的因素。

(6) 影响其他淬火变形的因素有以下几种：

① 夹杂物和带状组织对淬火变形的影响

由于钢中夹杂物和带状组织沿轧制方向分布，淬火变形就有方向性，沿着夹杂物方向的尺寸变化将大于垂直方向。为此，在设计零件时，特别是工、模具的设计时要特别注意，凡是要求尺寸变化小的几何方位都应该垂直轧制方向。

② 工件截面形状不同或不对称对淬火变形的影响

淬火工件截面形状不同，淬火冷却时的冷却速度不同，这将影响淬硬层深度及淬火应力，从而影响变形。例如工件的棱角部位的冷却速度比平面部位大。而平面部位的冷却速度又比凹槽等部位冷却速度大。

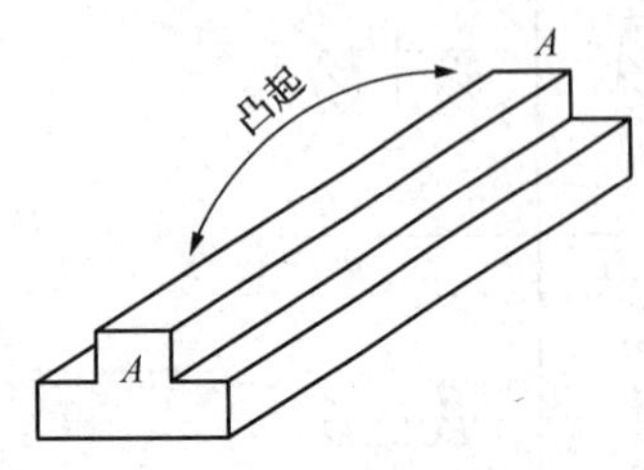

图 10-25　45 钢不对称件 820℃垂直淬后的变形

例：设有一种如图 10-25 所示的 45 钢制零件，在 820℃时垂直入水淬火，试研究其变形规律。

该“T”形工件图示 A 面为快冷面，而底面平面为慢冷面。在刚入水冷却时，A 面快冷收缩多，而底面冷却慢，收缩得小。由于两个平行面收缩不等，则快冷的 A 面将凹进，而慢冷的底面将凸起，产生瞬时热应力，当其内应力超过该材料的屈服强度时将产生塑性变形：快冷面产生拉长变形；而慢冷面产生压缩塑性变形。因温度较高，其塑性变形量较大。再进一步冷却时，快冷面已处于低温，在这时间内温度下降少，收缩得少。而慢冷面则由于原来温度较高，下降温度较多，收缩得较多。因此，变形方向恰好和快冷时相反。前后两种变形方向抵消后，由于高温阶段产生了部分塑性变形，慢冷面比淬火前缩短，不能回到原来形状，而此时温度已较低，屈服强度已明显提高，在此热应力作用下不足以引起塑性变形。如此前后变形结果，两面均冷到室温时，将使工件产生弯曲变形，即快冷面外凸，慢冷面内凹。这里没有考虑马氏体转变，即完全考虑的是热应力时的情况。显然，如果仅考虑组织应力，则变形的方向相反。

在工件完全淬透的情况下，应该同时考虑组织应力及热应力，要具体考虑不同温度区域的冷却速度，以及钢中含碳量。如该零件在水中淬火时，不能完全淬透，A 面不仅是快冷面，而且肉缘薄，因而能完全淬成马氏体，而底面则不仅是慢冷面，而且肉缘厚，只能部分淬成马氏体，由于快冷面全为马氏体，比体积大，故 A 面凸起，而热应力的变形规律也是快冷面 A 面凸起，故淬火结果为 A 面凸起变形。

由此得出结论，截面形状不对称零件在热应力作用下，快冷面凸起；在慢冷面未淬透情况下，变形仍是快冷面凸起，在慢冷面能淬透情况下，由零件淬火应力中起主导作用的应力特性而定，如组织应力起主导作用，慢冷面将凸起。

③ 淬火前残存应力及加热冷却不均匀对变形的影响

淬火前工件内残余应力没有消除，淬火加热装炉不当，淬火冷却不当均引起工件的扭曲变形。

3. 控制淬火工件变形的方法

(1) 设计零件时，应尽量避免截面的不均匀，并使各部分对称，尽量防止有太薄、太细、太长的部分。

(2) 淬火前施以消除内应力的低温退火。

(3) 淬火时加热温度不宜过高，时间不宜过长，速度不宜过快，并且保持工件各部分温度均匀一致。

(4) 保持淬火剂的纯净和淬火剂各部分温度的均匀一致，选择淬火剂时，只要能够达到临界冷却速度既可，不必采用过分强烈的冷却剂，并使工件在淬火剂中按一定方向做轻微的运动。

（5）采用变形不大的淬火方法，如双液淬火法、分级淬火法、等温淬火法或无变形淬火法等。

工件在淬火过程中，由于热应力与组织应力的双重作用，即使处处注意，尽量防止变形，但事实上变形是不可能完全避免的。因此，可以采用如下补救措施：

（1）加放模量。即把工件极易引起组织变形的部位尺寸放大一些，在淬火与回火后磨去。但这种方法不经济，因此尽量不采用。

（2）淬火过程中进行校直。在钢将要变硬而未变硬的极短时间内，即奥氏体向马氏体转变的过程中（高碳钢冷至200~300℃，高速钢冷至400~500℃），就可以迅速取出工件进行校直。但是，这种校直方法，需要淬火工人有十分熟练的技巧。因为从淬火剂中取出太早，不能淬硬，太迟则太脆。

（3）在回火过程中校直。工件在回火过程中，特别是回火温度较高时，工件的韧性和塑性都很好，所以校直容易，而且不会断裂，例如，圆钢片在回火的时候，可以在加热后用压床压平，以校直变形，或者用夹具夹紧后，再到回火炉中加热，待完全冷却后再松开夹具，工件的变形也可被校直。圆环形工件淬火后工件不成圆形时，可以用螺纹杆顶圆，放到炉子中加热到淬火温度，冷却后再松开，这样就可以恢复到原来的形状。

（4）用机械力冷压校直。变形的工件可用手压床或液压床进行校直，但这种方法只能用于淬火硬度不高和没有淬透的工件。

（5）锤击校直法。硬度相当高的工件，可用这种方法进行校直，即在弯曲的底处，用小锤频频敲打，使局部地方因受敲击力的作用，而向两边延展，这样弯曲便可校直。在锤击的时候，要把工件放在加工过的铁平板上，这种校直法在工件回火后进行为宜，但这种方法也有一个缺点，即工件锤击后留有斑点。

（6）热点校直法。用乙炔在弯曲的高处局部加热以校直工件。

10.3.3 淬火裂纹

工件淬火冷却时，如其瞬时内应力超过此时钢材的断裂强度，则将发生淬火裂纹。造成工件开裂的热处理应力主要包括热应力和组织应力。热应力主要造成变形，而组织应力主要造成开裂。当淬火形成的残余热应力大于钢的屈服极限时引起工件的变形；当残余组织应力大于钢的屈服极限会导致工件开裂。根据断裂韧性理论，脆性断裂是由微细的宏观裂纹的扩展引起的。由于材料在冶炼或者轧锻过程中往往不可避免地存在着微小的局部裂纹。只有当残余应力不超过有细微裂纹的钢的实际强度时才能保证淬火不开裂。在淬火过程中热应力和组织应力同时存在，作用相反。不容易淬透的大件，主要是热应力；容易淬透的小件，主要是组织应力。为了避免开裂，必须预防工件的拉应力。

因此产生淬火裂纹的主要原因是淬火过程中所产生的淬火应力过大。若工件内存在着非金属夹杂物，碳化物偏析或其他割离金属的粗大第二相，以及由于各种原因存在于工件中的微小裂纹，则当淬火应力过大时，也将由此而引起淬火裂纹。

1. 纵向裂纹

纵向裂纹是沿着工件轴向方向由表面裂向心部的深度较大的裂纹，常发生于钢件完全淬

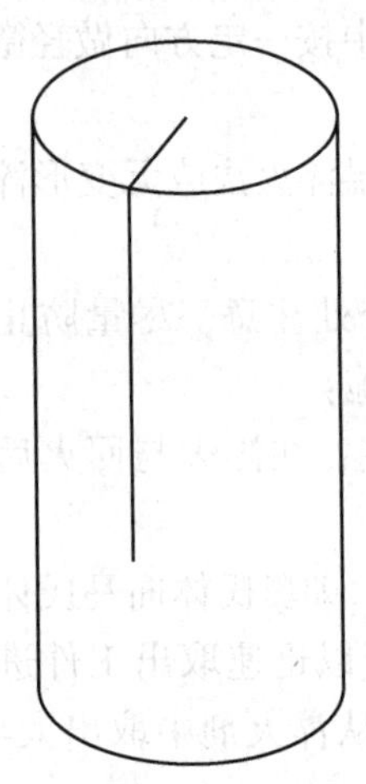
图 10-26　纵向裂纹

透的情况，也称为轴向裂纹，是由于淬火时组织应力过大，使最大切向拉应力大于材料断裂强度而产生的，其形状如图 10-26 所示。

当钢中有严重的带状碳化物偏析或沿纵向排列的非金属夹杂物时，会增大形成纵向裂纹的敏感性。带状夹杂物所在处，相当于即存裂纹，在淬火切向拉应力作用下，促进裂纹发展而成为宏观的纵向裂纹。这时如果把钢材沿纵向截取试样，分析其夹杂物，常可发现有带状夹杂物存在。

纵向裂纹也可能是淬火前既存裂纹在淬火时切向拉应力作用下扩展而成。这时如果垂直轴线方向截取金相试样观察附近情况，可以发现裂纹表面有氧化皮，裂纹两侧有脱碳现象。

2. *横向裂纹和弧形裂纹*

横向裂纹常发生于大型轴类零件上，如轧辊、汽轮机转子或其他轴类零件。其特点是垂直于轴线方向，由内往外断裂，往往在未淬透情况下形成，属于热应力所引起。大锻件往往存在着气孔、夹杂物、锻造裂纹和白点等冶金缺陷，这些缺陷作为断裂的起点，在轴向拉应力作用下断裂。

弧形裂纹也是由于热应力引起的，主要产生于工件内部或尖锐棱角、凹槽及孔洞附近，呈弧形分布，如图 10-27 所示。当直径或厚度为 80~100mm 以上的高碳钢制件淬火没有淬透时，表面呈压应力，心部呈拉应力，在淬硬层至非淬硬层的过渡区，出现最大拉应力，弧形裂纹就发生在这些地区。尖锐棱角处的冷却速度快，全淬透，在向平缓部位过渡时，同时也向未淬硬区过渡，此处出现最大拉应力区，因而出现弧形裂纹。由于销孔或凹槽部位或中心孔附近的冷却速度较慢，相应的淬硬层较薄，在淬硬过渡区附近拉应力也引起弧形裂纹。

3. *表面裂纹(或称网状裂纹)*

表面裂纹是一种分布在工件表面的深度较小的裂纹，其深度一般为 0.01~1.5mm 左右。裂纹分布方向具有任意性而与工件形状无关，但与裂纹深度有关，如图 10-28 所示。当工件表面由于某种原因呈现拉应力状态，且表面材料的塑性又很小，在拉应力作用下不能发生塑性变形时就出现这种裂纹。例如高碳和合金工具钢表面脱碳件，淬火时表层的马氏体因含碳量低，其比体积比与其相邻的内层马氏体的小，因而脱碳的表面层呈现拉应力。拉应力值达到或超过钢的破断抗力时，则在脱碳层形成表面裂纹。

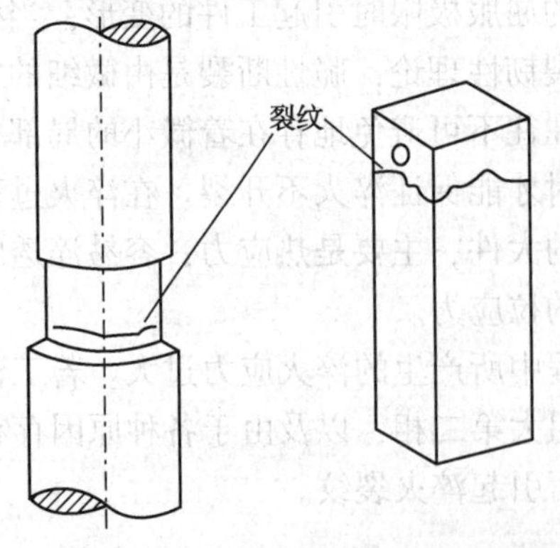

图 10-27　横向裂纹与弧形裂纹

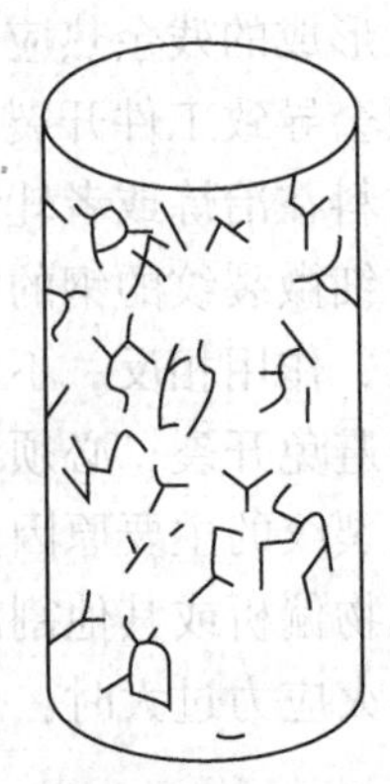
图 10-28　网状裂纹

造成开裂的主要因素：

(1) 工件在淬火冷却过程中，钢的内部未冷透时，其内外温差还很大时就中断了冷却；

(2) 工件表面有严重的缺陷，例如冷加工时留下的伤痕；

(3) 淬火后，未立即回火，而长时间摆放在一边；

(4) 淬火操作或淬火方法不符合工艺规范；

(5) 由于第一次淬火不符合要求，重淬前，没有进行退火处理。

防止裂纹的措施：

(1) 当工件淬火冷却时，在冷透前不中断冷却，特别是在马氏体开始转变到转变终了之间，应使其慢慢冷却；

(2) 避免加热时过热和晶粒粗大，采用热浴淬火和等温淬火法，在 M_s 点以上的温度放在热浴中淬火，待零件的内外达到同一温度后空冷；

(3) 把工件的“尖角”处用耐火黏土、金属丝或石棉线缠绕，零件有孔眼时，应填以耐火黏土和石棉；

(4) 淬火后应立即回火，去除应力；

(5) 当零件需要二次以上淬火时，必须有中间的退火工序；

(6) 控制原材料质量，合理选择预热改善组织；

(7) 改变工件设计，截面过度，圆角合理化。

实际钢件淬火裂纹的产生原因及分布形式是很多的，有时可能是几种形式的裂纹交织在一起出现。则应根据具体问题分析产生原因，确定有效地防止措施。

10.4 钢的淬火工艺规范及应用

淬火工艺规范包括淬火加热方式、加热温度、保温时间、冷却介质及冷却方式等。

确定工件淬火规范的依据是工件图纸及技术要求、所用材料牌号、相变点及过冷奥氏体等温或连续冷却转变曲线、端淬曲线、加工工艺路线及淬火前的原始组织等。只有充分掌握这些原始材料，才能正确地确定淬火工艺规范。

10.4.1 淬火前准备

(1) 检查工件表面，不允许有碰伤、裂纹、锈斑、油垢及其他脏物存在，油垢可用碱煮洗，锈斑可用喷砂或冷酸清洗。

(2) 准备淬火所用的工具，检查设备是否完好。

(3) 检查控温仪表指示是否正确。

(4) 工件形状复杂时，其中有不需要淬硬的孔眼、尖角或厚度变化大的地方，为了防止变形和淬裂的危险，均应采用堵塞或缠绕石棉的方法，使工件各部分加热及冷却温度均匀。

(5) 要求工件表面不允许有氧化脱碳现象，要用硼砂酒精溶液涂盖。

10.4.2 淬火加热方式及加热温度的确定原则

淬火一般是最终热处理工序，应采用保护气氛加热或盐炉加热。只有一些毛坯或棒料的调质处理(淬火、高温回火)可以在普通空气介质中加热。因为调质处理后尚须机械切削加工，可以除去表面氧化、脱碳等加热缺陷。但是随着少、无切削加工的发展，调质处理后仅是一些切削加工量很小的精加工，因而也要求无氧化、脱碳加热。

加热介质不同则加热速度不同，因而保温时间也随之不同。在一般生产中，以铅浴炉加热速度为最快，盐浴炉次之，空气电阻炉为最慢。淬火加热一般是热炉装料，但对工件尺寸较大，几何形状复杂的高合金钢制工件，应该根据生产批量的大小，采用预热炉(周期作业)预热，或分区(连续炉)加热等方式进行加热。

淬火加热温度，主要根据钢的相变点来确定。对亚共析钢，一般选用淬火加热温度为$A_{c_3}+(30\sim50)$℃，共析钢、过共析钢则为$A_{c_1}+(30\sim50)$℃。

对亚共析钢来说，若加热温度低于A_{c_1}，则加热状态为奥氏体与铁素体二相组成，淬火冷却后铁素体保存下来，使得零件淬火后硬度不均匀，强度和硬度降低。由于这种组织上的不均匀性，还可能影响回火后的机械性能。比A_{c_3}点高30~50℃是为了使工件心部在规定加热时间内保证达到A_{c_3}点以上的温度，铁素体能完全溶解于奥氏体中，奥氏体成分比较均匀，晶粒又不至于粗大。

对过共析钢来说，淬火加热温度在$A_{c_1}\sim A_{c_{cm}}$之间时，加热状态为细小奥氏体晶粒和未溶解碳化物(渗碳体)，淬火后得到隐晶马氏体和均匀分布的球状碳化物。这种组织不仅有高的强度和硬度、高的耐磨性，而且也有较好的韧性。如果淬火加热温度过高，碳化物溶解，奥氏体晶粒长大，淬火后得到片状马氏体(孪晶马氏体)，其显微裂纹增加，脆性增大，淬火开裂倾向也增大。由于碳化物的溶解，奥氏体中含碳量增加，淬火后残余奥氏体量增多，钢的硬度和耐磨性降低。高于A_{c_1}点30~50℃的目的和亚共析钢类似，是为了保证工件内各部分温度均高于A_{c_1}。

确定淬火加热温度时，还应考虑工件的形状、尺寸、原始组织、加热速度、冷却介质和冷却方式等因素。

在工件尺寸大、加热速度快的情况下，淬火温度可选得高一些。加热速度快，工件温差大，也容易出现加热不足。另外，加热速度快，起始晶粒细，也允许采用较高加热温度，在这种情况下，淬火温度可取$A_{c_3}+(50\sim80)$℃，对细晶粒钢有时取$A_{c_3}+100$℃。对于形状较复杂，容易变形开裂的工件，加热速度较慢，淬火温度取下限。

考虑原始组织时，如先共析铁素体比较大，或珠光体片间距较大，为了加速奥氏体均匀化过程，淬火温度取得高一些。对过共析钢，为了加速合金碳化物的溶解，以及合金元素的均匀化，也应采取较高的淬火温度。例如高速钢的A_{c_1}点为820~840℃，淬火加热温度高达1280℃。

考虑选用淬火介质和冷却方式时，在选用冷却速度较低的淬火介质和淬火方法的情况下，为了增加过冷奥氏体的稳定性，防止由于冷却速度较低而使工件在淬火时发生珠光体型转变，常取稍高的淬火加热温度。

在实际生产中选择淬火温度时，除必须遵守上述一般原则外，还允许根据一些具体情况，适当地做些调整。例如：

(1) 如欲增大淬硬层深度，可适当提高淬火温度；在进行等温淬火或分级淬火时也常常采取这种措施，因为热浴的冷却能力较低，这样做有利于保证工件淬硬(如T10A钢的普通淬火温度为770~790℃，而在硝盐浴分级淬火时常取800~820℃）。

（2）如欲减少淬火变形，淬火温度应适当降低；当采用冷却能力较强的淬火介质时，为减少变形，也可适当降低温度（如水淬时应比油淬时的淬火温度低10~20℃）。

（3）当原材料有较严重的带状组织时，淬火温度应适当提高。

（4）高碳钢的原始组织为片状珠光体时，淬火温度应适当降低（尤其是共析钢），其片状渗碳体比球化体中的渗碳体更易于溶入奥氏体中。

（5）尺寸小的工件，淬火温度应适当降低，因为小工件加热快，如淬火温度高，可能在棱、角等处会引起过热。

（6）对于形状复杂、容易变形或开裂的工件，应在保证性能要求的前提下尽可能采用较低的淬火温度。

10.4.3 淬火加热时间的确定原则

淬火加热时间应包括工件整个截面加热到预定淬火温度，并在该温度下完成组织转变、碳化物溶解和奥氏体成分均匀化所需的时间。因此，淬火加热时间包括升温和保温两段时间。在实际生产中，只有大型工件或装炉量很多情况下，才把升温时间和保温时间分别进行考虑。一般情况下把升温和保温两段时间通称为淬火加热时间。

在具体生产条件下，淬火加热时间常用经验公式（10-1）计算，通过试验最终确定。

$$\tau=\alpha\cdot K\cdot D \tag{10-1}$$

式中 τ——加热时间，min；

α——加热时间系数，min/mm；

K——工件装炉方式修正系数；

D——零件有效厚度，mm。

加热时间系数α表示工件单位厚度需要的加热时间，其大小与工件尺寸、加热介质和钢的化学成分有关，如表10-5所示。

装炉方式修正系数K是考虑装炉的多少而确定的。装炉量大时，K值也应取得较大，一般由实验确定。

表10-5 常用钢的加热时间系数

工件材料	工件直径/mm	<600℃ 箱式炉	750~850℃ 盐炉中加热或预热	800~900℃ 箱式炉或井式炉	1100~1300℃ 高温盐炉
碳钢	≤50	—	0.3~0.4	1.0~1.2	—
	>50		0.4~0.5	1.2~1.5	
合金钢	≤50	—	0.45~0.50	1.2~1.5	—
	>50		0.50~0.55	1.5~1.8	
高合金钢	—	0.35~0.40	0.30~0.35	—	0.17~0.2
高速钢	—	—	0.30~0.35	0.65~0.85	0.16~0.18

工件有效厚度D的计算，可如图10-29所示进行。

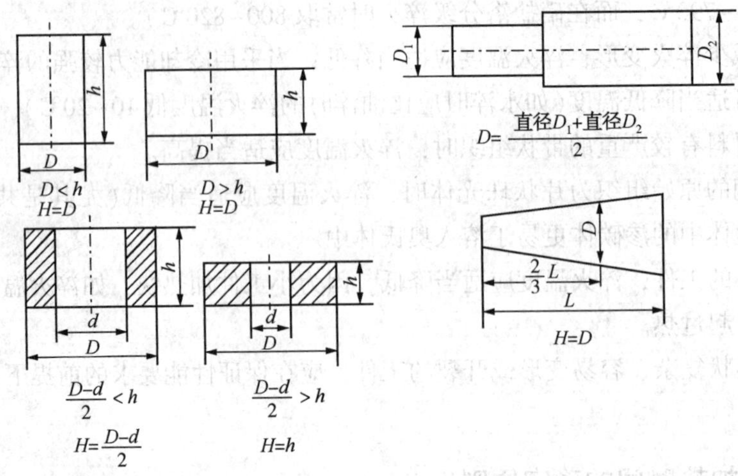

图 10-29 工件有效厚度的计算举例

10.4.4 淬火介质及冷却方式的选择与确定

淬火介质的选择，首先应按工件所采用的材料及其淬透层深度的要求，根据该种材料的端淬曲线，通过一定的图表来进行选择。若仅从淬透层深度角度考虑，凡是淬火烈度大于按淬透层深度所要求的淬火烈度的淬火介质都可采用。但从淬火应力变形开裂的角度考虑，淬火介质的淬火烈度越低越好。综合这两方面的要求，选择淬火介质的首要原则是在满足工件淬透层深度要求的前提下，选择淬火烈度最低的淬火介质。

结合过冷奥氏体连续冷却转变曲线及淬火本质选择淬火介质时，还应考虑其冷却特性：在相当于被淬火钢的过冷奥氏体最不稳定区有足够的冷却能力，而在马氏体转变区其冷却速度却又很缓慢。

一般来说，工件淬入淬火介质时应采用下述操作方法：(1)厚薄不均的工件，厚的部分先淬入；(2)细长工件一般应垂直淬入；(3)薄而平的工件应侧放立着淬入；(4)薄壁环状零件应沿其轴线方向淬入；(5)具有闭腔或盲孔的工件应使腔口或孔向上淬入；(6)截面不对称的工件应以一定角度斜着淬入，以使其冷却比较均匀。

实际上很难找到同时满足上述这些要求的淬火介质，在实践中常把淬火介质的选择与冷却方式的确定结合起来考虑。常用钢的淬火加热温度范围及冷却介质如表 10-6 所示。

表 10-6 常用钢的淬火加热温度范围及冷却介质

钢号	加热温度/℃	冷却介质	钢号	加热温度/℃	冷却介质
45	820~840 840~860	盐水 碱浴	T7~T12 T7A~T12A	780~800 810~830	盐水、碱浴、硝盐
40Cr	850~870	油	9Mn2V	780~800 900~810	油、碱浴、硝盐
60Mn	800~820	油	9CrWMn CrWMn	810~830 820~840	油、碱浴、硝盐
40SiCr	900~920	油或水	GCr15	830~850 840~860	油、碱浴、硝盐

续表

钢号	加热温度/℃	冷却介质	钢号	加热温度/℃	冷却介质
35CrMo	850~870	油或水	9SiCr 60Si2A	850~870 860~880	油、碱浴、硝盐
60Si2	850~870 880~900	水或油 油	5CrMnMo	830~850	油
50CrMnVA	850~880	油	5CrNiMo	840~860	油
55Si2	840~860	油	3Cr2W8A	1050~1100 1100~1150	油 油
18CrNiMoA	860~890	油	Cr12	960~980 1050~1100	油或硝盐分级 油或硝盐分级
18CrNiW	800~830	盐浴	Cr12MoV	1020~1050 1100~1150	油或硝盐分级 油或硝盐分级
20CrMnTi	830~850	油	W6Mo5Cr4V2	1000~1100 1180~1220	盐浴分级 盐浴分级
13Ni2A	760~800	油	W18Cr4V	1000~1100 1260~1280	盐浴分级 盐浴分级
40CrNiMoA	820~840	油	Cr9Si2	1040~1060	油

10.4.5 淬火方法及其应用

1. 单液淬火法

将奥氏体化后的工件淬入一种淬火介质，使其完全冷却，是最简单的淬火方法。这种方法常用于形状简单的碳钢和合金钢工件。对碳钢而言，直径大于3~5mm的工件应于水中淬火，更小的可在油中淬火。对各种牌号的合金钢，则以油为常用淬火介质。

由过冷奥氏体转变(等温或连续冷却)动力学曲线看出，过冷奥氏体在A_1点附近的温度区是比较稳定的。在整个冷却过程中，工件表面与中心的温差较大，这会造成较大的热应力和组织应力，从而易引起变形和开裂。但这种淬火方法简便、经济，易于掌握，故广泛用于形状简单的工件淬火。为了减少工件与淬火介质之间的温差，减小内应力，可以把欲淬火工件在淬入淬火介质之前，先在空气中或其他缓冷淬火介质中预冷一段时间。这种方法叫“预冷淬火法”。

2. 双介质淬火法

将奥氏体化后的工件，先浸入冷却能力强的淬火介质，冷却至接近M_s点，然后转入冷却能力较弱的淬火介质中冷却，这种方法称为双介质淬火。一般用水作快冷淬火介质，用油或空气作慢冷淬火介质。该方法有比较理想的淬火冷却速度，既保证了获得较高的硬度层和淬硬层深度，又可减少内应力及防止发生淬火开裂。

该方法也有其缺点：对于各种工件很难确定其应在快冷介质中停留的时间，而对于同种工件，时间也难控制。在水中冷却时间过长，将使工件某些部分冷到M_s点以下，发生马氏体转变，结果可能导致变形和开裂。反之，如果在水中停留的时间不够，工件尚未冷却到低于奥氏体最不稳定的温度，发生珠光体型转变，导致淬火硬度不足。

还应注意：当工件自水中取出后，由于心部温度总是高于表面温度，若取出过早，心部储存的热量过多，将会阻止表面冷却，使表面温度回升，致使已淬成的马氏体回火，未转变的奥氏体发生珠光体或贝氏体转变。

双介质淬火法的关键是控制工件的水冷时间。此法多用于碳素工具钢及大截面合金工具钢要求淬硬层较深的零件。对碳素工具钢，厚度在5~30mm时一般以每3~4mm有效厚度在水中停留1s估算。形状复杂的工件或合金钢工件以每4~5mm在水中停留1s估算。大截面合金工具钢可按每1mm有效厚度停留1.5~3s计算。

还有一种常用的中断淬火法，即把工件从奥氏体化温度直接淬入水中，保持一定时间后，取出在空气中停留，由于心部热量的外传使表面又被加热回火，同时沿工件截面温差减小，然后再将工件淬入水中保持很短时间，再取出在空气中停留，如此往复数次，最后在油中或空气中冷却。这种方法主要用于碳钢制的大型工件，以减少在水中淬火时的内应力。显然这种方法不能得到很高的硬度。

3. 喷射淬火法

这种方法就是向工件喷射水流的淬火方法。水流可大可小，视所要求的淬火深度而定。此法不会在工件表面形成蒸汽膜，能够保证得到比普通水中淬火更深的淬硬层。为了消除因水流之间冷却能力不同所造成的冷却不均匀现象，水流应细密，工件最好同时上下运动或旋转。这种方法主要用于局部淬火。用于局部淬火时，因未经水冷的部分冷却较慢，为了避免已淬火部分受未淬火部分残留热量的影响，工件一旦全黑，立即将整个工件淬入水中或油中。

4. 分级淬火法

分级淬火有两种工艺，一种是把奥氏体化的工件淬入温度稍高于M_s点的淬火介质中冷却，直至工件各部分温度达到淬火介质的温度，然后取出在空气中冷至室温，发生马氏体转变。这种方法减少了马氏体转变时截面上的温度差，热应力降低，还由于工件各部分温度趋于匀匀，使马氏体转变的不同时现象也减少，但会增加残余奥氏体的数量。操作时要注意分级保温时间不能超过贝氏体转变的孕育期。另一种是将奥氏体化后的工件淬入温度在M_s点以下的盐浴或油浴中并停留一段时间，可以使已转变的马氏体回火，并使截面上温度趋于均匀，然后取出在缓冷条件下继续进行马氏体转变，残余奥氏体量也有所增大。

分级淬火工艺的关键是分级盐浴的冷速一定要大于临界淬火冷却速度，并且使淬火零件保证获得足够的淬硬层深度。

淬透性较好的钢可选择比M_s点稍高的分级温度[$>M_s+(10\sim30)$℃]，要求淬火后硬度较高，淬透层较深的工件应选择较低的分级温度，较大截面零件的分级温度要取下限[$<M_s-(80\sim100)$℃]；各种碳素工具钢和合金工具钢($M_s=200\sim250$℃)淬火时，分级温度选择在250℃附近，但更经常选用120~150℃，甚至100℃。

分级保持时间主要取决于零件尺寸，截面小的零件一般在分级盐浴内停留1~5min即可。经验上分级时间可按$30+5d$(s)来估计，其中d为零件有效厚度(单位：mm)。

分级后处于奥氏体状态的工件，具有较大的塑性(相变超塑性)，因而创造了进行工件矫直和矫正的条件，这对工具有特别重要的意义。因而高于M_s点分级温度的分级淬火，广泛地应用于工具制造业。对碳钢来说，这种分级淬火适用于直径8~10mm工具。

若分级淬火温度低于 M_s 点，因工件自淬火剂中取出时，已有一部分奥氏体转变成马氏体，上述奥氏体状态下的矫直就不能利用。但这种方法用于尺寸较大的工件(碳钢工具可达10~15mm 直径)时，不引起应力及淬火裂纹，故仍被广泛利用。

5. 等温淬火法

将奥氏体化后的工件以大于临界冷却速度冷却到下贝氏体转变区，然后在此温度范围内等温停留，直至贝氏体转变结束，获得下贝氏体组织，然后空冷到室温，这种工艺称为等温淬火。等温淬火与分级淬火的区别在于前者获得下贝氏体组织，而后者获得马氏体。等温淬火用的淬火介质与分级淬火相同。

进行等温淬火的目的是为了获得变形少、硬度较高并兼有良好韧性的工件。因为下贝氏体的硬度较高而韧性又好，在等温淬火时冷却又较慢，贝氏体的比体积也比较小，热应力、组织应力均很小，故形状变形和体积变形也较小。

等温温度主要由钢的"C"曲线及工件要求的组织性能而定。等温温度越低，硬度越高。比体积增大，体积变形也相应增加。因此，调整等温温度可以改变淬火钢的机械性能和变形规律。一般认为在 M_s~(M_s+30)℃温度区间等温可获得良好的强度和韧性。

等温时间可根据心部冷却至等温温度所需时间再加"C"曲线在该温度完成等温转变所需时间而定。

等温后，一般采用空冷，以减少淬火应力。零件较大、要求淬硬层较深时可考虑油冷或喷雾冷却。

等温淬火后的回火温度应低于等温温度。

6. 预冷淬火法

预冷淬火法是将加热好的工件，自炉中取出后在空气中预冷一定时间，使工件的温度降低一些，再置于淬火介质中进行冷却的一种淬火方法。

除在空气中预冷外，有时也采取水预冷、油预冷以及擦水、擦油等方法。

预冷可减小工件在随后快冷时各处(薄处与厚处，或表面与心部)之间的温度差，降低淬火变形和开裂的倾向。

把上述几种淬火方法画在过冷奥氏体等温转变曲线上，如图 10-30 所示。图中 a 为单液淬火；b 为双液淬火，转折点为由水冷转为油冷的温度；c 为分级淬火；d 为等温淬火。

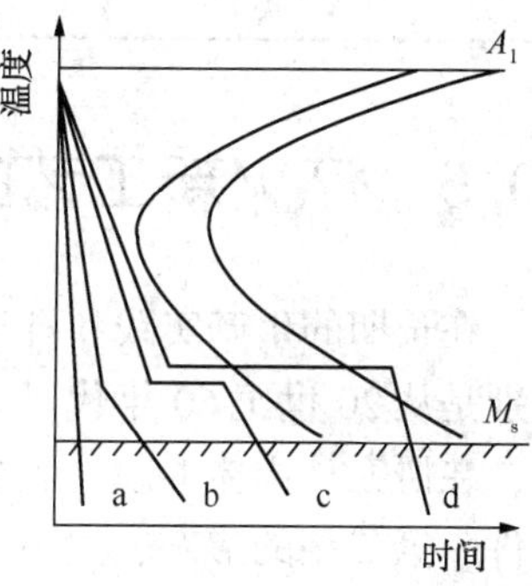

图 10-30 "C"曲线上表示不同淬火方法的冷却曲线

a—单液淬火；b—双液淬火；c—分级淬火；d—等温淬火

10.4.6 淬火工艺检验

1. 外观检验

工件表面不允许有裂纹和有害的伤痕(必要时可用磁粉探伤或其他无损检测方法检测)。锻造余热淬火工件，表面不能有折痕等缺陷。

2. 表面硬度

硬度必须满足技术要求，根据不同类型的工件，不能超过表 10-7 所示表面硬度的误差范围。

表 10-7　表面硬度误差范围

淬回火件硬度要求范围	表面硬度误差范围/HRC					
	单件			同一批件		
	<35	35~50	>50	<35	35~50	>50
特殊重要件	3	3	3	5	5	5
重要件	4	4	4	7	6	6
一般件	6	5	5	9	7	7

3. 金相组织

(1) 中碳钢和中碳合金结构钢淬火后一般应得到马氏体。

(2) 高碳工具钢和高碳低合金工具钢(包括轴承钢)正常淬火组织是均匀分布的未溶碳化物+隐晶马氏体(或少量细片状马氏体)。

(3) 高速钢淬火通常以晶粒度控制淬火质量。

4. 畸变

淬火回火的畸变允许值不得超过表 10-8 的规定。

表 10-8　淬火回火的畸变允许值

类型	每米允许弯曲最大值/mm	备　注
1类	0.5	以成品为主
2类	5	以毛坯为主
3类	不要求	成品或毛坯

10.5　淬火新工艺的发展与应用

在长期的生产实践和科学实验中，人们对金属内部组织状态变化规律的认识不断深入。特别是从 20 世纪 60 年代以来，透射电镜和电子衍射技术的应用，各种测试技术的不断完善，在研究马氏体形态、亚结构及其与力学性能的关系，获得不同形态及亚结构的马氏体的条件，第二相的形态、大小、数量及分布对力学性能影响等方面，都取得了很大的进展。随之也发展了许多淬火新工艺。

10.5.1　奥氏体晶粒超细化淬火

获得超细奥氏体晶粒有三种途径：

第一种是采用具有极高加热速度的新能源，如大功率电脉冲感应加热、电子束、激光加热，由于加热速度极高，可以增加结晶形核的核心，而且形成的奥氏体晶核来不及长大，从而得到超细化的奥氏体晶粒。

第二种是采用奥氏体逆相变的方法，即将零件奥氏体后淬火得到马氏体组织，然后又以较快速度重新加热到奥氏体化温度。由于加热速度快，可在淬火马氏体中形成细小的球状奥氏体，一定条件下还可能在板条马氏体边界形成细小的针状奥氏体。往返循环加热数次，可以得到很细的奥氏体晶粒。

第三种方法是在奥氏体和铁素体两相区交替循环加热淬火。钢经过 $\alpha \to \gamma \to \alpha$ 多次相变重结晶可使晶粒不断细化。例如 45 钢，在 815℃的铅浴中反复加热淬火 4~5 次，可使奥氏体晶粒由 6 级细化到 12~15 级；又如 20CrNi9Mo 钢，用 3000Hz、200kW 中频感应加热，以 11℃/s 的速度加热到 760℃，然后水淬，σ_s 由 960MPa 增加到 1215MPa，σ_b 由 1107MPa 增加到 1274MPa，而延伸率保持不变，均为 18%。

10.5.2 碳化物超细化淬火

1. 高温固溶碳化物的低温淬火

将钢加热到高于正常淬火温度，使碳化物充分溶解，然后在低于 A_{r_1} 的中温范围内保温或直接淬火后于 450~650℃ 回火，析出极细碳化物相，然后再于低温（稍高于 A_{c_1}）加热淬火。

2. 调质后再低温淬火

高碳工具钢先调质可使碳化物均匀分布，而后进行低温加热淬火，可以显著改善淬火钢中未溶碳化物的分布状态，提高韧性。这种工艺已成功应用于冷冲模的热处理。

10.5.3 亚温淬火

在普通淬火与回火之间插入一次或多次在 A_{c_1}~A_{c_3} 之间的温度加热的淬火，称为亚温淬火，意即比正常淬火温度低的温度下淬火。其目的是提高冲击韧性值，降低冷脆转变温度及回火脆倾向性。

对 25NiCr2Mo 转子钢采用亚温淬火工艺，不仅提高了回火后的韧性，降低了回火脆性及冷脆转变温度，而且消除了回火脆性状态的晶间断裂倾向。

有人研究了直接应用亚温淬火（不是作为中间处理的再加热淬火）时淬火温度对 45、40Cr 及 60Si2 钢力学性能的影响，发现在 A_{c_1} 到 A_{c_3} 之间的淬火温度对力学性能的影响有一极大值。在 A_{c_3} 以下 5~10℃处淬火时，硬度、强度及冲击值都达到最大值，且略高于普通正常淬火，而在稍高于 A_{c_1} 的某个温度淬火时冲击值最低。分析认为这是由于淬火组织为大量铁素体及高碳马氏体之故。

显然，亚温淬火对提高韧性，消除回火脆性有特殊重要的意义。它既可在预淬火后进行，也可直接进行。为了保证足够的强度，并使残余铁素体均匀细小，亚温淬火温度以选在稍低于 A_{c_3} 的温度为宜。

10.5.4 等温淬火

近年来的大量实践证明，在同等硬度或强度条件下，等温淬火的韧性和断裂韧性比淬火低温回火的高。因此，人们在工艺上发展了不少等温淬火的方法。

1. 预冷等温淬火

该法采用两个温度不等的盐浴，工件加热后，先在温度较低的盐浴中进行冷却。然后转入等温淬火浴槽中进行下贝氏体转变，再取出后空冷。该法适用于淬透性较差或尺寸较大的工件。用低温盐浴预冷以增加冷却速度，避免自高温冷却时发生部分珠光体或上贝氏体转变。例如(0.3~0.5)%C-0.5%Mn 钢制 3mm 厚的收割机刀片，用普通等温淬火硬度达不到要求，而改用先在250℃盐浴中冷却30s，然后移入320℃盐浴中保持30min，则达到要求。

2. 预淬等温淬火

将加热好的工件先淬入温度低于 M_s 点的热浴以获得>10%的马氏体，然后移入等温淬火槽中等温进行下贝氏体转变，取出空冷，再根据性能要求进行适当的低温回火。当预淬中获得的马氏体量不多时，也可以不进行回火。

该法是利用预淬所得的马氏体对贝氏体的催化作用，来缩短贝氏体等温转变所需时间。适用于某些合金工具钢下贝氏体等温转变需要较长时间的场合。

图10-31为CrWMn钢制精密丝杠预淬等温淬火工艺。由加热油淬至160~200℃，并热校直至80~100℃时，马氏体转变约为50%，塑性尚好，其余50%过冷奥氏体在230~240℃等温转变。这样处理，显著减少了淬火应力，防止了淬火裂纹和磨削裂纹，残余奥氏体量也由普通油淬的17%降至5%，韧性提高一倍，尺寸变化减少。

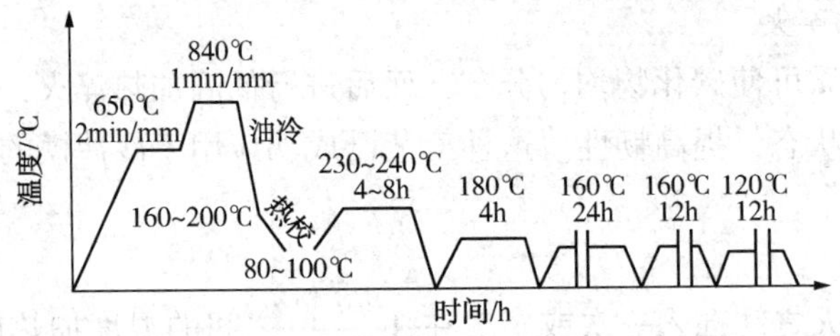

图10-31　CrWMn钢精密丝杠预淬等温淬火工艺

3. 分级等温淬火

在进行下贝氏体等温转变之前，先在中温区进行一次(或二次)分级冷却的工艺。该种工艺可减少热应力及组织应力，工件变形开裂倾向性小，同时还能保持强度、塑性的良好配合，适合于高合金钢(如高速钢等)复杂形状工具的热处理。

10.5.5　其他淬火方法

此外，尚有液氮淬火法，即将工件直接淬火-196℃的液态氮中。因为液氮的汽化潜热较小，仅为水的十一分之一，工件淬入液氮后立即被气体包围，没有普通淬火介质冷却的三个阶段，因而变形、开裂较少，冷速比水大五倍。液氮淬火可使马氏体转变相当完全，残余奥氏体量极少，可以同时获得较高的硬度、耐磨性及尺寸稳定性。但成本较高，只适用于形状复杂的零件。

流态化床淬火的应用也日益广泛。因其冷却速度可调(相当于空气到油的冷却能力)，且在表面不形成蒸汽膜。故工件冷却均匀，挠曲变形小。由于冷却速度可在相当于空冷至油冷的范围内调节，因而可实现程序控制冷却过程。它可以代替中断淬火、分级淬火等规程来处理形状复杂、变形要求严格的重要零件及工、模具。

10.6　淬火缺陷及其预防

钢件在淬火时最常见的缺陷有淬火变形、开裂、氧化、脱碳、硬度不足或不均匀，表面腐蚀、过烧、过热及其他按质量检查标准规定金相组织不合格等。

1. 淬火变形、开裂

淬火变形、开裂成因如前所述，预防变形、开裂时还应该注意：

（1）尽量做到均匀加热及正确加热

① 工件形状复杂或截面尺寸相差悬殊时，常产生加热不均匀而变形，要制定一些既有利于加热均匀，又有利于冷却均匀的措施。为此，工件在装炉前，对不需淬硬的孔及对截面突变处，应采用石棉绳堵塞或绑扎等办法以改善其受热条件。对一些薄壁圆环等易变形零件，可设计特定淬火夹具。

② 工件在炉内加热时，防止单面受热，应均匀放置且放平，避免工件在高温塑性状态因自重而变形。对细长零件及轴类零件尽量采用井式炉或盐炉垂直悬挂加热。

③ 限制或降低加热速度，可减少工件截面温差，使加热均匀。对大型锻模、高速钢及高合金钢工件，以及形状复杂、厚薄不匀、要求变形小的零件，一般都采用预热加热或限制加热速度的措施。

④ 合理选择淬火加热温度，也是减少或防止变形、开裂的重要问题。选择下限淬火温度，减少工件与淬火介质的温差，可以降低淬火冷却高温阶段的冷却速度，从而可以减少淬火冷却时的热应力。另外，也可防止晶粒粗大，防止变形开裂。有时为了调节淬火前后的体积变形量，也可适当提高淬火加热温度。例如有些高碳合金钢，像CrWMn、Cr12Mo等，常利用调整加热温度，改变其马氏体转变点以改变残余奥氏体含量，以调节零件的体积变形。

（2）正确选择冷却方法和冷却介质

① 尽可能采用预冷，即在工件淬入淬火介质前，尽可能缓慢地冷却至A_r附近以减少工件内温差。

② 在保证满足淬硬层深度及硬度要求的前提下，尽可能采用冷却缓慢的淬火介质。

③ 尽可能减慢在M_s点以下的冷却速度。

④ 合理地选择和采用分级或等温淬火工艺。

（3）正确选择淬火工件浸入淬火介质的方式和运行方向

① 淬火时应尽量保证能得到最均匀的冷却。

② 以最小阻力方向淬火。

大批量生产的薄圆环类零件、薄板形零件、形状复杂的凸轮盘和伞齿轮等，在自由冷却时，为保证尺寸精度的要求，可以采取压床淬火，即将零件置于专用的压床模具中，再加上一定的压力后进行冷却(喷油或喷水)。由于零件的形状和尺寸受模具的限制，因而可能使零件的变形限制在规定的范围之内。

（4）进行及时、正确的回火

在生产中，有相当一部分工件并非在淬火时开裂，而是由于淬火后未及时回火而开裂。这是因为在淬火停留过程中，存在于工件内的微细裂纹在很大的淬火应力作用下，融合、扩展，以至其尺寸达到临界裂纹尺寸，从而发生延时断裂。实践证明，淬火不冷到底并及时回火，是防止开裂的有效措施。对于形状复杂的高碳钢和高碳合金钢，淬火后及时回火尤为重要。

工件的扭曲变形可以通过矫直来校正，但必须在工件塑性允许的范围之内。有时也可利用回火加热时用特定的校正夹具进行矫正。对体积变形有时也可通过补充的研磨加工来修正，但这仅限于孔、槽尺寸缩小，外圆增大等情况。淬火体积变形往往是不可避免的。但只要通过实验，掌握其变形规律，则可根据其胀缩量，在淬火前成形加工时适当加以修正，就可在淬火后得到合乎要求的几何尺寸。

2. 氧化、脱碳、表面腐蚀及过烧

零件淬火加热过程中若不进行表面防护，将发生氧化、脱碳等缺陷，使表面淬硬性下降，达不到技术要求，或在零件表面形成网状裂纹，严重降低零件外观质量，加大表面加工粗糙度。所以精加工零件淬火加热均需在保护气氛下或盐浴炉内进行。小批生产零件也可采用防氧化表面涂层加以防护。

3. 硬度不足

造成淬火工件硬度不足的原因有：

(1) 加热温度过低，保温时间不足，检查金相组织，在亚共析钢中可以看到未溶铁素体，工具钢中可看到较多未溶碳化物；

(2) 表面脱碳引起表面硬度不足，磨去表层后所测得的硬度比表面高；

(3) 冷却速度不够，在金相组织上可以看到黑色屈氏体沿晶界分布；

(4) 钢材淬透性不够，截面大处淬不硬；

(5) 采用中断淬火时，在水中停留时间过短，或自水中取出后，在空气中停留时间过长再转入油中，因冷却不足或自回火而导致硬度降低；

(6) 工具钢淬火温度过高，残余奥氏体量过多，影响硬度。

当出现硬度不足时，应分析其原因，采取相应的措施。其中由于加热温度过高或过低引起的硬度不足，除对已出现缺陷进行回火，再重新加热淬火补救外，应严格管理炉温测控仪表，定期进行校正及检修。

4. 硬度不均匀

即淬火后产生软点，产生淬火软点的原因有：

(1) 工件表面有氧化皮及污垢等；

(2) 淬火介质中有杂质，如水中有油，使淬火后产生软点；

(3) 工件在淬火介质中冷却时，冷却介质的搅动不够，没有及时赶走工件的凹槽及大截面处形成的气泡而产生软点；

(4) 渗碳件表面碳浓度不均匀，淬火后硬度不均匀；

(5) 淬火前原始组织不均匀，例如有严重的碳化物偏析，或原始组织粗大，铁素体呈大块状分布。

(1)(2)(3)三种情况，可以进行一次回火，再次加热，在恰当的冷却介质及冷却方法的条件下淬火补救。

(4)(5)两种情况，如淬火后不再加工，则一旦出现，很难补救。对尚未成形加工的工件，为了消除碳化物偏析或粗大，可用不同方向的锻打来改变其分布及形态。对粗大组织可再进行一次退火或正火，使组织细化及均匀化。

5. 组织缺陷

有些零件，除硬度要求外，对金相组织还有一定的限制，例如对中碳或中碳合金钢淬火后马氏体尺寸大小的规定，可按标准图册进行评级。如马氏体尺寸过大，表明淬火温度过高，称为过热组织。对游离铁素体数量也有规定，过多表明加热不足，或淬火冷却速度不够。其他，如工具钢、高速钢，也相应地对奥氏体晶粒度、残余奥氏体量、碳化物数量及分布等有所规定。对这些组织缺陷也均应根据淬火具体条件分析其产生原因，采取相应措施预防及补救。但应注意，有些组织缺陷尚和淬火前原始组织有关。例如粗大马氏体，不仅淬火加热温度过高可以产生，还可能由于淬火前的热加工所残留的过热组织遗传下来，因此，在淬火前应采用退火等办法消除过热组织。

课后习题

1. 何谓淬火热应力？组织应力影响因素都是什么？简述热应力和组织应力造成的变形规律。

2. 叙述淬透性和淬硬性及淬透性和实际条件下淬透层深度的区别。

3. 试述亚共析钢和过共析钢淬火加热温度的选择原则。为什么过共析钢淬火加热温度不能超过 $A_{c_{cm}}$ 线？

4. 淬火临界冷却速度 V_k 的大小受哪些因素影响？它与钢的淬透性有何关系？

5. 有两个含碳量为 1.2% 的碳钢薄试样，分别加热到 780℃和 860℃并保温相同时间，使之达到平衡状态，然后以大于 V_k 的冷却速度至室温。试问：

(1) 哪个温度加热淬火后马氏体晶粒较粗大？

(2) 哪个温度加热淬火后马氏体含碳量较多？

(3) 哪个温度加热淬火后残余奥氏体较多？

(4) 哪个温度加热淬火后未溶碳化物较少？

(5) 你认为哪个温度加热淬火后合适？为什么？

第 11 章　钢的回火

回火是指将经过淬火的工件重新加热到低于临界温度 A_{c_1}(加热时珠光体向奥氏体转变的开始的温度)的适当温度，保温一段时间后在空气或水、油等介质中冷却(或将淬火后的合金工件加热到适当温度，保温若干时间，然后缓慢或快速冷却)的金属热处理工艺。它是紧接淬火的下道热处理工序，同时决定了钢在使用状态下的组织和性能，关系着工件的使用寿命，所以是关键工序。

将淬火工件进行回火的目的主要有如下几方面：

(1) 淬火得到的是性能很脆的马氏体组织，并存在内应力，回火可消除或减少残余内应力，防止变形或开裂，提高材料的韧性和塑性；

(2) 获得硬度、强度、塑性和韧性的适当配合，得到良好的综合力学性能，以满足工件的性能要求，如刃具、量具、模具等经回火后可提高其硬度和耐磨性，各种机械零件经回火后可提高其强韧性；

(3) 淬火马氏体和残余奥氏体都是不稳定的组织，在工作中会发生分解，导致零件尺寸的变化，这对精密零件是不允许的，通过回火来稳定工件尺寸，使钢的组织在工件使用过程中不发生变化；

(4) 回火与淬火相配合可获得某些特殊使用性能，如高碳钢和磁钢制的永久磁铁经回火后可提高硬磁性，弹簧经回火后可提高弹性，不锈钢和耐热钢经回火后可提高耐蚀性和耐热性等；

(5) 改善某些合金钢的切削性能。

11.1　钢的回火特性

淬火钢回火后的力学性能，常以硬度来衡量。因为对同种钢来说，在淬火后组织状态相同情况下，如果回火后的硬度相同，则其他力学性能指标(σ_b、σ_s、ψ、α_k)基本上也相同，而在生产上测量硬度又很方便。这里我们也以硬度来衡量碳钢的回火特性。

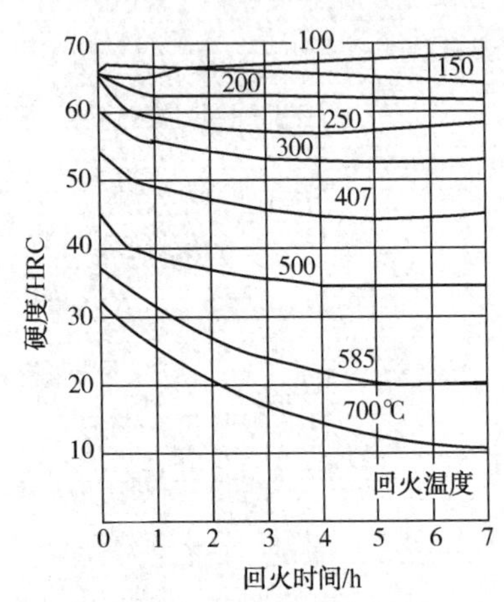

图 11-1　回火温度和时间对淬火钢回火后硬度的影响

图 11-1 为含 0.98%C 钢在不同回火温度和回火时间处理后硬度的变化。由图可见，在回火初期，硬度下降很快，但回火时间增加至 1h 后，硬度只是按比例地继续有微小的下降而已，由此得出结论，淬火钢回火后的硬度主要取决于回火温度。

根据图 11-1 的规律，可以把温度和时间的综合影响归纳用一参数 M 表示：

$$M=T(C+\log\tau) \quad (11-1)$$

式中 T——回火温度，K；

τ——回火时间，s 或 h；

C——与含碳量有关的常数。

M 可用来表示回火程度，不同的钢都可以做出淬火、回火后硬度与 M 的关系曲线，根据此曲线，可按要求获得的硬度来确定参数 M，从而确定回火规程。

图 11-2 为不同淬火硬度 45 钢回火后硬度与参数 M 的关系，其中虚线为全部淬成马氏体组织回火后的硬度。图 11-2 还画出了没有完全淬成马氏体的组织回火后硬度与回火参数的关系，可以看出淬火后硬度稍低于全淬成马氏体的组织的硬度，在 M 值增大时硬度高于淬成全马氏体的。这说明非马氏体组织回火时，其变化比马氏体慢。由此推断，在未完全淬透情况下，沿工件截面硬度差别随着回火温度的提高及回火时间的延长而逐渐减小。

在图 11-2 的下方部分，可用来求解 M 参数及在该参数下的回火后硬度。例如回火工艺为 400℃ 回火 1h，则可由图 11-2 下方的图中找到 400℃线与 1h 线的交点，向上引垂线，与 M 参数［图中为 $T(\lg t+15)$］坐标相交即得；继续上引与淬火后某一硬度值的硬度曲线相交，再引水平线与纵坐标相交，可求得 45 钢在该条件下回火的硬度。

合金钢的回火特性，基本和碳钢类似。但对具有二次硬化现象的钢则不同，也不能简单地用 M 参数来表征回火程度。

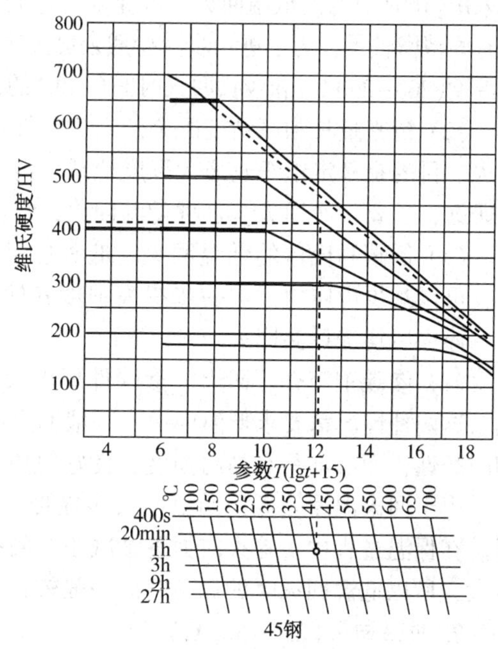

图 11-2 M 值对不同淬火硬度 45 钢回火硬度的影响

11.2 钢的回火工艺制定

11.2.1 回火温度的确定

工件回火后的硬度主要取决于回火温度，而回火温度的确定主要取决于工件使用性能、技术要求、钢种及淬火状态。

1. 低温回火(150～250℃)

低温回火又称“消除应力回火”，指温度低于 250℃ 的回火，回火后的组织为回火马氏体。钢具有高硬度和高耐磨性，但内应力和脆性降低。主要应用于高碳钢换高碳合金钢制造的工具模和滚动轴承，以及经渗碳和表面淬火的零件，回火后得到回火马氏体组织，硬度一般为 58～64HRC。

(1) 工、量具的回火。一般工具、量具要求硬度高、耐磨、具有足够的强度和韧性。此外，如滚动轴承还要求有高的接触疲劳强度，从而有高的使用寿命。对这些工、量具和机器零件一般用碳素工具钢或低合金工具钢制造，淬火后具有较高的强度和硬度。其淬火组织主要为韧性极差的孪晶马氏体。有较大的淬火内应力和较多的微裂纹，故应及时回火。这类钢一般采用180~200℃的温度回火。在200℃回火能使孪晶马氏体中过饱和碳原子沉淀析出弥散分布的ε-碳化物，既可提高钢的韧性，又保持钢的硬度、强度和耐磨性；在200℃回火，大部分微裂纹已经焊合，可减轻工件脆裂倾向。低温回火以后得到回火马氏体及在其上分布的均匀细小的碳化物颗粒，硬度为61~65HRC。对高碳轴承钢，例如GCr15、GSiMnV等钢通常采用(160±5)℃的低温回火，可保证一定硬度条件下有较好的综合机械性能及尺寸稳定性。对有些精密轴承，为了进一步减少残余奥氏体量以保持工作条件下尺寸和性能稳定性，采用较高温度(200~250℃)和较长回火时间(~8h)的低温回火来代替冷处理取得了良好的效果。

(2) 精密量具和高精度配合的结构零件在淬火后进行120~150℃(12h，甚至几十小时)回火。目的是稳定组织及最大限度地减少内应力，从而使尺寸稳定。为了消除加工应力，多次研磨，还要多次回火。这种低温回火，常被称作时效。

(3) 低碳马氏体的低温回火。低碳位错型马氏体具有较高的强度和韧性，经低温回火后，可以减少内应力，进一步提高强度和塑性。因此，低碳钢淬火以获得板条马氏体为目的，淬火后均经低温回火。

(4) 渗碳钢淬火、回火。渗碳件要求表面具有高碳钢性能和心部具有低碳马氏体的性能。这两种情况都要求低温回火，一般回火温度不超过200℃。这样，其表面具有高的硬度和耐磨性，而心部具有高的强度、良好的塑性和韧性。

由于回火温度较低，低温回火多在带有热风循环的空气炉、油浴、硝盐浴等设备中进行。在保温过程中，淬火应力逐渐减小。回火温度越高，保温时间越长，则应力消减的程度越大，所以低温回火时的保温时间一般较长，约2~4h。保温完后工件在空气中冷却。

2. 中温回火(250~500℃)

中温回火主要用于处理弹簧钢。回火后得到回火屈氏体组织。主要应用于含碳量0.5%~0.7%的碳钢和合金钢制造各类弹簧。其硬度为35~45HRC。中温回火相当于一般碳钢及低合金钢回火的第三阶段温度区。此时，碳化物已经开始集聚，基体也开始恢复，第二类内应力趋于基本消失，因而有较高的弹性极限，又有较高的塑性和韧性。中温回火可在空气炉或盐浴中进行。

有些钢种在中温温度范围内回火时，常发生不可逆回火脆性及可逆回火脆性而使韧性降低，必须引起充分注意。对于具有可逆回火脆性的钢，回火后应进行快(水或油)冷，其他钢种则空冷。

应根据钢种选择回火温度，以获得最高弹性极限及疲劳极限良好的配合。例如65碳钢，在380℃回火，可得最高弹性极限；而55SiMn在480℃回火，可获得疲劳极限、弹性极限及强度与韧性的良好配合。

3. 高温回火(>500℃)

高温回火多应用于结构钢制造的工件，其目的主要是在降低强度、硬度及耐磨性的情况下大幅度提高塑性及韧性，以便得到良好的综合力学性能。含Cr、Mo、V、Ti等元素较多的合金(结构钢及工具钢)在高温回火过程中常因析出弥散分布的特殊碳化物而产生二次硬化现象，而使硬度略有升高。

淬透性较大或截面较小的工件，正火后硬度可能偏高而塑性降低，也需进行高温回火以改善。大锻件在淬火或正火后，常以高温回火以去除内应力并改善组织和性能。

某些高合金结构钢的高温回火温度可能远高于650℃。例如，制作内燃机排气阀的4Cr9Si2钢淬火温度为1030~1050℃，回火温度为680~710℃，则常用1100℃油淬，而后840~860℃回火(4h)。

当钢种含有P、Sn、As等元素较多，或合金结构钢种含有Cr、Mn、Ni(与Mn或Cr共存时)等元素时，高温回火(尤其是500~600℃)易出现较严重的第二类回火脆性，应在回火后采用快(水或油)冷避免。第二类回火脆性敏感性较小的钢种(含有适量的钼)，高温回火后缓(空)冷。

在这一温度区间回火的工件，常见的有如下几类。

(1) 调质处理

调质处理即淬火加高温回火工艺，多在毛坯件或粗加工后的毛坯上进行，以获得回火索氏体组织。主要用于中碳碳素结构钢或低合金结构钢以获得良好的综合机械性能。一般调质处理的回火温度选在600℃以上。

与正火处理相比，钢经调质处理后，在硬度相同条件下，钢的屈服强度、韧性和塑性明显地提高。特别说明，调质处理是在牺牲强度的条件下提高塑性和韧性，对发挥材料潜力来说十分不利。

一般中碳钢及中碳低合金钢的淬透性有限，在调质处理淬火时常不能完全淬透。因此，在高温回火时，实际上为混合组织的回火。前已述及；非马氏体组织在回火加热时仍发生变化，但其速度比马氏体慢(图9-32)。对片状珠光体来说，其中的渗碳体片将球化。在单位体积内渗碳体相界面积相同的情况下，球状珠光体的综合机械性能要优于片状珠光体，因此对未淬透部分来说，经高温回火后其综合机械性能也应高于正火。

调质处理适用于较大动载荷，尤其是复合应力(拉伸、压缩、弯曲、扭转、冲击、疲劳)下工作的工件。例如，轴类、连杆、螺栓等。它们常要求强度及韧性的良好匹配，较小的脆性破坏倾向和较大的承受超载(特别是冲击载荷)能力。某些调质件还要求较高的耐磨性、耐蚀性、抗咬合性能。因此，在调质处理后还应进行适当的化学热处理。

调质处理有时也可采用预备热处理工艺，如，合金钢的工具在粗加工后进行调质处理，以降低精加工时工件表面的粗糙度，并减小工件淬火时的变形倾向；表面淬火(高频、火焰)或某些化学热处理工艺(如渗氮、低温碳氮共渗等)之前，为改善心部组织并为后续工艺做好准备，也需进行调质处理。

有些钢种(如T10、T12等)采用球化退火工艺不易得到良好的球状珠光体组织，应用淬火及长时间的调质回火则可得到弥散度大、均匀分布于铁素体基体之上的渗碳体颗粒，这一处理工艺称为调质球化。调质球化处理的优点是工艺易调整，改变回火温度则可得到相应的渗碳体颗粒，从而满足不同要求。

(2) 二次硬化型钢的回火

当钢中含有较多的碳化物形成元素时，在回火第四阶段温度区(500~550℃)形成合金渗碳体或者特殊碳化物，使硬度提高，称为二次硬化。对具有二次硬化作用的高合金钢，如高速钢等，在淬火以后，需要利用高温回火来获得二次硬化的效果。

二次硬化必须在一定温度和时间条件下发生，因此有一最佳回火温度范围，需根据具体钢种确定。

(3) 高合金渗碳钢的回火

高合金渗碳钢渗碳以后，由于其奥氏体稳定性极高，即使在缓冷条件下，也会转变成马氏体，并存在着大量残余奥氏体。因此，渗碳后高温回火的目的是使马氏体和残余奥氏体分解，使渗碳层中的一部分碳和合金元素以碳化物形式析出，并集聚球化，得到回火索氏体组织，使钢的硬度降低，便于切削加工，同时还可减少后续淬火时渗层中的残余奥氏体量。

高合金钢渗碳层中残余奥氏体的分解可按两种方式进行：一种是按奥氏体分解成珠光体，此时回火温度应选择在珠光体转变“C”曲线的鼻部，以缩短回火时间，例如 20Cr2Ni4 钢渗碳后在 600～680℃ 温度进行回火；另一种是残余奥氏体转变成马氏体，例如渗碳钢 18Cr2Ni4WA 中没有珠光体转变，故其残余奥氏体不能以珠光体转变的方式分解，应该选用有利于促进马氏体转变的温度回火。

11.2.2 回火时间的确定

回火时间应包括按工件截面均匀地达到回火温度所需加热时间以及按 M 参数达到要求回火硬度完成组织转变所需的时间，如果考虑内应力的消除，则尚应考虑不同回火温度下应力弛豫所需要的时间。

加热至回火温度所需的时间，可按前述加热计算的方法进行计算。

为达到所要求的硬度需要计算回火时间，从 M 参数出发，不同钢种有不同的计算公式。例如对 50 钢，回火后硬度与回火温度及时间的关系为

$$HRC=75-7.5\times10^{-3}(\log\tau+11)t \tag{11-2}$$

对 40CrNiMo，关系为

$$HRC=60-4\times10^{-3}(\log\tau+11)t \tag{11-3}$$

式中 HRC——回火后所达到的硬度值；

τ——回火时间，h；

t——回火温度，℃。

若仅考虑加热及组织转变所需时间，则常用钢的回火保温时间可参考表 11-1 确定。

表 11-1 回火保温时间参数表

低温回火(150～250℃)							
有效厚度/mm		<25	25～50	50～75	75～100	100～125	125～150
保温时间/min		30～60	60～120	120～180	180～240	240～270	270～300
中、高温回火(250～650℃)							
有效厚度/mm		<25	25～50	50～75	75～100	100～125	125～150
保温时间/min	盐炉	20～30	30～45	45～60	75～90	90～120	120～150
	空气炉	40～60	70～90	100～120	150～180	180～210	210～240

对以应力弛豫为主的低温回火时间应比表 11-1 所列数据要长，长的可达几十小时。

对二次硬化型高合金钢，其回火时间应根据碳化物转变过程通过试验确定。当含有较多残余奥氏体，而靠二次淬火消除时，还应确定回火次数。例如 W18Cr4V 高速钢，为了使残余奥氏体充分转变成马氏体及消除残余应力，除了按二次硬化最佳温度回火外，还需进行三次回火。

高合金渗碳钢渗碳后，消除残余奥氏体的高温回火保温时间应该根据过冷奥氏体等温转变动力学曲线确定。如 20CrNi4 钢渗碳后，高温回火时间约为 8h。

11.2.3 回火后的冷却

回火后工件一般在空气中冷却。对于一些工模具，回火后不允许水冷，以防止开裂。对于具有第二类回火脆性的钢件，回火后应进行油冷，以抑制回火脆性。对于性能要求较高的工件，在防止开裂条件下，可进行油冷或水冷，然后进行一次低温补充回火，以消除快冷产生的内应力。

11.3 钢的回火缺陷及其预防

常见的回火缺陷有硬度过高或过低、硬度不均匀，以及回火产生变形及脆性等。

回火硬度过高、过低或不均匀，主要由于回火温度过低、过高或炉温不均匀所造成，还可能与回火时间过短有关。预防时可以采用调整回火温度等措施来控制。硬度不均匀的原因，可能是由于一次装炉量过多，或选用加热炉不当所致。如果回火在气体介质炉中进行，炉内应有气流循环风扇。

回火后工件发生变形，常由于回火前工件内应力不平衡，回火时应力松弛或产生应力重新分布所致。要避免回火后变形，或采用多次校直多次加热，或采用压具回火。

另外，高速钢表面脱碳后，在回火过程中，马氏体的比体积减少，产生多向拉应力而形成网状裂纹。此外，如果加热过快，高碳钢件表面先回火，比体积减少，产生多向拉应力，从而产生网状裂纹。回火后脆性的出现，主要由于所选回火温度不当，或回火后冷却速度不够(第二类回火脆性)所致。因此，预防时应正确选择回火温度和冷却方式。对第一类回火脆性，只有通过重新加热淬火，另选温度回火；对第二类回火脆性，可以采取重新加热回火，然后加速回火后的冷却速度。

课后习题

1. 何谓回火？叙述回火工艺的分类、得到的组织、性能特点及应用。

2. 何谓调质处理？回火索氏体比正火索氏体的力学性能为何较优越？

3. 为了减少淬火冷却过程中的变形和开裂，应当采取什么措施？

4. 现有一批45钢普通车床传动齿轮，其工艺路线为锻造-热处理-机械加工-高频感应加热淬火-回火。试问锻后应进行何种热处理？为什么？

5. 有一直径10mm的20钢制工件，经渗碳热处理后空冷，随后进行正常的淬火、回火处理，试分析渗碳空冷后及淬火、回火后，由表面到心部的组织。

6. 指出直径10mm的45钢(退火状态)，经下列温度加热并水冷所获得的组织：700℃、760℃、840℃。

7. T10钢经过何种热处理能获得下述组织：

(1) 粗片状珠光体+少量球状渗碳体；

(2) 细片状珠光体；

(3) 细球状珠光体；

(4) 粗球状珠光体。

8. 一零件的金相组织是：在黑色的马氏体基体上分布有少量的珠光体组织，问此零件原来是如何热处理的？

第12章 表面热处理

钢的表面热处理是在不改变零件表面化学成分，而只通过强化手段改变表面层组织状态的热处理方法。通过对工件表层的加热、冷却，改变表层组织结构，获得所需性能的金属热处理工艺。钢件的表面热处理，可获得表面高硬度的马氏体组织，而保留心部的韧性和塑性，提高工件的综合机械性能。如对一些轴类、齿轮和承受变向负荷的零件，可通过表面热处理，使表面具有较高的抗磨损能力，使工件整体的抗疲劳能力大大提高。

12.1 表面热处理的原理、目的及应用

12.1.1 表面热处理的原理

通常条件下，表面热处理是以较快升温速度，在短时间内将待处理的钢制零件的一定深度的表面层加热到相变点以上，并使之发生奥氏体转变，随后进行快速冷却，使零件的表面层发生马氏体转变，从而提高表面层的硬度和强度，满足材料表面性能的要求。根据服役条件的不同，采用控制表面加热速度和加热时间，控制达到奥氏体化转变区的厚度，经淬火后控制硬化层的深度。由于要求表面热处理不能影响零件心部的性能，因此对表面加热速度和冷却速度有一定的要求，即加热速度要超过材料的热传导速度，冷却速度要大于材料的临界冷却速度。

在上述条件下，由于加热和冷却的速度快、时间短，因此钢中发生的组织转变是在热力学非平衡条件下的相变，常规的符合热力学平衡态的平衡相图的组织转变已不适合于表面热处理过程。

由于表面热处理要求快速加热，因此常规热处理的加热方法已不能满足加热速度的需要，需要有较高能量密度的加热手段。常用的表面热处理方法有火焰加热表面淬火、感应加热表面处理、激光加热表面处理、电子束加热表面处理等，另外新发展的一些快速加热技术，如将一定波长范围的可见光进行聚焦而形成的聚集光束表面热处理等。实际处理工艺由零件的形状、服役条件、使用性能要求和批量生产程度等决定。

表面热处理是仅通过组织变化方法来提高材料的表面性能的热处理方法，因此不是所有材料都可以采用该技术进行处理。表面淬火广泛应用于中碳调质钢、球墨铸铁等，基体相当于中碳钢成分的珠光体铁素体基的灰铸铁、可锻铸铁、合金铸铁等原则上也可以进行表面淬火。这些材料在调质处理后通过表面热处理可以获得良好的心部韧性和表面强度与硬度的搭配，满足耐磨、传动以及疲劳场合的需求。

12.1.2 表面热处理的目的

通过表面热处理可获得满足设计要求厚度的表面处理层。利用表面加热淬火可以在得到

表面硬化层的同时，使零件的心部仍保持原来的显微组织和性能不变，从而达到提高疲劳强度、耐磨性并保持心部韧性的优良综合性能的目的。

12.1.3 表面热处理的应用

上述的几种表面热处理方法各有其特点及局限性，故均在一定条件下获得了应用，其中应用最普遍的是感应加热表面淬火及火焰淬火。激光束加热和电子束加热是发展速度很快的高能密度加热淬火方法。

表面热处理广泛应用于中碳调质钢或球墨铸铁等。因为中碳调质钢经过预先处理(调质或正火)以后，再进行表面淬火，既可以保持心部有较高的综合机械性能，又可使表面具有较高的硬度(>50HRC)和耐磨性。例如机床主轴、齿轮、柴油机曲轴、凸轮轴等。珠光体铁素体基灰铸铁、球墨铸铁、可锻铸铁、合金铸铁等相当于中碳钢成分，原则上可进行表面淬火，其中球墨铸铁的工艺性能最好，并且有较高的综合机械性能，所以应用最广。

高碳钢表面淬火后，尽管表面硬度和耐磨性提高了，但心部的塑性及韧性较低，因此高碳钢的表面淬火主要用于承受较小冲击和交变载荷下工作的工具、量具等。

12.2 表面淬火

表面淬火是指被处理工件在表面有限深度范围内加热至相变点以上，然后迅速冷却，在工件表面一定深度范围内达到淬火目的的热处理工艺。一些钢制机械零件(如齿轮、曲轴、冷轧辊等)要求表面硬而耐磨，心部有良好的韧性和塑性，在这种情况下，仅用普通淬火和回火工艺无法达到目的，但采用表面淬火可以达到要求。

为实现表面淬火，关键是淬火时只使钢件表层转变成马氏体，而心部仍保持淬火前的原始组织。为此可利用快速加热，使表层很快达到淬火温度，在热量未充分传至心部、心部温度尚低于临界点的情况下迅速冷却。

12.2.1 表面淬火的目的

表面淬火的目的是使工件表层得到强化，使它具有较高的强度、硬度、耐磨性及疲劳极限，而心部为了能承受冲击载荷的作用，仍应保持足够的塑性与韧性。

12.2.2 表面淬火的分类

要在工件表面有限深度内达到相变点以上的温度，必须给工件表面以极高的能量密度来加热，使工件表面的热量来不及向心部传导，以造成极大的温差。

因此，表面淬火常以供给表面能量的形式不同而命名及分类。目前表面淬火可以分成以下几类：感应加热表面淬火，火焰加热表面热淬火，激光、电子束加热表面淬火，电接触加热表面淬火，浴炉加热表面淬火，电解液加热表面淬火等。

12.2.3 钢在快速加热时相变的特点

无论是何种表面淬火，其特点都是快速加热，即在极短时间内(少至数秒甚至更短)将钢件表面加热至所需的淬火温度。与普通加热方法相比，快速加热时钢中的相变有如下特点：

1. 相变温度高，完成相变的时间短

快速加热时，钢的临界点(A_{c_1}、A_{c_3}、$A_{c_{cm}}$)升高，即相变在较高的温度下发生，因而可在较短时间内完成，加热速度越高，相变温度越高，完成相变所需的时向越短。

2. 可获得细小的奥氏体晶粒

快速加热时，由于相变温度高，奥氏体形核率大，故奥氏体起始晶粒细小，这种细小的晶粒又无充分时间长大，因此奥氏体实际晶粒也小，加热速度越高，奥氏体实际晶粒越小，例如40钢高频表面淬火，若淬火温度为1000℃，当加热速度为130℃/s时，所得奥氏体晶粒直径不及40℃/s时的一半大小(图12-1)，因此与一般淬火加热相比，在不采用过高淬火温度的条件下，快速加热可得到较细的奥氏体晶粒，淬火后马氏体组织较细。

3. 奥氏体成分难以充分均匀化

奥氏体成分均匀化需要原子的充分扩散，快速加热时，虽然加热温度高，但时间短，扩散难以充分进行，很难获得成分均匀的奥氏体，有时甚至还存在着未溶碳化物(过共析钢)或铁素体(低碳钢)。奥氏体成分不均匀会使淬火组织也不均匀，这是快速加热时应该注意的问题。

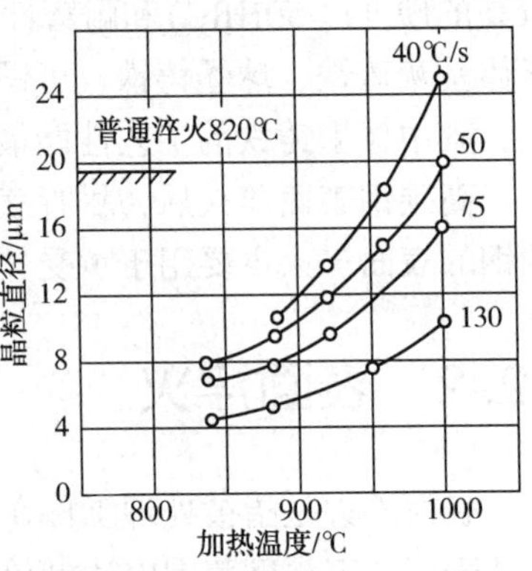

图12-1 高频感应加热速度对40钢奥氏体晶粒大小的影响

提高加热的速度，奥氏体成分的不均匀程度增加，此时，为了获得足够的、均匀的奥氏体，应相应提高淬火温度，但过高的淬火温度会使钢变坏(马氏体粗化)，因此，为使奥氏体较均匀，同时又避免马氏体粗化，快速加热表面淬火零件的原始组织不应粗大(一般宜为回火索氏体或正火索氏体)。对于合金钢，则应采用较低的加热速度，使奥氏体内充分地、均匀地溶入碳和合金元素，同时也可以防止零件变形、开裂。

12.2.4 表面淬火后钢的组织和性能

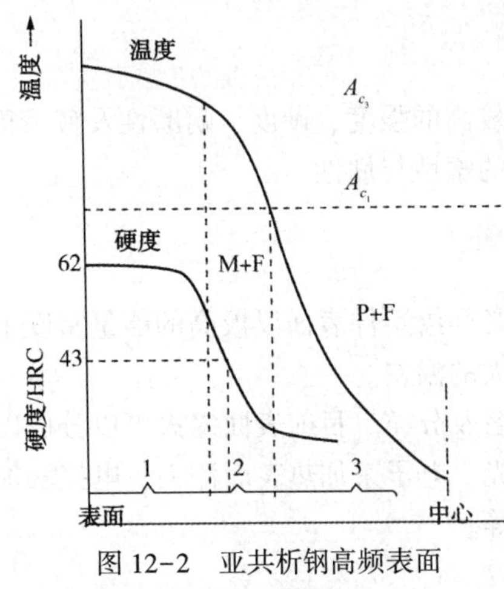

图12-2 亚共析钢高频表面淬火后的组织分布(45钢)

1. 表面淬火后的显微组织

钢经表面淬火后的显微组织与钢中含碳量、合金元素种类以及含量、原始组织、加热和冷却规程等因素有关。

图12-2为亚共析碳钢(如45钢)高频表面淬火后的显微组织与加热温度分布情况，其组织自表面至心部分为三个区间。第一区间，加热温度高于A_{c_1}，淬火后得到马氏体，在这一区间内，由于加热温度从外至内逐渐降低，因此奥氏体均匀化程度及晶粒大小有所不同，一般地说，淬火马氏体是由外至内逐渐变细；第二区间，加热温度为A_{c_1}～A_{c_3}，高温状态下是奥氏体和铁素体，淬火后得到马氏体和铁素体，由于高温时靠近铁素体的奥氏体相对贫碳，而贫碳奥氏体的淬透性较低，特别是深层加热时，钢的淬透性更显不足，因此在淬火后，铁素体的周围往往出现屈氏体，在第二区间接近第三区

间的地方可能完全由铁素体和屈氏体组成；第三区间加热温度低于A_{c_1}，未发生奥氏体化，淬火后基本上为原始组织(珠光体和铁素体，或索氏体和铁素体，或回火索氏体)。

第一区间是完全淬火的表层；第二区间是不完全淬火的次层，又称过渡层；第三区间为未淬火层(心部)。当亚共析钢中的含碳增加时，由于$A_{c_1} \sim A_{c_3}$范围减小，过渡层会相应变窄。当含碳量接近共析成分时，过渡层很薄。

如果是过共析碳钢，由于表层加热温度为$A_{c_1} \sim A_{c_3}$之间，表层除了细马氏体(隐晶马氏体)外，还有以网状或粒状形式存在的碳化物，而且高温时奥氏体的含碳量高，淬火后会存在较多的残余奥氏体，过共析钢表面淬火后的过渡层较宽，其组织为马氏体加屈氏体或屈氏体加索氏体(取决于冷却速度)，心部仍为原始组织。

不管是哪一种钢，表面淬火后得到的马氏体通常比普通淬火得到的马氏体要细。

2. *表面淬火后的力学性能*

表面淬火零件的表层为马氏体，心部仍为原始组织，因此，表层和心部具有不同的性能，例如硬度由表面至心部逐渐降低。

采用表面淬火的零件，可望获得较高的表面硬度。与常规淬火相比，无论是感应表面淬火还是激光表面淬火或电子束表面淬火，所得到的表面硬度均可高出几个 HRC 单位。由于硬度高，故耐磨性好。同时，表面淬火还可显著提高零件的疲劳强度，改善材料的疲劳性能，这对于那些存在缺口或尺寸突变的零件尤为明显，例如，经高频感应加热表面淬火后的一般钢件，疲劳强度可提高 20%~30%，小零件可提高 2~3 倍。疲劳强度提高的原因，一般认为与表面淬火时钢件表层的强烈相变硬化及其所引起的表层压应力有关。

12.3 感应加热表面淬火

感应加热表面淬火是利用感应电流通过工件产生的热效应，使工件表面局部加热，然后快速冷却，获得马氏体组织的工艺，是最常用的表面加热淬火方法，具有工艺简单、工件变形少、生产效率高、节能、环境污染少、工艺过程易于实现机械化和自动化等特点。

12.3.1 感应加热基本原理

感应加热的主要依据是：电磁感应、“集肤效应”和热传导三项基本原理。

当工件放在通有交变电流的感应线圈中时，在交变电流所产生的交变磁场作用下将产生感应电动势

$$e = -\frac{\mathrm{d}\Phi}{\mathrm{d}\tau} \tag{12-1}$$

式中 e——感应电动势的瞬时值；

Φ——感应圈内交变电流所产生的总磁通，与交变电流强度及工件磁导率有关。

负号表示感应电动势方向与磁通变化方向相反。

因为工件本身就像一个闭合回路，在感应电动势作用下将产生电流，通常称为涡流，其值为

$$I_f = \frac{e}{Z} = \frac{e}{\sqrt{R^2 + X_L^2}} \tag{12-2}$$

式中　R——材料的电阻；

X_L——感抗。

此涡流在工件上产生热量

$$Q = 0.24 I_f^2 R\tau \tag{12-3}$$

在铁磁材料中，除涡流产生的热效应外，尚有"磁滞现象"所引起的热效应，但其值很小，可以不计。

若工件与感应圈之间的间隙很小，漏磁损失很少，可把感应圈所产生的磁能看作被工件吸收而产生涡流。此时涡流 I_f将与通过感应圈的交变电流 I 大小相等、方向相反。据此，在高为 1cm 的单匝感应圈中加热工件吸收的功率为

$$P_a = 1.25 \times 10^{-3} R_0 I^2 \sqrt{\rho\mu f} \tag{12-4}$$

式中　R_0——工件半径，cm；

ρ——工件材料电阻率，Ω · cm；

μ——工件材料磁导率，H/m；

f——交变电流频率，Hz；

$\sqrt{\rho\mu}$——"吸收因子"。

涡流 I_f在被加热工件中的分布系由表面至中心呈指数规律衰减，即

$$I_x = I_0 \cdot e^{-\frac{x}{\Delta}} \tag{12-5}$$

式中　I_0——表面最大的涡流强度，A；

x——离工件表面的距离，cm。

$$\Delta = \frac{c}{2\pi}\sqrt{\rho/\mu f} \tag{12-6}$$

式中　c——光速，3×10^{10}cm/s。

上述涡流分布于工件表面上的现象谓之表面效应或集肤效应。

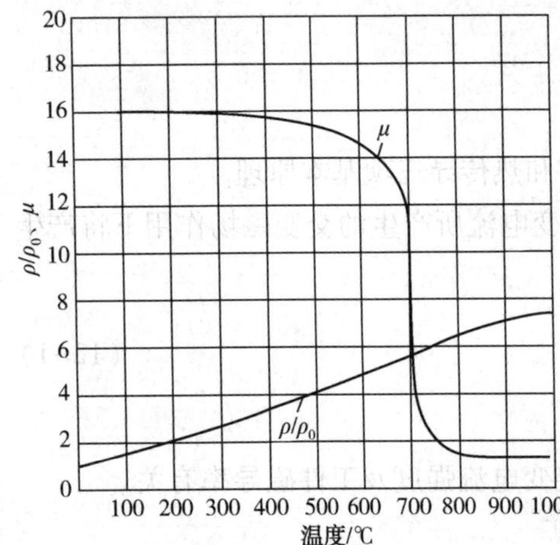

图 12-3　45 钢的磁导率 μ 和电阻率(ρ/ρ_0)随温度的变化

工程上规定 I_x 降至 I_0 的 $\frac{1}{e}$ 值处的深度为"电流透入深度"，用 δ 表示，可以求出

$$\delta = 50300\sqrt{\frac{\rho}{\mu f}}\,(\text{mm}) \tag{12-7}$$

可见，电流透入深度 δ 随着工件材料的电阻率的增加而增加，随工件材料的磁导率及电流频率的增加而减小。

图 12-3 为钢的磁导率 μ 和电阻率 ρ 与加热温度的关系。可见钢的电阻率随着加热温度的升高而增大，在 800~900℃时，各类钢的电阻率基本相等，约为 10^{-4}Ω · cm；磁导率 μ 在温度低于磁性转变点 A_2或铁素体-奥氏体转变点时基本不变，而超过 A_2或

转变成奥氏体时则急剧下降。

把室温或800~900℃温度的钢的ρ及μ值代入式(12-7)，可得下列简式：

$$在20℃时\ \delta_{20} = 20/\sqrt{f}(mm) \tag{12-8}$$

$$在800℃时\ \delta_{800} = 500/\sqrt{f}(mm) \tag{12-9}$$

通常把20℃时的电流透入深度δ_{20}称为“冷态电流透入深度”，而把800℃时的电流透入深度δ_{800}称为“热态电流透入深度”。

12.3.2 感应加热表面淬火分类

生产上根据零件尺寸及硬化层深度的要求选择不同的电流频率。根据不同的电流频率，感应加热表面淬火可分为工频淬火、中频淬火、高频及超音频(20~1000kHz)淬火、超高频脉冲(27120kHz)淬火等。以下主要介绍工频表面淬火、中频表面淬火以及高频表面淬火。

1. 工频表面淬火

工频表面淬火设备一般是大功率(1000~2000kW)三相动力变压器或单相、三相电炉变压器，出于系采用感应电路，功率因数较低(一般$\cos\varphi$=0.2~0.4)，常需大容量电容器加以补偿。工件经工频感应加热后硬化层较厚，一般≥10~15mm。钢件加热至较高温度范围(失磁后)可热透70~80mm。加热速度较低(每秒几度)，但加热过程易于控制，工件不易过热。工频加热淬火工件的性能与通常的炉内加热比较接近。

工频表面淬火很适用于一些大型钢件，如大直径冷轧辊、钢轨及起重机车轮等。此外，钢铁的锻造加热，棒材和管材的正火、调质等也可采用工频感应加热(穿透加热)。

2. 中频表面淬火

中频表面淬火常用设备是频率为1000~10000Hz、功率为100~500kW的中频发电机或可控硅变频装置。工件中频淬火后可获得2~10mm的淬硬层，与高频表面淬火相同，中频表面淬火可比普通淬火更有效地提高表面硬度、耐磨性和抗疲劳性能，适用于大、中型工件；有些小零件(如轴承套圈、丝杆毛坯等)还可用中频感应加热进行穿透性淬火，一些有色合金制件在热变形前的加热也可采用中频感应加热，如小截面的挤压铝材挤压前的加热就可采用中频感应加热。

为保证钢件心部性能，淬火前一般也需进行调质或正火作为预备热处理，中频表面淬火后也需进行回火，回火规程视硬度要求而定。

3. 高频表面淬火

高频表面淬火是感应加热表面淬火中应用最广泛的一种。常用设备是频率为60~70kHz至200~300kHz，功率为30~100kW的电子管式高频发生装置，高频表面淬火可使工件获得1~2mm的淬硬层。

高频加热速度可达200~100℃/s，由于快速加热和高的奥氏体化温度，工件可获得细小的马氏体组织和大的表层压应力，硬度高(比普通淬火至少高2HRC)、耐磨性好、疲劳抗力显著增大(优于渗碳件)，且缺口敏感性较小。齿轮、轴类、套筒形工件、机床导轨、蜗杆等许多零件以及量具、工具(锉刀、剪刀等)常采用高频表面淬火。

为保证工件心部的性能，高频淬火前易于加工，以及淬火后表层获得均匀的马氏体组织，同时减少淬火变形和开裂，高频表面淬火前常采用调质或正火作为预备热处理，使工件获得回火索氏体或索氏体(采用调质，心部综合力学性能较高；采用正火，机械加工性能较好)。高频淬火后通常应进行回火(一般为低温回火),但有些工件淬火时可进行自回火(即未淬火部分的热量传至已淬火部分,使之迅速回火),在这种情况下就可以省掉回火工序。

12.3.3 感应加热表面淬火特点

(1) 感应加热时,由于电磁感应和集肤效应,工件表面在极短时间里达到 A_{c_3} 以上很高的温度,而工件心部仍处于相变点之下。中碳钢高频淬火后,工件表面得到马氏体组织,往里是马氏体加铁素体加托氏体组织,心部为铁素体加珠光体或回火索氏体原始组织。

(2) 感应加热升温速度快,保温时间极短。与一般淬火相比,淬火加热温度高,过热度大,奥氏体形核多,又不易长大,因此淬火后表面得到细小的隐晶马氏体,故感应加热表面淬火工件的表面硬度比一般淬火的高 2~3HRC。

(3) 感应加热表面淬火后,工件表层强度高,由于马氏体转变产生体积膨胀,故在工件表层产生很大的残留压应力,因此可以显著提高其疲劳强度并降低缺口敏感性。

(4)感应加热表面淬火后,工件的耐磨性比普通淬火的高。这显然与奥氏体晶粒细化、表面硬度高及表面压应力状态等因素有关。

(5)感应加热淬火件的冲击韧度与淬硬层深度和心部原始组织有关。同一钢种淬硬层深度相同时,原始组织为调质态比正火态冲击韧度高;原始组织相同时,淬硬层深度增加,冲击韧度降低。

(6)感应加热淬火时,由于加热速度快,无保温时间,工件一般不产生氧化和脱碳问题,又因工件内部未被加热,故工件淬火变形小。

(7)感应加热淬火的生产率高,便于实现机械化和自动化,淬火层深度又易于控制,适于批量生产形状简单的机器零件,因此得到广泛应用。

感应加热方法的缺点是设备费用昂贵,不适用于单件生产。

感应加热表面淬火通常采用中碳钢(如 40、45、50 钢)和中碳合金结构钢(如 40Cr, 40MnB),用以制造机床、汽车及拖拉机齿轮、轴等零件。很少采用淬透性高的 Cr 钢,Cr-Ni钢及 Cr-Ni-Mo 钢进行感应加热表面淬火。这些零件在表面淬火前一般采用正火或调质处理。感应加热淬火也可采用碳素工具钢和低合金工具钢,用以制造量具、模具、锉刀等。用铸铁制造机床导轨、曲轴、凸轮轴及齿轮等,采用高、中频表面淬火可显著提高其耐磨性及抗疲劳性能。目前国内外还广泛采用低淬透性钢进行高频感应加热淬火,用以解决中、小模数齿轮因整齿淬硬而使心部韧性变差的表面淬火问题。这类钢是在普通碳钢的基础上,通过调整 Mn、Si、Cr、Ni 的成分,尽量降低其含量,以减小淬透性,同时附加 Ti、V 或 Al,在钢中形成未溶碳化物(TiC、VC)和氮化物(AlN),以进一步降低奥氏体的稳定性。

感应加热表面淬火的应用极广泛。在钢制齿轮、凸轮、曲轴、各种轮、轧辊和轮毂等机械零件的热处理中,感应加热表面淬火发挥着重要的作用,其所涉及的钢种不下 20 种,如 35、40、45、50、55、40Cr、40MnB、45MnB、30CrMo、42CrMo、42SiMn、55Tid(或 55DTi)、60Tid(或 60DTi)、5CrNiMo、CCr15、T8、T12、9SiCr 及 9MnZV 等,用这些钢制造的上述机械零件采用感应加热表面淬火,可以有效地提高其耐磨性及疲劳抗力;其中低淬透性钢 55Tid 和 60Tid 制造的汽车、拖拉机齿轮采用感应加热表面淬火,可以代替需要长时间渗碳的合金渗碳钢齿轮,大大缩短工艺周期,提高生产率。

12.3.4 感应加热表面淬火工艺

1. 选择设备

设备的选择主要应根据零件的尺寸及硬化层深度的要求来进行。

(1)频率的选择

电流频率是感应加热的主要工艺参数，需根据要求的硬化层深度来选择。一般若采用透入式加热，则应符合

$$f < \frac{2500}{\delta_x^2} \tag{12-10}$$

式中 δ_x——要求硬化层深度，cm。

但所选用频率不宜过低，否则需用相当大的比功率才能获得所要求的硬化层深度，且无功损耗过大。当感应器单位损耗大于 0.4kW/cm^{2}时，在一般冷却条件下会烧坏感应器。为此规定硬化层深度 δ_x应不小于热态电流透入深度的 1/4，即所选频率下限应满足

$$f' > 150/\delta_x^2 \tag{12-11}$$

式(12-10)为上限频率，式(12-11)为下限频率。当硬化层深度为热态电流透入深度的 40%~50%时，总效率最高，符合此条件的频率称最佳频率，可得

$$f_{最佳} = \frac{600}{\delta_x^2} \tag{12-12}$$

当现有设备频率满足不了上述条件时，可采用下述弥补办法：在感应加热前预热，以增加硬化层厚度，调整比功率或感应器与工件间的间隙等。

(2)比功率的选择

比功率是指感应加热时工件单位表面积上所吸收的电功率(kW/cm^2)。在频率确定以后，加热速度取决于比功率；当比功率一定时，频率越高，电流透入越浅，加热速度越快。应按频率和硬化层深度要求选择合理的比功率。淬硬层深度越大，比功率越小；在淬硬层深度相同情况下，设备频率较低的可选用较大比功率。

因为工件上真正获得的比功率很难测定，故常用设备比功率来表示。设备比功率为设备输出功率与零件同时被加热的面积比，即

$$\Delta P_{设} = \frac{P_{输}}{A} \tag{12-13}$$

式中 $P_{设}$——设备输出功率，kW；

A——同时被加热的工件表面积，cm^2。

工件的比功率与设备比功率的关系是

$$\Delta P_{工} = \frac{P_{输} \cdot \eta}{A} = \Delta P_{设} \cdot \eta \tag{12-14}$$

式中 η——设备总效率，一般为 0.4~0.6。

在实际生产中，比功率还要结合工件尺寸大小、加热方式，以及试淬后的组织、硬度及硬化层分布等做最后的调整。

2. 淬火加热温度和方式的选择

感应淬火加热的温度应根据钢种、在相变区间的加热速度和原始组织来确定。

由于感应加热速度快，奥氏体转变在较高温度下进行，奥氏体起始晶粒较细，且一般不进行保温，为了在加热过程中能使先共析铁素体(对亚共析钢)等游离的第二相充分溶解，要求感应加热表面淬火采用较高的淬火加热温度。一般高频加热淬火温度可比普通加热淬火温度高30~200℃。

淬火前的原始组织不同，也可适当地调整淬火加热温度。调质处理的组织比正火的均匀，可采用较低的温度。

当综合考虑表面淬火前的原始组织和加热速度的影响时，每种钢都有最佳加热规范，可参见相关热处理手册。

感应加热的基本方法有两种：一种称同时加热法，即对工件需淬火表面同时加热；另一种称连续加热法，即对工件需淬火部位中的一部分同时加热，通过感应器与工件之间的相对运动，把已加热部位逐渐移到冷却位置冷却，待加热部位移至感应器中加热，如此连续进行，直至需硬化的全部部位淬火完毕。加热方式的选择与零件的形状、尺寸、技术条件、设备功率、生产方式有关。大批量生产、设备功率足够大时，就采用同时加热法；在单件、小批量生产中，轴类、杆类及较大平面的零件选择连续加热法。

在电参数不变的情况下，可选用不同的加热时间来控制加热温度，调节淬硬层的深度，或在加热时间不变的情况下，选用不同的比功率可调节淬硬层深度。在连续加热时，通过改变工件与感应器的相对移动速度来改变加热时间，从而控制加热温度。

3. 冷却方式和冷却介质的选择

加热后的冷却方式有两种：加热后立即喷射冷却和加热后工件浸液冷却。喷射冷却即当感应加热终了时把工件置于喷射器之中，向工件喷射淬火介质进行淬火冷却。其冷却速度可以通过调节液体压力、温度及喷射时间来控制。浸液冷却即当工件加热终了时，浸入淬火介质中进行冷却。

常用的淬火介质有水、压缩空气、聚乙烯醇水溶液、聚丙烯醇水溶液、乳化液和油。聚乙烯醇水溶液的冷却能力随浓度增大而降低，通常使用的浓度为0.05%~0.30%。若浓度>0.30%，则使用温度最好为32~43℃，不宜低于15℃。聚乙烯醇在淬火时于工件表面形成薄膜，从而降低水的冷速，在使用中应不断补充，以保持其浓度。

冷却方式和介质的选择应根据材料、工件形状和大小，以及采用的加热方式、淬硬层深度等因素综合考虑。形状简单的工件通常采用喷水冷却，低合金钢工件和形状复杂的碳钢件可采用聚乙烯醇水溶液、聚烯烃乙二醇水溶液或乳化液等进行喷射冷却，形状复杂的合金钢件采用浸油冷却或喷射冷却以及浸油淬火等。

4. 回火工艺

感应加热淬火后的零件可在加热炉中回火，也可采用自回火或感应加热回火。感应淬火冷透的工件、浸淬或连续淬火后的工件以及薄壁和形状复杂的工件，常在空气炉或油浴炉中回火，回火温度一般为150~180℃，时间为1~2h。自回火就是利用感应淬火冷却后残留的热量而实现短时间回火。自回火可简化工艺，避免淬火开裂。采用自回火时，应严格控制冷却剂的温度、喷射时间和喷射压力，操作规范应通过试验确定。在达到同样硬度条件下自回火温度比炉中回火要高80℃左右。

感应加热回火主要用于连续感应淬火的长轴或其他零件，可紧接在淬火后进行。为了降低淬火表面过渡层中的残余拉应力，回火的感应加热层深度应比硬化层深一些，因此感应加热回火应采用很低的频率(中频或工频)或很少的比功率，这样可延长加热时间，利用热传导使加热层增厚。

感应加热回火比炉中回火加热时间短，得到的显微组织中碳化物弥散度大，回火后的耐磨性和冲击韧性比炉中回火高，而且容易安排在流水线上。感应加热回火要求加热速度小于15~20℃/s。

12.3.5 感应加热表面淬火质量控制

感应加热时不仅要控制热参数还要控制电参数。

1. 感应加热设备

(1) 感应加热电源

感应加热电源(变频机式、晶闸管式或电子管式)的输出功率及频率必须能满足工作要求，输出电压应能控制在±2.5%范围内或输出功率在±5%范围内，以稳定淬火质量。

(2) 淬火机床

通用淬火机床精度应符合表12-1的规定。用于曲轴、凸轮轴、半轴、气阀座等的专用淬火机床，也应满足功能和糟度上的要求。

表12-1 感应加热热处理淬火机床精度要求

主轴锥孔径向跳动①	0.3mm	移动的平行度	(夹持长度≤2000mm)
回转工作台面的跳动②	0.3mm	工作进给速度变化量③	±5%
顶尖连线对滑板	0.3mm		

注：①将检验棒插入主轴锥孔，在距主轴端面300mm处测量。

②装上直径大于300mm的圆盘，在半径150mm处测量。

③测量工作行程300mm的平均速度。

(3)限时装置

感应加热电源或淬火机床根据需要应装有控制加热、延迟冷却时间的限时装置(包括时间继电器、中间继电器等)。其综合精度应符合表12-2规定。

表12-2 感应加热热处理限时装置综合精度要求

限时时间范围	综合精度(不大于)
≤1	0.1
1~60	0.15
>60	0.8

2. 感应加热热处理操作要点

(1) 待处理工件表面应无裂纹、伤痕、黑皮、毛刺、油污和脱碳层等。

(2) 设计制造或选用感应器、喷水器时，其结构形状和尺寸应能满足工艺要求。

(3) 感应器与工件在处理过程中应保持合适的相对位置。

(4) 正确选择电参数，使设备处于最佳工作状态。

(5) 工件表面温度测量采用光电高温计或红外辐射温度计，连续跟踪测量控制和调整设备工作参数。

(6) 根据材料、工件形状、尺寸以及加热方法和所要求的硬化层深度，合理地确定冷却参数，如冷却方法、冷却介质(类型、温度、浓度、压力及流量)及冷却时间等。

(7) 轴类零件的圆角不要求淬火强化时，硬化层离开圆角应有一定距离(如6~8mm)，使硬化区与非硬化区交界处的残余拉应力远离圆角，以提高疲劳强度。

(8) 工件表面有沟槽、油孔时，因感应电流集中引起局部过热，可采用铁屑堵塞，感应电流分布均匀。

3. 质量检验

(1) 外观

工件表面不能有淬火裂纹(可通过磁粉探伤或其他无损检测方法检查)、锈蚀和影响使用性能的伤痕等缺陷。

(2) 表面硬度

工件表面淬火后的硬度应满足技术要求，由于硬度不均，表面硬度的误差范围应符合表12-3规定。

表12-3 感应加热表面淬火件硬度允许误差

工件类型	硬度允许误差(不大于)/HRC			
	单件		同一批	
	≤50	>50	≤50	>50
重要件	5	4	6	5
一般件	6	5	7	6

(3) 有效硬化层深度

用硬度法测量有效硬化层深度，其方法可参看GB 5617《钢的感应淬火和火焰淬火后有效硬化层深度的测定》。

① 形状复杂和大型工件有效硬化层深度的波动范围经协商后可适当放宽。

② 在调整工艺时应测定工件硬化层的硬度分布曲线，根据技术要求，若硬化层深，说明加热时间过长；若硬化层浅，加热时间偏短。

③ 硬化区的范围应满足技术要求所规定的偏差值。

(4) 金相组织

中碳结构钢和中碳合金结构钢感应加热表面淬火后的金相组织按马氏体大小分为10级，4~6级是正常组织，为细小马氏体；1~3级是粗大或中等大小的马氏体，因淬火加热温度偏高引起；7~10级组织中有未溶铁素体(加热温度偏低)或网状托氏体(冷却不足)。

(5) 畸变

感应加热表面淬火工件的畸变量较一般炉内加热淬火小，但也不应影响以后的机械加工和使用要求。

4. 质量缺陷及其控制

(1) 硬度不足

产生硬度不足的原因有：

① 单位表面功率低，加热时间短，加热表面与感应器间隙过大，这些因素都使感应加热温度降低，淬火组织中有较多的未溶铁素体；

② 加热结束至冷却开始的时间间隙太长，喷液时间短，喷液供应量不足或喷液压力低，

淬火介质冷却速度慢，使组织中出现托氏体等非马氏体。

(2) 软点

软点是由喷水孔堵塞或喷水孔太稀，使表面局部区域冷却速度降低所造成。

(3) 软带

轴类零件连续加热淬火时．表面出现黑白相间的螺旋带或沿工件运动方向的某一区域出现直线黑带。黑色区域存在有未溶铁素体、托氏体等非马氏体组织。产生的原因是：

① 喷水角度小，加热区返水；

② 工件旋转速度与移动速度不协调，工件旋转一周感应器相对移动距离较大；

③ 喷水孔角度不一致，工件在感应器内偏心旋转。

(4) 淬火裂纹

感应加热热处理淬火裂纹形成原因及控制措施列于表 12-4。

表 12-4 感应加热热处理淬火裂纹形象原因和控制措施

序号	淬火裂纹形成原因	控制措施
1	过热如轴端裂纹，齿面弧形裂纹，齿顶延伸到齿面裂纹	降低比功率，减少加热时间，增大感应器与表面距离，同时加热时降低感应器高度
2	冷却过于激烈	采用冷速较缓慢的淬火介质，降低喷液供给量和喷液压力
3	钢材含碳较高如 $\omega(C) \geq 0.5\%$，开裂倾向急剧增加	精选含碳量使 45 钢中的碳控制在下限，采用冷却速度缓慢的淬火介质
4	工件表面沟槽、油孔使感应电流集中	用铁屑堵塞
5	未及时回火	及时回火或采用自行回火

(5) 畸变感应

感应淬火时，多数表现为热应力型畸变。为了控制畸变量，应减少热量向心部传递，在工艺上可采用透入式加热，提高比功率，缩短加热时间。轴类工件采用旋转加热，能减少弯曲畸变。为防止齿轮轴内径收缩，内孔加防冷盖，使之与淬火介质隔绝。薄壁齿轮淬火时对内孔喷水加速冷却，可控制内径胀大。

(6) 硬化区分布不合理

淬硬区与非淬硬区位于工件应力集中处[图 12-4(a)和图 12-5(c)]，由于该处存在残余拉应力峰，容易发生断裂。为了避免这种不合理的硬化区分布，应使硬化区离开应力集中的危险断面 6~8mm[图 12-4(c)]或对截面过渡的圆角也进行淬火强化[图 12-4(b)]或滚压强化。

(7) 硬化层过厚

图 12-5 是小模数齿轮同时加热淬火后的硬化区分布示意图。其中图 12-5(a)齿部几乎全部淬透，使用过程中易断齿。为了获得沿齿廓分布的硬化层[图 12-5(b)]，采用低淬透性钢制造齿轮是有效措施之一。在工艺上选用频率高的设备，提高单位面积上的功率，缩小感应器与工件的间隙。减少加热时间，也可减少硬化层厚度。

(8) 表面灼伤

由于感应器与工件短路，使工件表面出现烧伤痕迹和蚀坑。

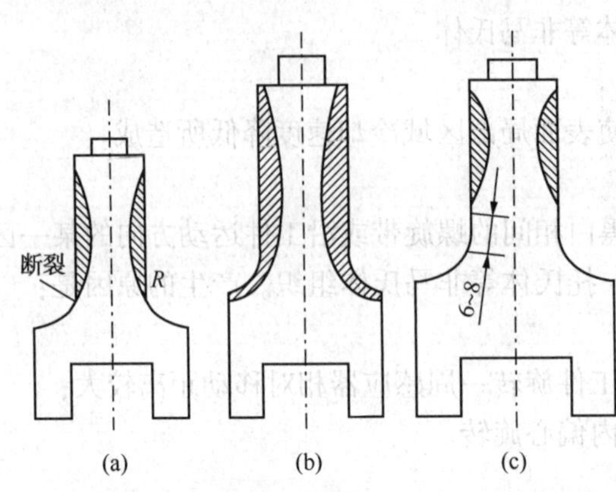

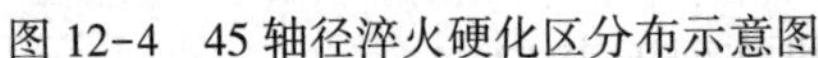
图 12-4 45 轴径淬火硬化区分布示意图

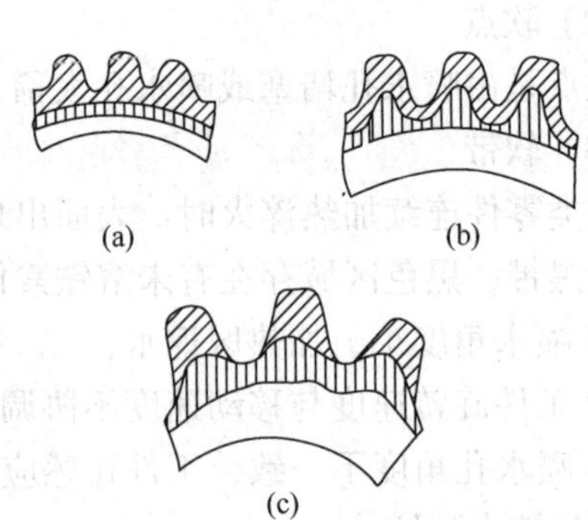

图 12-5 小模数齿轮硬化区分布示意图

12.4 火焰加热表面淬火

火焰加热表面淬火是将火焰或燃烧产物喷射到工件表面，通常是局部表面，使其加热到临界点之上温度，随后用水流或其他介质冷却而获得表面硬化(层深约 2~8mm)的热处理工艺。特点是加热温度及淬硬层深度不易控制，易产生过热和加热不均匀，淬火质量不稳定。不需要特殊设备，适用于单件或小批量生产。

火焰直接喷射的区域升温最快(大于 1000℃/min)，温度最高，在其附近的热扩散区则加热较慢，因而常需摆动火焰或延迟淬火，使之温度均匀化。

常用热源有乙炔、煤油、甲烷、丙烷、城市煤气等与氧的混合气体。加热器则有火焰喷头及燃烧加热器两类。前者使高温火焰(2000℃以上)以 6~8mm 距离直接喷向工件；后者则使燃料及空气在有耐火材料衬里的燃烧室中燃烧，然后使燃烧产物喷向工件。为使加热更趋均匀，工件的加热和淬火可在专用淬火机床进行。

火焰加热淬火可按同时加热或连续加热方法进行。工件淬火前应经调质或正火以改善心部组织。

淬火介质中最常用的是水。中碳钢工件可用水或 $\omega(Na_2CO_3)$ 5%~10%水溶液，水温应高于 15~18℃，以免淬裂。形状复杂或 $\omega(C)$ 大于 0.6%的碳钢件及合金件，可用 30~40℃温水、聚乙烯醇水溶液、乳化液、肥皂水和油等，也可用喷雾冷却。

火焰表面淬火后常在炉中进行 180~200℃的低温回火。淬火表面在磨削之后应进行第二次回火，以减少残余应力。大型工件可采用火焰回火或自回火。火焰回火可在淬火全部结束后进行，也可在喷水冷却后紧接着进行。此时，回火喷嘴在喷水器后面，用挡水板隔开。

火焰淬火设备简单、操作方便、灵活性大。对单件小批量生产或需在户外淬火，或运输拆卸不便的巨型零件、淬火面积很大的大型零件、具有立体曲面的淬火零件等尤其适用，因而在重型、冶金、矿山、机车、船舶等工业部门得到了广泛的应用。火焰淬火容易发生过热，温度及淬硬层深度的测量和控制较难，因而操作人员的技艺水平要求也较高。

火焰加热表面淬火的优点主要有以下几个方面：设备简单、使用方便、成本低；不受工件体积大小的限制、可灵活移动使用；淬火后表面清洁，无氧化、脱碳现象，变形也小。

不过，也有一些缺点：表面容易过热；较难得到小于 2mm 的淬硬层深度，只适用于火焰喷射方便的表层上；采用的混合气体有爆炸危险。

12.4.1 火焰的组成及其特性

火焰淬火可用下列混合气体作为燃料：(1)煤气和氧气比为 1：0.6；(2)天然气和氧气比为 1：1.2~1：2.3；(3)丙烷和氧气比为 1：4~1：5；(4)乙炔和氧气比为 1：1~1：1.5。不同混合气体所能达到的火焰温度不同，最高为氧、乙炔焰，可达 3100℃，最低为氧、丙烷焰，可达 2650℃。通常用氧、乙炔焰，简称氧炔焰。

乙炔和氧气的比例不同，火焰的温度不同。图 12-6 为氧炔焰的温度与其混合比的关系。由图可见，当 O_2 与 C_2H_2 的体积比 $C=1$ 时，C 值略有波动，将引起火焰温度很大的变化；而 C 值在 1~1.5 之间，火焰温度最高，且温度波动较小。最常用的氧炔焰比例为 $O_2/C_2H_2=1.15\sim1.25$。

乙炔与氧气的比例不同，火焰的性质也不同，可分为还原焰(碳化焰)、中性焰和氧化焰。其火焰又分为焰心区、内焰区(还原区)和外焰区(全燃区)。其特性如表 12-5 所示。火焰加热表面淬火的火焰选择有一定的灵活性，常用氧乙炔混合比 1.5 的氧化焰。氧化焰较中性焰经济，减少乙炔消耗量 20%时，火焰温度仍然很高，而且可降低因表面过热产生废品的危险。图 12-7 为中性氧炔焰的结构及其温度分布示意图。其中还原区温度最高(一般距焰心顶端 2~3mm 处温度达到最高值)，应尽量利用这个高温区加热工件。

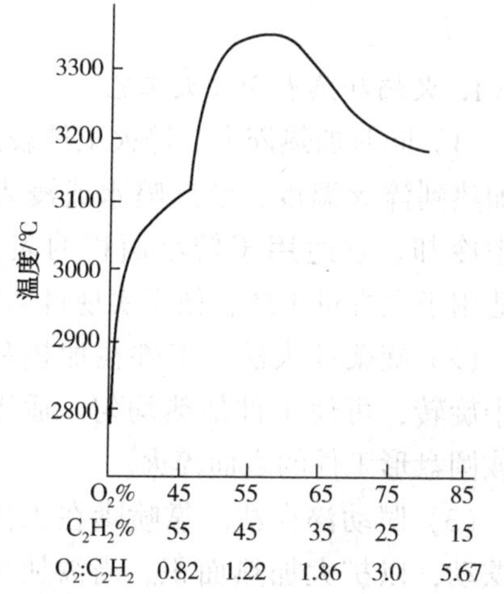

图 12-6 氧炔焰温度与其混合比的关系

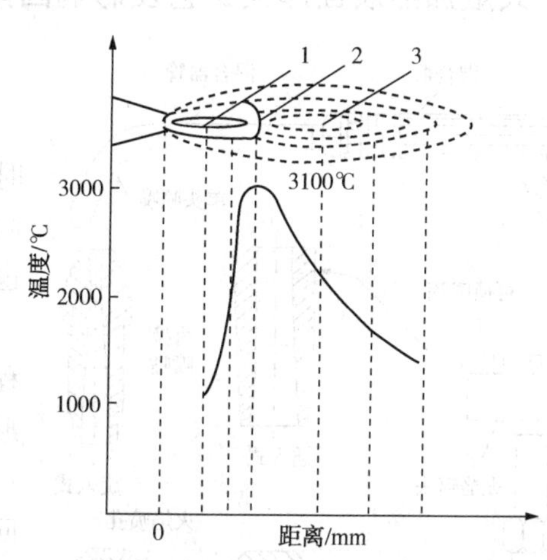

图 12-7 氧炔焰结构及温度分布示意图

表 12-5 氧乙炔焰特性比较

火焰类别	混合比 β	焰心	内焰	外焰	最高温度	备注
氧炔焰	>1.2，一般为 1.3~1.7	淡紫蓝色	蓝紫色	蓝紫色	3100~3500	无碳素微粒层，有噪声，含氧越高，整个火焰越短，噪声越大

续表

火焰类别	混合比β	焰心	内焰	外焰	最高温度	备注
中性焰	1.1~1.2	蓝白色圆锥形，焰心长，流速快，温度>950℃	淡橘红色，还原性，长10~20mm，距焰心2~4mm处温度最高，为3150℃	淡蓝色，氧化性，温度为1200~2500℃	3050~3150	焰心外面分布有碳素微粒层
碳化焰	<1.1，一般为0.8~0.95	蓝白色，焰心较长	淡蓝色，乙炔量大时，内焰较长	橘红色	2700~3000	可能有碳素微粒层，三层火焰之间无明显轮廓

12.4.2 火焰淬火喷嘴

火焰淬火一般采用特别的喷嘴，整个喷头由喷嘴、带混合阀的手柄管以及一个紧急保险阀组成，喷嘴必须通水冷却。

喷嘴还可以根据工件的形状设计成不同的结构。扁形喷嘴是平面淬火用的，环形及扇形喷嘴用于圆柱形工件淬火，特形喷嘴用于沿齿沟淬火。图12-8为几种常用火焰喷嘴的结构。

12.4.3 火焰加热表面淬火工艺及影响因素

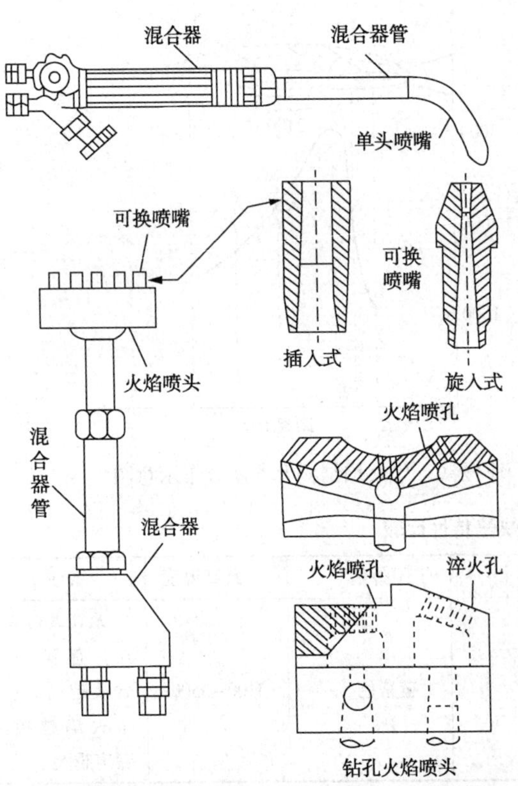

图12-8 几种常用火焰喷嘴构造示意图

1. 火焰加热表面淬火工艺

(1) 同时加热淬火。淬火工件表面一次同时加热到淬火温度，然后喷水或浸入淬火介质中冷却。它适用于较小面积的表面淬火，也适用于大批量生产，便于实现自动化。

(2) 旋架淬火法。工件在加热和冷却过程中旋转，可使工件加热均匀。适用于圆柱形或圆盘形工件的表面淬火。

(3) 摆动淬火法。靠喷嘴在工件上面来回摆动，以扩大加热面积。当欲加热部分表面均匀达到加热温度时，采用和同时加热法一样的方法冷却淬火。它适用于较大面积、淬硬层深度较深的工件表面淬火。

(4) 推进淬火法。火焰喷嘴连续沿工件表面欲淬火部位向前推进加热，喷水器随后跟着喷水冷却淬火。它适用于导轨、机床床身的滑动槽等淬火。

(5) 周边连续淬火法。火焰喷嘴和喷水器沿着淬火工件的周边做曲线运动来加热工件周边和冷却。这种方法的主要缺点是开始淬火加热区与最终淬火加热区相遇时要产生软带。

火焰淬火时，沿工件截面产生温度梯，它与火焰给热速度有关。供给热量的速度越大，温度梯度越大，加热至淬火温度以上的层深越浅，淬硬层也越浅，反之亦然。

2. 影响火焰表面淬火质量的因素

(1)火焰外形及几何尺寸

火焰外形与燃烧器的喷嘴结构有关。为了使零件的加热区温度均匀，通常采用多喷嘴式的喷头，并按淬火表面合理分布，以得到所需的火焰外形。

为了得到所要求的组织与性能，必须严格控制气体的混合比和压力的恒定。实验证明，乙炔与氧气的混合比以 1.3~1.4 为最好。

(2)喷嘴与零件表面的距离

从火焰的结构可知，还原区的温度最高，因此应控制喷嘴与零件表面的距离，以防止过热和加热不足。这个距离一般应保持 6~8mm 为宜。

(3)喷嘴或零件的移动速度

根据零件淬硬层深度的不同而调整喷嘴或零件的移动速度。如果淬硬层较深，则移动速度小；若淬硬层薄，则移动速度大。通常移动速度为 50~300mm/min。当淬硬层深度为 2~5mm 时，移动速度可采用 80~200mm/min。

(4)喷水器与火焰间的距离

如果喷水器与火焰太近，有可能使水喷到火焰上，影响加热；过远，会延迟淬火。通常喷水器与火焰间的距离为 15~20mm。

(5)冷却水温度

水温不宜过低，以避免产生裂纹。一般为 15~20℃。对含碳量为 0.5%以上的碳钢或中碳合金钢通常在水冷前采用压缩空气预冷，以防止开裂。

12.4.4 火焰加热表面淬火工艺注意事项

1. 火焰预热

铸钢、铸铁、合金钢件可用淬火喷嘴以较小火焰把工件缓慢加热至 300~500℃左右，防止开裂。钢件淬火温度取 A_{c_3}+(80~100)℃。

2. 火焰强度

(1) 常用燃气为乙炔和氧气，乙炔和氧化之比以(1 : 1.5)~(1 : 1.25)最好。

(2) 氧气压力为 0.2~0.5MPa，乙炔压力为 0.003~0.007MPa(浮筒式乙炔发生器压力为 0.006MPa 即可)，一般火焰呈蓝色中性为好。

(3) 煤气使用压力为 0.003MPa，丙烷气压力为 0.005~0.01MPa。

3. 火焰和工件距离

(1) 轴类工件一般为 8~15mm，大件取下限近些，形状复杂小件取上限远些。

(2) 模数小于 8 的齿轮同时加热淬火时喷嘴焰心与齿顶距离以 18mm 为佳，齿轮的圆形线速度<6m/min。

(3) 齿轮单齿依次淬火时，焰心距离齿面 2~4mm。

4. 喷嘴或工件移动速度

(1) 旋转法：线速度为 50~200mm/min。

(2) 推进法：线速度为 100~180mm/min。

5. 火焰中心与喷水孔距离

(1) 连续淬火：10~20mm，太近，水易溅火；太远，淬硬层不足或过深。

(2) 喷水柱应向后倾斜 10°~30°，喷水孔和喷火孔间应有隔板。

6. 淬火介质

(1) 自来水，水压在 200~300kPa。

(2) 合金钢形状复杂件用 30~40℃，1.5~2h，大工件可以自行回火(冷至 300℃左右)。

12.4.5 火焰加热表面淬火应用

火焰加热表面淬火技术是应用历史最长的表面淬火技术之一。它在重型机械、冶金机械、矿山机械、机床制造中得到广泛应用。它的适用范围很大，淬火表面部位几乎不受到限制。它可以淬硬较小的零件如车床顶针、钻头、气阀顶端、钢轨接头、凿子等，也可以淬硬大到直径 200 mm 以上的圆柱形零件，如吊车滚轮、偏心轮、支承圈等。与感应加热淬火技术相比，火焰加热淬火的设备费用低，方法灵活，简单易行，可对大型零件局部实现表面淬火，近年来，自动控温技术的不断进步，使传统的火焰加热表面淬火技术出现了新的活力。各种自动化、半自动化火焰淬火机床正在 T 业中得到越来越广泛的应用。

例如齿轮工作时表面接触应力大，摩擦厉害，要求表层高硬度，而齿轮心部通过轴传递动力(包括冲击力)。所以中碳钢制造的齿轮经调质处理后，再经火焰加热表面淬火可以达到应用的要求。

提升卷筒是电铲提升机构的重要部件，卷筒在工作中承受着钢丝绳频繁、剧烈的摩擦和很大的交变应力。因此对卷筒表面的硬度及硬化层的深度要求十分严格。国内公司采用丙烷氧火焰淬火的技术进行处理，丙烷氧火焰表面淬火有着它独具的优点。首先，在淬火加热时不易过热，压力稳定，可控可调；其次，丙烷气体价格低廉，其价格仅为乙炔气体的 1/15；再次，丙烷的使用比乙炔的使用要安全得多。类似丙烷氧专用火焰淬火技术在国外被广泛应用。经过对提升卷筒表面淬火的分析，喷枪及淬火设备的设计、改造，流量计的合理选用，安全装置的设置等工作后进行了多次工艺试验，工艺参数及试验结果如表 12-6 所示，金相组织检验结果如表 12-7 所示。试验件经淬火后解剖，表面硬度达到 5OHRC、酸蚀后淬硬层深≥3.5mm。通过试验，得到采用丙烷氧对电铲提升卷筒进行火焰淬火优化的工艺参数，如表 12-8 所示。淬火后卷筒表面硬度和硬化层，均满足了提升卷筒的表淬工艺性能，达到了国外先进水平且性能稳定。

表 12-6 工艺参数及试验结果

序号	丙烷流量/($m^3 \cdot h^{-1}$)	氧气流量/($m^3 \cdot h^{-1}$)	喷嘴移速/($mm \cdot min^{-1}$)	喷嘴至工件距离/mm	表面硬度(HRC)	酸蚀深度/mm	奥氏体晶粒度
1	1	2	120	—	53	3	—
2	2.3	3.6	100	14	54	4	7
3	2.2	3.4	100	13	52	5.3	7

续表

序号	丙烷流量/($m^3\cdot h^{-1}$)	氧气流量/($m^3\cdot h^{-1}$)	喷嘴移速/($mm\cdot min^{-1}$)	喷嘴至工件距离/mm	表面硬度(HRC)	酸蚀深度/mm	奥氏体晶粒度
4	2.05	2.8	100	11	53	4.25	7
5	1.75	2.6	100	11	55	3.5	7
6	2.3	3.5	110	11	—	4.0	—

表 12-7 金相组织检验结果

序号	表层金相组织	过渡层金相组织
1	马氏体	马氏体+屈氏体+铁素体
2	贝氏体	贝氏体+珠光体+铁素体
3	贝氏体	贝氏体+珠光体+铁素体
4	马氏体	马氏体+珠光体+铁素体

表 12-8 最佳实验工艺参数

丙烷流量/($m^3\cdot h^{-1}$)	氧气流量/($m^3\cdot h^{-1}$)	丙烷压力/kPa	氧气压力/kPa	淬火速度/($mm\cdot min^{-1}$)	喷嘴与工件距离/mm
2~2.3	2.8~3.6	80	800	95~105	10~14

12.5 激光表面淬火

12.5.1 激光表面处理概述

激光是一种均匀的，接近单色的电磁辐射束，它具有极高的能密度和良好的相干性能，易于被金属等不透明材料表面薄层(几个原子厚)所吸收，因而可作为一种新型的热源。与传统热源相比，激光束具有功率密度高(理论上可达$10^{12}W/cm^2$)，易传播，热穿透、热分布可控等优点。自20世纪70年代发明大功率CO_2激光器以来，激光表面处理技术很快就得到了应用，并被认为是一种具有广阔应用前景的新技术。激光表面处理技术之所以获得快速应用和发展，是由于它具有如下优点：处理过程无污染，十分清洁；快速、局部急热急冷，使工件表层获得所需的组织结构和性能，且工件基本上无变形；原则上可处理各种不同的金属材料；生产率高，且过程可控，易于实现自动化生产等。

激光表面处理应用范围甚广，例如激光表面淬火、激光冲击硬化、激光熔凝、激光合金化、激光非晶化、激光熔覆、激光镀(化学镀、电镀)、激光物理气相沉积、激光化学气相沉积、激光磁畴控制、激光表面微晶处理(表面织构化)等，但在众多的应用中，与热处理最为紧密相关的主要是激光表面淬火。

12.5.2 激光表面处理

激光表面淬火是利用高能(功率密度大于$10^3W/cm^2$)激光束对金属工件表层迅速加热和随后激冷，使其表层发生固态相变而达到表面强化的一种淬火工艺。对钢铁材料而言，则是用高能激光束对工件进行扫描辐照，使工件表层迅速加热成奥氏体，在停止激光辐照后工件自激冷而发生马氏体转变，于是工件表层硬化。

激光表面淬火是一种新的淬火工艺，与常规表面淬火工艺相比，有如下优点：加热速度很快(>10000℃/s)可自淬火而无需别的淬火介质；基本上不改变表面粗糙度，表面光洁；变形小，工件处理后一般无需后续加工即可直接装配使用；表面硬度高，一般也无需回火。对于精加工后难以采用其他表面强化处理的形状复杂的大件，激光表面淬火不失为一种特别合适的可选方案。

12.5.3 激光热处理的特点

激光束辐射到材料表面时，与材料的相互作用分为几个阶段：激光被材料吸收变为能量，表层材料受热升温，发生固态相变或熔化，辐射移去后材料冷却。根据激光辐射材料表面时的功率密度、辐射时间及方式不同，激光热处理包括激光相变硬化、熔化快速凝固硬化、表面合金化和熔覆等。激光热处理的特点如下：

(1) 能快速加热并快速冷却，激光加热金属时，主要是通过光子和金属材料表面的电子和声子(代表点阵振动能量的量子)的相互作用，吸收激光的能量。电子和电子、声子和声子的能量交换，使处理层材料温度迅速升高，在 $10^{-7} \sim 10^{-9}$ s 之内，就能使作用的深度内达到局部热平衡。此时温度升高速率是 1010℃/s。由于金属本身具有优良的导热性，可使该处理层急速冷却，只要工件有足够的质量，在没有附加冷却的条件下，冷速可达 103℃/s 以上，甚至可达 106℃/s 以上。

(2) 可控制精确的局部表面加热，通过导光系统，激光束可以一定尺寸的束斑精确地照射到工件的很小的局部表面，并且加热区与基体的过渡层很窄，基本上不影响处理区以外基体的组织和性能。特别适用于形状复杂、体积大、精加工后不易采用其他方法强化的零件，如拐角、沟槽、不通孔底部等区域的热处理。

(3) 输入的热量少，工件处理后的畸变微小。

(4) 能精确控制加工条件，可以实现在线加工，也易于与计算机连接，实现自动化操作。

常用的预处理方法有磷化法、碳素法和油漆法等。发黑涂料有碳素墨汁、胶体石墨、磷酸盐、黑色丙烯酸、氨基屏光漆等。此外，也可以利用线偏振光大入射角来增强激光的吸收。

12.5.4 激光淬火显微组织

同感应加热表面淬火类似，一般钢铁材料经激光淬火后的组织也分为三个区间：表层为完全淬火区(硬化区)，次层为不完全淬火区(过渡区)，心部为未淬火区。对于亚共析中碳钢，表层为马氏体，次层为马氏体和屈氏体(或马氏体、屈氏体加铁素体)，心部则为原始组织(珠光体和铁素体)。对于合金钢，由于加热获得的不均匀奥氏体中尚有未溶碳化物，故其表层中除马氏体外还有碳化物(另外尚有少量残余奥氏体)。对于铸铁件，表层中除马氏体、残余奥氏体和未溶碳化物外尚有石墨。但应说明：对某些材料，激光淬火件的过渡区可能呈现较为复杂的多相组织；某些材料则可能看不到明显的过渡区。

大量试验结果表明，钢铁零件激光淬火后的显微组织结构具有如下特征：

(1) 由于加热速度很快，奥氏体化温度高，过热度大，奥氏体晶粒极细，因而淬火马氏体极细。

(2) 由于奥氏体化时间很短，难以获得成分均匀的奥氏体，结果淬火马氏体和其他相组成物以及残余奥氏体成分也不均匀，且表层往往有未溶碳化物；

(3) 由于是激热激冷，温度变化快，相变速率高，因而热应力和相变应力(组织应力)都较大，结果导致工件表层组织中存在较多的位错等晶体缺陷。

这些特点对激光淬火件的性能会产生重要的影响。

12.5.5 激光淬火件的性能

1. 硬度

图 12-9 表示出不同含碳量的碳素钢激光淬火和常规淬火后硬度变化曲线，图 12-10 则给出了 45 钢高频淬火和激光淬火后工件表面硬度分布曲线。由图可见，钢经激光淬火后的硬度高于常规淬火硬度，且钢中含碳量越高，硬度提高得越多(共析碳钢提高约 300HV)。激光淬火比高频淬火具有更高的硬度，45 钢工件高频淬火后的洛氏硬度为 45~56HRC，而激光淬火后可达 58~60HRC，即至少高出 2~3HRC。

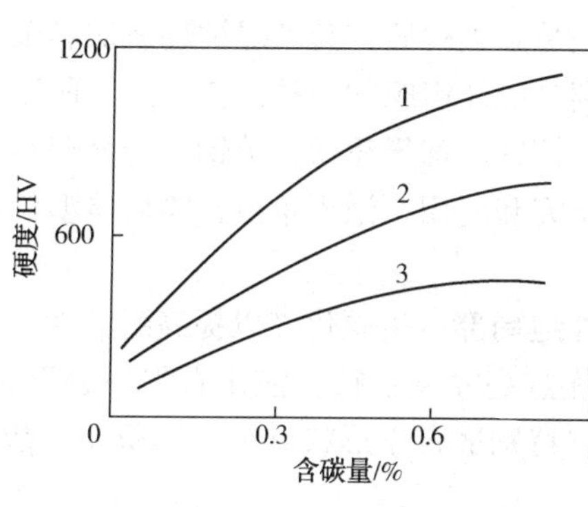

图 12-9 碳钢表面硬度与含碳量的关系

1—激光淬火；2—常规淬火；3—非强化状态

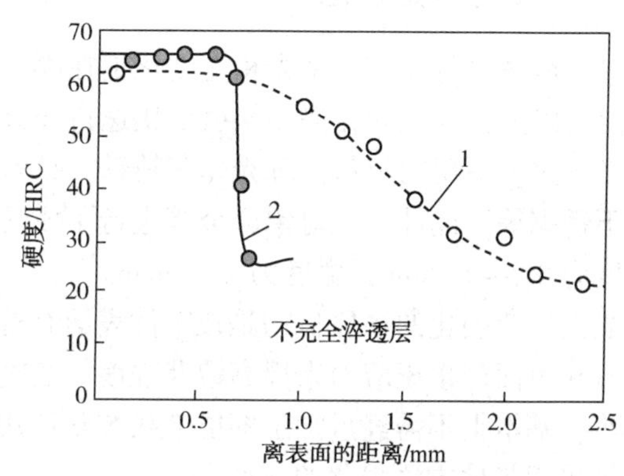

图 12-10 激光淬火与高频淬火的硬度分布(45 钢)

1—高频淬火淬火；2—激光淬火

2. 耐磨及疲劳性能

由于激光淬火后表面硬度高，故与其他淬火相比，激光淬火工件具有较高的耐磨性。例如，在滑动磨料作用下，表面硬度为 1082HV 的 GCr15 钢激光淬火件，其磨损量仅为 2.50mg，而表面硬度为 778HV 的一般淬火回火 GCr15 钢件的磨损量达 3.70mg，磨损量比前者增加了近 0.5 倍；在边界摩擦条件下，18Cr2Ni4WA 钢激光淬火件的磨损量为 0.386mm^3，而淬火和低温回火后的同种钢件的磨损量达 0.837mm^3，磨损量是前者的两倍以上，至于抗擦伤性能，激光淬火件比其他表面处理(如高频淬火、表面氮化等)也好得多，若以电化学处理的抗擦伤性为 1，则高频淬火为 1.3，表面氮化为 1.6，而激光处理达 2.3。.

钢经激光淬火后，由于强烈的温度变化和相变硬化，使其表层产生较高的残余压应力，故可大大提高疲劳强度，例如 30CrMnSiNi2A 钢，经适当的激光淬火后表层压应力可达 410MPa，结果平均疲劳寿命可提高近一倍。

12.5.6 激光表面淬火的工业应用

激光淬火是激光表面处理技术中最成熟的新工艺。由于它具有前述的一些特点和优点，自 20 世纪 70 年代最先应用于汽车零件的处理以后，便很快在汽车、农机、矿山机械、轻纺机械和工模具等方面得到了广泛的应用。并成功地建立了许多相应的生产线，现举出几个实例，用以说明激光淬火的应用效果。

(1) 1040(相当于我国 40)钢制的轴，应用 10mm×17.8mm 的矩形激光光斑，扫描速度为 305cm/min，可获得硬度为 57HRC、厚变为 0.3mm 的表面硬化层，耐磨性和疲劳寿命显著提高。

(2) 自 3Cr3W8V 钢制造的轧辊，激光淬火后表面硬度达 55~63HRC，压应力为 50MPa，与常规工艺相比使用寿命可提高一倍。

(3) 由 HT200 灰铸铁制造的汽车发动机缸体，硬度达 63.5~65HRC，耐磨性可提高 2~2.5 倍。

(4) GCr15 钢制冲孔模和压玻模采用激光淬火，其寿命比常规热处理工艺分别提高 1.32 和 2~3 倍。

12.5.7 表面相变硬化

对于钢铁材料而言，激光相变硬化是在固态下经受激光辐照，其表层被迅速加热至奥氏体化温度以上，并在激光停止辐射后快速自淬火得到马氏体组织的一种工艺方法，所以又叫作激光淬火。适用的材料为珠光体灰铸铁、铁素体灰铸铁、球墨铸铁、碳钢、合金钢和马氏体型不锈钢等。此外，还对铝合金等进行了成功的研究和应用。激光单道扫描后典型的硬化层深度为 0.5~1.0mm，宽度为 2~20mm。

激光相变硬化的主要目的是在工件表面有选择性地局部产生硬化带以提高耐磨性，还可以通过在表面产生压应力来提高疲劳强度。工艺的优点是简便易行，强化后零件表面光滑，变形小，基本上不需经过加工即能直接装配使用。它特别适合于形状复杂、体积大、精加工后不易采用其他方法强化的零件。

1. 激光相变硬化的工艺基础

激光相变硬化通过激光束由点到线、由线到面的扫描方式来实现，在激光相变处理过程中，有两个温度值特别重要，一是材料的熔点，表面的最高温度一定要低于材料的熔点；另一个是材料的奥氏体转变临界温度。激光相变硬化常采用匀强矩形光斑加热，工件厚度一般大于热扩散距离，工件可视为半无限体，可以比较准确地进行温度场的计算。根据热传导理论计算出在光轴所扫过的平面内，距表面不同深度 z 处，各点温度与该点距光轴距离 x 的关系曲线，如图 12-11 所示。

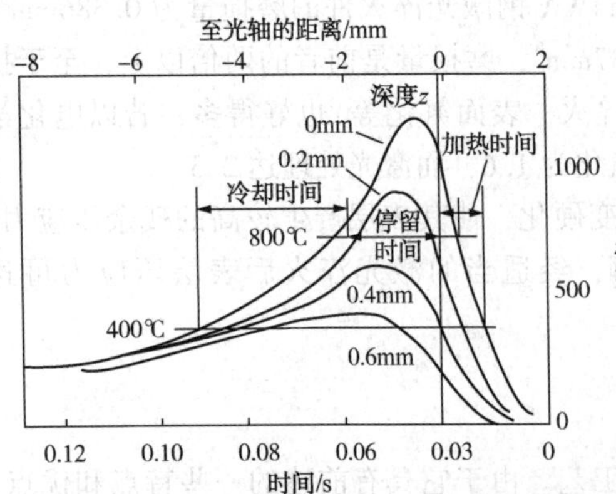

图 12-11 激光相变硬化随时间变化的温度场

2. 激光相变硬化的组织转变特点

激光加热时金属表面组织结构转变仍遵循相变的基本规律，但其奥氏体化过程处在一个较高、较宽的温度区域中，即激光相变区(图 12-12)。其中 v_2、v_3 为一般热处理加热速度，v_1 为激光加热速度，虚线表示激光相变区范围。激光加热的上限温度可视为金属固相线温度，v_1 线与奥氏体转变终了温度交点可视为下限温度。

激光相变区经自冷淬火获得微细马氏体组

织，其硬度主要取决于母相奥氏体的含碳量和晶粒度。激光淬火比传统热处理冷却速度快，相应地处理表面的硬度通常比传统热处理工艺高。

3. 激光扫描方式

激光束扫描方式如图 12-13 所示，可分为三种：其中(a)为搭接扫描，(b)为搭接率为 0 的多道扫描，(c)可视为单道扫描，扫描方式需根据零件硬化的要求而定。如果想用激光相变硬化得到大的硬化表面，各扫描带之间需要重叠，后续扫描将在邻近的硬化带上造成回火软化区。

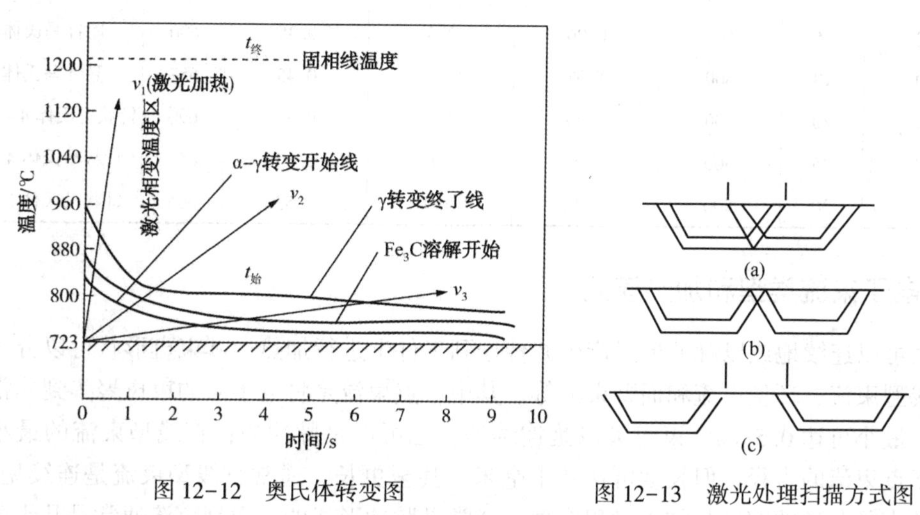

图 12-12　奥氏体转变图

图 12-13　激光处理扫描方式图

为了用激光处理得到一个封闭的硬化环带，则在搭接部分，结束处理的温度场同样会使起始硬化部分造成回火软化区。回火软化区的宽度与光斑特性有关，具有明确分界线的匀强矩形光斑所产生的回火软化区比高斯光斑的小。

12.6　电子束加热表面淬火

12.6.1　电子束加热表面淬火概述

电子束加热是通过电子流轰击金属表面，电子流和金属中的原子磁撞来传递能量进行加热。由于电子束在很短的时间内以密集的能量轰击表面，表面温度迅速升高，而其他部位仍保持冷态。当电子束停止轰击时，热量快速向冷基体金属传播，使加热表面自行淬火。

利用电子束加热表面淬火时，一般将功率密度控制在 $10^4 \sim 10^5$W/cm^2，加热速度约在 $10^3 \sim 10^5$℃/s。

电子束加热表面时，表面温度和淬透深度除和电子束能量大小有关外，还和轰击时间有关：轰击时间长，温度就高，加热深度也增加。

加热时，电子束流以很高的速度轰击金属表面，电子和金属材料中的原子相碰撞，给原子以能量，受轰击的金属表面温度迅速升高，并在被加热层同基体之间形成很大的温度梯度。金属表面被加热到相变点以上的温度时，基体仍保持冷态，电子束轰击一旦停止，热量即迅速向冷态基体扩散，从而获得很高的冷却速度，使被加热金属表面进行“自淬火”。

电子束加热表面淬火的效果如表 12-9 所示。

表 12-9　42CrMo 钢电子束表面淬火效果

序号	加速电压/kV	束流/mA	聚焦电流/mA	电子束功率/kW	淬火带宽度/mm	淬火层深度/mm	硬度(HV)	表层金相组织
1	60	15	500	0.90	2.4	0.35	627	细针马氏体 5~6 级
2	60	16	500	0.96	2.5	0.35	690	隐针马氏体
3	60	18	500	1.08	2.9	0.45	657	隐针马氏体
4	60	20	500	1.20	3.0	0.48	690	针状马氏体 4~5 级
5	60	25	500	1.50	3.6	0.80	642	针状马氏体 4 级
6	60	30	500	1.80	5.0	1.55	606	针状马氏体 2 级

12.6.2　电子束流类型和加热模式

电子束可以连续地或以脉冲形式产生并传送到工件上进行加热。其束斑形状可以分为点束流、直线型束流、环型束流和面型束流等。其中，点束流是将电子束的束斑聚焦到非常细小的尺寸，最小可达 0.5mm，束流可以是连续的，也可以是脉冲的；直线型束流的最小宽度，类似于点束流的直径，但长度可达几十毫米，甚至更长。通常直线型束流是连续型的；环型束流的直径和环的宽度与加工过程有关，通常是脉冲形式的；面型束流通常是几十毫米或更大尺寸的方形或圆形，为纳秒级的脉冲束流。

电子束在对表面进行加热时的工作方式通常称为模式，指束流如何在工件表面运动。一般有以下几种工作模式：

(1) 连续扫描

一束连续或脉冲的点束流在垂直于进给或旋转方向上以给定的频率对工件进行扫描。

(2) 扫频

具有恒定长度的线型束流照射在垂直于束流运动的工件上，加热一个带状表面。

(3) 间断脉冲

点束流脉冲型电子束在工件上跳跃，形成间断的点状加热区，加热区之间的距离可以控制在几十分之一毫米的距离。

12.6.3　电子束加热表面淬火特点

电子束表面处理与激光热处理有许多相似的地方，所以它也具有激光热处理的许多特点，比如，加热速度快，得到处理层硬度高，节省能源，无污染，变形小，可以用于复杂形状的工件和最终加工，材料的基体性能不受影响等，所以应用也很广泛。与激光热处理相比，电子束处理有如下特点：

(1) 输出功率大。在目前的技术水平下，电子枪的输出功率要比激光器的输出功率大，加速电压高达 125kV，工业应用设备通常是 30~60kW，甚至高达 150kW。可达到的能量密度通常为几千 kW/m^2，最大可达几千 MW/m^2，这是激光发生器所不可比拟的，所以可以加热的深度及尺寸要比激光加热大。

(2)需要在真空中处理的在真空中处理可以省去气体保护装置，这样不仅省去气体的消耗，而且装置简单，可以提高装置的可靠性。真空中处理对工件表面的粗糙度几乎没有什么影响。然而，要求在真空中处理也会带来一些缺点，如真空室尺寸的限制、真空系统的成本以及机械手的使用都会增加电子束处理的成本和限制它的应用。

(3)电子束使用偏转线圈可以使电子束在一定范围内偏转和摆动，同激光传递过程相比，可以减少在传递过程中由于透射、反射带来的能量损失，但也限制了传递路径的选择。

总之，它与激光热处理各自具有独特的优点，也有其不足，具有一定的互补性，所以都得到了很快的发展。

12.7 其他表面热处理方式

12.7.1 电接触加热表面淬火

电接触加热表面淬火主要是利用触头和工件间的接触电阻使工件表面加热，并借其本身未加热部分的热传导来实现淬火冷却。这种方法的优点是设备简单、操作方便、工件畸变小，淬火后不需回火。

电接触加热的原理就是将电流通过零件，利用零件本身的电阻把电能转换为热能，从而加热零件。通电导体发出的热量，可根据楞次-焦耳定律求出：

$$Q = 0.24\, I^2 Rt \tag{12-15}$$

式中 Q——电流通过导体时产生的热量，cal；

I——通过导体的电流强度，A；

R——导体的电阻，Ω；

t——通电时间，s。

从式(12-15)可以看出，导体上产生的热量大小与电流的平方、导体电阻及通电时间成正比。增加导体的电流可显著地增加热量，因此通常采用低电压(2~12V)、大电流的加热装置。

通入加热零件的电流，可以是直流电，也可以是交流电，在应用交流电时，不仅要考虑导体的电阻(R)，而且还要考虑导体的阻抗(Z)。

$$Z = \sqrt{R^2\ X^2} \tag{12-16}$$

式中 Z——导体的阻抗，Ω；

R——导体的有效电阻，Ω；

X——导体的感抗，Ω。

电接触加热表面淬火的原理示于图12-14。变压器二次线圈供给低电压、大电流，在电极(铜滚轮或碳棒)与工件表面接触处产生局部电附加热。当电流足够大时，产生的热能足以使此部分工件表面温度达到临界点以上，靠工件的自行冷却实现淬火。

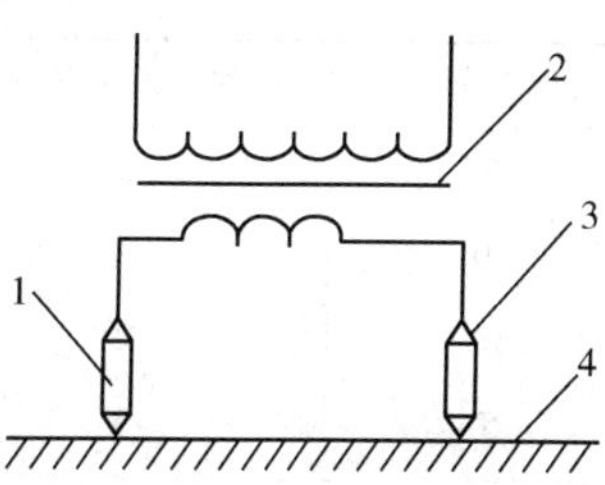

图12-14 接触加热表面淬火原理

1、3—铜轮电极；2—变压器；4—工件

电接触表面淬火能显著提高工件的耐磨性和抗擦伤能

力，但淬硬层较薄（0.15~0.30mm），金相组织及硬度的均匀性都较差，目前多用于机床铸铁导轨的表面淬火，也可用于气缸套、曲轴、工模具等零件上。

电接触加热表面淬火大都在精加工（磨、刨）后进行，表面粗糙度要求在 *Ra*1.6μm 以上。作为电极的滚轮多用黄铜或纯铜制造，手工操作时多用碳棒。电接触淬火后，工件表面产生一层熔融突起和氧化皮，可用砂布打光。电接触加热表面淬火机有多种型式，如行星差动式、可移自动往复式、传动电极式、多轮式等。

12.7.2 混合加热表面淬火

为了改善表面淬火工件淬硬层硬度分布，增加淬硬层深度，或减少工件变形，可采用感应加热与炉内加热的混合加热方法。

例如，为了减少齿轮淬火时的内孔变形，可先将齿轮整体预热到260~360℃，然后进行高频感应加热淬火。预热使齿部与心部温差减小，热应力相应降低，因而内孔变形倾向减小。又如，冷轧辊工频淬火时的过渡层比整体加热淬火时的过渡层窄，硬度梯度大；为使硬度分布趋于平缓，可采用500~700℃台车炉整体预热，然后再进行工频加热淬火。

12.7.3 电解液加热表面淬火

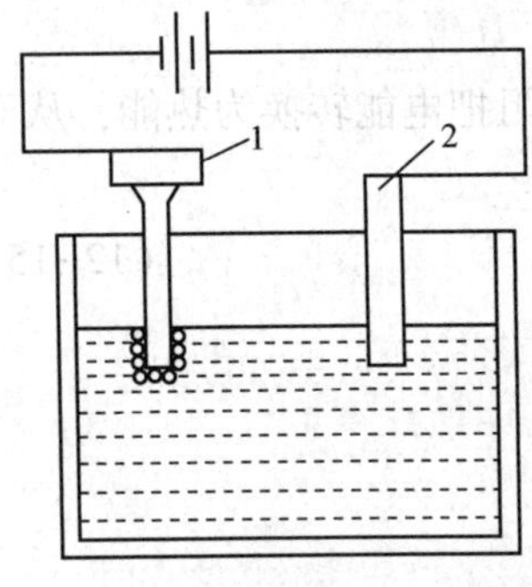

图 12-15 电解液加热原理图
1—零件（阴极）；2—阳极

电解液加热是金属零件局部与表面加热方法的一种，它与感应加热、火焰加热及电接触加热一样在机械制造业中占有一定的地位。

电解液加热是在电解液中通以较高电压的直流电（200~300V）后，电解液发生导电现象，此时在阴极上产生最大氢气，并形成氢气膜。氢气膜具有较大的电阻，当电流通过时，则在阴极产生了大量热量而加热阴极。利用此原理，将零件作为阴极，便可进行表面加热和穿透加热。其原理如图 12-15 所示。

在电解液中的加热过程与电解液成分、溶液温度、电压、电流密度及被加热零件的表面质量有关。通常电解液温度不超过 60℃，否则因温度过高使氢气膜不稳定，容易受到破坏，而且溶液蒸发量大，影响电解液成分的稳定。

生产中大多采用浓度为 5%~20%的碳酸钠电解液，且将电解槽作为阳极。表 12-10 为在碳酸钠电解液中的表面淬火规范。

表 12-10 在 Na_2CO_3 电解液中表面淬火规范

溶液浓度/%	零件插入深度/mm	电压/V	电流/A	加热时间/s	马氏体区深度/mm
5	2	220	6	8	2.3
10	2	220	8	4	2.3
10	2	180	6	8	2.6
5	5	220	12	5	6.4
10	5	220	14	4	5.8
10	5	180	12	7	5.2

此方法设备简单，淬火畸变小，适用于形状简单小件的批量生产，如内燃机阀杆的顶端淬火等。但对形状复杂，尺寸较大的工件不宜采用。

12.7.4 浴炉加热表面淬火

盐浴加热表面淬火是将工件浸入高温盐浴(或金属浴)，经短时间加热后，表层达到淬火温度(心部仍在临界温度以下)后急冷的工艺。此法不需特殊设备，操作方便，适用于小批量、多品种的中小规模生产。与感应加热及火焰加热表面淬火相比，因加热速度较小故淬硬层较深；但淬冷时冷却速度不如喷射强烈，淬火后硬度略低。淬硬层深可用调整盐浴温度及加热时间来控制。

为获得较大加热速度，盐浴温度应比正常淬火温度高100~300℃。45钢制ϕ48mm圆柱试棒在$BaCl_2$、KCl盐浴中加热，当淬硬层深为3mm时，盐浴温度与加热时间的关系如表12-11所示。表12-12为45钢不同直径圆柱试棒淬硬层深为3mm时试棒直径与加热时间的关系。

表12-11 48m试棒淬硬层为3mm时加热度与加热时间

温度/℃	950	1000	1050	1100	1150
时间/s	90	65	56	44	38

表12-12 不同尺寸的试棒淬硬层为3mm时的加热时间

浴槽温度	试棒直径/mm			
	ϕ20	ϕ40	ϕ60	ϕ80
1105℃盐浴	20	40	65	98
1250℃铸铁浴	8	20	34	45
1100℃钖-铜合金浴	5	10	23	35

盐浴加热表面淬火前，工件应进行调质处理。淬火加热时，一次装炉量不可过多，以免盐浴严重降温。工件应事先烘干或预热。预热温度高时，虽可缩短加热时间，但淬硬层也随之加深。加热后应迅速淬冷，但也可在空气中预冷，以控制淬硬层深度及硬度梯度。

课后习题

1. 表面淬火的目的是什么?

2. 常用的表面淬火方法有哪几种? 比较它们的优缺点及应用范围，并说明表面淬火前应采用何种预先热处理。

3. 选择下列零件的热处理方法，并编写简明的工艺路线(各零件均选用锻造毛坯，并且钢材具有足够的淬透性)：(1)某机床变速箱齿轮(模数$m=4$)，要求齿面耐磨，心部强度和韧性要求不高，材料选用45钢；(2)某机床主轴，要求有良好的综合机械性能，轴径部分要求耐磨(50~55HRC)，材料选用45钢；(3)镗床镗杆，在重载荷下工作，精度要求极高，并在滑动轴承中运转，要求镗杆表面有极高的硬度，心部有较高的综合机械性能，材料选用38CrMoAlA。

4. 简述感应加热表面淬火的原理和工艺，通入电流频率如何选择? 适用于什么钢种并说明感应加热表面淬火的特点。

第 13 章　化学热处理

所谓化学热处理是将工件置于某种化学介质中，通过加热、保温和冷却使介质中某些元素渗入工件表面以改变工件表面层的化学成分和组织，从而使其表面具有与心部不同性能的工艺。化学热处理同时改变了金属表面的化学成分和性能。

金属化学热处理的目的是通过改变金属表面的化学成分及热处理的方法获得单一材料难以获得的性能，或进一步提高金属制件的使用性能。例如低碳钢经过表面渗碳、淬火后，该工件表面具有高硬度、高耐磨性的普通高碳钢淬火后的性能，而心部却保留了低碳钢淬火后所具有的良好的塑性、韧性的性能。显然，这是单一的低碳钢或高碳钢所不能达到的。

金属表面渗入不同元素后，可以获得不同的性能。因此化学热处理常以渗入元素的不同来命名。常用化学热处理方法及其使用范围如表 13-1 所示。

表 13-1　常用化学热处理方法及其适用范围

名　　称	渗入元素	适　用　范　围
渗碳	C	用来提高钢件表面硬度、耐磨性及疲劳强度，一般用于低碳钢零件，渗碳层较深，一般为 1mm 左右
渗氮	N	用来提高金属的硬度、耐磨性、耐腐蚀性及疲劳强度，一般常用于中碳钢耐磨结构零件，不锈钢，工、模具钢，铸铁等也广泛采用渗氮。一般渗层深度 0.3mm 左右，渗氮层有较高的热稳定性
碳氮共渗(包括低温碳氮共渗)	C、N	用来提高工具的硬度、耐磨性及疲劳强度，高温碳氮共渗一般适用于渗碳钢，并用来代替渗碳，低于渗碳温度，变形小。低温碳氮共渗适用于中碳结构钢及工模具上
渗硫	S	减磨，提高抗咬合磨损能力，适用钢种较广，可根据钢种不同，选用不同渗硫方法
硫氮共渗硫氰共渗	S、N S、N、C	兼有渗 N 和渗 S 的性能，适用范围及钢种与渗氮相同兼有渗 S 和碳氮共渗的性能，适用范围与碳氮共渗相同
碳氮硼三元共渗	C、N、B	高硬度、高耐磨性及一定的耐蚀性能，适用于各种碳钢、合金钢及铸铁
渗铝	Al	提高工件抗氧化及抗含硫介质腐蚀的能力
渗铬	Cr	提高工件氧化、抗腐蚀能力及耐磨性
渗硅	Si	提高工件抗各种酸腐蚀的性能
渗锌	Zn	提高铁的抗化学腐蚀及有机介质中的腐蚀的能力

化学热处理通常由四个基本过程组成：

(1) 介质的分解　在一定温度下介质中各组分发生化学反应或蒸发，形成渗入元素的活性组分(金属原子直接从熔融态渗入者除外)。

（2）渗剂扩散　活性组分在工件表层向内扩散，反应产物离开界面向外逸散。

（3）相界面反应　活性组分与工件表面碰撞，产生物理吸附或化学吸附，溶入或形成化合物，其他产物解吸离开表面。

（4）渗入元素扩散　被吸附并溶入的渗入元素向工件内部扩散，当渗入元素的浓度超过基体金属的固溶度时，发生反应扩散，产生新相。

13.1　钢的渗碳

13.1.1　渗碳的目的和分类

为了增加钢件表面的含碳量和获得一定的碳浓度梯度，将钢件在渗碳介质中加热和保温，使碳原子渗入表层的工艺称为渗碳。在工业生产中，有许多重要零件(如汽车、拖拉机变速箱齿轮、活塞销、摩擦片及轴类等)都是在变动载荷、冲击载荷、大接触应力和严重磨损条件下工作的，因此要求零件表面具有高的硬度、耐磨性及疲劳极限，而心部具有较高的强度和韧性。经过渗碳及其随后的热处理，可使工件获得优良的综合机械性能，采用这种工艺的优点是：既可提高工件的使用寿命，又能节约贵重的钢材。

按渗碳介质的物质状态，渗碳方法可分为固体渗碳、液体渗碳、气体渗碳、离子渗碳和真空渗碳等。其中气体渗碳法的生产率高，渗碳过程容易控制，渗碳层质量好，且易实现机械化与自动化，故应用最广。

13.1.2　渗碳原理

1. *渗碳反应和渗碳过程*

⑴ 渗碳反应

在渗碳生产中，最主要的渗碳组分是CO或CH_4，通过反应产生活性碳原子[C]，例如：

$$2CO \xrightleftharpoons{Fe} [C] + CO_2 \qquad CO \xrightleftharpoons{Fe} [C] + \frac{1}{2}O_2$$
$$CO + H_2 \xrightleftharpoons{Fe} [C] + H_2O \quad CH_4 \xrightleftharpoons{Fe} [C] + 2H_2 \tag{13-1}$$

⑵ 渗碳过程

渗碳可以分为三个过程：渗剂中形成CO、CH_4等渗碳组分；渗碳组分传递到工件表面，在工件表面吸附、反应，产生活性碳原子渗入工件表面，反应产生的CO_2和(或)H_2O离开工件表面；渗入工件表面的碳原子向内部扩散，形成一定碳浓度梯度的渗碳层。

⑶ 渗碳过程中的主要参数

① 碳势C_p

碳势是表征含碳气氛在一定温度下与工件表面处于平衡时，工件表面达到的含碳量。一般采用低碳钢箔片测量：将厚度小于0.1mm的低碳钢箔片置于某一温度的渗碳介质中，进行穿透渗碳，测定箔片的含碳量，即为此渗碳介质在该温度下的碳势。若渗碳介质的碳势低于钢中含碳量，则钢要脱碳，反之则进行渗碳反应。

② 碳活度 α_C

碳活度定义为：

$$\alpha_C = \frac{p_C}{p_C^0} \tag{13-2}$$

式中 p_C——钢奥氏体中碳的饱和蒸汽压；

p_C^0——相同温度下以石墨为标准态的碳的饱和蒸汽压。

碳活度的物理意义是奥氏体中碳的有效浓度。碳活度 α_C 的大小与奥氏体中含碳量有关，$\alpha_C = f_C[C\%]$，含碳量高者，α_C 值较大，f_C 为活度系数，其值与温度、合金元素种类及含量有关。

③ 碳传递系数 β

碳传递系数是表征渗碳界面反应速度的常数，也称为碳的传输系数，量纲为 cm/s。可用下式定义：

$$\beta = J'/(C_p - C_s) \tag{13-3}$$

式中 J'——碳通量，$g/cm^2 \cdot s$；

C_s——工件表面含碳量，g/cm^3。

它的物理意义为：单位时间(s)内气氛传递到工件表面单位面积的碳量(碳通量 J')与气氛碳势和工件表面含碳量之间的差值(C_p-C_s)之比。碳传递系数与渗碳温度、渗碳介质、渗碳气氛等有关，如表 13-2 所示。

表 13-2 几种渗碳气氛的碳传递系数

气氛	880℃	1000℃
C_3H_8 制备的吸热式气氛	1.04	2.28
CH_4 制备的吸热式气氛	1.13	2.48
甲醇-乙酸乙酯滴注式渗碳气氛	2.43	5.53
(N_2)30%(甲醇+乙酸乙酯)	0.30	0.67
(N_2)20%(甲醇+乙酸乙酯)	0.13	0.29

④碳的扩散系数 D

扩散系数与渗碳温度、奥氏体碳浓度和合金元素的种类及含量有关，其中渗碳温度的影响最大，扩散系数 D 与温度 T(K)的关系可近似表达为

$$D = 0.162 \cdot \exp(-16575/T) \tag{13-4}$$

2. 影响渗碳速度的因素

渗碳深度 d 可按下式近似计算

$$d = k\sqrt{t} - \frac{D}{\beta} \tag{13-5}$$

式中 d——渗碳深度，cm；

k——渗碳速度因子，$cm/s^{1/2}$；

t——渗碳时间，s。

其中渗碳速度因子与渗碳温度、碳势成正比，与心部含碳量成反比，与合金元素的种类及含量也有关。

(1) 渗碳温度

由式(13-4)可知，随着渗碳温度升高，碳在钢中的扩散系数上升，渗碳速度加快，但渗碳温度过高会造成晶粒长大，工件畸变增大，使设备寿命降低，所以渗碳温度一般控制在900~950℃。

(2) 渗碳时间

由式(13-5)可知，渗碳时间与渗碳深度呈平方根关系。渗碳时间越短，生产效率越高，能源消耗越低。但是对于浅层渗碳而言，渗碳时间太短，渗层深度控制很难达到精确。所以应该通过调整渗碳温度、碳势来延长渗碳时间，以便精确控制渗层的深度。

(3) 碳势的影响

渗碳介质的碳势越高，渗碳速度越快，但使渗层碳浓度梯度增大(图13-1)。碳势过高，还会在工件表面发生积碳。

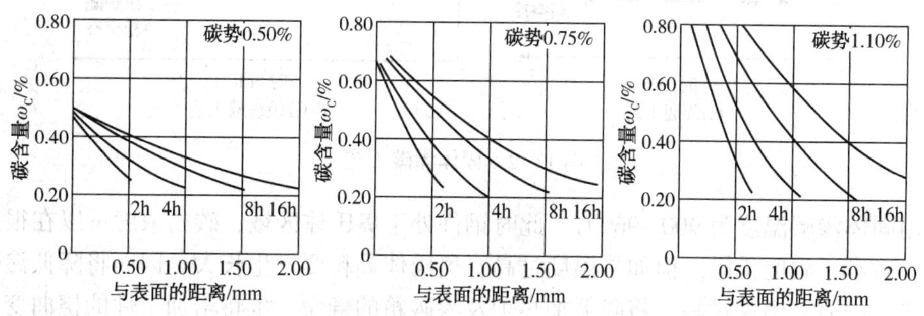

图13-1 20钢不同碳势下渗碳后表层的碳浓度分布

[渗碳温度：920℃，气氛(体积分数)：20%CO，40%H_2]

3. 气体渗碳中碳势的测量与控制

在炉气中CO含量保持不变的条件下，α_C与CO_2、O_2的含量有对应关系，因此可以采用CO_2红外仪及氧探头间接测量碳势。CO_2红外仪是利用多原子气体对红外线的选择吸收作用(例如CO_2仅吸收波长4.26μm的射线，CH_4仅吸收3.4μm和7.7μm的红外线，其余波长不吸收)，以及选择吸收红外线的能量又和该气体的浓度及气层厚度有关这一性质来测定气氛中CO_2含量，从而测定碳势。氧探头是利用氧化锆的氧离子导电性来测量炉气中氧含量(分压)，从而测定碳势。

在CO和H_2分压保持不变的条件下，炉气中H_2O含量与碳势存在对应关系，这时可用露点仪间接测量碳势。露点是指气氛中水蒸气开始凝结成雾的温度，即在一个大气压力下，气氛中水蒸气达到饱和状态时的温度。气氛中含H_2O量越高，露点越高，而碳势就越低。

碳势的控制可采用多种方法。在一定的工艺条件下，采用双参数控制即可获得较好的结果，如O_2—CO或CO_2—CO等。当炉气成分基本不变时，可采用单参数控制(生产中一般用氧探头)，但应使用钢箔监测。

13.1.3 渗碳方法

1. 固体渗碳

固体渗碳法是把渗碳工件装入有固体渗剂的密封箱内(一般采用黄泥或耐火黏土密封)，

在渗碳温度加热渗碳。固体渗碳不需专门的渗碳设备，但渗碳时间长，渗层不易控制，不能直接淬火，劳动条件也较差，但可防止某些合金钢在渗碳过程中内氧化。

固体渗碳剂主要由供碳剂、催化剂组成。供碳剂一般为本炭、焦炭，催化剂一般是碳酸盐，如 BaCO、$NaCO_2$ 等，也可采用醋酸钠，醋酸钡等作催化剂。

固体掺碳剂加黏结剂可制成桓状渗碳剂。这种渗剂松散，渗碳时透气性好，有利于渗碳反应。典型的固体渗碳工艺如图 13-2 所示。

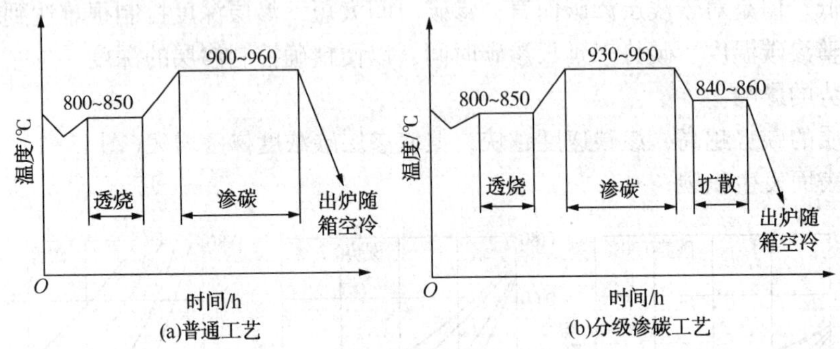

图 13-2　固体渗碳工艺

常用固体渗碳温度为 900~960℃，此时钢件处于奥氏体区域，碳的浓度可以在很大范围内变动，有利于碳的扩散。但如果温度过高，奥氏体晶粒要发生长大，因而将降低渗碳件的机械性能。同时，温度过高，将降低加热炉及渗碳箱的寿命，也将增加工件的挠曲变形。

渗碳时间应根据渗碳层要求、渗剂成分、工件及装箱等具体情况来确定。在生产中常用试棒来检查其渗碳效果。一般规定渗碳试棒直径应大于 10mm，长度应大于直径。

渗碳剂的选择应根据具体情况而定，要求表面含碳量高、渗层深，则应选用活性高的渗剂；含碳化形成元素的钢，则应选择活性低的渗剂。

在图 13-2 中都有透烧时间，这是因为填入渗碳剂的渗碳箱的传热速度慢，透烧可使渗碳箱内温度均匀，减少零件渗层深度的差别。透烧时间与渗碳箱的大小有关。另外，在(b)图中还有扩散过程，其目的是适当降低表面含碳量，使渗层适当加厚。

操作要点：

(1) 工件装箱前不得有氧化皮、油污、焊碴等；

(2) 渗碳箱一般采用低碳钢板或耐热钢板焊成。渗碳箱的容积一般为零件体积的 3.5~7 倍；

(3) 工件装箱前，应先在箱底铺一层 30~40mm 厚的渗剂，再将零件整齐地放入箱内，工件与箱壁之间，工件与工件之间应间隔 15~ 25mm，间隙处填上渗剂，工件应放置稳定，放置完毕后用渗剂将空隙填满，直至盖过工件顶端 30~50mm。装件完毕后盖上箱盖，并用耐火泥密封；

(4) 多次使用渗剂时，应用一部分新渗剂加一部分旧渗剂使用，配制比例根据渗剂配方而定。

固体渗碳的缺点使其目前应用较少。但即使是在发达国家，仍不乏使用固体渗碳工艺。这是因为固体渗碳有其独特的优点。例如像柴油机上一些细小的油嘴、油泵芯子等零件，以及其他一些细小或具有小孔的零件，如果用别的渗碳方法很难获得均匀渗层，也很难避免变形，但用固体渗碳法就能达到这一要求。目前固体渗碳法渗剂已经制成商品出售，仅需根据渗层表面含碳量要求，选用不同活性渗剂即可。由于渗剂生产的专业化，其制造可以实现机械化，克服了固体渗碳许多生产操作中的缺点。

2. 液体渗碳

液体渗碳是在能析出活性碳原子的盐浴中进行的渗碳方法。优点是设备简单、渗碳速度快、渗碳层均匀，便于渗碳后直接淬火，操作简单，特别适用于中小型零件及有不通孔的零件。缺点是多数盐浴含有剧毒的氰化物，对环境和操作者存在危害。

渗碳盐浴一般由基盐、催化剂、供碳剂三部分组成。

基盐一般不参与渗碳反应。常用 NaCl、KCl、$BaCl_2$ 或复盐配制。改变复盐配比可调整盐浴的熔点和流动性。$BeCl_2$ 有时兼有催化作用。催化剂一般采用碳酸盐，如 $NaCO_3$、$BaCO_3$、$(NH_2)_2CO$。供碳剂常用 NaCN，木炭粉、SiC。

根据供碳剂及催化剂的种类可将渗碳盐浴分成两大类。

(1) NaCN 型，这类盐以 NaCN 为供碳剂，使用过程中 CN 不断消耗，老化到一定程度后取出部分旧盐，添加新盐，增加 CN 活化盐浴。这种盐浴相对易于控制，渗碳件表面的含碳量也较稳定，但是 NaCN 剧毒。

(2) 无 NaCN 型，这类盐浴常用木炭粉、SiC 或两者并用作为供碳剂，催化剂为 Na_2CO_3、$(NH_2)_2CO$。这类盐浴无 NaCN，但是 Na_2CO_3 和 $(NH_2)_2CO$ 在盐浴中会反应生成少量 NaCN。

以 SiC 为供碳剂的盐浴，使用过程中盐浴黏度增大，并有沉渣产生。以木炭粉为供碳剂的盐浴，木炭粉易漂浮，易造成盐溶成分不均匀。可将木炭粉、SiC 等用黏结剂制成一定密度的中间块。

盐浴渗碳操作要点：

(1) 新配制的盐或使用中添加的盐应先烘干。新配制和添加供碳剂盐浴时应加以搅拌使成分均匀；

(2) 定期检测调整盐浴的成分；

(3) 定期放入渗碳试样，随工件渗碳淬火及回火并按要求对试样进行检测；

(4) 工件表面若有气化皮、油污等，进炉之前应予去除，并应保持干煤，防止带入水分引起熔盐飞溅；

(5) 渗碳或淬火完毕后及时清洗去除工件表面的残盐；

(6) 含 NaCN 的渗碳盐有剧毒，在原料的保管、存放及人工操作等方面要格外认真，残盐、废渣、废水的清理及排放都应按有关环保要求执行。

液体渗碳的温度一般为 920~940℃，其考虑原则和固体渗碳相同。液体渗碳速度较快，在 920~940℃ 渗碳时，渗碳层深度与时间的关系如表 13-3 所示。

表 13-3 液体渗碳渗层深度与时间的关系

渗碳温度/℃	渗碳时间/h	渗碳层深度/mm		
		20 钢	20Cr	20CrMnTi
920~940	1	0.3~0.3	0.55~0.65	0.55~0.65
	2	0.7~0.75	0.90~1.00	1.0~1.10

续表

渗碳温度/℃	渗碳时间/h	渗碳层深度/mm		
		20 钢	20Cr	20CrMnTi
920~940	3	1.0~1.10	1.40~1.50	1.42~1.52
	4	1.28~1.34	1.56~1.62	1.56~1.64
	5	1.40~1.45	1.80~1.90	1.80~1.90

3. 气体渗碳

气体渗碳是工件在气体介质中进行碳的渗入过程的方法。渗碳气体可以用碳氢化合物有机液体，如煤油、丙酮等直接滴入炉内汽化而得。气体在渗碳温度热分解，析出活性碳原子，渗入工件表面。也可以用事先制备好的一定成分的气体通入炉内，在渗碳温度下分解出活性碳原子渗入工件表面来进行渗碳。

用有机液体直接滴入渗碳炉内的气体渗碳法称为滴注式渗碳。而事先制备好渗碳气氛然后通入渗碳炉内进行渗碳的方法，根据渗碳气的制备方法分为：吸热式气氛渗碳、氮基气氛渗碳等。

(1) 滴注式气体渗碳

当用煤油等作为渗碳剂直接滴入渗碳炉内进行渗碳时，由于在渗碳温度热分解时析出活性碳原子过多，往往不能全部被钢件表面吸收，而在工件表面沉积成炭黑、焦油等，阻碍渗碳过程的继续进行，造成渗碳层深度及碳浓度不均匀等缺陷。为了克服这些缺点，近年来发展了滴注式可控气氛渗碳。这种方法无需特殊设备，只要对现有井式渗碳炉稍加改装，配上一套测量控制仪表即可。

滴注式可控气氛渗碳，一般采用两种有机液体同时滴入炉内。一种液体产生的气体碳势较低，作为稀释气体；另一种液体产生的气体碳势较高，作为富化气。改变两种液体的滴入比例，可使零件表面含碳量控制在要求的范围内。

选择和组成滴注剂时，应考虑下列特征：

① 碳当量是指高温分解后产生一克分子活性碳原子所需的质量，碳当量越小，有机液体的供碳能力越强；

② 有机液体中碳原子分数与氧原子分数之比，即碳氧比越大，有机液体的渗碳能力越强；

③ 有机液体的高温分解产物中含有大量烷烃和烯烃时，形成炭黑和结焦的趋势越大，使用中应加入稀释剂或采用其他办法避免产生形成炭黑和结焦；

④ 分解产物中 CO 和 H_2 含量稳定，在单独控制碳势渗碳时很重要。

这里列举几种典型的滴注剂。

① 甲醇-乙酸乙酯滴注剂，这种滴注剂中甲醇是稀释剂，乙酸乙酯是渗碳剂。

由于乙酸乙酯分解时产生 CO_2 中间产物，所以不推荐采用 CO_2 红外仪测试碳势。

改变滴注剂中甲醇和乙酸乙酯比率，炉气中 CO 含量基本不变，所以采用单参数控制时碳势控制较准确，这是这种滴注剂的最大优点。

② 甲醇-丙酮分解产物中，虽然 CO 含量的稳定性略低，但是由于丙酮的裂解性能优于乙酸乙酯，而且采用 CO_2 红外仪控制时优于乙酸乙酯，所以常用丙酮代替乙酸乙酯作渗碳剂。

③ 甲醇-煤油滴注剂，国内许多厂家采用这种滴注剂。煤油价格低廉，渗透能力强。但是单独使用煤油产生许多缺点：高温裂解后产生大量的CH_4和[C]，使炉内积碳，而且炉气成分和碳势不稳定，不易控制。甲醇-煤油滴注剂中煤油的含量一般在13%~30%范围内。高温下甲醇的裂解产物H_2O、CO_2等将CH_4和[C]氧化，可使炉气成分和碳势保持在一定范围内，可以采用CO_2红外仪进行控制。为了保证甲醇与煤油裂解反应充分进行，炉体应保证四个条件：炉内静压>1500Pa。滴注剂必须直接滴入炉内。加溅油板。滴注剂通过400~700℃温度区的时间不得>0.07s。

滴注式渗碳中常采用改变滴注剂中稀释剂和渗碳剂的比例或调整滴注剂的滴量，以及使用几种渗碳能力不同的液体来调节碳势。

典型滴注式渗碳工艺举例。

① 通过甲醇-煤油滴注式渗碳工艺，这种通用工艺可供不具备碳势测量与控制仪器的企业使用，使用时应根据具体情况进行修正。

② 甲醇-煤油滴控渗碳实例，渗碳零件为解放牌汽车变速箱五挡齿轮。材料：20CrMnTi；要求渗碳层深度0.9~1.3mm；渗碳设备为R1J75-9T型井式渗碳炉。

滴注式渗碳的操作要点及注意事项：

① 渗碳工件表面不得有锈蚀、油污及其他污垢；

② 同一炉渗碳的工件，其材质、技术要求、渗后热处理方式应相同；

③ 装料时应保证渗碳气氛的流通；

④ 炉盖应盖紧，减少漏气，炉内保持正压，废气应点燃；

⑤ 每炉都应用钢箔矫正碳势，特别是在用CO_2红外仪控制和采用煤油作渗碳剂时；

⑥ 严禁在750 ℃以下向炉内滴注任何有机溶液。每次渗碳完毕后，应检查滴注器阀门是否关紧，防止低温下有机溶液滴入炉内造成爆炸。

(2) 吸热式气体渗碳

用吸热式气氛进行渗碳时，往往用吸热式气氛加富化气的混合气进行渗碳，其碳势控制靠调节富化气的添加量来实现。一般常用丙烷作富化气。当用CO_2红外线分析仪控制炉内碳势时，其动作原理基本上与滴注式相同。不过在此处只开启富化气的阀门，调整富化气的流量来调节炉气碳势。

吸热式渗碳气氛碳势的测量与控制。调整吸热式气体与富化气的比例即可控制气氛的碳势。由于CO和H的含量基本保持稳定，只测定单一的CO_2或O_2含量，即可确定碳势。不同类型的原料气制成的吸热式气体，CO含量相差较大，炉气中碳势与CO_2氧探头的输出电势的关系均随原料变化。

由于吸热式气氛需要有特殊的气体发生设备，其启动需要一定的过程，故一般适用于大批生产的连续作业炉。连续式渗碳在贯通式炉内进行。一般贯通式炉分成四个区，以对应于渗碳过程的四个阶段(即加热、渗碳、扩散和预冷淬火)。不同区域要求气氛碳势不同，以此对其碳势进行分区控制。

吸热式气体渗碳工艺实例：

国内吸热式气体多用于连续式炉的批量渗碳处理，图13-3为连续式渗碳炉的基本结构及碳势控制示意图。

吸热式气体渗碳气氛中的H_2和CO的含量都超过了在空气中的爆炸极限[$\psi(H_2)$ 4%和

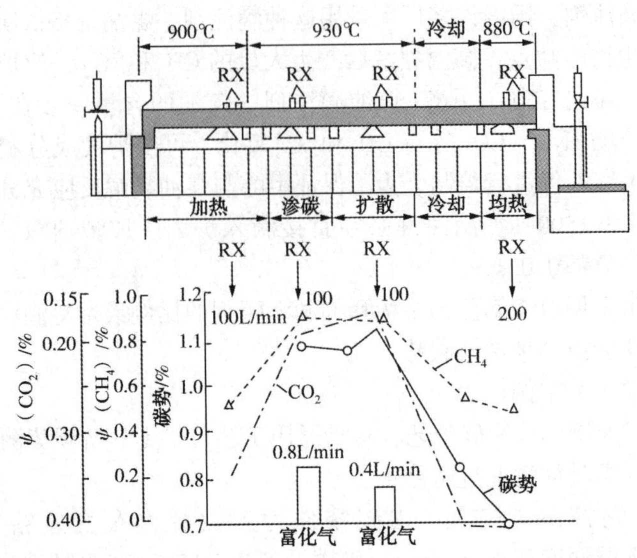

图 13-3　连续作业吸热式气体渗碳设备及工艺示意图

(ψCO) 12.5%]，炉温一定要>760℃才能通入渗碳气氛，以免发生爆炸。由于 CO 有毒，炉体应有较好的密封。炉口应点火。以防止 H_2 和 CO 泄漏造成爆炸和发生人员中毒事故。采用 CH，特别是 CH_4 作富化气易在炉内形成积碳。应定期烧除炭黑。

(3) 氮基气氛渗碳

氮基气氛渗碳是指以氮气为载体添加富化气或其他供碳剂的气体渗碳方法，该方法具有能耗低、安全、无毒等优点。

氮基气氛渗碳等特点：

① 不需要气体发生装置；

② 成分与吸热式气氛基本相同，气氛的重现性与渗碳层深度的均匀性和重视性不低于吸热式气氛渗碳；

③ 具有与吸热式气氛相同的点燃极限。由于 N_2 能自动安全吹扫，故采用氰基气体的工艺具有更大的安全性；

④ 适宜用反应灵敏的氧探头作碳势控制；

⑤ 渗入速度不低于吸热式气氛渗碳。

(4) 直生式气体渗碳

直生式渗碳，又称为超级渗碳，是将燃料(或液体渗碳剂)与空气或 CO_2 气体直接通入渗碳炉内形成渗碳气氛的一种渗碳工艺。随着计算机控制技术应用的不断成熟和完善，直生式渗碳的可控性也不断提高，应用正逐步扩大。

直生式渗碳气体由富化气+氧化性气体组成。常用富化气为：天然气、丙烷、丙酮、异丙醇、乙醇，丁烷、煤油等；氧化性气体可采用空气或 CO。

富化气(以 CH_4 为例)和氧化性气体直接通入渗碳炉时发生反应，形成渗碳气氛。

直生式渗碳的优点：

① 碳传递系数较高。

② 设备投资小，与吸热式气氛渗碳相比，可以节省一套气体发生装置，直生式渗碳炉

的密封要求不高，即使有空气进入炉内引起炉气成分波动，碳势的多参数控制系统也会及时调整氧化性气体(空气或 CO_2)的通入量，精确地控制炉气碳势；

③ 碳势调整速度快于吸热式和氮基渗碳气氛；

④ 渗碳层均匀，重现性好；

⑤ 原料气的要求较低，气体消耗量低于吸热式气氛渗碳。

13.1.4 渗碳工艺规范的选择

渗碳的目的是在工件表面获得一定的表面碳浓度、一定的碳浓度梯度及一定的渗层深度。选择渗碳工艺规范的原则是如何以最快的速度、最经济的效果获得合乎要求的渗碳层。

可控气氛渗碳的工艺参数包括渗剂类型及单位时间消耗量、渗碳温度、渗碳时间。

1. 渗剂耗量

在滴注式可控气氛渗碳时，首先把滴注剂总流量调整致使炉气达到所需碳势，然后在渗碳过程中根据炉气碳势的测定结果稍加调整稀释剂(甲醇)与渗碳剂(丙酮)的相对含量(也可只调整渗碳剂流量)。

吸热式可控气氛渗碳时，吸热式气体作为载体，而用改变富化气的流量来调整炉内碳势。一般载体(即前述稀释气)气体以充满整个炉膛容积，并使炉内气压较大气压高 10mmH_2O，使炉内废气能顺利排出，即认为满足要求。一般每小时供气的气体体积约为炉膛容积的 2.5~5 倍，即通常所谓的换气倍数。富化气根据碳势要求而添加，若用丙烷作为富化气，在渗碳区的加入量一般为稀释气的 1/1000~1.5/1000 左右。

2. 温度和时间

在可控气氛渗碳时，由于气氛碳势被控制在一定值，因而渗碳温度和时间对渗层的影响，完全反映在渗层深度及碳浓度的分布曲线上。温度越高，时间越长，渗层越深，碳浓度的分布越平缓。

3. 最佳工艺规范的获得

由于可控气氛渗碳表面碳浓度可控，因而可以通过在渗碳过程中调整碳势，合理选择加热温度和时间，从而达到过程时间短、渗层深度及碳浓度分布合乎要求的最佳工艺。

例如，为了缩短渗碳过程时间，在设备及所用材料的奥氏体晶粒长大倾向性允许的条件下，可以适当提高渗碳温度。除此之外，由于炉内碳势可控，可在渗碳初期把炉气碳势调得较高，以提高工件表面的碳浓度，从而使扩散层内浓度梯度增大，加速渗碳过程。而在渗碳后期，降低炉气碳势，使工件表面碳浓度达到要求。为了获得一定碳浓度分布曲线的渗层，也可以通过调整渗碳过程中不同阶段的炉气碳势及其维持时间来达到。

13.1.5 渗碳后的热处理

为使渗碳工件具有较高的力学性能，渗碳后应进行正确的热处理，以获得合适的组织结构。一般认为渗碳层的表层应有细针状或隐晶马氏体，碳化物呈细颗粒状弥散，均匀分布，不得呈网状，渗层中残留奥氏体量应在允许范围之内。工件心部应为细晶粒组织，不允许有大块铁素体存在，工件畸变应当最小。为了得到比较理想的性能，还需进行适当的热处理。渗碳后常用的热处理工艺有如下几种：

1. 直接淬火

在工件渗碳后，预冷到一定温度，然后立即进行淬火冷却。这种方法一般适用于气体渗碳或液体渗碳。固体渗碳时，由于工件装于箱内，出炉、开箱都比较困难，较难采用该种方法。

预冷的目的，是使工件与淬火介质的温度差减少，减少应力与变形。预冷可以是随炉降温或出炉冷却。预冷温度一般稍高于心部成分的 A_{r_3} 点，避免淬火后心部出现自由铁素体，获得较高的心部强度。但此时表面温度高于相当于渗层化学成分的 A_{r_3} 点，奥氏体中含碳量高，淬火后表层残余奥氏体量较高，硬度较低。

直接淬火的优点有：减少加热、冷却次数，简化操作，减少变形及氧化脱碳。缺点有：渗碳时在渗碳温度停留较长时间，易发生奥氏体晶粒长大，虽经预冷也不能改变奥氏体晶粒度，在淬火后可能使机械性能降低。只有在渗碳时不发生奥氏体晶粒显著长大的钢，才能采用直接淬火。

2. 一次淬火

渗碳后缓冷，然后再次加热淬火。再次加热淬火的温度应根据工件要求而定。对心部强度要求较高的合金渗碳钢零件，淬火加热温度应选为稍高于 A_{c_3} 点。这样可使心部晶粒细化，没有游离的铁素体，可获得较高的强度和硬度，同时，强度和塑性韧性的配合也较好。此时表面渗碳层中先共析碳化物溶入奥氏体，淬火后残余奥氏体较多，硬度稍低。

对心部强度要求不高，对表面要求有较高硬度和耐磨性时，淬火加热温度可稍高于 A_{c_1} 点。此时渗层先共析碳化物未溶解，奥氏体晶粒细化，硬度较高，耐磨性较好，但心部尚存有大量先共析铁素体，强度和硬度较低。

为了兼顾表面渗碳层和心部强度，淬火加热温度可稍低于 A_{c_3} 点。在此温度淬火，即使是碳钢，在表层由于先共析碳化物尚未溶解，奥氏体晶粒不会发生明显粗化，硬度也较高。心部未溶解铁素体数量较少，奥氏体晶粒细小，强度也较高。

一次淬火法适用于液体、气体和固体渗碳。特别是渗碳时发生奥氏体晶粒较明显长大的钢，或渗碳后不能直接淬火的零件也可采用一次淬火。

20Cr2Ni4A、18Cr2Ni4WA 等高合金渗碳钢件，渗碳后残留有大量残余奥氏体，为提高渗碳层表面硬度，在一次淬火前应进行高温回火。回火温度的选择应以最有利于残余奥氏体的转变为原则，对 20Cr2Ni4A 钢采用 640~680℃、6~8h 的回火，使残余奥氏体发生分解，碳化物充分析出和集聚。对 18Cr2Ni4WA 钢，采用 540℃ 回火 2h 能有效促进残余奥氏体向马氏体转变。为了促使残余奥氏体最大限度地分解，可进行三次回火。

高温回火后，在稍高于 A_{c_1} 的温度(780~800℃)加热淬火。由于淬火加热温度低，碳化物不能全部溶于奥氏体中，因此残余奥氏体量较少，提高了渗层强度和韧性。

3. 两次淬火

在渗碳缓冷后进行两次加热淬火。第一次淬火加热温度在 A_{c_1} 以上，目的是细化心部组织，并消除表面网状碳化物。第二次淬火加热温度选择在高于渗碳层成分的 A_{c_1} 点温度(780~820℃)。二次淬火的目的是细化渗碳层中马氏体晶粒，获得隐晶马氏体、残余奥氏体及均匀分布的细粒状碳化物的渗层组织。

由于两次淬火法需要多次加热，不仅生产周期长、成本高，而且会增加热处理时的氧化、脱碳及变形等缺陷。因而两次淬火法在生产上应用较少，仅对性能要求较高的零件才采用。

不论采用何种方法淬火，渗碳件最终淬火后均经160~200℃的低温回火。

13.1.6 渗碳后钢的组织与性能

1. 渗碳层的组织

渗碳处理后，钢件表层的含碳量可达1%左右，从表层到心部出现碳浓度的梯度，到心部之后为原来低碳钢的含碳量。因此，低碳钢渗碳缓冷到室温的组织，从表层到中心依次为过共析组织、共析组织、亚共析组织及心部原始低碳钢的组织。图13-4为20钢980℃气体渗碳8h缓冷到室温的组织，由表(左侧)及里(右侧)的组织依次为珠光体(共析层)、珠光体和网状铁素体(亚共析过渡层)、铁素体和珠光体(心部)。需要注意的是，随钢中合金元素含量及冷却方式的不同，渗碳层的组织也会有所差别。

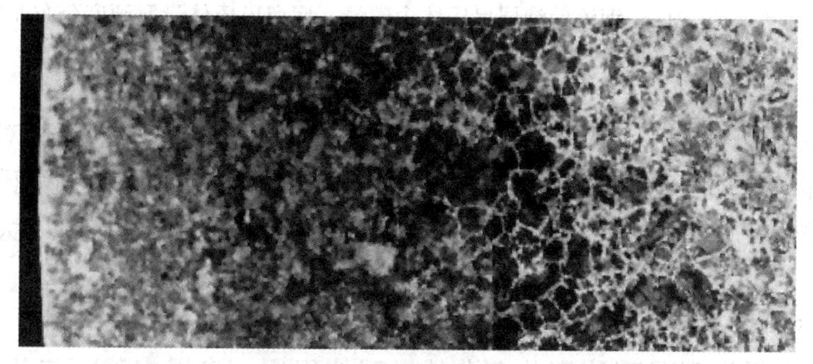

图13-4 碳钢渗碳后渗层的显微组织(63×)

在图13-5中示出碳钢渗碳淬火后渗碳层的含碳量分布、渗层残留奥氏体量及硬度分布规律。可见，由表面向内部，残留奥氏体量逐渐减少。渗层硬度在高于或接近于含碳0.6%处最高，而在表面处，由于残余奥氏体较多，硬度稍低。

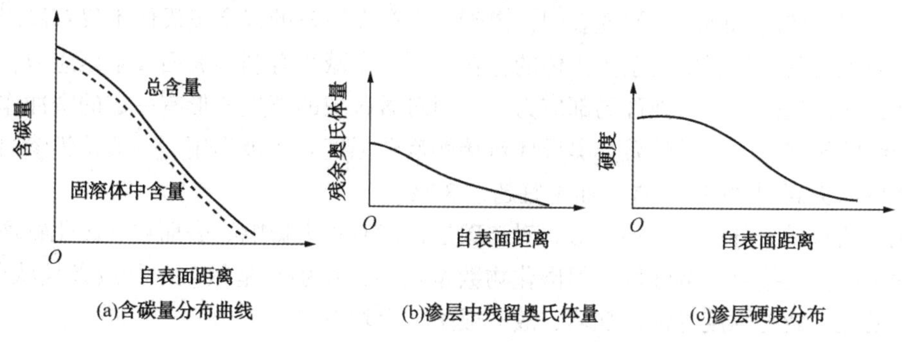

图13-5 碳素钢渗碳后直接淬火渗层含碳量、显微组织及硬度分布示意图

图13-6为20CrMnTi钢920℃渗碳6h直接淬火后渗层碳浓度、残余奥氏体量及硬度变化。由于表面细颗粒碳化物的出现，使表面奥氏体中合金元素含量减少，使残留奥氏体的量减少，使硬度较高。由含碳化物层过渡到无碳化物层时，奥氏体中合金元素的含量增加，使得残留奥氏体较多，硬度下降。即在离表面约0.2mm处奥氏体中含碳量最高，残余奥氏体

量最多，硬度最低，除此以外，越靠近表面，奥氏体中含碳量越低，相应的残余奥氏体量减少，硬度提高。心部组织在完全淬火情况下为低碳马氏体；淬火温度较低的为马氏体加游离铁素体；在淬透性较差的钢中，心部为屈氏体或索氏体加铁素体。

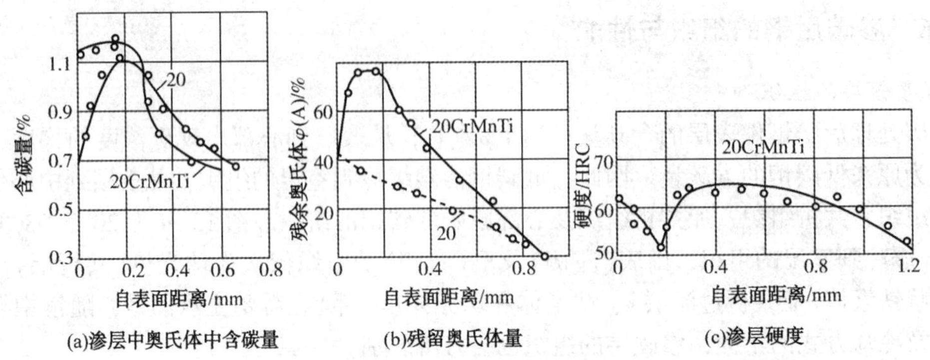

图 13-6　20CrMnTi 钢淬后渗层奥氏体含碳量、残留奥氏体量及硬度分布曲线

2. 渗碳件的性能

渗碳件的性能是渗层和心部的组织结构与性能及渗层深度与工件直径相对比例等因素的综合反映。心部组织对渗碳件性能有重大影响，合适的心部组织应为低碳马氏体，但零件尺寸较大，钢的淬透性较差时，允许心部组织为托氏体或索氏体，但不允许有大块状或过量的铁素体。

(1) 渗碳层的组织结构与性能

其组织结构包括渗碳层碳浓度分布曲线、基体组织、渗层中的第二相数量、分布及形状。

渗碳层的碳浓度是提供一定渗层组织的先决条件，一般希望渗层浓度梯度平缓。为了得到良好的综合性能，表面含碳量控制在 0.9%左右。

与马氏体相比，残余奥氏体的强度、硬度较低，塑性、韧性较高。渗碳层存在残余奥氏体，降低渗层的硬度和强度。研究表明，渗碳层中存在适量的残余奥氏体不仅对渗碳件的性能无害，而且有利。渗层中残余奥氏体的存在，不一定减小有利的表面残余压应力，残余奥氏体较软，塑性较高，可以弛豫局部应力，因而对微区域的塑性变形有一定的缓冲作用，可以延缓裂纹的扩展，一定量的残余奥氏体对接触疲劳强度有积极作用。一般认为渗层中的残余奥氏体可以提高到 20%~25%，而不宜超过 30%。

碳化物的数量、分布、大小、形状对渗碳层性能有很大影响。表面粒状碳化物增多，可提高表面耐磨性及接触疲劳强度。但碳化物数量过多，特别是呈粗大网状或条块状分布时，将使冲击韧性、疲劳强度等性能变坏，故一般生产上均有限制。

(2) 心部组织对渗碳件性能的影响

渗碳零件的心部组织对渗碳件性能有重大影响。合适的心部组织应为低碳马氏体，但在零件尺寸较大、钢的淬透性较差时，也允许心部组织为屈氏体或索氏体，视零件要求而定。但不允许有大块状或多量的铁素体。

(3) 渗碳层与心部的匹配对渗碳件性能的影响

渗碳层与心部的匹配，主要考虑是渗层深度与工件截面尺寸对渗碳件性能的影响，以及渗碳件心部硬度对渗碳件性能的影响。

渗碳层的深度对渗碳件性能的影响首先表现在对表面应力状态的影响上。在工件截面尺寸不变的情况下，随着渗层的减薄，表面残余压应力增大，有一极值。渗层过薄，由于表面层马氏体的体积效应有限，表面压应力反而减小。

渗碳层的深度越深，可以承载接触应力越大。因为由接触应力引起的最大切应力发生于距离表面的一定深度处，若渗层过浅，最大切应力发生于强度较低的非渗碳层(即心部)组织上，将使渗碳层塌陷剥落。但渗碳层深度的增加会使渗碳件冲击韧性降低。

渗碳件心部的硬度，不仅影响渗碳件的静强度，同时也影响表面残余应力的分布，从而影响弯曲疲劳强度。在一定渗碳层深度情况下，心部硬度增高表面残余压应力减小。一般渗碳件心部硬度较高者，渗碳层深度应较浅。渗碳件心部硬度过高，降低渗碳件冲击韧性；心部硬度过低，则承载时易出现心部屈服和渗层剥落。

13.1.7 渗碳件质量检查、常见缺陷及控制措施

1. 质量检查

渗碳件质量检查的内容主要有外观检查、工件变形、渗层深度、硬度和金相组织检查等。

(1) 外观检查　主要看表面有无腐蚀或氧化。

(2) 工件变形检查　主要检查工件的挠曲变形、尺寸及几何形状的变化等，应根据图样技术要求进行。

(3) 渗层深度检查　渗层深度检查有两种方法：

① 宏观测量：打断试样，研磨抛光，用硝酸酒精溶液浸蚀直至显示出深棕色渗碳层，然后用带有刻度尺的放大镜进行测量。

② 显微镜测量：渗碳后试样缓冷，磨制成显微试样，根据有关标准规定，测量至规定的显微组织处，例如测量至过渡区作为渗碳层深度。

需要注意的是渗层深度检查应在渗碳淬火后进行。

(4) 硬度检查，包括渗层表面、防渗部位及心部硬度的检查，一般用洛氏硬度 HRC 标尺测量。应在淬火后进行硬度检查。

(5) 金相组织检查，主要检查碳化物的形态及其分布、残留奥氏体数量、有无反常组织、心部组织是否粗大及铁素体是否超出技术要求等，一般在显微镜下放大 400 倍进行观察。金相组织检查应按技术要求及标准进行。

2. 常见缺陷及控制措施

渗碳件经常出现的缺陷有多种，可能牵涉到原始组织、渗碳过程及渗碳后的热处理等方面。下面简单介绍渗碳过程中出现的缺陷。

(1) 黑色组织

在含 Cr、Mn 及 Si 等合金元素的渗碳钢渗碳淬火后，在渗层表面组织中出现沿晶界呈断续网状的黑色组织。一般认为这是由于渗碳介质中的 O 向钢的晶界扩散，形成 Cr、Mn 和 Si 等元素的氧化物，发生“内氧化”；也可能是由于氧化使晶界上及晶界附近的合金元素贫化，淬透性降低，致使淬火后出现非马氏体组织。

预防办法是注意渗碳炉的密封性能，降低炉气中的含氧量。一旦工件上出现黑色组织，

若其深度不超过0.02mm，可以增加一道磨削工序，将其磨去，或进行表面喷丸处理。

(2) 反常组织

其特征是在先共析渗碳体周围出现铁素体层。在渗碳件中，常在钢中含氧量较高(如沸腾钢)的固体渗碳时看到。具有反常组织的钢经淬火后易出现软点。补救办法是：适当提高淬火温度或适当延长淬火加热的保温时间，使奥氏体均匀化，并采用较快的淬火冷却速度。

(3) 粗大网状碳化物

成因可能是由于渗碳剂活性太大或渗碳保温时间过长，渗碳阶段温度过高，扩散阶段温度过低及渗碳时间过长引起。对已出现粗大网状碳化物的零件可以进行温度高于 $A_{c_{cm}}$ 的高温淬火或正火。

(4) 渗碳层深度不均匀

成因很多，可能由于原材料中带状组织严重，也可能由于渗碳件表面局部结焦或沉积炭黑，炉气循环不均匀，零件表面有氧化膜或不干净，炉温不均匀，零件在炉内放置不当等造成。应分析具体原因，采取相应措施。

(5) 表层贫碳或脱碳

成因是渗碳后其渗剂活性过分降低，气体渗碳炉漏气，液体渗碳时碳酸盐含量过高；在冷却罐中及淬火加热时保护不当，出炉时高温状态在空气中停留时间过长。补救办法是：在碳势较高的渗碳介质中进行补渗；在脱碳层小于0.02mm情况下可以采用磨去或喷丸等办法进行补救。

(6) 表面腐蚀和氧化

渗碳剂不纯，含杂质多，如硫或硫酸盐的含量高，液体渗碳后零件表面粘有残盐，均会引起腐蚀。渗碳后零件出炉温度过高，等温盐浴或淬火加热盐浴脱氧不良，都可引起表面氧化，应控制渗碳剂盐浴成分，并对零件表面及时清洗。这时候工件应直接报废。

13.2 钢的渗氮

渗氮(氮化)是指在一定温度(一般在 A_{c_1})以下，使活性N原子渗入工件表面的化学热处理工艺。其目的是使工件表面获得高硬度、高耐磨性、高疲劳强度、高红硬性和良好耐蚀性能，且因氮化温度低、变形小，其应用广泛。

钢渗氮可以获得比渗碳更高的表面硬度和耐磨性，渗氮后的表面硬度可以高达950~1200HV(相当于65~72HRC)，而且到600℃仍可维持相当高的硬度。渗氮还可获得比渗碳更高的弯曲疲劳强度。此外，由于渗氮温度较低(500~570℃之间)，故变形很小。渗氮也可以提高工件的抗腐蚀性能。但是渗氮工艺过程较长。渗层也较薄，不能承受太大的接触应力。除钢以外，其他如Ti、Mo等难熔金属及其合金也经常采用渗氮处理。

13.2.1 钢的渗氮原理

1. Fe-N相图

Fe-N相图是研究钢的渗氮的基础。渗氮层可能形成的相及组织结构，以及它们的形成规律，都以Fe-N状态图为依据。为此需先研究Fe-N相图，如图13-7所示。

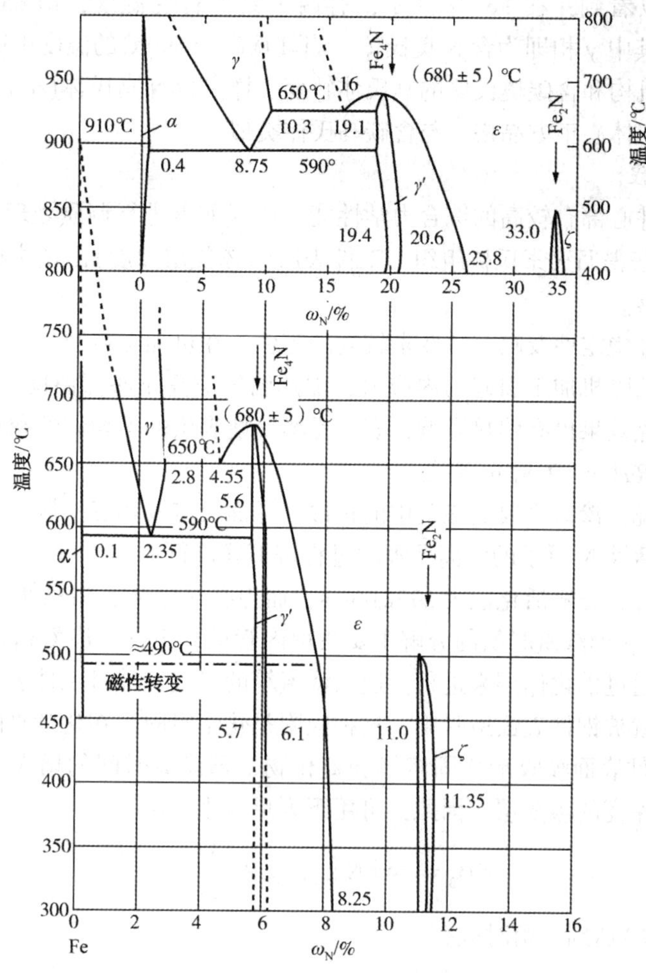

图 13-7　Fe-N 平衡状态图

由图可知，Fe-N 系中可以形成如下五种相：

α 相——N 在 α-Fe 中的间隙固溶体。N 在 α-Fe 中的最大溶解度为 0.1%（在 590℃）。

γ 相——N 在 γ-Fe 中的间隙固溶体，存在于共析温度 590℃以上。共析点的 N 含量为 2.35%（重量）。

γ'相——可变成分的间隙相化合物。其晶体结构为 N 原子有序地分布于由铁原子组成的面心立方晶格的间隙位置上。N 的含量为 5.7%~6.1%（重量）之间。当含 N 量为 5.9%时化合物结构为 Fe_4N。因此，它是以 Fe_4N 为基的固溶体。γ'相在 680℃以上发生分解并溶解于 ε 相中。

ε 相——含 N 量很宽的化合物。其晶体结构为在由铁原子组成的密集六方晶格的间隙位置上分布着 N 原子。在一般渗氮温度下，ε 相的含 N 量大致在 8.25%~11.0%范围内变化。因此它是以 Fe_3N 为基的固溶体。

ξ 相——为斜方晶格的间隙化合物，N 原子有序地分布于它的间隙位置。可以认为是 ε 相的扭曲变体（为六方晶格），含 N 在 11.0%~11.35%范围，分子式为 Fe_2N。其稳定温度为 450℃以下，超过 450℃则分解。

由图 13-7 可以看到，在 Fe-N 系中，有两个共析转变温度，即 650℃，$\varepsilon\rightarrow\gamma+\gamma'$及 590℃，$\gamma\rightarrow\alpha+\gamma'$。其中 γ 相即为含 N 奥氏体。当其从高于 590℃的温度迅速冷却时将发生马氏体转变，其转变机构和含碳奥氏体的马氏体转变一样。含 N 马氏体(α')是 N 在 α-Fe 中的过饱和固溶体，具有体心正方晶格，与含碳马氏体类似。

2. 钢的渗氮过程

为了保证渗氮件心部有较高的综合力学性能，渗氮前需进行调质处理(工模具钢采用淬火+回火处理)，以获得回火索氏体组织。工件表层(>渗氮层深度)出现块状铁素体、否则将引起渗氮层脆性脱落。

形状复杂，尺寸稳定性及畸变量要求较高的零件，在机加工粗磨与精密之间应进行 1~2 次去应力退火，以消除机加工引起的内应力，加热温度应高于渗氮温度(约为 30℃)。渗氮件表面粗糙度对渗氮效果也有明显影响，表面粗糙，使表层的不均匀性和脆性倾向增大。渗氮件表面粗糙度以 Ra1. 6~0. 8μm 为宜。

对气体渗氮来说，渗氮主要是渗剂中的扩散、界面反应及相变扩散。普通渗氮常用氨气作为渗氮介质，其活性 N 原子的解离及吸收过程按下述进行。

氨在无催化剂时，分解活化能为 377kJ/mol，而当有 Fe、W、Ni 等催化剂时，其活化能约为 167kJ/mol。因此钢渗氮时氨的分解主要在炉内管道、工件、渗氮箱及挂具等钢铁材料制成的构件表面上通过催化作用来进行。通入渗氮箱的氨气，经过工件表面而落入钢件表面原子的引力场时，就被钢件表面所吸附，这种吸附是化学吸附。在化学吸附作用下，解离出活性 N 原子，被钢件表面吸收形成固溶体和氮化物，随渗氮时间的增大，N 原子逐渐往里扩散，而获得一定深度的渗氮层。因此，可用下列反应来表示

$$NH_3 \rightleftharpoons [N]_{溶于Fe中} + \frac{3}{2}H_2 \tag{13-6}$$

当反应式(13-6)达到平衡时应有

$$K_p = \frac{[P_{H_2}]^{\frac{3}{2}} \cdot \alpha_N}{P_{NH_3}} \tag{13-7}$$

式中，K_p 为反应(13-6)平衡时的平衡常数，当温度、压力一定时，其值也一定；P_{H_2}、P_{NH_3} 分别表示渗氮罐中 H_2和 NH_3的分压；α_N 为 Fe 中 N 的活度。若与之平衡的是 N 在 Fe 中的固溶体，则 α_N 为固溶体中 N 的活度；若为 Fe_4N 或 Fe_3N，则 α_N 为在 Fe_4N 或 Fe_3N 中 N 的活度。

把式(13-7)换成下列形式

$$\alpha_N = K_p \frac{P_{NH_3}}{[P_{H_2}]^{\frac{3}{2}}} \tag{13-8}$$

由于平衡常数 K_p是温度的函数，温度一定时，$P_{NH_3}/[P_{H_2}]^{\frac{3}{2}}$ 与炉气平衡的钢中 N 的活度成正比，故可作为这种气氛渗氮能力的度量，并把它定义为氮势，用 r 表示，即

$$r = \frac{P_{NH_3}}{[P_{H_2}]^{\frac{3}{2}}} \tag{13-9}$$

在渗氮时尚有反应

$$NH_3 \rightleftharpoons \frac{1}{2}N_2 + \frac{3}{2}H_2 \tag{13-10}$$

$$Fe + \frac{1}{2}N_2 \rightleftharpoons N_{(Fe中)} \tag{13-11}$$

但是热力学计算表明，分子 N_2要分解成原子 N 而溶解于 Fe 中或与 Fe 形成氮化物几乎是不可能的。因此，实际上不能用 N_2来进行渗氮。氮气在渗氮气氛中的作用，是通过影响气氛中氨和氢的分压 P_{NH_3} 和 P_{H_2}，而按关系式(13-9)仍影响气氛的氮势。

用干燥氨渗氮时，炉气中氮势按分解程度计算。

设通火炉内氨气中有 x 份的 NH_3分解，则尚剩下 $1-x$ 份没有分解。此时炉内总的体积分数为

$$(1-x) + \frac{1}{2}x + \frac{3}{2}x = 1 + x$$

未分解 NH_3　N_2　H_2

式中，$\frac{1}{2}x$ 和 $\frac{3}{2}x$ 为 x 份氨气分解成 N_2和 H_2的体积分数(根据 $NH_3 \rightleftharpoons \frac{1}{2}N_2 + \frac{3}{2}H_2$)。故氮势为

$$r = \frac{P_{NH_3}}{[P_{H_2}]^{\frac{3}{2}}} = \frac{(1-x)}{1+x} \cdot \frac{(1+x)^{\frac{3}{2}}}{3x/2} \tag{13-12}$$

图 13-8 为氨氢混合气中氨所占比例与纯铁表面渗氮相的关系，由图可见，在不同的温度下渗氮时，只要控制炉内气氛的氨分解百分数或氮势，就可以控制渗氮表面的含 N 量及氮化相。

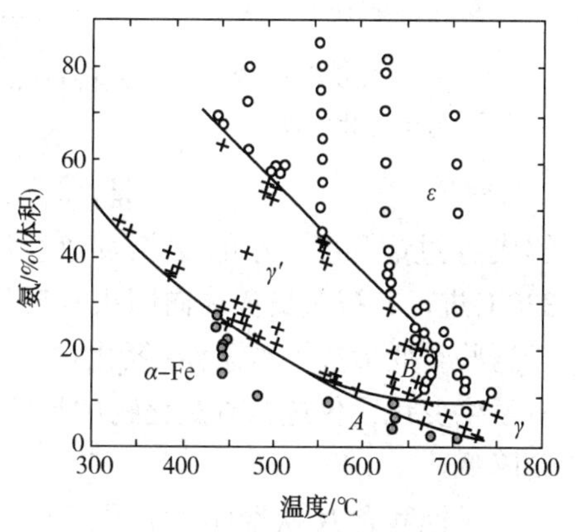

图 13-8　氨、氢混合气中氨的比例与纯铁表面渗氮相的关系

13.2.2　渗氮层的组织和性能

1. 纯铁渗氮层的组织和性能

纯铁渗氮层的组织结构应该根据 Fe-N 相图及扩散条件来进行分析。例如在 520℃渗氮时，若表面 N 原子能充分吸收，则按状态图自表面至中心依次为 ε 相→γ 相→α 相。虽然该温度线还截取 $\varepsilon+\gamma'$ 及 $\gamma'+\alpha$ 两相区，但据前述不会出现此两相。只有在该温度渗氮后缓慢冷却至室温时，由于在冷却过程中将由 α 相中析出 γ'相及由 ε 相中析出 γ'相，故渗层组织自表面至中心变成 $\varepsilon \to \varepsilon+\gamma' \to \gamma' \to \gamma'+\alpha \to \alpha$ 相。

在 600℃渗氮时，在该渗氮温度形成的渗氮层组织自表面至中心依次为：$\varepsilon \to \gamma \to \gamma \to \alpha$。自渗氮温度缓冷至室温的渗层组织自表面至中心依次为：$\varepsilon \to \varepsilon+\gamma' \to \gamma' \to \gamma'+\alpha \to \alpha$。但此处 $\gamma'+\alpha$ 的两相区较宽，因为它包括渗氮温度时的 γ 相区，它在渗氮后冷却过程中于 590℃发生共析分解($\gamma \to \gamma'+\alpha$)变成两相区。若自渗氮温度快冷，则除了 γ'相转变成马氏体外，其他各相应维持渗氮温度时的结构，因此渗氮层组织自表面至中心依次为 $\varepsilon \to \gamma' \to \alpha'$(含 N 马氏体)$\to \alpha$ 相。

以上仅是根据 Fe-N 相图分析的结果，若考虑各相中 N 的扩散条件，根据相界面的移动

方向及速度，如前所述，有些相可能不出现。纯铁520℃渗氮24h，600℃渗氮24h时没有出现γ'相。这是因为在γ'相中扩散时的速率常数$B_{\gamma'}\leq 0$。这也可以从Fe-N相图及N在γ'相中的扩散系数D的大小定性地分析得知。因γ'相在Fe-N相图中相区很窄，N的浓度变化范围很小，因此在此相中N的浓度梯度不能大；其次，N在γ'相中的扩散系数D也比在α相中的小得多，因此，N在γ'相中的扩散强度很小，在渗层中γ'相没有出现。

同理可以解释850℃渗氮与700℃渗氮时ε相层和γ相层相对厚度的明显差异。

纯铁渗氮后各渗氮相的硬度如图13-9所示。由图可见，含N马氏体具有最高的硬度，可达600HV左右，其次为γ'相，接近于500HV，ε相硬度小于300HV。

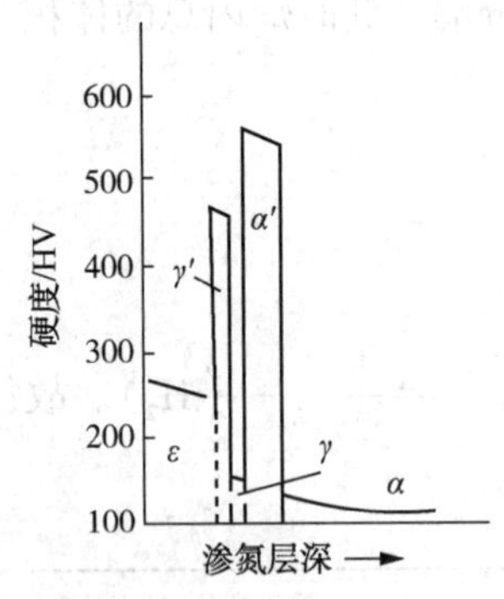

图13-9　纯铁700℃水冷渗层各相的硬度

各相膨胀系数：γ相为0.79×10^{-5}/℃；α相为1.33×10^{-5}/℃；ε相为2.2×10^{-5}/℃。各相的密度：ε相为6.88g/cm^3；γ'相为7.11g/cm^3；α相为7.88g/cm^3。

ε相具有高的耐磨性和高的抗大气和淡水腐蚀和稳定性。在NaCl溶液中，相对于饱和甘汞电极(电极+、试样-)所确定的ε相的电化学电位为0.12~0.15V。在ε相区浓度范围内N浓度对其耐蚀性没有影响。在酸中渗氮层容易溶解。ε相中N浓度的提高(10%~11%)使其脆性增加。快冷所获得的过饱和α固溶体及含N马氏体α'都是不稳定相，在加热时要发生分解，并伴随着性能的变化。

含N马氏体α'的回火过程是：在20~180℃温度范围内回火是由淬火马氏体变成回火马氏体的过程，此时过饱和的α'相分解成N过饱和度较小的α'相及亚稳氮化物α''相($Fe_{16}N_2$)，α''相与母相共格。在温度150~330℃进行着残余奥氏体向回火马氏体的转变及氮化物α'')($Fe_{16}N_2$)→γ'(Fe_4N)的转变。由于这些转变形成了铁素体-氮化物混合物($\alpha+\gamma'$)。在较高的温度300~550℃回火，相成分没有发生变化，仅进行着氮化物的聚集及球化过程。伴随着含N马氏体回火过程的进行，硬度降低。

过饱和含N铁素体在室温停放，特别是在较高温度(50~300℃)的停放，引起过饱和α相的分解，并伴随着性能的变化。过饱和α固溶体的分解遵守一般相变规律。在低的时效温度时首先形成柯氏气团。随着时间的延长或当时效温度提高到80~150℃时形成与母相共格的亚稳α''相($Fe_{16}N_2$)片状析出物。提高时效温度到等于和高于300℃，导致共格的破坏，并在母相的(012)面形成稳定的γ'相(Fe_4N)，它们彼此成锐角排布。在200~300℃时析出$Fe_{16}N_2$和Fe_4N两种氮化物。

N过饱和α固溶体时效过程中强度、硬度、塑性的变化规律与一般合金时效过程中性能变化规律一样，即在150℃以下的温度时效，随着时效时间的延长有一硬度及强度的峰值。时效温度越高，出现硬度峰值的时间越早；时效温度在20~50℃之间峰值最高，此后随着时效温度的提高，峰值降低。

疲劳强度淬火态最高，随着时效过程的进行，疲劳强度单调下降。这与渗氮层内造成残余压应力有关。因为渗氮试样疲劳强度的提高主要靠表面造成残余压应力，而时效使表面残余压应力降低。但即使这样，渗氮试样的疲劳强度仍高于未渗氮的试样。

时效过程也发生在过冷含N合金铁素体(合金钢)中。某些合金元素提高了N在α相中的溶解度，因而提高了它的时效倾向性，可以采用时效强化。

2. 合金元素对渗氮层组织和性能的影响

合金元素对渗氮层组织的影响，通过下列几方面作用：

(1) 溶解于铁素体并改变N在α相中的溶解度

过渡族元素W、Mo、Cr、Ti、V及少量的Zr和Nb，可溶于铁素体，提高N在α相中溶解度。例如，550℃时，铁素体中含1%~2%Mo时，N在α相中的含量达0.62%；含6.54%Mo时，N的含量达0.73%。又如550℃时，铁素体中含2.39%V时，含N可达1.5%，而含8%V时为3.0%N。再如38Cr、38CrMo、38CrMoAl等合金结构钢渗氮时，铁素体中含N量达0.2%~0.5%。

Al和Si在低温渗氮时，不改变N在α相中的溶解度。

(2) 与基体Fe构成Fe和合金元素的氮化物$(Fe, M)_3N$、$(Fe, M)_4N$等。

Al、Si还有Ti大量地溶解于γ'相中，扩大了γ'相的均相区。

ε相的合金化，提高了它的硬度和耐磨性。研究表明，溶解于铁素体中的合金元素，使ε相中的含N量比在纯铁中所得的ε相的少。Al是例外，它不改变ε相中的含N量。ε相的厚度，随着铁素体中合金元素量的增加而减少。含有较多Ti的铁素体渗氮时，在饱和温度下在扩散层中形成大量的γ'相$(Fe, M)_4N$。它沿着滑移面和晶界呈针状(片状)分布，并延展较深。这种组织常引起扩散层的脆性，图13-10为合金元素对ε相中N浓度[图13-10(a)]和ε相厚度[图13-10(b)]的影响，其渗氮工艺为550℃，24h，浓度是在0.005mm的层中测定的，由图13-10中可以看到上述规律。

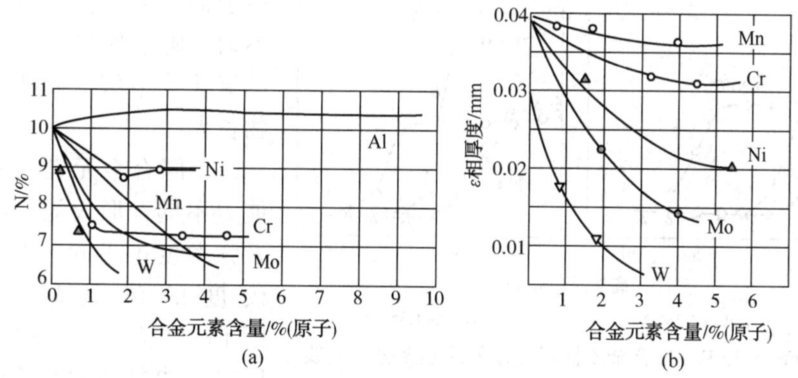

图13-10 合金元素对ε相氮浓度和ε相厚度的影响

(3) 形成合金氮化物

在钢中能形成氮化物的合金元素，仅为过渡族金属中次外层d亚层比Fe充填得不满的元素。过渡族金属的d亚层充填得越不满，这些元素形成氮化物的活性越大，稳定性越高。Ni和Co具有电子充填得较满的d亚层，虽然它们在单独存在时能形成氮化物，但是在钢渗氮时实际上不形成氮化物。

氮化物的稳定性沿着下列顺序而增加：Ni→Co→Fe→Mn→C→Mo→W→Nb→V→Ti→Zr，这也是获得氮化物难易的顺序。

渗氮时在 α 相中没有 Al 的稳定氮化物 AlN 的析出，含 Al 钢渗氮时，Al 主要富集在 γ′相中。

由于合金元素的上述作用，使钢在渗氮时，渗氮层的组织和性能发生不同的变化。在低于共析温度渗氮时，渗氮层的组织为化合物层和毗邻化合物层的扩散层。加入过渡族合金元素以后，提高了 N 在 α 相中的溶解度，因而阻碍了表面高 N 的氮化物层的形成。在 α 相中，只有合金元素含量低时，在渗氮后极缓慢冷却情况下，能看到自 α 相中析出针状的 γ′相。合金元素含量高时，则用金相显微镜看不到氮化物自 α 相中的析出。

钢中合金元素的加入，主要在 α 相中形成与 α 相保持共格关系的合金氮化物，从而达到提高硬度和强度的目的。

合金氮化物的形成过程如下：

当在较低温度渗氮时，在开始阶段，随着渗氮过程的进行，α 相中 N 浓度提高，弹性应力产生并增加，α 相点阵畸变，嵌镶块细化，使扩散层硬度提高。当 α 相中的氮浓度达到饱和极限后，将开始析出合金元素的氮化物。最初形成单原子层薄片状氮化物晶核，与母相完全共格，随后进一步长大。

合金氮化物的尺寸大小，主要决定于渗氮温度。在较低温度渗氮，例如 500℃渗氮，只形成单层的氮化物，与母相完全共格。而当渗氮温度提高到 550℃时，对 CrMo 钢，就变成多层(原子层)片状氮化物(20~40Å)，其中合金元素原子形成面心立方点阵间隙相，N 原子位于八面体间隙中。形成这种氮化物使沿薄片边缘部分共格关系破坏，而沿(001)面上保持着氮化物和 α 相的共格关系。进一步提高温度(高于 550℃)，使生成氮化物更粗大(~100Å)，在 550~700℃的高温下氮化，引起共格关系破坏，氮化物聚集和球化。

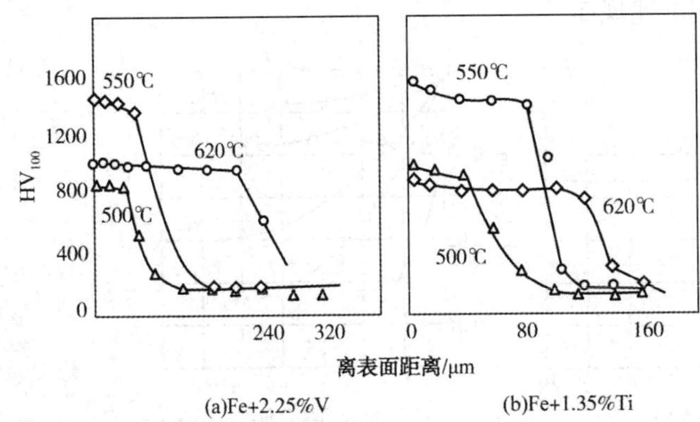

图 13-11　Fe-V 和 Fe-Ti 合金不同温度渗氮后硬度分布曲线

氮化物靠渗氮介质不断提供 N 原子而集聚长大。当氮化物大小不匀，则会使热力学稳定性较小的氮化物溶解，而使另一些氮化物长大。

不同合金元素在 α 相中扩散能力不同，形成氮化物的稳定性及弥散度也不同，因而出现最高硬度的渗氮温度也不同。图 13-11 为Fe-V 和 Fe-Ti 合金不同温度渗氮的硬度变化曲线。由图可见，由于 V 和 Ti 是强氮化物形成元素，可形成稳定的氮化物，因而其出现最高硬度的渗氮温度提高至 550℃，且渗氮层硬度也较高。

钢中合金元素量较多时，形成合金氮化物颗粒较大，渗氮层硬度较低。采用多种元素合金化比用一种元素合金化的渗氮层硬度高。

结构钢经渗氮后可以显著提高其弯曲疲劳强度。例如 18Cr2Ni4WA 钢，$d=7.5$mm 光滑试样的疲劳强度由不渗氮的 530MPa 提高到 681MPa；缺口试样由 223MPa 提高到 507MPa。渗氮提高弯曲疲劳强度的原因，不是由于表面强化，而是由于表面造成残余压应力。

渗氮时由于表面形成了比体积较大的高氮相，使渗氮层体积增大，从而造成表面压应力。图 13-12 为 18Cr2NiWA 钢 500℃渗氮后的渗层残余压应力分布。图上还画出了该种钢渗碳淬火、低温回火后的渗层中残余应力的分布。可见，渗氮层有高达490~980MPa的表面残余压应力。

在其他条件相同的情况下，钢表面吸收的相对N量越高，发生体积变化越大。产生的残余压应力也越大。渗氮层表面残余压应力大小与工件心部面积和渗层面积之比有关，其比值越大，表面残余压应力越大，但是拉应力区也逐渐移向表面。如前所述，只有在工件截面上工件载荷引起的应力与残余应力叠加结果的内应力值小于工件材料的屈服强度才不至于使零件破坏，因此拉应力的移向表面并不有利。综合考虑随着心部面积与渗层面积比的提高，表面压应力增加，内部拉应力外移两方面因素，可以推断只有在渗氮层深度与零件直径一定比值下才能达到最大疲劳极限。心部强度越高，渗氮试样的疲劳强度也越高。因为渗氮层的深度一般不超过0.5mm，所以它不能承受很大的接触应力，接触疲劳强度提高不多。钢渗氮后可以提高耐磨性。通常认为渗氮层硬度越高，耐磨性越好。但38CrMoAlA和40Cr钢渗氮后渗氮层的剥层耐磨试验表明，最高耐磨性与最高硬度不符，耐磨性最高的并不是硬度最高的表面，而在离表面一定深度的硬度较低处。图13-13示出了几种钢

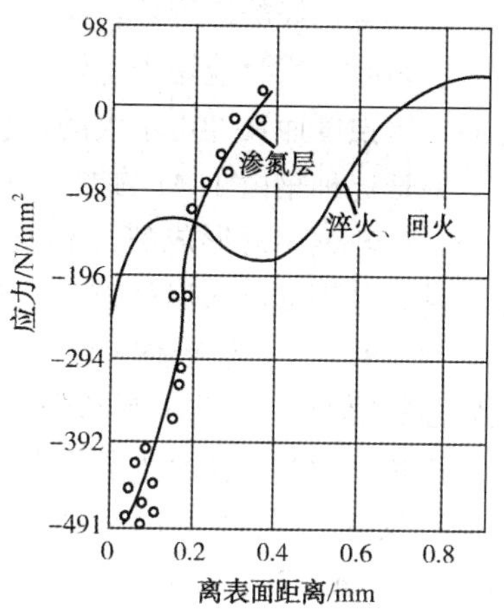

图13-12 18Cr2Ni4WA钢沿渗层深度残余应力分布

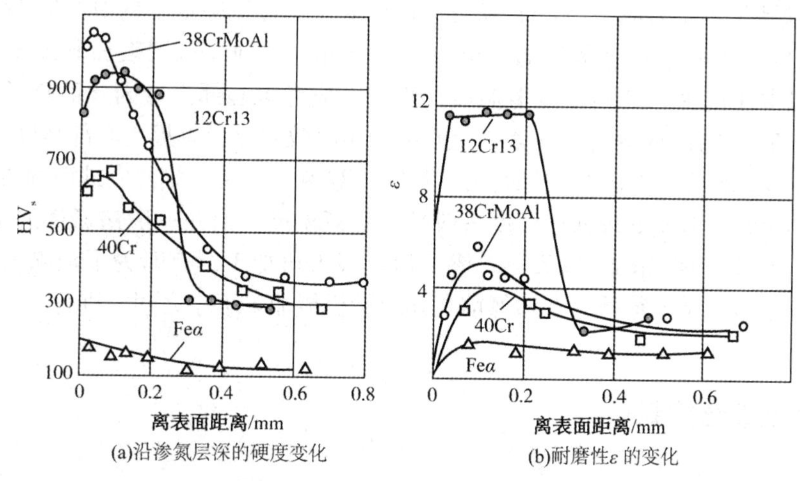

图13-13 几种钢的沿渗氮层深的硬度及耐磨性ε的变化

沿渗层深度的硬度和耐磨性的变化，试样均在540℃渗氮33h。此外，如12Crl3钢的硬度虽低于38CrMoAlA，但其耐磨性却较高；38CrMoAl钢在540℃渗氮硬度虽低于560℃渗氮，而耐磨性却较高，都说明了这个问题。

13.2.3 渗氮用钢及其预处理

渗氮工艺的适用面非常广，一般的钢铁材料和部分非铁金属(如Ti及Ti合金等)都可以进行渗氮。为了使工件心部具有足够的强度，钢的含碳量通常为0.15%~0.50%(工模具高一些)。添加W、Mo、Cr、Ti、V、Ni、Al等合金元素，可以改善材料渗氮处理的工艺性及

综合力学性能。

38CrMoAlA 是一种普遍采用的渗氮钢。该钢的特点是渗氮后可以得到最高的硬度，耐磨性好，具有良好的淬透性，同时由于 Mo 加入，抑制了第二类回火脆性，心部具有一定的强韧性。因此，广泛应用于主轴、螺杆、非重载齿轮、气缸筒等要求表面硬度高、耐磨性好、高的心部强度而又冲击不大的零件。

但是这种钢由于 Al 的加入具有下列缺点：在冶炼上易出现柱状断口，易沾污非金属夹杂物，在轧钢中易形成裂纹和发纹，有过热敏感性，热处理时，对化学成分的波动也极敏感。且该种钢的淬火温度较高，易于脱碳，当含 Al 量偏高时，渗氮层表面容易出现脆性。

为克服含 Al 的上述缺点，发展了无铝渗氮钢。对表面硬度要求不是很高而需较高心部强韧性的零件，如机床制造业、主轴、滚动轴承、丝杠，采用 40Cr、40CrVA 钢渗氮，套筒、镶片导轨片、滚动丝杠副用 40CrV、20CrWA、20Cr3MoWA。对工作在循环弯曲或接触载荷以及摩擦条件下的重载机器零件采用 18Cr2Ni4WA、38CrNi3MoA、20CrMnNi2MoV、38CrNiMoVA、30Cr3Mo 及 38CrMnMo 钢等。由于 Cr、Mo、W、V 等合金元素可强化渗氮层，而渗氮层表面不像含 Al 钢那样有脆性，因而发展了不同含量的以 Cr、Mo 为主的合金渗氮钢。这里，提高含 Ni 量，降低含 C 量，均是从提高心部韧性考虑出发的。

为缩短气体渗氮过程，发展了快速渗氮钢，利用 Ti、V 等与 N 亲和力强，氮化物不易集聚长大，可在较高温度渗氮，以加速渗氮过程。含 Ti 渗氮钢在 600℃ 渗氮时仍可得到 900HV 的硬度，而由于渗氮温度的提高，渗氮 3~5h，即可达到层深要求。

采用 Ti 快速渗氮钢时应考虑：(1) 所形成的渗氮层，性能决定于钢中含 Ti 量和含 C 量之比，Ti/C=6.5~9.5 的钢具有最好的性能，若小于此值，则渗氮层表面硬度不足，大于此值，则渗氮层出现脆性；(2) 由于渗氮温度的提高，应考虑心部强度因此而降低，因此，要适当提高含碳量，或用 Ni 等合金元素，使心部产生时效硬化，以提高心部强度。

为了保证渗氮件心部有较高的综合力学性能，渗氮工件在渗氮前应进行调质处理，以获得回火索氏体组织，调质处理回火温度一般高于渗氮温度。因此一般渗氮件的工艺程序是：毛坯-粗加工-调质处理-精加工-渗氮。渗氮后一般不再加工，有时为了消除渗氮缺陷，附加一道研磨工序。对精密零件，在渗氮前在几道精机械加工工序之间应进行一、二次消除应力处理。

13.2.4 渗氮工艺控制

1. 渗氮工艺过程

渗氮工件在装炉前应进行清洗，一般用汽油或酒精等去油。工件表面不得有锈蚀及其他油污。对不需要渗氮的工件表面，可用镀锡、镀 Ni 或其他涂料等方法防渗。渗氮在密闭的渗氮罐内进行，如图 13-14 所示。工件放入渗氮罐内，渗氮罐可用铬矿砂等进行密封。渗氮罐应用镍铬不锈钢、耐热钢等制成。渗氮罐用相应功率的电炉加热。

氨气由液氨瓶经过干燥箱、流量计、进气管进入渗氮罐，然后通过排气管、泡泡瓶，把废气排出炉外。干燥箱内装有干燥剂以除去氢气中水分。干燥剂可用硅胶、氯化钙、生石灰或活性氧化铝等。使用一段时间进行更换。

渗氮罐内进气管与排气管应合理布置，使罐内氨气气流均匀。罐内压力用 U 形油压力计测量，一般炉内压力为 30~50mm 油柱。泡泡瓶内装水，使废气通过水时，未分解的氨气溶入水内。

工件装入渗氮罐，密封并在加热炉内加热，同时立即向渗氮罐内通入氨气。渗氮至保温温度，保温一定时间，然后随炉冷却。至炉温降至200℃以下，停氨，出炉，开箱。

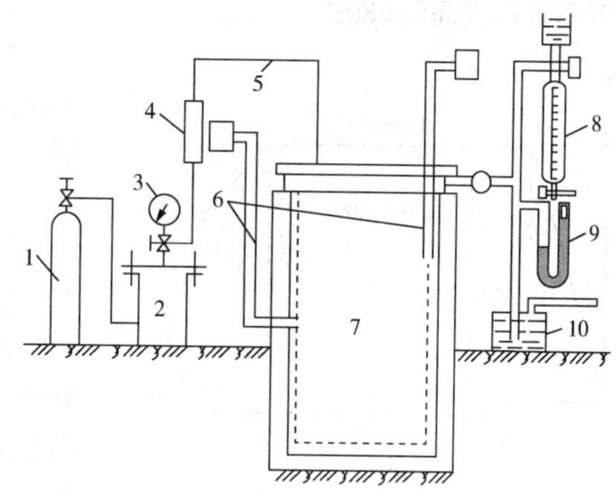

图 13-14　气体渗氮装置示意图

1—氨瓶；2—干燥器；3—氨压力表；4—流量计；5—进气管；6—热电偶；7—渗氮炉；8—氨分解率计；9—U 形压力计；10—泡泡瓶

控制渗氮的工艺参数主要有加热温度、保温时间及不同加热、保温阶段的罐内氨分解率。氨分解率一般由排出的废气测定。最简单的氨分解率测定方法是水吸收法或滴定法。利用氮气、氢气不溶解于水而氨气溶解于水的特性，炉内废气引入刻有100刻度(体积刻度)的玻璃瓶内，使废气充满，然后利用三通阀关闭与废气的通路而通入水，直至水被瓶内废气顶住，不能再通入水。此时瓶内水所占有的体积，相当于废气中未分解氨气所占有的体积，而其余体积则为废气中氮气和氢气的体积。因为瓶的体积为100刻度，故通水后被气体所占有的体积分数即表示炉气中的氨解率。

应该注意，用这种方法测定的并非是氨的真正分解率，它(用 y 表示)与真正氨分解率 x 之间的关系为

$$x = \frac{y}{2 - y} \tag{13-13}$$

氨分解率也可用红外线对多原子气体的吸收作用进行测量和控制。氨分解率通过调节氨气进气压力及流量大小进行控制。

2. *渗氮方法*

根据渗氮目的不同，渗氮方法分成两大类：一类是以提高工件表面硬度、耐磨性及疲劳强度等为主要目的而进行的渗氮，称为强化渗氮；另一类是以提高工件表面抗腐蚀性能为目的的渗氮，称为抗腐蚀渗氮，也称防腐渗氮。

(1) 强化渗氮

因为强化渗氮目的是提高表面硬度，据上述渗氮温度和时间对渗氮层硬度的影响规律，可知，对38CrMoAl强化渗氮的温度应在500~550℃范围内。下面介绍几种典型渗氮工艺。

① 等温渗氮

图13-15为38CrMoAlA钢制磨床主轴等温渗氮工艺。这种工艺特点是渗氮温度低，变形小，硬度高，适用于对变形要求严格的工件。图中渗氮温度及渗氮时间系根据主轴技术要求而定的，其要求是渗氮层深度为0.45~0.60mm，表面硬度≥900HV。对氨分解率的考虑是，前20h用较低的氨分解率，以建立较高的氮表面浓度，为以后N原子向内扩散提供高的浓度梯度，加速扩散，并且使工件表面形成弥散度大的氮化物，提高工件表面硬度。等温渗氮的第二阶段提高氨分解率的目的是适当降低渗氮层的表面N浓度，以降低渗氮层的脆性。最后2h的退N处理，是为了降低最表面的N浓度以进一步降低渗氮层的脆性，此时的

氨分解率可以提高到>80%。

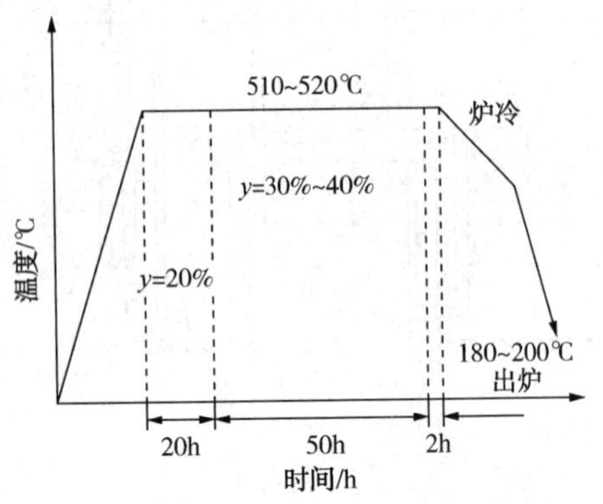

图 13-15 38CrMoAlA 钢磨床主轴等温渗氮工艺

经上述工艺等温渗氮后，表面硬度为 966～1034HV，渗氮层厚度为 0.51～0.56mm，脆性级别为 1 级。

② 两段渗氮

等温渗氮最大缺点是需要很长时间，生产率低。它也不能单纯靠提高温度来缩短时间，否则将降低硬度。为了在保证渗氮层硬度的同时尽量缩短渗氮时间，综合考虑了温度、时间、氨分解率对渗氮层深度和硬度的影响规律，制定了两段渗氮工艺。其工艺如图 13-16 所示。第一段的渗氮温度和氨分解率与等温渗氮相同，目的是使工件表面形成弥散度大的氮化物。第二阶段的温度较高，氨分解也较高，目的在于加速 N 在钢中的扩散，加深渗氮层的厚度，从而缩短总的渗氮时间，并使渗氮层的硬度分布曲线趋于平缓。第二阶段温度升高，要发生氮化物的集聚、长大，但它与一次较高温度渗氮不同，因为在第一段渗氮时首先形成的高度弥散细小的氮化物，其集聚长大要比直接在高温时形成大的氮化物的粗化过程慢得多，因而其硬度下降不显著。

两段渗氮后表面硬度为 856～1025HV，层深为 0.49～0.53mm，脆性 1 级。两段渗氮后，渗氮层硬度稍有下降，变形有所增加。

③ 三段渗氮

为了使两段渗氮后表面 N 浓度有所提高，以提高其表面硬度，在两段渗氮后期再次降低渗氮温度和氨分解率而出现了所谓三段渗氮法。图 13-17 为三段渗氮法工艺。

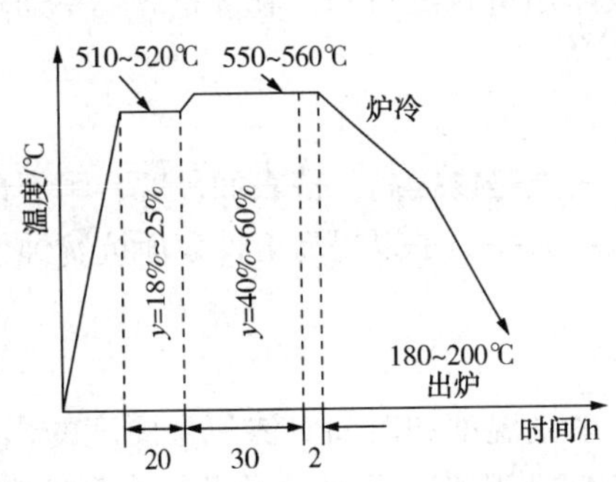

图 13-16 38CrMoAlA 钢两段渗氮工艺

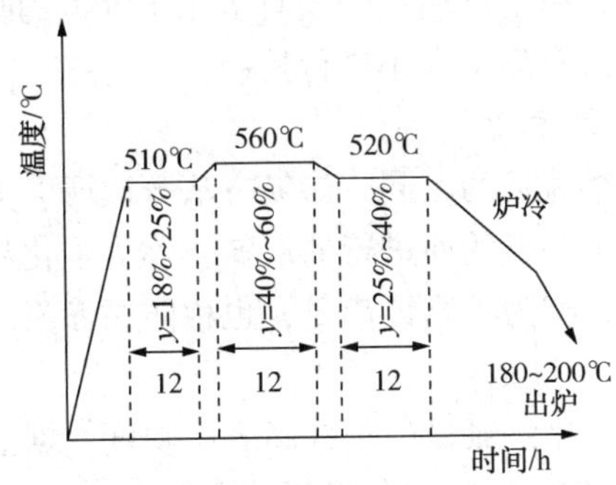

图 13-17 38CrMoAlA 钢三段渗氮工艺

不锈钢、耐热钢中合金元素含量较高，氮的扩散速度较低，因此渗氮时间长，渗氮层较浅。不锈钢、耐热钢表面存在着一层致密的氧化膜（Cr_2O_3、NiO）通常称为钝化膜，它将阻碍 N 原子的渗入。因此，去除钝化膜是不锈钢、耐热钢渗氮的关键之一。一般不锈钢、耐热钢工件在临渗氮前进行喷砂和酸洗，为了防止工件在装炉放置过程中再次生成钝化膜，在渗氮罐底部均匀撒上氯化铵，在加热过程中，由氯化铵分解出来的氯化氢将工件表面的氧化膜还原。氯化铵用量一般为 100～150g/m^3。为了减少氯化铵的挥发，可先将氯化铵与烘干的砂子混合。因为氯化氢对锡层会起破坏作用，故非渗氮面改用镀 Ni 防护。

(2) 抗腐蚀渗氮

抗腐蚀渗氮是为了使工件表面获得0.015~0.06mm厚的致密的化学稳定性高的ε相层，以提高工件的抗腐蚀性。如果渗氮层ε相不完整或有孔隙，工件的抗腐蚀性就下降。经过抗腐蚀渗氮的碳钢、低合金钢及铸铁零件，在自来水、湿空气、过热蒸汽以及弱碱液中，具有良好的抗腐蚀性能。但渗氮层在酸溶液中没有抗腐蚀性。

抗腐蚀渗氮过程，与强化渗氮过程基本相同，只有渗氮温度较高，才有利于致密的ε相的形成，也有利于缩短渗氮时间。但温度过高，表面含N量降低，孔隙度增大，因而抗蚀性降低。

渗氮后冷速过慢，由于部分ε相转变为γ'相，渗氮层孔隙度增加，降低了抗蚀性，所以对于形状简单不易变形的工件应尽量采用快冷。表13-4为常用钢的抗腐蚀渗氮工艺。

3. 渗氮件质量检查及渗氮层缺陷

强化渗氮后的质量检查应包括外观检查，渗层金相组织检查，渗层硬度、表面硬度、渗层脆性及变形检查等。

由于渗氮层比较薄，通常用维氏或表面洛氏硬度计进行渗氮层表面硬度测定。为了避免负荷过大使渗层压穿，负荷过小测量不精确，应根据渗氮深度来选择负荷。

渗氮层的脆性一般用维氏硬度压痕完整情况进行评定。采用维氏硬度计，试验压力为98.07N(特殊情况下可采用49.03N或294.21N)，卸去载荷后观察压痕状况，依其边缘的完整性将渗氮层脆性分为5级，压痕边角完整无缺为1级；压痕一边或一角碎裂为2级；压痕两边或两角碎裂为3级；压痕三边或三角碎裂为4级；压痕四边或四角碎裂为5级。其中1~3级为合格，重要零件1~2级为合格。采用压痕法评定渗氮层脆性，其主观因素较多，目前已有一些更为客观的方法开始应用。如采用声发射技术，测出渗氮试样在弯曲或扭转过程中出现第一根裂纹的挠度(或扭转角)，用以定量描述脆性。

表13-4 抗腐蚀渗氮工艺

钢号	渗氮零件	渗氮温度/℃	保温时间/min	氨分解率/%
08、10 15、20 25、40 45、40Cr等	拉杠、销、螺栓、蒸汽管道、阀以及其他仪器和机器零件	600 650 700	60~120 45~90 15~30	35~55 45~65 55~75

常见渗氮缺陷有下列几种：

(1) 变形

变形有两种：一种是挠曲变形；另一种是尺寸增大。

引起渗氮件挠曲变形的原因有：渗氮前工件内残存着内应力，在渗氮时应力松弛，重新应力平衡而造成变形。也可能是由于装炉不当，工件在渗氮过程中在自重作用下变形。还可能由于工件不是所有表面都渗氮，渗氮面与非渗氮面尺寸涨量不同而引起变形，如平板渗氮，若一面渗氮，另一面不渗氮，则渗氮面伸长，非渗氮面没有伸长，造成弯向非渗氮面的弯曲变形。

由于渗氮层渗氮后比体积增大而工件尺寸增大。工件尺寸增大量取决于渗层深度。其增大量还和渗层浓度有关。渗层深度、渗层N浓度增加均增加尺寸。

为了减少和防止渗氮件变形，渗氮前进行消除应力处理，渗氮装炉应正确。对尺寸增量可通过实验，掌握其变形量，渗氮前机械加工时把因渗氮而引起的尺寸变化进行补缩修正。

(2) 脆性和渗氮层剥落

大多数情况是由于表层氮的浓度过大引起。冶金质量低劣，预先热处理工艺、渗氮及磨削工艺不当，都会引起脆性和剥落。在非金属夹杂物、斑点、裂纹和其他破坏金属连续性的地方常导致N浓度过高，ε相过厚而引起渗氮层起泡，在磨削时使这种渗氮层剥落。渗氮前的表面脱碳及预先热处理(如调质处理的淬火)时过热也引起渗氮层脆性及剥落。

图13-18为具有网状氮化物的不合格渗层金相组织，沿原奥氏体晶界分布时，磨削不当会出现氮化层呈薄片状脱落，疹泡状表面呈小的剥落及细小密集的网状裂纹等。

图13-18 具有网状氮化物的不合格渗层(450×)

为了预防脆性和脱落，应该严格检查原材料冶金质量。在调质处理淬火加热时应采取预防氧化、脱碳措施，不允许淬火过热。在渗氮时应控制气氛氮势，降低渗层表面含氮量。在磨削加工时，应该采取适当的横向和纵向进刀量，避免磨削压痕的出现。

(3) 渗氮层硬度不足及软点

渗氮层硬度不足，除了由于预备热处理脱碳及晶粒粗大外，就渗氮过程本身主要是由于渗氮工艺不当所致。氨分解率过高、渗氮层表面氮浓度过低、渗氮温度过高、合金氮化物粗大、渗氮温度过低、时间不足渗层浅、合金氮化物形成太少等均导致渗氮层硬度低。除了渗氮温度过高而引起硬度低下不能补救外，其余均可再采用一次渗氮来补救。重复渗氮保温时间应据具体情况而定，一般按0.10mm/10h估算。

渗氮层出现软点的主要原因是渗氮表面出现异物，妨碍工件表面N的吸收。如防渗锡涂得过厚，渗氮时锡熔化流至渗氮面；渗氮前工件表面清理不够平净，表面沾污油污等脏物所致。

(4) 抗腐蚀渗氮后质量检查

抗腐蚀渗氮后的质量检查，除外观、脆性(Ⅰ~Ⅱ级合格)外，还要检查渗氮层的抗蚀性。检查渗氮层抗蚀性的常用方法有两种：① 将零件浸入6%~10%硫酸铜溶液中保持1~2min，观察表面有无铜的沉积，如果没有铜的沉积，即为合格，② 用10g赤血盐[$K_3Fe(CN)_9$]和20g氯化钠溶于1L蒸馏水中，工件侵入该溶液1~2s。表面若无蓝色痕迹即为合格。

13.2.5 渗氮工艺发展概况

渗氮工艺的主要缺点之一是时间过长，如何缩短渗氮时间，寻找快速渗氮工艺，成为关注的焦点。发展的快速渗氮工艺有：高频渗氮、磁场渗氮、超声波或弹性振荡作用下的渗氮、放电渗氮、卤化物催渗渗氮等。

除了快速渗氮外，为了控制渗氮层N浓度，降低渗氮层脆性，又发展了用NH_3、N_2及NH_3、H_2等混合气进行渗氮的方法。

1. 在 NH_3+N_2 混合气中渗氮区

在 NH_3渗氮时加入一定量的 N_2，改变渗氮气氛中的氮势，控制渗氮层表面 N 浓度，以满足使用性能的要求。例如用两段渗氮法渗氮时，第一段采用合理的氨分解率进行渗氮，而在第二段采用 90%N_2+10%NH_3的混合物渗氮，则第二段可借 ε 的消散(因气氛氮势低，气氛提供给渗层表面的 N 原子不足)使下面扩散层增长。这种渗氮方法，可使氮化物网和 ε 相厚度减少或全部消失，并降低渗氮层的脆性，而其扩散层的深度可保持与普通渗氮法相同或稍有增加。

2. 在 NH_3+H_2 混合气中渗氮

这种工艺也借氮势控制限制化合物层厚度。典型的是 42CrMo 制造的 V 排 8 缸引擎曲轴的渗氮工艺曲线，如图 13-19 所示。图中 $r=P_{NH_3}/(P_{H_2})^{\frac{3}{2}}$。当 $r=1.5$ 时，白层厚度(化合物层厚度)不超过 4μm，层深为 0.4mm。

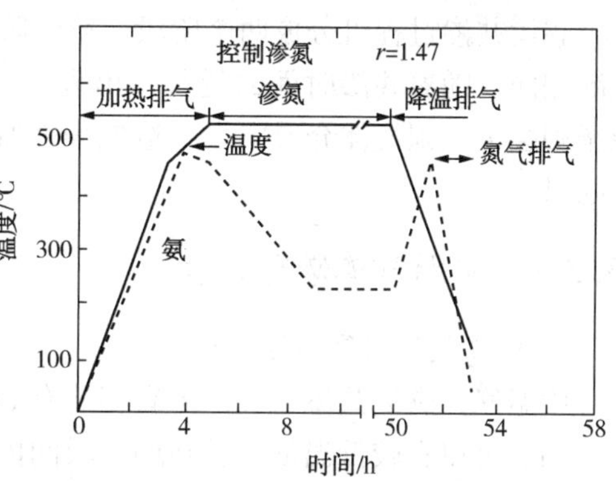

图 13-19 42CrMo 钢在 NH_3+H_2 混合气中渗氮工艺曲线

3. 加含氧气体的气氛中渗氮

在 NH_3、H_2 混合气中加入 O_2、空气、CO_2等气体可以加速渗氮。加 O_2时合适的量为：1~16LO_2、100L NH_3(最佳配比为 O_2：NH_3=4：100)。在该种气氛中渗氮与普通氨气中的气体渗氮比较，可提高渗氮速度一倍。过程的速度与氧的活度 α_0成比例。在 γ-Fe 渗氮时速度与 α_0^{-1}成比例。在 α-Fe 渗氮时与 $\alpha_0^{-1/3}$成比例。加 O_2、空气、CO_2气体只有在渗氮前 5~10h 有效。

13.3 钢的碳氮共渗

在钢的表面同时渗入 C 和 N 的化学热处理工艺称为碳氮共渗。碳氮共渗可以在气体介质中进行，也可在液体介质中进行。因为液体介质的主要成分是氰盐，故液体碳氮共渗又称为氰化。

根据共渗温度不同，可以把碳氮共渗分为高温(900~950℃)、中温(700~880℃)及低温三种。如对低碳结构钢、中碳结构钢以及不锈钢等，为了提高其表面硬度、耐磨性及疲劳强度，进行 820~850℃的碳氮共渗；中碳调质钢在 570~600℃温度进行碳氮共渗，可提高其耐磨性及疲劳强度；而高速钢在 550~560℃碳氮共渗的目的是进一步提高其表面硬度、耐磨性及热稳定性。

其中低温碳氮共渗，最初在中碳钢中应用，主要是提高其耐磨性及疲劳强度，而硬度提高不多(在碳素钢中)，故又谓之软氮化。因为共渗温度不同，C、N 两元素渗入浓度不同，在低温时主要以渗氮为主，又有人称它为氮碳共渗，以区别于以渗碳为主的中、高温碳氮共渗。

C、N 共渗与渗碳和渗氮相比，具有如下特点：

1. 共渗温度不同，共渗层中 C、N 含量不同

一般 N 含量随着共渗温度的提高而降低，而含碳量随着温度增加先升高，至一定温度

后反而降低。

2. C、N 共渗时 C、N 元素的相互作用

由于 N 使 γ 相区扩大，A_{c_3}点下降，因而能使渗碳温度降低。若 N 渗入浓度过高，在表面形成碳氮化合物时，又阻碍着 C 的扩散。C 降低 N 在 α、ε 相中的扩散系数，所以 C 减缓 N 的扩散。

3. 碳氮共渗过程中 C 对 N 的吸附有影响

碳氮共渗过程可分成两个阶段：第一阶段共渗时间较短(1~3h)，C 和 N 在钢中的渗入情况相同；随着共渗时间的延长，出现第二阶段，此时 C 继续渗入，而渗层表面部分的 N 原子则会进入到气体介质中去，造成表面脱氮。分析证明这是由于 N 和 C 在钢中相互作用的结果。

13.3.1 中温气体碳氮共渗

1. 中温气体碳氮共渗的优点

中温气体碳氮共渗与气体渗碳相比有如下优点：

(1) 可以在较低温度下及在同样时间内获得同样渗层深度，或在处理温度相同情况下，共渗速度较快，如图 13-20 所示；

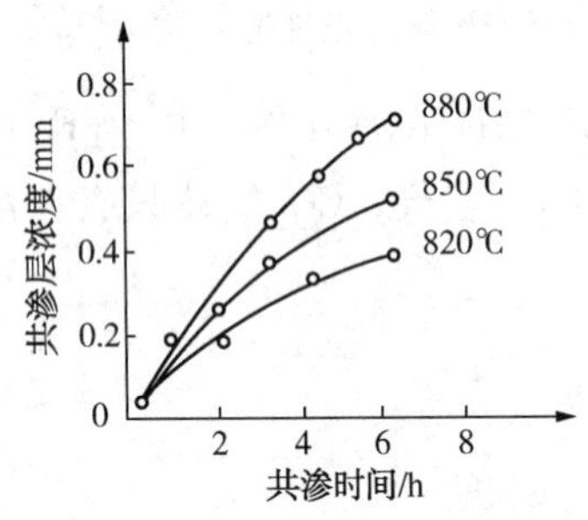

图 13-20　20 钢碳氮共渗温度和时间对渗层深度的影响

(2) 碳氮共渗在工作表面、炉壁和发热体上不析出炭黑；

(3) 处理后零件的耐磨性比渗碳的高；

(4) 工件扭曲变形小。

2. 共渗介质

常用的共渗介质有两大类：含 2%~10%NH_3(体积)的渗碳气体和含 C、N 的有机液体。第一类可用于连续式作业炉，也可用于周期式作业炉。在用周期式作业炉进行碳氮共渗时，除了可引入普通渗碳气体外，也可像滴注式气体渗碳一样滴入液体渗碳剂，如煤油、苯、丙酮等。

当用第一种气体共渗时，除了按一般渗碳渗氮、反应进行渗碳、渗氮外，还因为介质中存在下列反应

$$NH_3 + CO \longrightarrow HCN + H_2O \tag{13-14}$$

$$NH_3 + CH_4 \longrightarrow HCN + 3H_2 \tag{13-15}$$

形成了氰氢酸。氰氢酸是一种活性较高的物质，进一步分解

$$2HCN \longrightarrow H_2 + 2[C] + 2[N] \tag{13-16}$$

分解出活性 C、N 原子，促进了渗入过程。

共渗介质中 NH_3量增加，渗层中 N 量提高，C 量降低，故应根据零件钢种、渗层组织性能要求及共渗温度确定 NH_3 比例。采用煤油作渗碳介质时，NH_3 比例可占总气体体积的 30%。

第二种介质主要用于滴注法气体碳氮共渗。常用介质为三乙醇胺，在三乙醇胺中溶入 20%左右尿素。

3. 共渗温度及时间

在渗剂一定情况下，共渗温度与时间对渗层的组织结构影响规律如前述。在具体生产条件

下应该根据零件工作条件、使用性能要求及渗层组织结构与性能的关系，再按前述规律确定。

中温气体碳氮共渗工件的使用状态和渗碳淬火相近，一般都是共渗后直接淬火。因此，尽管N的渗入能降低临界点，但考虑心部强度，一般共渗温度仍选在该种钢的A_{c_3}点以上，接近于A_{c_3}点的温度。但温度过高，渗层中N含量急剧降低，其渗层与渗碳相近，且温度提高，工件变形增大，因此失去碳氮共渗的意义。一般碳氮共渗温度根据钢种及使用性能，选在820~880℃之间。

温度确定以后，共渗时间根据渗层深度要求而定。层深与时间呈抛物线规律

$$x = k\sqrt{\tau}\ (\mathrm{mm}) \tag{13-17}$$

式中 τ——共渗保温时间，h；

k——常数，在860℃碳氮共渗时，20钢，$k=0.28$；20Cr，$k=0.30$；40Cr，$k=0.37$；20CrMnTi，$k=0.32$。

4. 碳氮共渗层的组织与性能

碳氮共渗层的组织取决于共渗层中C、N浓度，钢种及共渗温度。一般中温碳氮共渗层淬火组织，表面为马氏体基底上弥散分布的碳氮化合物，向里为马氏体加残余奥氏体，残余奥氏体量较多，马氏体为高碳马氏体；再往里残余奥氏体量减少，马氏体也逐渐由高碳马氏体过渡到低碳马氏体。这种渗层组织反映在硬度分布曲线上，如图13-21所示，自表面至心部硬度分布曲线出现谷值及峰值。谷值处对应渗层上残余奥氏体量最多处，而峰值处相当于含C(N)量高于0.6%，而残余奥氏体较少处的硬度。钢种不同，渗层中残余奥氏体量不同，因而硬度分布曲线的谷值也不相同。

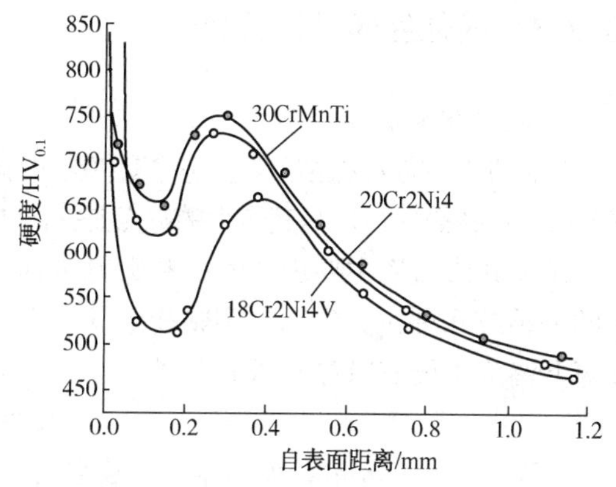

图13-21 三种钢850℃碳氮共渗后直接淬火渗层硬度分布曲线

共渗层中C、N含量强烈地影响渗层组织。C、N含量过高时，渗层表面会出现密集粗大条状碳氮化合物，使渗层变脆。渗层中含N量过高，表面会出现空洞。一般认为：由于渗层中含N量过高，在碳氮共渗过程时间较长时，由于碳浓度增高，发生氮化物分解及脱氮过程，原子N变成分子N而形成空洞。一般渗层中含N量超过50%时，容易出现这种现象。

渗层中含N量过低，使渗层过冷奥氏体稳定性降低，淬火后在渗层中会出现屈氏体网。因此，渗层含N量不应低于0.1%。

一般认为中温碳氮共渗层含N量以0.3~0.5%为宜。渗层中C、N含量不同，组织不同，直接影响碳氮共渗层性能。C、N含量增加，碳氮化合物增加，耐磨性及接触疲劳强度可提高。但含N量过高会出现黑色组织，将使接触疲劳强度降低。C、N总含量应该根据零件服役条件来正确选择。

13.3.2 氮碳共渗

与钢的渗氮不同，氮碳共渗在渗氮同时还有C的渗入。但是由于温度低，C在α相中的溶解度仅为N在α-Fe中溶解度的1/20。因此，扩散速度很慢，结果在表面很快形成极细小

的渗碳体质点，作为碳氮化合物的结晶中心。促使表面很快形成 ε 及 γ'层。

根据 Fe-C-N 三元状态图，可能出现的相仍为 ε、γ'、γ 和 α 相。但碳在 ε 相中有很大的溶解度，而在 γ'相和 α 相中则极小。据测定，550℃时，C 在 ε 中最大溶解度达 3.8%(质量)而在 γ'相中小于 0.2%。

含碳 ε 相比纯 N 的 ε 相韧性好，而硬度(可达 400~450$HV_{0.1}$)和耐磨性却较高，这是软氮化的特点，因此软氮化后应该在表面获得 ε 相层，而不像普通气体渗氮，限制 ε 相的生成。

软氮化的渗层组织一般表面为白亮层，又称化合物层，其主要为 ε 相，视 C、N 含量不同，尚有少量 γ'相和 Fe_3C。试验表明：单一的 ε 相具有最佳的韧性。在化合物层以内则为扩散层，这一层组织和普通渗氮相同，主要是 N 的扩散层。因此，扩散层的性能也和普通气体渗氮相同，若为具有氮化物形成元素的钢，则软氮化后可以显著提高硬度。

化合物层的性能与 C、N 含量有很大关系。含 C 量过高，虽然硬度较高，但接近于渗碳体性能，脆性增加；含 C 量低，含 N 量高，则趋向于纯氮相的性能，不仅硬度降低，脆性反而提高。因此，应该根据钢种及使用性能要求，控制合适的 C、N 含量。

氮碳共渗后应该快冷，以获得过饱和的 α 固溶体，造成表面残余压应力，可显著提高疲劳强度。

氮碳共渗后，表面形成的化合物层也可显著提高抗腐蚀性能。

13.3.3 其他氮碳共渗方法

1. 液体碳氮共渗

液体碳氮共渗即盐浴碳氮共渗，因最早的盐浴采用氰盐作碳、氮供剂，故也俗称氰化。盐浴碳氮共渗设备简单，但是其最大的缺点是盐浴中含氰盐，造成环境污染甚至危及人身安全。

碳氮共渗盐浴主要由中性盐和碳氮供剂组成。中性盐一般采用氯化钡、氯化钾、氯化钡中的一种或几种，其作用是调整盐浴的熔点，使之适合在碳氮共渗温度下使用。目前使用的碳氮共渗剂主要有氰盐和尿素两种。

共渗盐浴中的氰化钠和通过氧化生成的氰酸钠不断被空气中的氧所氧化，盐浴的共渗能力不断下降。为了恢复盐浴的活性，当盐浴老化到一定程度时，可往盐浴中加入再生剂，使盐浴的老化产物碳酸盐转化为氰化物。从而实现盐溶的活化达到减少污染的目的，再生剂的主要成分是一种三嗪杂环有机聚合物。

碳氮共渗盐浴中含有剧毒的氰化物，盐的储存、运输及生产过程中都应采取严格的防护措施。经盐浴碳氮共渗后的工件表面均会带出残盐，这些残盐会带入清洗液、淬火油中，所以这类物质不能直接排放。废盐中也含有大量氰盐，必须按有关规定处理。

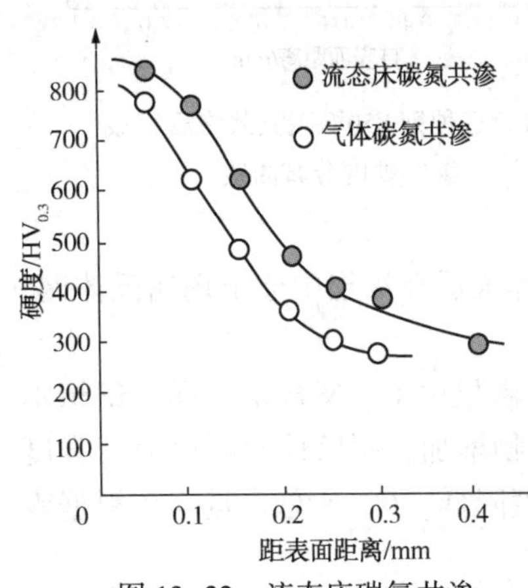

图 13-22 流态床碳氮共渗与普通气体碳氮共渗比较

气氛：N_2-C_4H_6-空气-NH_3；材料：中碳钢；工艺：870℃×30min

2. 液态床碳氮共渗

流态床碳氮共渗的速度及表面硬度均同于普通的气体碳氮共渗，氨气的加入量对共渗层深度也有影响，如图 13-22 所示。

3. 液态床碳氮共渗

真空碳氮共渗比常规碳氮共渗渗速快，渗层质量好，通常在1.33×10~3.33×10^4Pa的低压下进行。以甲烷-氨气或丙烷-氨气作共渗气体。供气方式可采用脉冲法或恒压法，恒压法供气时，共渗也可以由渗入和扩散两个阶段组成。渗入工件中的氮原子，在扩散阶段会同时间向基体内和工件表面两个方向扩散，所以扩散阶段时间不宜过长，以免过度脱氮。AISI 1080 钢真空碳氮共渗后表面的 C、N 含量及硬度分布如图 13-23 所示。

13.3.4 碳氮共渗用钢及共渗后的热处理

碳氮共渗用钢和渗碳用钢类似。由于碳氮共渗温度较低，渗层较薄，碳氮共渗用钢的含碳量可高于渗碳钢。碳氮共渗层深度在 0.3nm 以下的零件，钢的含碳量可提高至 0.5%（质量分数），常采用 40CrMo、40Cr、40CrNiMo、40CrMnMo 钢等。

碳氮共渗以后直接淬火，不仅畸变较小，而且可以保护共渗层表面的良好组织状态。

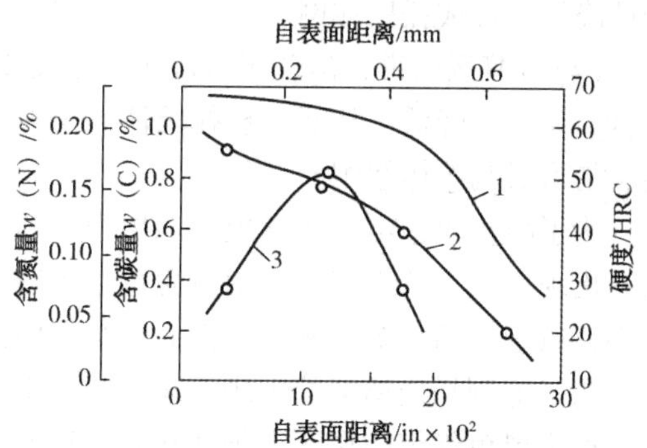

图 13-23 AISI 钢 900℃真空碳氮共渗后表层状况
1—硬度；2—含碳量；3—氮含量

碳氮共渗层淬透性较高，可采用冷却能力较低的淬火介质。

应注意的是，碳氮共渗介质中有氨，氨溶解于水形成 NH_4OH，对铜基材料有剧烈的腐蚀作用。所以连续式作业炉或密封箱式炉气体碳氮共渗时忌用水淬，否则将腐蚀水槽中铜制热交换器。

多数碳氮共渗齿轮在 180~200℃回火，以降低表面脆性。同时保证表面硬度不低于 58HRC。合金钢制零件为了减少磨削裂纹，也应经回火处。低碳钢零件经常在 135~175 ℃的温度回火，以减少尺寸的变化，定位销、支承件及垫圈等只需表面硬化的耐磨件，可以不回火。

13.3.5 常见缺陷及防治措施

常见缺陷有表面脱碳、脱氨，出现非马氏体组织，心部铁素体过多，渗层深度不够或不均匀，表面硬度低等。其表现形式、形成原因以及预防补救措施等，基本上和渗碳件相同。除此之外，碳氮共渗件中还有一些与氮的渗入有关的缺陷。

1. 粗大碳氮化合物

表面碳氮含量过高，以及碳氮共渗温度较高时，工件表层会出现密集的粗大条块状碳氮化合物。共渗温度较低，炉气氮势过高时，工件表层会出现连续的碳氮化合物。这些缺陷常导致剥落或开裂。防止这种缺陷的办法是严格控制碳势和氮势。特别是共渗初期，必须严格控制氨的加入量。

2. 黑色组织

在未经腐蚀或轻微腐蚀的碳氮共渗金相试样中，有时可在离表面不同深度处看到一些分散的黑点、黑带、黑网，统称为黑色组织。碳氨共渗层中出现黑色组织，将使弯曲疲劳强度、接触疲劳强度及耐磨性下降。

(1) 点状黑色组织，主要发生在离表面 40μm 深度内。据分析，这种黑点可能是孔洞。产生的原因可能是由于共渗初期炉气氮势过高，渗层中氮含量过大，碳氮共渗时间较长时碳浓度增高，发生氮化物分解及脱氮过程，原子氮变成分子氮而形成孔洞。

(2) 表面黑带，出现在距渗层表面 0～30μm 的范围内。主要是由于形成合金元素的氧化物、氮化物和碳化物等小颗粒，使奥氏体中合金元素贫化，淬透性降低而形成托氏体。

(3) 黑色网，位于黑带内侧伸展深度较大的范围(达 300μm)内。这是由于碳、氮晶间扩展，沿晶界形成 Mn、Ti 等合金元素的碳氮化合，降低附近奥氏体中合金元素的含量，淬透性降低，形成托氏体网。

(4)过渡区黑带，出现于过渡区。主要是由于过渡区的 Cr 和 Mn 生成碳氮化合物后使局部合金化程度降低，从而出现托氏体。这种黑带表面层不出现的原因是因该处 C、N 浓度较高，易形成马氏体组织。

为了防止黑色组织的出现，渗层中氮的含量不宜过高，一般超过 0.5%（质量分数)，就容易出现点状黑色组织。层中氮含量也不宜过低，否则容易出现托氏体网。氨的加入量也要适中，氨量过高，炉气露点降低，均会促使黑色组织出现。

为了抑制托氏体网的出现，可以适当提高淬火加热温度和采用冷却能力较强的淬火介质。产生黑色组织的深度小于 0.02mm 时可以采用喷丸强化补救。

13.4 其他化学热处理方法

在生产实践中，渗碳、渗氮和碳氮共渗是常用的化学热处理工艺，随着科学技术的发展，人们对化学热处理技术的要求越来越高，传统的渗碳、渗氮和碳氮共渗技术已经不能满足生产实践的需要。在化学热处理实践过程中，人们逐渐开发出了一些新型的化学热处理技术，如离子渗氮、离子氮碳共渗、离子渗碳及碳氮共渗、离子硫氮(碳)共渗、离子渗硼、离子渗金属、气相沉积技术及表面离子注入技术等，这些技术大都具有一些传统化学热处理工艺所不具备的特点，处理效果也较传统工艺好，限于篇幅，在这里不做详细介绍，可参阅相关专著。

13.5 表面淬火与化学热处理工艺异同点

表面淬火只对工件的表面或部分表面进行热处理，所以只改变表层的组织。而心部或其他部分的组织仍保留原来的低硬度、高塑性和高韧性的性能，这样工件截面上由于组织不同，性能也就不同。表面淬火便于实现机械化、自动化，质量稳定，变形小，热处理周期短，费用少，成本低，还可用碳钢代替一些合金钢。

化学热处理是将工件表面渗进了某些化学元素的原子，改变了表层的化学成分，使表面能得到高硬度或某些特殊的物理、化学性能。而心部组织成分不变，仍保留原来的高塑性、高韧性的性能，这样在工件截面上就有截然不同的化学成分与组织性能。化学热处理生产周期长，不便于实现机械化、自动化生产，工艺复杂，质量不够稳定，辅助材料消耗多、费用大、成本高，许多情况下还需要贵重的合金钢。化学热处理只在获得表面层的更高硬度与某些特殊性能及心部的高韧性等方面优于表面淬火。

有些零件在工作时，在受扭转和弯曲等交变负荷、冲击负荷的作用下，它的表面层承受着比心部更高的应力。在受摩擦的场合，表面层还不断地被磨损，因此对一些零件表面层提出高强度、高硬度、高耐磨性和高疲劳极限等要求，只有表面强化才能满足上述要求。由于表面淬火具有变形小、生产率高等优点，因此在生产中应用极为广泛。

根据供热方式不同，表面淬火主要有感应加热表面淬火、火焰加热表面淬火、电接触加热表面淬火等。

感应加热表面淬火：

感应加热就是利用电磁感应在工件内产生涡流而将工件进行加热。原理是将工件放在感应器中，当感应器中通过交变电流时，在感应器周围产生与电流频率相同的交变磁场，在工件中相应地产生了感应电动势，在工件表面形成感应电流，即涡流。这种涡流在工件电阻的作用下，电能转化为热能，使工件表面温度达到淬火加热温度，可实现表面淬火。

感应表面淬火后的性能：

(1) 表面硬度：经高、中频感应加热表面淬火的工件，其表面硬度往往比普通淬火高2~3 个单位(HRC)。

(2) 耐磨性：高频淬火后的工件耐磨性比普通淬火要高。这主要是由于淬硬层马氏体晶粒细小，碳化物弥散度高，以及硬度比较高，表面高的压应力等综合的结果。

(3) 疲劳强度：高、中频表面淬火使疲劳强度大为提高，缺口敏感性下降。对同样材料的工件，硬化层深度在一定范围内，随硬化层深度增加而疲劳强度增加，但硬化层深度过深时表层是压应力，因而硬化层深度增加疲劳强度反而下降，并使工件脆性增加。一般硬化层深 $\delta=(10\sim20)\%D$。较为合适，其中 D。为工件的有效直径。

化学热处理的主要方法有渗碳、渗氮、渗金属。

渗碳法种类按使用的渗碳剂而可分为如下三大类：

(1) 固体渗碳法：以木炭为主剂的渗碳法。

(2) 液体渗碳法：以氰化钠为主剂之渗碳法。

(3) 气体渗碳法：以天然气、丙烷、丁烷等气体为主剂的渗碳法。

1. 固体渗碳法

将表面渗碳钢做成的工件，连同渗碳剂装入渗碳箱而密闭，装入加热炉，加热成沃斯田铁状态，使碳从钢表面侵入而扩散，处理一定时间后，连同渗碳箱冷却，只取出渗碳处理工件，进行一次淬火、二次淬火，施行回火。

2. 液体渗碳法

液体渗碳法为将工作件浸渍于盐浴中行渗碳的方法。因盐浴的淬火性良好，因此可减少工件之变形，并可使处理件加热均匀。升温迅速，操作简便，便于多种少量地生产。尤其在同一炉，可同时处理不同渗碳深度的处理件。

液体渗碳是以氰化钠为主成分，所以同时能渗碳亦能氰化，所以亦称为渗碳氮化，有时亦称为氰化法。处理温度约以 700℃界，此温度以下以氮化为主，渗碳为辅；700℃以上则渗碳为主，氮化为辅，氮化之影响极低。一般工业上使用时，系以渗碳作用为主。

3. 气体渗碳法

气体渗碳由于适合大量生产化，作业可以简化，品质管制容易，目前最普遍被采用。此法有变成气体(或称发生气体)及滴注式两种。变成气体方式是将碳化气体(C_4H_{10}，C_3H_8，CH_4 等)和空气混合后送入变成炉，在炉内 1000~1100℃高温下，使碳化氢和空气反应而生成气体，由变成炉所生成的气体有各种称呼，本文方便上叫作变成气体。变成气体以 CO、H_2、N_2 为主成分，内含微量 CO_2、H_2O、CH_4，然后将此气体送进无外气泄入的加热炉内施行渗碳。渗碳时，因所需的渗碳浓度不同，在变成气体内添加适当量的 C_4H_{10}、C_3H_8、CH_4 等以便调渗碳浓度。

4. 气体渗碳氮化法

气体渗碳氮化时，渗碳和渗氮作用同时进行。气体渗碳用的气体用来产生渗碳作用，而 N H3 气体用产生渗氮作用。气体渗碳氮化温度为 704~900℃，其处理时间比气体渗碳法短，得较薄的硬化层，所得渗碳氮化结果类似于液体渗碳氮化结果。

13.6 化学热处理的发展与前景展望

化学热处理是应用最多、最广泛的表面强化技术，在表面工程技术领域仍占着十分重要的地位。

化学热处理的历史源远流长，可以说有热处理的时候起，就有了化学热处理。在各种化学热处理中渗碳的历史最悠久，至少可追溯到战国时期，战国墓出土的宝剑所采用的渗碳技术就是一个最好的例子。我国古代最早的炼钢法——淋钢，就是用熔融生铁液作为渗剂，向熟铁中渗碳，再经反复锻打而成钢的。古代刀具及农具也常用生铁块作渗剂，将其加热到高温，在已加热刀具或农具刃口上用力擦搓，亦可以起到明显渗碳效果。8 世纪中叶的唐代，我国已从锻工炉加热的实践中，掌握了在封闭的瓦罐中以木炭为主的渗碳剂进行固体渗碳的方法。约在 9 世纪末、10 世纪初，这种方法传到了欧洲。然而直到近半个多世纪以来，渗碳技术才由传统的固体渗碳、液体渗碳、气体渗碳发展成为包括可控气体渗碳、真空渗碳、离子渗碳等工艺在内的一套比较完整的渗碳系列技术。同时，由于可控气氛及计算机技术的发展，渗碳过程控制也实现了自动化。

除渗碳(C)外，我国古代匠人又利用大豆(蛋白质)中分解出的物质——氮(N)和碳(C)来富化烧红了的钢剑刃部表面，以改善剑刃的强度和韧性，实现碳氮(C-N)共渗。1923 年德国人 A. Fry 首次将氨气通过密封的炉罐中进行气氛氮并取得成功，从而打破了在化学热处理领域内只有渗碳一枝独秀的局面。此后不久，用含氰盐浴进行碳氮共渗(当时称为氰化)的工艺也在工业生产中获得了应用。直到今天，西欧一些国家，盐浴法仍然是进行化学热处理的主要方法。

20 世纪初，许多物理学家研究了低压气体中的放电现象，后来这类放电现象不仅是荧光照明工业的基础，而且也成为等离子化学热处理技术的基础。20 世纪 40 年代以后，即反法西斯战争获得了胜利以后，是化学热处理蓬勃发展的年代。各种新工艺大量涌现，各种老工艺日臻完善，设备、仪表，控制方法、检测手段以及各种辅助用料都有了长足进步。使化学热处理形成了一个完整的体系，同时也成为热处理行业中最兴旺发达的一个分支。

渗碳(N)、渗硼(B)、渗硅(Si)、渗金属及 C-N、B-N、铬(Cr)-铝(Al)、B-Al 等二元共渗及其他多元共渗层的性能，在提高硬度、疲劳强度、耐磨、耐蚀、抗高温氧化等方面各有所长，可供使用性能要求不同的零件选择。盐浴渗形成碳化物金属元素法(TD 法)是日本丰田公司中央研究所开发的，1973 年获得专利。这种方法是在熔融的硼砂浴中加入碳化物形成元素 Cr、V(钒)、Nb(铌)、Ti(钛)等金属粉末或它们的氧化物及还原剂，在钢的表面形成金属碳化物渗层的工艺，主要用于中、高碳钢及合金钢制作的零件和模具，提高其硬度和耐磨性。TD 法有许多优点，如碳化物层硬度高、耐磨性好、与基体结合力强、设备简单、操作方便等，但工件处理后粘盐、清洗麻烦，残盐处理等问题限制了其发展。20 世纪 70 年代以来，由于电力和电子工程领域取得的进展，晶闸管控制的灭弧断路器的诞生，促进了等离子技术在化学热处理方面的开发与广泛应用。同样，自 20 世纪 60 年代以来，由于激光和电子束等新热源具有能量集中、加热迅速、加热层薄、自激冷却、变形很小、无需淬火介质、有利环境保护、便于实现自动化等优点，因而在化学热处理等方面的应用也日趋突显。

改革开放以后，伴随着社会主义经济建设的发展，我国的热处理工作者在化学热处理的理论研究和技术开发方面做了大量工作。如在稀土元素对化学热处理的催渗作用从理论到技术上都做了较系统的研究；又如在离子轰击化学热处理，特别是在双层辉光离子渗金属等方面的研究，以及最近开发的机械能助渗等都取得较好的成果。

但当前热处理，特别是化学热处理生产对环境造成的污染依然较大，包括排放的废水、废液、废气、废渣、粉尘、噪声、电磁辐射等。因此，现阶段化学热处理生产的主要控制目标应是少或无污染，少或无氧化或节能，发展“绿色化学热处理技术”是时代的需要，是文明的需要，是提高生产质量的需要，也是造福子孙后代的需要。

发展“绿色化学热处理”技术，关键是将各种高新技术应用于化学热处理，如可控气氛化学热处理、真空化学热处理、流态床化学热处理、无碳的洁净短时渗氮、化学热处理排出气体的回收与利用等新技术。

化学热处理的发展及今后的发展趋势：根本出发点是绿色环保，节约能源。具体途径为：一是化学催渗；二是物理场强化。以下从几个方面加以说明。

13.6.1 稀土化学热处理

稀土元素对加速化学热处理进程、改善表面层的微观组织、提高渗层综合力学性能等方面均有重要的作用，稀土元素在化学热处理过程中的良好作用，已引起国外许多著名学者和公司的密切关注。

通过对稀土渗 C 及 C-N 共渗、稀土渗 N 及 N-C 共渗、等离子体稀土渗 N、稀土多元共渗、稀土渗 B 及 B-Al 共渗、稀土渗金属等研究证实：具有特殊电子结构与化学活性的稀土元素不仅能渗入到钢的表面，而且像其他元素一样在表面层中形成了一定浓度梯度。研究表明：在相同的化学热处理条件下，稀土元素的添加可使化学热处理的过程明显加快；由于稀土元素原子半径比铁原子的大 40%左右，其渗入后必然引起其周围铁原子点阵的畸变，从而使间隙原子在畸变区富集，当达到一定浓度后即成为 C、N、B 等化合物的形核核心，继之沉淀析出细小弥散分布的化合物，且渗层组织细化，因此使深层性能也得到改善。

稀土元素电子结构特殊，对合金表面有着优异的改良性能潜力。应充分发挥我国稀土资源的优势，进一步扩大稀土化学热处理的应用以获得最佳的技术、经济效果。

近年来，虽然稀土化学热处理应用和开发获得了迅速发展，但要取得规模化推广应用，还需突破一下几个方面的问题。

（1）有关稀土对化学热处理工艺作用内在规律的探讨；

（2）高效稀土催渗剂的开发；

(3) 应用新领域的开拓。

稀土在化学热处理过程中起着催渗的作用(最重要)，了解其机理和本质，对指导渗剂选择、添加，热处理工艺改进，进一步提高渗后效果具有重要意义。为此，尚需深入探究稀土在界面上的行为，及其与晶界、位错及其他晶体缺陷的交互作用等问题。由于稀土具有优良的催化活性，高效稀土催化剂的开发已成为当前稀土应用研究的重要方向之一。通过对稀土催化机理的深入探讨，研发具有自主知识产权的新型高效稀土催渗剂，实现其革命性改进，有望带动稀土在这一领域中应用水平的全面提升，达到国际先进水平，为该技术的规模化推广应用打下良好的基础。

我国稀土资源丰富，应充分利用这一优势，研究和开发出更多、更优异的稀土化学热处理工艺，并全面拓展其应用领域，使稀土化学热处理应用的巨大潜力发挥出来。

13.6.2 可控气氛化学热处理

为了实现少氧化、无氧化、无脱碳加热，控制渗碳等介质成分，获得表面组织和力学性能良好的工件，常向热处理炉中加入两种介质：一种是含有多余渗入元素的富化气，另一种是渗入元素不足或不含渗入元素的稀释气，通过调节这两种气体比例实现渗入介质的成分控制，以获得表面成分、组织、性能良好的工件，这种气体称为可控气氛。应用可控气氛进行的化学热处理称为可控气氛化学热处理。

13.6.3 新工艺，不断优化化学热处理技术

1. 分段控制新工艺

在化学热处理的渗剂“分解”阶段，采用高活性的渗剂(炉气)和较低的工艺温度，提高渗入元素在深层的浓度和浓度梯度；其后的“吸收”阶段，提高工艺温度，并将炉气的活性降低到工件渗层要求的浓度，实现强渗阶段渗层具有的高浓度梯度及高扩散速度，以实现加速化学热处理过程，同时又能保证渗层渗入元素浓度符合要求。

2. 洁净的短时渗氮技术

铁素体 N-C 共渗具有被处理件耐磨性好、疲劳强度高、耐腐蚀、变形小、处理温度低、时间短、节能等优点。现已研究成功不加任何渗 C 成分的洁净短时渗 N 工艺，用以替代传统的气体 N-C 共渗。该工艺保留了 N-C 共渗的全部优点，从根本上消除了 CN^-的污染。

3. 添加适量的催渗剂，提高渗剂或工件表面的活性

例如气体渗 N 时，先向炉内添加少量的氯化铵，它分解后产生的盐酸气可清除零件表面的钝化膜，使工件表面活化。又如固体渗 C 渗剂中添加碳酸盐，可提高渗剂的活性，从而加速化学热处理过程。

4. 采用化学热循环处理

传统的化学热处理工艺由于存在一些缺点，如保温时间长、能耗大、生产率低等，故其应用受到很大限制。采用化学热循环处理法，可克服这个缺点。化学热循环处理就是采用化学热循环处理法来强化工件表面。其实质是在相变或无相变区间反复加热和冷却的热循环作用于材料表面，使吸附、扩散过程与热处理过程相结合。化学热循环渗 C、渗 N、C-N 共渗等工艺具有下列优点：

(1) 不仅可加快钢的吸附和扩散过程，而且可改善被加工材料的组织和性能；

（2）吸收和扩散过程与热处理过程相结合，可缩短整个强化过程的时间；

（3）用热循环作用规范实现吸收过程，可缩短化学热处理扩散阶段的时间；

（4）在工件的强化层内和心部可获得细化了的组织，从而可提高综合力学性能和使用性能。

5. 适当提高扩渗温度

物质的扩散系数与温度呈指数关系增长，即提高温度能够有效地提高化学热处理过程中原子在固体中的扩散速度。然而温度的提高是有限的，因为扩渗温度的选择首先要满足产品的质量要求和设备的承受能力。钢在渗 C 时，温度高且时间长，有时会使钢的基体晶粒粗大。然而应用真空渗 C 法，其渗速比常规渗 C 高 1~2 倍，除了在真空条件下工件表面充分洁净，有利于 C 原子的吸收外，在较高温度（通常大于 1000℃）下进行处理，是其高渗速的主要原因。

13.6.4 采用多元共渗工艺

目前生产中广泛使用共渗工艺，如 C-N、N-C、Cr-Al 二元共渗，S-N-C、C-N-B 三元共渗等。某些共渗工艺不仅可提高渗层的形成速度，而且可改善或提高渗层的性能。例如，Cr-Al 共渗与单一渗 Cr 比较，不仅具有渗速快、渗层厚且不易剥落的优点，而且可成倍地提高渗层的抗氧化性能；C-N 共渗或 N-C 共渗与单一渗 C 或单一渗 N 比较，具有渗速快和渗层性能好的优点；C-N 共渗的速度可比气体渗 C 提高数倍，而且共渗层的脆性小，当要求渗层较薄（小于 1mm）时，即使采用 860~880℃ 较低的工艺温度（常用渗层温度为 900~940℃），其渗层形成速度仍大于渗 C 的速度，而且由于共渗层含有 C、N，有更好的耐磨性，工艺温度降低还有利于渗 C 后采用直接淬火，实现工艺简化。

13.6.5 复合表面工程技术的发展

在单一化学热处理技术发展的同时，综合运用化学热处理技术与一种或多种其他表面工程技术的复合表面工程技术有了迅速的发展。

13.6.6 废气回收与再利用技术

目前将渗氮废气经过完全吸收实现清洁排放（排除 N_2 和 H_2）的技术已在国内申请专利。该技术可以防止渗氮废气中的氨对环境的污染，也可以避免有些工厂将渗氮废气直接燃烧生成 N_xO 的弊端。

13.6.7 真空化学热处理的发展

众所周知，金属材料在进行真空热处理后，起到防止工件表面氧化、使工件表面洁净和脱气的作用，加热速度缓慢均匀，热处理件变形小。

例如采用内热式真空炉进行脉冲渗碳，其相对渗碳时间较短，奥氏体晶粒不易长大，通常真空渗碳的温度可以比气体渗碳的温度提高 50℃ 以上。常用渗碳介质为甲烷或丙烷，它们在真空下容易分解出活性碳原子，加之脉冲渗碳工艺可以周期地彻底清除废气和补充新的渗碳气体，因此，真空渗碳炉内渗碳能保持高活性的渗碳介质，提高扩散层中渗入元素的浓度和浓度梯度；真空状态可以消除零件表面的氧化膜或活化，提高它对活性碳原子的吸附-

吸收能力。因而，一般情况下真空渗碳的速度比气体渗碳的速度快2倍以上，对特种钢，如不锈钢渗碳，其优点尤为显著。真空渗碳层质量也明显优于一般气体渗碳工艺。含有容易氧化的元素，如Cr、Ti、Si、Mn的钢种，在真空渗碳时不会产生所谓的黑色组织，保证渗层表面有良好的耐磨性和其他力学性能；零件表面光洁；渗碳层的碳浓度均匀、碳浓度梯度平缓，尤其是零件上的小孔或不通孔的内表面也能获得均匀的渗碳层，这在一般气体渗碳中是不能实现的。此外，真空脉冲渗碳还可以大量节约渗剂的用量，并且较容易进行质量控制。

13.6.8 等离子体化学热处理

子轰击热处理是在低真空容器中，利用阴极(工件)和阳极(炉壁)之间的辉光放电来激活工艺所需的气体源，产生大量的正离子，在电场的作用下以极快的速度冲向作为阴极的工件表面，在工件表面发生热交换、溅射、注入与扩散以及化学反应等过程，渗入所需元素，获得所需渗层。其主要工艺方法有离子渗氮、离子N-C、C-N、O-N、O-N-C、S-N、S-N-C、O-S-N共渗等多元渗，还有离子渗碳、离子渗硫、离子渗金属等。等离子体化学热处理可以在较低的温度下进行，减小工件变形，而且渗速快，工艺时间可以比气体渗碳或渗氮缩短70%以上，并且能够较好地控制工件表面最终的成分结构，渗层质量好。

离子渗氮在技术上最为成熟，可以通过控制工艺参数获得刃性较好的单相化合物层，使渗氮层的脆性减小。该工艺可用于轻载、高速条件下工作的耐磨、耐蚀件及精度要求较高的细长杆类件等。

等离子体化学热处理具有优质、高效、节能、环保等特点，因而有广阔的应用前景。

13.6.9 流态床化学热处理

我国在20世纪70年代研制成功以石墨粒子作介质的内热式流态床，当时称作流动粒子炉，用来替代盐炉加热，以减少污染。迄今，我国流态化热处理技术已日臻完善和成熟，无论是内热式还是外热式流态炉，在炉子结构、粒子回收、流态化效果、环境净化等方面有了根本的改观，形成了系列化产品，并向多功能化发展。在流动粒子炉内通入渗剂进行化学热处理，即为流态床化学热处理。例如流态床渗碳、流态床碳氮共渗等。例如，20CrMnTi钢在950℃的流态床中C-N共渗2h，获得1~2mm深度的共渗层，比一般气体渗碳快3~5倍。

目前，国外在流态床化学热处理方面的新发展有：

(1) 将计算机控制技术引进流态床渗碳的在线控制上；

(2) 探讨采用流态床沉积超硬层(TD法)、渗金属等新工艺；

另一方面，目前国内外流态床仍不同程度存在粉尘污染问题，因此尚需解决：

(1) 进一步减少或消除粒子飞扬和粉尘污染；

(2) 对尾气进行净化处理。

13.6.10 高能束化学热处理

高能束(激光和电子束)局部热处理发展迅速，高能束化学热处理即表面合金化显示出良好的应用前景。激光热处理包括激光淬火和退火、激光表面合金化(化学热处理)和涂覆(熔覆)、激光非晶化和微晶化、激光冲击硬化等。它们各自的特点主要是作用于材料的激光能量密度不同。上述工艺中，激光淬火技术已日趋成熟，正在加速推广，而激光化学热处理技术如渗碳、碳氮共渗等则正处于开发与应用阶段，还需进一步扩大其应用范围。

总之，现代科学技术的飞速发展，为实现“绿色环保，节约能源”创造了条件。从发展前景来看，必须强调的是：一定要用高科技、高新技术武装化学热处理，加快研究开发，推广应用，诸如高能束化学热处理，真空、离子化学热处理，流态床化学热处理等新工艺、新技术、新装备，逐步淘汰能耗大、有污染的传统化工艺技术和设备。

课后习题

1. 化学热处理包括哪几个基本过程？常用的化学热处理方法有哪几种？
2. 氮化的主要目的是什么？说明氮化的主要特点及应用范围。
3. 渗碳、渗氮、碳氮共渗三者有什么不同？
4. 什么是碳氮共渗中的黑色组织？它的危害性是什么？防止措施是什么？

第14章　形变热处理

形变热处理就是将塑性变形与热处理工艺相结合，使材料发生形变强化和相变强化的一种综合强化工艺。采用形变热处理不仅可获得单一的强化方法难以达到的高强度、高韧性的良好效果，还可大大简化工艺流程、节省能耗、实现连续化生产，从而带来较大的经济效益。多年来形变热处理在冶金和机械制造等工业中得到了广泛的应用，并且由此促进了形变热处理理论研究的深入发展。

14.1　形变热处理的分类和应用

形变热处理种类较多，通常可按形变与相变过程的顺序分成三种，即相变前形变、相变中形变及相变后形变。又可按形变温度(高温、低温等)和相变类型(珠光体、贝氏体、马氏体及时效等)分成若干种类。近年来又出现将形变热处理与化学热处理、表面淬火等工艺相结合而派生出来的一些复合形变热处理方法。下面对几种主要的形变热处理工艺进行简要介绍。

14.1.1　相变前形变的形变热处理

1. 高温形变热处理

将钢加热到稳定奥氏体区保持一段时间，在改状态下形变，随后进行淬火以获得马氏体组织的综合处理工艺称为高温形变淬火。

主要包括高温形变淬火和高温形变等温淬火等。高温形变淬火是将钢加热至奥氏体稳定区(A_{c3}以上)进行形变，随后采取淬火以获得马氏体组织，如图14-1(a)所示。锻后余热淬火、热轧淬火等皆属此类。高温形变淬火后于适当温度下回火，可以获得很高的强韧性，一般在强度提高10%~30%的情况下，塑性可提高40%~50%，冲击韧性则成倍增长并具有高的抗脆断能力。这种工艺不论对结构钢或工具钢、碳钢或合金钢均可适用。

高温形变正火的加热和形变条件与上者相同，但随后采取空冷或控制冷却，以获得铁素体+珠光体或贝氏体组织。这种工艺也称之为“控制轧制”，如图14-1(b)所示。从形式上看它很像一般轧制工艺，但实际上却与之有区别，主要表现在其终轧温度较低，通常都在A_{r3}附近有时甚至在α+γ两相区(即800~650℃)，而一般轧制的终轧温度都高于900℃。另外，控制轧制要求在较低温度范围应有足够大的形变量，例如对低合金高强度钢规定在900~950℃以下要有大于50%的总变形量。此外，为细化铁素体组织和第二相质点，要求在一定温度范围内控制冷速。采用这种工艺的主要优点在于可显著改善钢的强韧性，特别是可大大降低钢的韧脆转化温度，这对含有微量Nb、V等元素的钢种尤为有效。

高温形变等温淬火是采用与前两者相同的加热和形变条件，但随后在贝氏体区等温，以获得贝氏体组织，如图14-1(c)所示。在抗拉强度水平相同时，除了形变等温淬火后的屈服

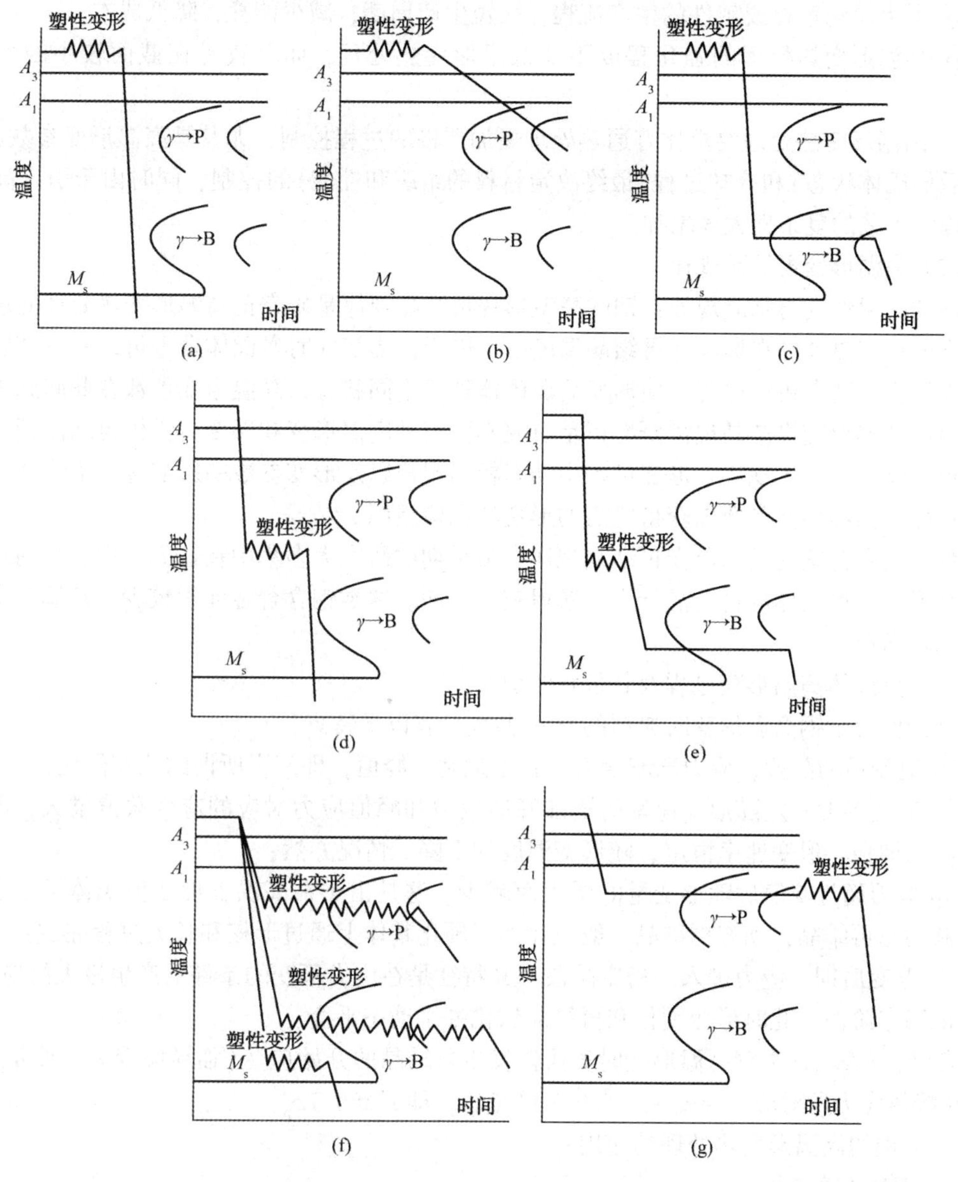

图 14-1 形变热处理分类示意图

强度稍低外，其余所有性能均优越得多。

（1）高温形变热处理的特点

① 有效地改善钢材或零件的性能组合，即在提高钢材强度的同时大大改善其塑性、韧性，减少脆性。

② 显著改善钢材的抗冲击、耐疲劳能力，提高其在高接触应力下局部表面的抗力，降低脆性折转温度和缺口敏感性。

③ 对材料无特殊要求，低碳钢，低合金钢甚至中、高合金钢均可应用。

④ 在高温下进行塑性形变，形变抗力小，一般压力加工（如轧制、压缩）下即可采用，并且极易安插在轧制或锻造生产流程中。

⑤ 大大简化钢材或零件的生产流程，缩短生产周期，减少能耗，降低成本。

⑥ 高温形变热处理的强化程度不如低温形变热处理，而且较易在截面较小的工件上进行。

⑦ 高温形变热处理要求比普通热处理更加严格的过程控制，尤其是高温形变参数(决定形变后奥氏体状态)和冷却过程(最终决定材料的组织和性能)的控制，同时由于引入高温形变过程，工艺的复杂性大大增加。

(2) 高温形变再结晶规律

钢的高温形变再结晶规律：钢的高温形变再结晶规律是研究钢高温形变热处理的重要基础。高温形变热处理在奥氏体再结晶温度以上进行，形变同时奥氏体发生再结晶及其后的晶粒长大过程、动态析出过程，使形变后奥氏体处于不同状态，高温形变参数在此起到重要作用。钢的高温形变再结晶规律研究正是研究不同钢种高温形变和形变奥氏体再结晶行为及规律、奥氏体晶粒长大规律、形变过程中动态析出规律以及形变参数的影响等，最终通过合理选择和控制高温形变参数以获得所需的形变奥氏体组织.

低碳低合金钢的高温形变再结晶规律：最早期的研究大多集中在这类钢中，目前对这类钢的高温形变奥氏体的再结晶行为了解得较为全面。这类钢含合金元素较少，高温形变再结晶规律较简单。

(3) 奥氏体高温形变过程及其各种组织

低碳低合金钢高温形变时典型的 $\sigma-\varepsilon$ 曲线具有以下特点：

① 应变最初阶段，应力急剧增大，直至达到一峰值，即产生所谓的热作硬化；

② 形变温度一定随形变速率的增加峰值应力和峰值应力对应的应变数值增大，即热作硬化状态增强，形变速率恒定，随形变温度的下降，情况亦然；

③ 应力超过峰值后随形变量的增大而减少，这是由于在高温下形变奥氏体发生了动态回复和动态再结晶，动态再结晶一般是在加工硬化基体上通过形核和长大过程完成；

④ 形变后期，应力进入一稳定阶段。其特征是在应力不变的条件下产生极大的应变-热形变的稳定阶段，此时形变硬化和再结晶软化处于动态平衡；

⑤ 研究表明这类钢高温形变时奥氏体发生再结晶的开始应变(临界应变 ε_c)通常为峰值应变(峰值应力所对应的应变 ε_p)的 0.7 倍左右。即 $\varepsilon_c \approx 0.7\varepsilon_p$。

(4) 钢的高温形变热处理的应用

① 钢材生产方面

相对而言，钢材的形状较为简单，批量生产，需求量大。在钢材生产过程中涉及大量的高温塑性形变，因而很容易对其实现加压加工与形变强化相结合的高温形变热处理工艺。在绝大多数情况下，只需对其轧制生产过程进行控制，即通过合理制定和控制轧制时特别是最后几道次的工艺参数(如轧制道次，每道次的压下量，形变速率，始、终轧温度，轧后停留时间等)和轧后冷却方式及过程，就可实现。目前，这种控轧工艺已成功地应用于各种型材包括板材、带材、棒材以及管材等的生产中，不仅大大简化了钢材的生产流程，降低成本，而且显著改善和提高钢材的力学性能，取得了良好的经济效益。一般的，对于低碳合金钢，控制轧制可以获得10%~20%的额外强化，同时大大改善钢材的可焊性。即使是一些合金元素含量较高的机械零件用钢甚至合金工具钢，其控制轧制后的强韧化效果亦可通过“遗传性”表现出来。将 25 mm 厚锰硅钢板在轧后直接淬火和重新加热淬火的强度比较，可以清楚地看出高温形变强化对强度的贡献'。同样采用高温形变轧后直接淬火(水冷)的方法生产出的盘条，其强度提高了20% 甚至30%以上。高锰钢铁路岔道，采用高温形变热处理(淬火)和低温形变淬火的复合处理后，抗拉强度提高了25%，屈服强度则提高了65% 。

② 机械零件生产

与钢材相比，机械零件的形状尺寸千差万别，使用场合及要求也各不相同，因而对其进行高温形变热处理要复杂得多。在实际实施过程中，往往遇到形变的选择、特殊装量的设计工艺路线的改变、形变及热处理设备的重新布置以及若干新的附加工序的安排等一系列问题。需要根据不同零件的特点、尺寸、形状及批量等确定工艺及组织生产。尽管如此，经过广大科技工作者的不懈努力，到目前为止形变热处理在机械零件的生产中仍获得了较大成功。在许多零件如汽车板簧、齿轮及链轮、轴承、链杆、涡轮盘571、若干小型结构机件以及工模具生产上得到了广泛应用，不仅大大提高和改善了零件的性能，而且减小了零件的重量，节约了钢材，降低了成本。重庆红岩汽车弹簧厂在60Si2Mn钢板簧中引入形变热处理后，使载重卡车的后总成由原来100 mm×8 mm的板簧31片(196 . 45kg)减到100 mm×2 mm的15片(141. 72 kg)；福特公司改用高温形变淬火后，使板簧重量减轻了24%，疲劳强度提高了60%。事实上，在科学技术发展的今天，尤其是在无切削加工取得巨大发展后，锻造毛坯与最终零件之间的差别愈来愈小，形变热处理已成为必不可少的有效强化手段，其在零件制造中的应用必将日益扩大。

③ 晶粒超细化

晶粒超细化是提高金属材料强韧性的重要方法。多年来，如何细化钢铁材料的晶粒，提高其强韧性一直是人们普遍关注的问题。而高温形变热处理，通过控制高温形变参数，利用形变过程中发生的动态再结晶，可使钢铁材料获得明显的细化。目前，人们不仅在低碳合金钢中获得了超细化的P+F组织，而且在高合金钢中亦获得了超细的晶粒。

（5）高温形变热处理未来发展趋势

① 继续进行高温形变动态再结晶研究、形变时动态析出研究。特别是对于含碳和合金元素较高的中、高合金钢中的形变再结晶规律研究，弄清其形变再结晶规律，从而为这类钢的形变热处理打下理论基础。

② 复合形变工艺的采用。单一的高温形变热处理已很难满足零件的要求，必须考虑将各种形变热处理的方法，如高、中、低温形变热处理及其他形变热处理结合使用甚至形变热处理与化学热处理综合使用，进一步提高零件的性能。

③ 加强形变热处理的应用研究。虽然形变热处理目前在实际生产中已获广泛应用，随着科学技术的进一步发展，特别是新工艺方法、控制技术的不断出现对形变参数的控制精度将进一步提高，以前看来很难实现形变热处理的零件都有采用形变热处理的可能。

④ 加强形变组织及性能的研究。不断探索新的形变热处理工艺方法。继续进行复杂钢种如工模具钢的形变热处理应用研究。

2. 低温形变热处理

低温形变热处理也称亚稳奥氏体形变淬火。它主要包括低温形变淬火和低温形变等温淬火等。低温形变淬火是在奥氏体化后快速冷至亚稳奥氏体区中具有最大转变孕育期的温度(500~600℃)进行形变，然后淬火，以获得马氏体组织，如图12-1(d)所示。它可在保证一定塑性的条件下，大幅度地提高强度，例如可使高强度钢的抗拉强度由180kg/mm^{2}提高到

250～280kg/mm²，适用于要求强度很高的零件，如固体火箭壳体、飞机起落架、汽车板簧、炮弹壳、模具、冲头等。

低温形变热处理工艺的优化取决于影响形变热处理效果的各工艺参数的选择。这些工艺参数是：奥氏体化温度、形变温度、形变前后的停留和再加热、形变量、形变方式、形变速度和形变后的冷却。

奥氏体化温度对低温形变淬火效果的影响与钢的化学成分有很大关系，钢的抗拉强度随奥氏体化温度的提高有明显的降低，因此在低温形变淬火时，应尽量采取较低的奥氏体化温度。

低温形变等温淬火是采用与上者相同的加热和形变条件，但随后在贝氏体区进行等温淬火以获得贝氏体组织，如图 12-1(e)所示。采用这种工艺可得到比低温形变淬火略低的强度但其塑性却较高，适用于热作模具及高强度钢制造的小型零件。

14.1.2　相变中形变的形变热处理

1. 等温形变淬火

它是将钢加热至 A_{c3} 以上温度奥氏体化，然后快速冷至 A_{e1} 以下亚稳奥氏体区，在某一温度下同时进行形变和相变(等温转变)的工艺。根据形变和相变温度的不同，可将其分为获得珠光体和获得贝氏体的两种等温形变淬火。

一般说来，获得珠光体组织的等温形变淬火，在提高强度方面效果并不显著，但却可大大提高冲击韧性和降低韧脆转化温度。

获得贝氏体组织的等温淬火在提高强度方面的效果要比前者显著得多，而塑性指标却与之相近。这种工艺主要适用于通常进行等温淬火的小零件，例如轴、小齿轮、弹簧、链节等。

2. 马氏体相变中进行形变的形变热处理

这是利用钢中奥氏体在 M_d～M_s 温度之间接受形变时可被诱发形成马氏体的原理，使之获得强化的工艺。目前生产中主要在两方面得到应用。

(1) 对奥氏体不锈钢在室温(或低温)下进行形变，使奥氏体加工硬化，并且诱发生成部分马氏体，再加上形变时对诱发马氏体的加工硬化作用，特使钢获得显著的强化效果。形变量愈大，强度愈高，而塑性愈低，并且形变温度愈低，上述现象愈强烈。

(2) 诱发马氏体的室温形变，即利用相变诱发塑性(TRIP)现象使钢件在使用中不断发生马氏体转变，从而兼有高强度与超塑性。具有上述特性的钢被称为变塑钢，即所谓 TRIP 钢。这种钢在成分设计上保证了在经过特定的加工处理后使其 M_s 点低于室温，而 M_d 点高于室温，这种钢在室温使用时便能具备上述优异性能，如图 12-1(f)所示。

14.1.3　相变后形变的形变热处理

这是一类对奥氏体转变产物进行形变强化的工艺，这种转变产物可能是珠光体、贝氏体、马氏体或回火屈氏体等，形变温度由室温到 A_{c1} 以下皆可，形变后大部需要再次进行回火，以消除应力。目前工业上常见的主要有珠光体冷形变和温加工(形变)、回火马氏体的形变时效等。

1. 珠光体的冷形变

钢丝铅淬冷拔即属此类，它是指钢丝坯料经奥氏体化后通过铅浴进行等温分解，获得细密而均匀的珠光体组织，随后进行冷拔。铅浴温度愈低(珠光体片层间距愈小)和拉拔变形量愈大，则钢丝强度愈高。这是由于细密的片状珠光体经大形变量的拉拔后，使其中渗碳体片变得更细小且使铁素体基体中的位错密度提高。

2. 珠光体的温加工

轴承钢珠光体的温加工即属此类，它是一种被用来进行碳化物快速球化的工艺，亦即将退火钢加热至700~750℃进行形变，然后慢速冷至600℃左右出炉，如图12-1(g)所示。采用这种工艺比普通球化退火要快15~20倍，而且球化效果较好。

3. 回火马氏体的形变时效

这是获得高强度材料的重要手段之一。一般说来，形变后在使钢强度提高的同时，总是使塑性、韧性降低。但当形变量很小时，塑性降低较少，因此只能采用小量形变。形变之所以能产生显著的强化效果，除了由于形变使回火马氏体基体中位错密度增高外，还由于碳原子对位错的钉扎作用(即发生时效过程)。这时碳原子可由过饱和 α 固溶体和溶 ε 碳化物来提供。如在形变后再进行最终的低温回火，则将更有利于 ε 碳化物的固溶发生，以致使形变时引入的位错得到更高程度的钉扎，从而造成回火后屈服强度的进一步增高。但如继续提高回火温度，将会由于碳化物的沉淀和聚集长大以及 α 相的回复而导致强化效果的减弱。

14.2 形变热处理强韧化的机理

形变热处理之所以能赋予钢良好的强韧性是由钢的显微组织和亚结构的特点来决定的。虽然形变热处理的种类繁多，处理的工艺条件各异，但在强韧化机理上却有许多共同之处，大体上可归结于以下几方面。

14.2.1 显微组织细化

不论高温形变淬火或低温形变淬火均能使马氏体细化，并且其细化程度随形变量增大而增大。一般认为，低温形变淬火时使马氏体细化的原因是由于亚稳奥氏体形变后为马氏体提供了更多的形核部位，并且由形变而造成的各种缺陷和滑移带能阻止马氏体片的长大。

对高温形变淬火来说，在不发生奥氏体再结晶的条件下，由于奥氏体晶粒沿形变方向被拉长，使马氏体片横越细而长的晶粒到达对面晶界的距离缩短，因而限制了马氏体片的长度，但这对马氏体的细化程度是有限的，只有在当形变奥氏体发生起始再结晶的条件下，使奥氏体晶粒显著细化，才能导致马氏体的高度细化。一般来说，低温形变淬火对马氏体的细化作用要超过高温形变淬火。用马氏体细化可以很好地解释低温形变淬火钢在强度增高时仍能维持良好塑性和韧性的现象。但总的来说，马氏体组织的粗细对钢强度的影响不甚显著。

对于获得珠光体组织的形变等温淬火(先形变后相变)或等温形变淬火(在相变中进行形变)来说均能得到极细密的珠光体，特别是后一工艺可使碳化物的形态发生巨大变化，即不再是片状，而是以极细的粒状分布于铁素体基体。此外，也无先共析铁素体的单独存在，而是粒状碳化物均匀分布在整个铁素体基体上，而且铁素体基体被分割为许多等轴的亚晶粒，其平均直径约为0.3μm。因此，与普通的铁素体-珠光体组织相比，其强韧性将会有较大的提高。

对于获得贝氏体组织的形变等温淬火或等温形变淬火来说，由于形变提高了贝氏体转变的形核率并阻止了α相的共格长大，可以使贝氏体组织显著细化，因而也将对其强韧性产生一定的有利影响。

综上所述，就显微组织细化对强度的影响来看，马氏体细化的强化作用最弱，珠光体细化的强化作用最强，而贝氏体的情况居于两者之间。

14.2.2 位错密度和亚结构的变化

电子显微镜观察证实，形变时在奥氏体中会形成大量位错，并大部分为随后形成的马氏体所继承，因而使马氏体的位错密度比普通淬火时高得多，这是形变淬火后使钢具有较高强化效果的主要原因。不仅如此，形变淬火后还发现，马氏体中存在着更细微的亚晶块结构，也称为胞状亚结构，其界面是由高密度的位错群交织而成的复杂结构，即所谓位错“墙”。这是由于形变奥氏体中存在的大量不规则排列的位错，通过交滑移和攀移等方式重新排列而塔砌成墙，形成亚晶界(即发生多边化)，即使经淬火得到马氏体后，它依然保持着，结果得到这种亚晶块结构。由于亚晶块之间有着一定的位向差，加之又有位错墙存在，故可把亚晶块视作独立的晶粒。无疑，这种亚晶块的存在，必然对钢的强化有着相当的贡献。随形变量的增大，亚晶块的尺寸减小，强化效果增大。亚晶块的存在不仅有强化作用，而且也是使钢维持良好塑性和韧性的原因之一。但是与低温形变淬火相比，高温形变淬火时由于形变奥氏体中发生了较强的回复过程，使其位错密度有所下降，而且也有利于应力集中区的消除，故虽其强化效果较低，但塑性和韧性却较优越。

对于形变等温淬火或等温形变淬火所得珠光体来说，由于珠光体转变的扩散性质，奥氏体在形变中所得到高密度的位错虽能促进其转变过程，但却难以为珠光体继承而大部分消失，因而不存在任何强化作用，但贝氏体的情况居于马氏体和珠光体之间。由于贝氏体转变的扩散性和共格性的双重性质，形变奥氏体中高密度的位错能部分被贝氏体所继承，因而在形变等温淬火或等温形变淬火所得贝氏体中，位错密度的增高仍是一个不容忽视的强化因素。

14.2.3 碳化物的弥散强化作用

研究表明，在奥氏体形变过程中会发生碳化物的析出，这是由于形变时产生的高密度位错为碳化物形核提供了大量的部位，又加速了碳化物形成元素的置换扩散，同时在压应力下还使碳在奥氏体中的溶解度显著下降。碳化物在位错上的沉淀，会对位错产生强烈的钉扎作用，以致在进一步形变时能使位错迅速增殖，从而又提供了更多的沉淀部位，如此往复不已，最后便在奥氏体中析出大量细小的碳化物。钢形变淬火后，这种大量细小的碳化物分布于马氏体基体中，具有很大的弥散强化作用。与普通淬火相比，低温和高温形变淬火钢中由于有碳化物的析出而使马氏体中含碳量减少，因而具有较高的塑性和韧性。

14.3 影响形变热处理强韧化效果的工艺因素

形变热处理的强韧化效果与采用何种形变热处理方法密切相关。众所周知，奥氏体在高温下形变时将因位错密度增加而引起加工硬化，同时又因发生回复和多边化而引起软化。由于后一过程是在形变过程中发生的，故称为动态回复或动态多边化。如果形变温度较高，由于位错密度增大而积累的能量达到足以能形成再结晶核心时，便会发生多边形化和再结晶的现象，此称动态再结晶。动态再结晶的发生会使更多的位错消失，因而是一种更强烈的软化过程。不同的形变热处理方法之所以具有不同的强韧化效果，正是由在整个处理过程中发生的强化和软化两种作用的综合结果所决定的，而这一结果又受到许多工艺因素的影响，其中主要的是形变温度、形变量、形变后停留时间等，现分别简述如下。

14.3.1 形变温度

一般说来，当形变量一定时，形变温度愈低，强化效果愈好，但塑性和韧性却有所下降，这一规律不论对高温或低温形变淬火都适用。显然，这是由于形变温度愈高愈有利于回复、多边化甚至再结晶过程的发生和发展。

14.3.2 形变量

形变量对低温形变淬火和高温形变淬火后强韧性的影响有着一定的差异。在低温形变淬火时，形变量愈大，强化效果愈显著，而塑性有所下降，因此为获得满意的强化效果，通常要求形变量在60%甚至70%以上。

14.3.3 形变后淬火前的停留时间

研究发现，在低温形变淬火时，在亚稳奥氏体形变后将钢再加热至略高于形变温度，并适当保持数分钟使奥氏体发生多边化过程(称为多边化处理)，然后淬火和回火，可以显著地提高钢的塑性。随多边化处理温度的提高和时间的延长，塑性不断提高，强度有所下降。对高温形变淬火来说，由于形变温度高于奥氏体的再结晶温度，所以形变后的停留必然会影响形变淬火钢的组织和性能。低合金钢和中合金钢的性能随停留时间的变化不是单调的，为了获得最好的强韧性，正确选择停留时间至关重要。

14.3.4 形变速度

形变速度对强化效果的影响没有一致的规律，有时表现为随形变速度提高，强度指标下降，有时则相反。当截面较大的工件形变时，由于机械能向热能的转化，心部温度随形变速度提高而迅速增强，由于形变温度提高的作用，强化效果降低。工件截面小时，随形变速度的增加，工件的温度升高不大，使形变过程基本在恒定温度下进行，从而导致强化效果的提高。

课后习题

1. 简述低温形变热处理对时效型合金性能的影响，并分析其原因。
2. 高温与低温形变热处理能使钢产生强化的原因分别是什么？

第15章 真空热处理

真空技术在金隅热处理中的应用，最初只限于纯铁和铜等非铁合金的脱气或光亮退火以及在可控气氛中处理有困难的高熔点活性金属钛、锆等。后来，随着真空技术的发展，到五十年代末期，由于在真空炉中安装惰性气体强制冷却机构的成功，使其应用范围迅速扩大。接着，由于真空油淬火技术的发展，迄今除一般碳钢与合金钢的淬火、回火、固溶化处理、退火以及耐热钢与耐热合金的热处理以外，在化学热处理和钎焊方面发挥的作用也愈来愈大。

所谓真空是指压力较正常大气压为小(即负压)的任何气态空间。完全没有任何物质的“绝对真空”是不存在的。若将热处理的加热和冷却过程置于真空中进行，就称为真空热处理。

在真空状态下，负压的程度称为真空度。气压越低，即真空度越高；气压越高，即真空度越低。真空度最常用的度量单位是 mmHg，也简称为“托”(Torr，1Torr = 1/760atm = 1mmHg = 133.322Pa)，在国际单位制中经常用帕(Pa)作为单位。根据真空度的大小通常可将其划分为四级：$10 \sim 10^{-2}$Torr 时称为低真空，$10^{-3} \sim 10^{-4}$Torr 时称为中真空，$10^{-5} \sim 10^{-7}$Torr 的称为高真空，10^{-8}Torr 以上时称为超高真空。

工业中通常使用的纯度良好的惰性气体中多数含有约 0.1%的反应性杂质气体。其纯度大体上只相当一个托的真空度。如直接以这种纯度的惰性气体作为保护气氛，杂质气体将与被加热金属发生反应。但如果用高纯度的惰性气体，使杂质含量达到 1ppm 左右，就必须经过昂贵而复杂的精制过程，从目前的真空技术来看，要获得 10^{-3}Torr 的真空度是较容易的。另外，在采用普通保护气氛的无氧化加热中，所控制的露点值为-30~-40℃，与其相对应的真空度约为 10^{-1}Torr 左右，这是真空炉极易达到的。对比之下可以明显看出，使用真空加热是十分简便的。

真空热处理被当代热处理界称为高效、节能和无污染的清洁热处理。真空热处理的零件具有无氧化，无脱碳、脱气、脱脂，表面质量好，变形小，综合力学性能高，可靠性好(重复性好，寿命稳定)等一系列优点。因此，真空热处理受到国内外广泛的重视和普遍的应用。并把真空热处理普及程度作为衡量一个国家热处理技术水平的重要标志。真空热处理技术是最近 40 年以来热处理工艺发展的热点，也是当今先进制造技术的重要领域。

15.1 真空在热处理中的作用

1. 真空保护作用

一般金属材料在空气炉中加热，由于空气中存在氧气、水蒸气、二氧化碳等氧化性气体，这些气体与金属发生氧化作用，结果使被加热的金属表面产生氧化膜或氧化皮，完全失去原有的金属光泽。同时这些气体还要与金属中的碳发生反应，使其表面脱碳。如果炉中含有一氧化碳或甲烷气体，还会使金属表面增碳。对于化学性质非常活泼的 Ti、Zr 以及难熔金属 W、Mo、Nb 等，在空气炉中加热，除了要生成氧化物、氢化物、氮化物外，还要吸收这些气体并向金属内部扩散，使金属材料的性能严重恶化。

真空热处理实质上是在极稀薄的气氛中进行的热处理。根据气体分析，真空炉内残存的气体是 H_2O、O_2、CO_2以及油脂等有机物蒸气。从理论上讲，要想达到无氧化的目的，必须使炉内氨的分压力低于氧化物的分解压力。实际上，只要氧的分压达到 10^{-4}atm 时，几乎所有的金属都可以避免氧化，而获得美观的光亮表面。

使真空中金属发生氧化的氧气，来源有两个：一是炉内残存的氧；二是从炉外渗入(或渗漏)的氧。实际上，当炉内容积不变时，随着处理时间的增长，起氧化作用的氧量主要取决于渗漏量。因此，为了减少炉内的氧化作用，最好是尽量减少设备的渗漏量。一般设计良好的周期式真空热处理炉，其渗漏量约在 1 升微米水银柱/秒以下。

2. 真空除气

金属对气体的溶解度随温度升高而增大，反之减少。因此，当液态金属冷却成铸锭时，气体在金属中的溶解度降低，由于冷却速度太快，气体无法完全释放出来而被留在固体金属内部，生成气孔及白点(由 H_2形成)等冶金缺陷或固溶在金属内。金属材料在熔炼时，液态金属要吸收 H_2、O_2、N_2、CO 等气体。即使采用真空熔炼，仍还有一部分气体存在于金属内部。此外，这些金属材料在随后的锻造、热处理、酸洗、钎焊等加工过程中，不可避免的还要再吸收一些气体。

吸收了气体的金属材料其电阻、热传导、磁化率、硬度、屈服点、强度极限、延伸率、断面收缩率、冲击韧性、断裂韧性等机械、物理性能均受到影响。因此，我们不但要控制原材料在冶金过程中的气体含量，而且也要除去在热加工中所吸收的气体，或改进工艺来防止吸收气体。

经过真空热处理后的金属材料与常规热处理相比，机械性能特别是塑性和韧性有明显的增加，很重要的原因是在真空热处理时的除气作用所致。

3. 表面净化作用

真空净化作用是指当金属表面带有氧化膜、轻微的腐蚀、氮化物、氢化物等在真空中加热时，这些化合物即被还原、分解或挥发而消失，从而使金属获得光洁的表面。

真空热处理所选择的真空度范围通常在 $10^{-1}\sim10^{-6}$Torr 之间，对常用的钢材来说在 $10^{-1}\sim10^{-3}$Torr 即可达到表面净化效果。

在高真空状态下，因氧的压力很小，氧化物的分解反应正向进行使得原金属表面上已形成的一层氧化物分解，所生成的氧气被真空泵排除(即氧化物被去除)，从而获得光亮的表面(恢复了原来的金属光泽)，各种金属的氧化物平衡分解压(或解离压)如图 15-1 所示。在实

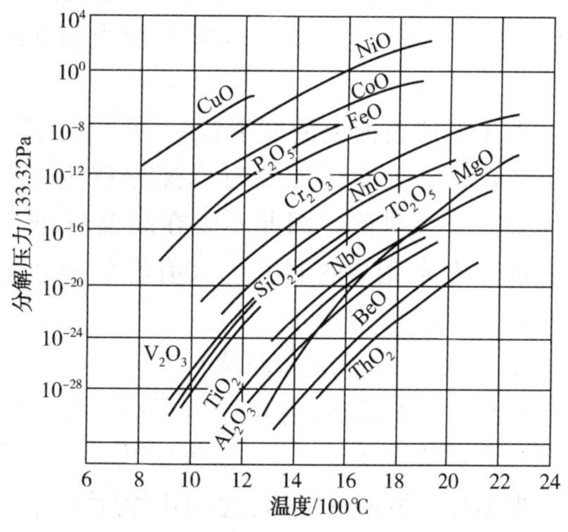

图 15-1 各种金属氧化物的分解压力

际进行真空热处理时，尽管炉内压力比金属氧化物的分解压要高得多，仍能很好地去除氧化物而得到光亮的表面。可见，仅从金属氧化物分解压的观点出发，还不能说明其原因。有人认为，金属氧化物在高温、低压下会变成蒸气压商不稳定的亚氧化物(低级氧化物)而升华；也有人认为，由于基体中的碳向表面扩散，与氧化物中氧形成CO而蒸发。一般认为前一种说法比较适宜。

金属的氧化反应是可逆的：$MO \rightleftharpoons 2M+2O \quad 2O \longrightarrow O_2 \uparrow$

取决于气氛中氧的分压和金属氧化物的分压的大小。

当氧分压大于金属氧化物的分压时，反应向左进行，金属表面产生氧化。反之，如氧化物的分解压大于氧的分压，反应向右进行，其结果是氧化物分解。

亚氧化物理论和真空炉中碳元素存在，使炉内氧的分压低于金属氧化物的分压，使金属不会氧化。如果以相对杂质含量或露点来表示相应的真空度，则它们之间的关系如表15-1所示。

表15-1　真空度和相对杂质及相对露点关系

真空度	Pa	1.33×10^4	1.33×10^3	1.33×10^2	1.33×10	1.33	1.33×10^{-1}	1.33×10^{-2}	1.33×10^{-3}
	Torr	100	101	1	10^{-1}	10^{-2}	10^{-3}	10^{-4}	10^{-5}
相对杂质含量	%	13.2	1.32	0.132	1.32×10^{-2}	1.32×10^{-3}	1.32×10^{-4}	1.32×10^{-5}	1.32×10^{-6}
	PPM(10^{-6})			1320	132	13.2	1.32	0.132	0.0132
相对露点/℃			+11	-18	-40	-59	-74	-88	-101

4. 脱脂作用

金属零件在热处理前的机械加工、冲压成形等过程中，往往要使用各种冷却剂和润滑剂。对精密零件要在热处理前经过仔细的清洗、除油、烘干。残存在零件上的油脂等在一般热处理炉加热时要与零件表面产生反应，生成斑痕、腐蚀而使零件报废，给生产带来很大的困难。

在用一般方法进行热处理时(包括可控气氛热处理)，如不事先将其除净，根本无法得到光亮的表面。况且一般的脱脂方法不仅消耗材料、耗费工时与劳力，而且污染作业环境。如果采用真空热处理，事先不需采用脱脂处理(沾污程度严重时例外)，也会得到光亮表面的工件。

沾在工件表面上的润滑剂，属于普通脂肪族，是碳，氢和氧的化合物。由于它的蒸气压较高，在真空中加热时迅速分解为氢、水蒸气和二氧化碳等气体，它们很容易蒸发而被真空泵排除，因此不致在高温时与零件表面产生任何反应，故可以得到无氧化、无腐蚀的非常光洁的表面。只有在沾有大量润滑剂的情况下，才需在真空热处理前进行特殊的脱脂处理。

5. 蒸发作用(脱元素现象)

在真空热处理时，某些蒸气压高的合金元素会从被处理的金属表面脱掉，也就是说，在炉内压力比某些合金元素的蒸气压低时，会引起这些元素的挥发消耗，称为脱元素现象。

根据相平衡理论可知，在不同温度下，金属蒸气作用于金属表面上的平衡压力(蒸气压)是不同的。温度高蒸气压就高，固态金属的蒸发量就大；温度低蒸气压就低，如果温度一定，则蒸气压也就有一定的值。当外界的压力小于该温度下的蒸气压时，金属就会产生蒸发(升华)现象。外界压力越小也就是说真空度超高，就越容易蒸发；同理，蒸气压越高的金属也越容易蒸发。

在真空中加热，根据被处理的金属材料中合金元素在热处理温度的蒸气压和加热温度，来选择合适的真空度，以防止合金元素蒸发逸出。可以根据金属材料的种类，采用通入高纯度的惰性气体来调节炉内的真空度，施以低真空加热的方法来防止合金元素的蒸发。表 15-2 为常见金属蒸气压。

表 15-2 各种金属的蒸气压

金属	达到下列蒸气压的平衡温度/℃					熔点/℃
	10^{-2}Pa	10^{-1}Pa	1Pa	10Pa	133Pa	
Cu	1035	1141	1273	1422	1628	1038
Ag	848	936	1047	1184	1353	961
Be	1029	1130	1246	1395	1582	1284
Mg	301	331	343	515	605	651
Ca	463	528	605	700	817	851
Ba	406	546	629	730	858	717
Zn	248	292	323	405	—	419
Cd	180	220	264	321	—	321
Hg	-5.5	13	48	82	126	-38.9
Ae	808	889	996	1123	1179	660
Li	377	439	514	607	725	179
Na	195	238	291	356	437	98
K	123	161	207	265	338	64
In	746	840	952	1088	1260	157
C	2288	2471	2681	2926	3214	—
Si	1116	1223	1343	1485	1670	1410
Ti	1249	1384	1546	1742	—	1721
Zr	1660	1861	2001	2212	2549	1830
Sn	922	1042	1189	1373	1609	232
Pb	548	625	718	832	975	328
V	1586	1726	1888	2079	2207	1697
Nb	2355	2539	—	—	—	2415
Ta	2599	2820	—	—	—	2996
Bi	536	609	693	802	934	271
Cr	992	1090	1205	1342	1504	1890
Mo	2095	2290	2533	—	—	2625
Mn	791	873	980	1103	1251	1244
Fe	1195	1330	1447	1602	1783	1535
W	2767	3016	3309	—	—	3410
Ni	1257	1371	1510	1679	1884	1455
Pt	1744	1904	2090	2313	2582	1774
Au	1190	1316	1465	1646	1867	1063

同一低温下，温度愈高，金属的蒸气压愈高，就愈容器挥发脱掉。为了防止这类现象的

发生，必须根据具体的情况适当控制炉内压力(真空度)。譬如采用通入高纯度惰性气体并将真空度降至1.5~2×10¹⁻Torr的方法，就可以防止钢中元素的蒸发。

15.2 真空热处理工艺参数的确定

15.2.1 真空度

各种材料在真空热处理时的真空度如表15-3所示。

表15-3 各种材料在真空热处理时的真空度

材　　料	真空热处理时真空度 Pa
合金工具钢、结构钢、轴承钢(淬火温度在900℃以下)	$1 \sim 10^{-1}$
含Cr、Mn、Si等合金钢(在1000℃以上加热)	10Pa(回填高纯氮)
不锈钢(析出硬化型合金)、Fe、Ni基合金，钴基合金	$10^{-1} \sim 10^{-2}$
钛合金	10^{-2}
高速钢	1000℃以上充666~13.3Pa N_2
Cu及其合金	133~13.3Pa
高合金钢回火	$1.3 \sim 10^{-2}$

在考虑工作真空度时应注意几点：

(1)在900℃以前，先抽0.1Pa以上高真空，以利脱气；

(2)10^{-1}Pa进行加热，相当于1ppm以上纯度惰性气体，一般黑色金属就不会氧化；

(3)充入惰性气体时，如充133Pa，($50\%N_2+50\%H_2$)的氮氢混合气体，其效果比$10^{-2} \sim 10^{-3}$Pa真空还好。此时氧分压66.5Pa是安全的；

(4)真空度与钢表面光亮度有对应关系；

(5)一般$10^{-3} \sim 133$Pa真空范围内，真空度温差为±5℃，如气压上升，温度均匀性下降，所以充气压力应尽量可能低些。

15.2.2 加热和预热温度

一般来说，热处理过程的加热时间应保证完成升温、保温(均温)和组织转变(奥氏体均匀化)三个过程。由于真空炉炉胆隔热层加热时蓄热量少，保温性能好，热损失小。因此，当真空炉中测量热电偶升到设定温度时，被加热的工作还远未到设定温度，这就是所谓的真空加热“滞后现象”。真空热处理时预热温度参考表15-4。

表15-4 预热温度参考表

淬火加热温度/℃	预热温度(1)/℃	预热温度(2)/℃	预热温度(3)/℃
800~900	550~600		
1000~1100	550~600	800~850	
1200以上	550~600	800~850	1000~1050

15.2.3 真空淬火加热时间

真空加热时有连续升温和分阶段升温两种形式，加热曲线如图 15-2 所示。由于真空加热的滞后现象，导致工件表面、心部与电偶显示温度不同，如图 15-3 所示。

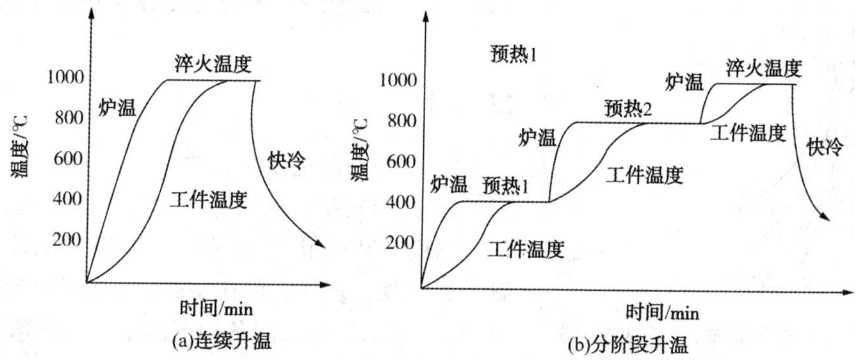

图 15-2 真空加热时的特性曲线

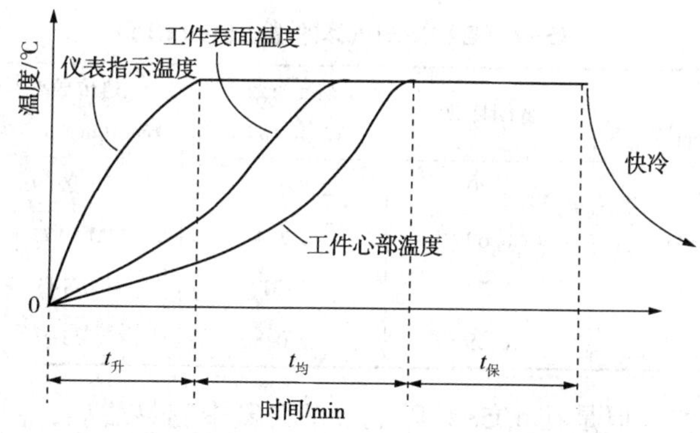

15-3 炉温和被加热工件表面与中心温度

在实际生产中，影响加热速度的因素往往变化很大，要想精确地计算出加热时间是比较困难的，下面介绍一种常见的计算真空热处理加热时间的经验公式，以供参考。

$$t_{总}=t_{均}+t_{保}$$

$$t_{均}=a'\times h$$

式中，$t_{保}$为相变时间，$t_{均}$为均热时间，a'为透热系数，min/mm；h 为有效厚度，mm。透热系数，相变时间与均热时间参考表 15-5~表 15-7。

表 15-5 a'透热系数的确定

加热温度/℃	600	800	1000	1100~1200
a'(min/mm)	1.6~2.2	0.8~1.0	0.3~0.5	0.2~0.4
预热情况		600℃预热	600、800℃预热	600、800、1000℃预热

注：没有预热，直接加热，a'应增大 10%~20%

表 15-6 $t_{保}$时间确定

钢材	碳素工具钢	低合金钢	高合金钢
$t_{保}$/min	5~10	10~20	20~40

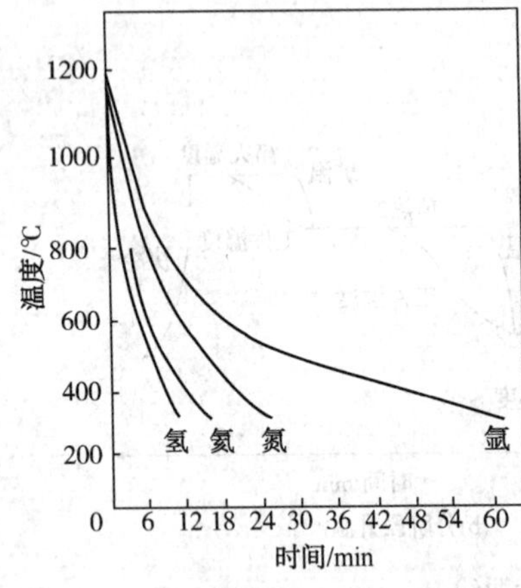

图 15-4 氢、氦、氮、氩的相对冷却性能

15.3 真空热处理的冷却方法

15.3.1 气淬

1. 各种冷却气体的性质

真空气淬的冷速与气体种类、气体压力、流速、炉子结构及装炉状况有关。可供使用的冷却气体有氩、氮、氢、氦。它们在100℃时的某些物理特性如表 15-7 所示。与相同条件下的空气传热速度相比较，以空气为 1，则氮为 0.99，氩为 0.70，氢为 7，氦为 6，图 15-4 为氢、氦、氮、氩的相对冷却性能。

表 15-7 各种冷却气体的性质(100℃时)

气体	密度/(kg/m^3)	普朗特数	黏度系数/(kg×s/m^3)	热传导率/[kcal/(m·h·℃)]	热传导率比
N_2	0.887	0.70	2.5×10^{-6}	0.0269	1
Ar	1.305	0.69	2.764	0.0177	0.728
He	0.172	0.72	2.31	0.143	1.366
H_2	0.0636	0.69	1.048	0.189	1.468

氢的冷却速度最快，但是在 1058℃以上，钢在氢中容易脱碳，同时氢有爆炸的危险，一般不采用氢；氦的价格太高；氩冷速最慢且价格很贵；氮气虽然冷却速度稍低，但已能满足冷却速度的要求，价廉、安全，从而得到广泛应用。为保证工件表面不氧化，具有高的光亮度，对冷却气体 N_2 纯度有一定要求，表 15-8 是氮气的纯度标准。

表 15-8 氮气纯度标准

处理材料	氮气纯度/%
轴承钢、高速钢	99.995~99.998
高温耐热合金	99.999
高温活性金属	99.9999
半导体材料	99.99999

在实际生产中，气体的选取也要根据材料的具体要求来选取。比如对于钛合金来说，钛合金与氮接触有氮化的危险，一般会采用氩气作为冷却介质。各种气体的标准如表 15-9 所示。

表 15-9 热处理用氩气、氢气、氮气的行业标准

名称		指标要求/%(V/V)					
		氩含量	氮含量	氢含量	氧含量	总含碳量(以甲烷计)	水含量
高纯氩气		≥99.999	≤0.0005	≤0.0001	≤0.0002	≤0.0002	≤0.004
氩气		≥99.99	≤0.007	≤0.0005	≤0.001	≤0.001	≤0.002
高纯氮		—	≥99.999	≤0.0001	≤0.0003	≤0.0003	≤0.0005
纯氮		—	≥99.996	≤0.0005	≤0.001	CO≤0.0005 CO_2≤0.0005 CH_4≤0.0005	≤0.0005
工业用气态氮	Ⅰ类	—	99.5	—	≤0.5	—	露点≤-43℃
	Ⅱ类Ⅰ级	—	99.5	—	≤0.5	—	游离水≤100ml/瓶
	Ⅱ类Ⅱ级	—	98.5	—	≤1.5	—	游离水≤100ml/瓶
氢气		—	≤0.006	≥99.99	≤0.0005	CO≤0.0005 CO_2≤0.0005 CH_4≤0.001	≤0.003

注：1. 水分压15℃，大于11.8MPa条件下测定。

2. 高纯氮、纯氮不适合用于沉淀硬化不锈钢、马氏体时效钢、高温合金、钛合金等真空热处理回充和冷却气之用。

3. 氢气不适用于高强度钢、钛合金、黄铜的热处理保护。

4. 液态氮不规定水的含量。

2. 提高气体冷却能力的方法

$$牛顿公式：Q=k(t_w-t_f)\cdot F(\mathrm{kcal/h})$$

式中，Q 为传热量；t_w 为工件温度；t_f 为气体温度；F 为工件表面积；k 为对流传热系数。

$$k=(\lambda/d)\cdot C(wdp/\eta)^m$$

式中，d 为工件直径；C 为因雷诺系数范围不同而异的常数；m 为幂指数，一般 0.62~0.805；w 为流速；p 为密度的函数(亦可视为气压)；λ 为气体热系数；η 为黏滞系数。

从公式中可见，提高冷却气体的密度(压力)和流速可以成比例地加大对流传热效率。各种淬火介质的传热系数如表 15-10 所示。提高气体冷却能力的方式有两种：①提高冷却气体压力(图 15-5 是各种气体与冷却速率的关系)；②提高气体的流速。

表 15-10 各种淬火介质的传热系数

介质和淬火参数	传热系数/[W/(m²·K)]
盐浴 550℃	350~450
液态床	400~500
油 20~80℃ 不流动	1000~1500
油 20~80℃ 搅拌循环的	1800~2200
水 15~25℃	3000~3500

续表

介质和淬火参数	传热系数/[W/(m^2·K)]
空气、无强力循环	50~80
1000 毫巴(1×10^5Pa)N_2循环的	100~150
6×10^5Pa N_2快速循环	300~400
10×10^5Pa N_2快速循环	400~500
6×10^5Pa He 快速循环	400~500
10×10^5Pa He 快速循环	550~650
20×10^5Pa He 快速循环	900~1000
6×10^5Pa H_2快速循环	450~600
10×10^5Pa H_2快速循环	~750
20×10^5Pa H_2快速循环	~1300
40×10^5Pa H_2快速循环	~2200

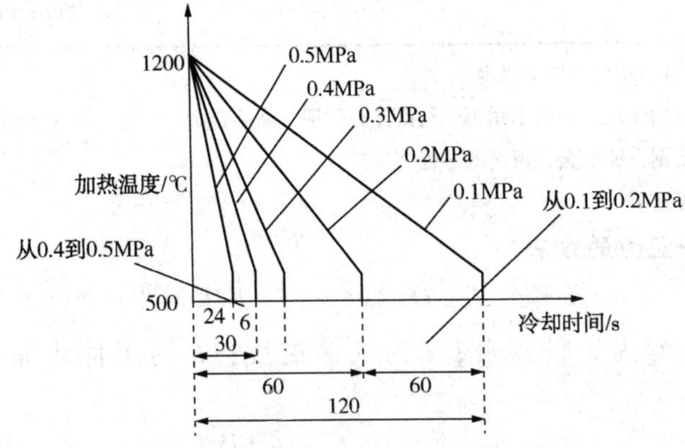

图 15-5　气体压力和冷却速率间的关系曲线

15.3.2　真空油淬

目前，已经研制和生产了多种精制的适于真空淬火的油品，我国研制成功并投入生产的真空油具有冷却能力高、饱和蒸气压低、热稳定性良好、对工件无腐蚀等特点，且质量稳定，适于轴承钢、工模具钢、航空结构钢等的真空淬火。SH/T 0564—1993《热处理油》中真空淬火油技术要求、上海惠丰石油化工有限公司淬火油以及美国海斯公司真空淬火油质量指标如表 15-11 和表 15-12 所示。

表 15-11(a)　国产真空淬火油质量指标

真空淬火代号		ZZ-1	ZZ-2
黏度(50℃)/cSt		20~25	50~55
闪点/℃	不低于	170	210

续表

真空淬火代号		ZZ-1	ZZ-2
凝点/℃	不高于	-10	-10
水分/%		无	无
残炭/%	不大于	0.08	0.1
酸值/mg·KOH/g		0.5	0.7
饱和蒸气压 20℃(133Pa)		5×10^{-5}	5×10^{-5}
热氧化安定性		合格	合格
冷却性能 特性温度/℃		600~620	580~600
特性时间/s		3.0~3.5	3.0~4.0
800℃冷至400℃时间/s		5~5.5	6~7.5

表 15-11(b) 上海惠丰石油化工有限公司真空淬火油质量指标

项目/型号	CZ1 真空淬火油	CZ2 真空淬火油	试验方法
运动黏度(40℃)/(mm^2/s)	32~42	80~90	GB/T 265
闪点(开口)/℃	180	220	GB/T 3536
倾点/℃	-10	-10	GB/T 3535
冷却特性			SH/T 0220
特性温度	600	585	
800℃冷至400℃时间	5.5	7.5	

注：以上数据为代表性试样的测定结果，产品性能以实测为准。

性能：1. 有较低的饱和蒸气压，蒸发量较小，使溶入的气体迅速脱出；
2. 较强的抗气化能力和较快的冷却速度，不污染真空炉膛及真空操作效果；
3. 冷却性能稳定，在真空条件下，能保证淬火后工件淬硬效果好；
4. 良好的光亮性和光辉性，淬火后表面清洁光亮，不会变色、无氧化、无污染；
5. 极佳的挥发安定性和氧化安定性，使用寿命长。

用途：1. 适用于轴承钢、工模具、刀具及大中型航空结构钢及其他特种钢材；
2. HFV-CZ1 真空淬火油用于中型材料在真空状态下的淬火，HFV-CZ2 真空淬火油用于淬渗透性好的材料在真空状态下淬火。

表 15-12 美国 C. I. Hayes 公司真空淬火油质量指标

真空淬火油代号	H_1	H_2
密度/(lb/gal)	7.36	7.2
黏度指数	76	95
黏度(100℉)/sus	92~95	110~121
着火点/℃	170	190
热线试验	34.0	31.0
蒸气压 40℃(133Pa)	0.002	0.0001
90℃(133Pa)	0.100	0.0103
150℃(133Pa)	2.00	0.45
GM 淬火试验/s	11	17
最高使用温度/℃	60	80

真空油淬时注意的几个问题：

(1) 真空油淬压力填充纯 N_2 40~67kPa。

(2) 淬火油量：　工件：油重量=1：10~15，油池比油与工件体积之和大15%~20%。

(3) 油中不许有水分。当达0.03%时，工件变暗；0.3%时，冷速明显变化。

(4) 真空淬火油的调制。

(5) 工件入油前应充分脱气。

(6) 油温在40~80℃使用。

(7) 油应有搅拌。静止油冷却强度为0.25~0.30；激烈搅拌油冷却强度为0.8~1.1。

(8) 真空油淬时的高温瞬时渗碳现象。

15.3.3 分级冷却

(1) 油冷却到 M_S 点以上→风冷。

(2) 延时油淬，先预冷30~70s→(1090℃)入油。

(3) 风冷至550℃→在油中淬火。

(4) 气体分级淬火，气冷到马氏体转变点以上→停风扇→表面温度均匀后再开风扇快冷。

(5) 工件在硝盐浴中等温淬火。

15.4 真空热处理的优越性

高质量、低成本、低能耗和无公害，是衡量热处理技术先进性的四条指标。任何热处理新技术，不可能在所有方面都是最优的，都有其局限性。就真空热处理而言，成本比较高，但其他方面优越性还是比较突出的。

1. 热处理变形小

采用真空热处理可明显地减少零件的变形。由于真空热处理变形小，合格率高，减少热处理后的后期工序，因此，对缩短产品生产周期，降低成本是很有意义的。

2. 提高机械性能，延长使用寿命

真空热处理可以提高零件的机械、物理性能，延长零件的使用寿命，增加产品的可靠性。金属零件表面如存在氧化、脱碳、合金元素贫化、腐蚀等缺陷，往往是引起疲劳破坏的根源。真空热处理可以避免产生上述缺陷，因而明显地提高了零件的疲劳寿命。

3. 节省能源

热处理耗能约占整个生产消耗能源的12%~18%，因此热处理节能问题更为突出。不仅从设备本身来看节省能源，零件经真空热处理后由于不氧化、不脱碳、变形小、省去磨削或减少磨削工序、使用寿命长、合格率高等因素，对能源的节省相当可观。所以，真空热处理也被称为省能的热处理。

4. 减少污染

真空热处理由于在真空中加热，不存在炉气；由于用电加热，没有燃烧排出的废气和烟尘；不采用保护气氛，不产生异样气味。因此，真空热处理很少或不存在对大气的污染；真空热处理不用盐、碱等介质，不会污染水质。此外，如果零件残留有油脂，也不必事先用燃烧的方法脱脂，可免除燃烧时废气造成的公害。所以，真空热处理也是一种少或无公害的热处理工艺。

真空热处理目前尚存在一些问题，首先真空热处理设备比较复杂，造价很高，特别是目前基本上都采用周期作业的真空热处理炉，其生产效率较低，运转附加费较高，因而影响真空热处理技术的推广。不过随着真空热处理设备造价、处理零件成本的降低，及连续式真空热处理炉的推广等，真空热处理技术会获得一定的发展。

15.5 真空热处理工艺

15.5.1 真空热处理炉的加热特点

真空热处理炉的加热有两个主要特点：一是炉子升温速度快，通常空载从室温全功率升至1320℃，所需时间在30min以内；二是工件升温速度慢，工件在真空热处理炉中加热比在盐浴炉、空气炉和其他气氛炉中加热都慢。图15-6是GCr15钢ϕ50×100mm试样在真空、盐浴和空气炉中加热速度的比较试验结果。

从图15-6中可以看出，当试样心部加热到850℃所需要的时间分别是：盐浴炉8min、空气炉35min、真空炉50min。这就是说，在真空热处理炉中的透烧加热时间是盐浴炉的6倍，空气炉的1.5倍。这是因为，在一般的空气热处理炉内通常是处在正压下工作，炉内的热交换既有辐射又有对流，盐浴炉又主要是直接热传导，因此工件升温较快。而真空热处理炉内，气体极为稀薄，工件主要是靠辐射加热，所以工件升温缓慢，尤其是在600℃以下，这种特点更加明显。

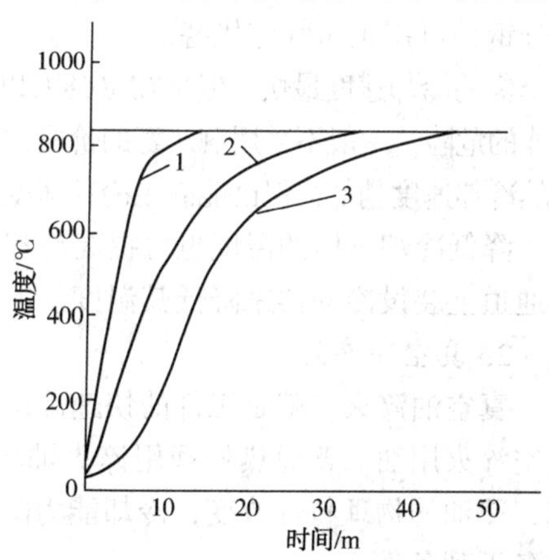

图15-6 钢在不同介质中的加热速度

1—盐浴中加热；2—空气中加热；3—真空中加热

15.5.2 真空退火

真空退火是热处理的最初工序。真空退火目的是：使金属材料获得洁净光亮的表面，省去或减少后序加工工序；使金属材料软化，消除内应力和改变晶粒结构；去除金属材料中吸收的气体，提高材料的机械性能。

真空退火操作过程是首先加热到所需要的温度，在此温度保温一定时间，随后按预定速度冷却。

工件经过真空退火后的表面光亮度与退火温度和采用的真空度有关。在真空度一定的条件下，随着退火温度的提高，工件表面的光亮度也随之提高。因此，在各种金属材料进行真空退火时，为了获得比较理想的表面光亮度，通常在退火温度较低时，采用较高的真空度，退火温度较高时，则可采用稍低的真空度。

15.5.3 真空淬火

真空淬火是在真空状态加热，然后在冷却介质中进行快速冷却使钢硬化的工艺。真空淬火的目的是：为了获得光亮洁净的表面，增加钢的硬度和耐磨性；先淬火然后配合回火，从而可以获得钢的强度、韧性、塑性相配合的综合机械性能。

在真空热处理炉内进行淬火操作的快速冷却方法有惰性气体冷却、油淬、水淬和硝盐等温淬火，其中水淬和硝盐等温淬火应用较少，一船多采用气体淬火和油淬。

1. 真空气体淬火

真空气淬，就是工件的冷却是在气体中进行的。真空气淬与真空油淬相比，气淬设备与操作简单，工件淬火后不用清洗除油，表面光亮度好，热处理变形小，生产成本低。但是气淬时的冷却速度较低，只能用于气淬钢、尺寸较小的高速钢、模具钢的淬火。

近年来又发展了一种正压气淬(高压气淬)技术。真空气淬时，回充气体压力一向是在略低于大气压的减压状态，即 450~700Torr。正压气淬时，气体压力提高到表压 0.7~4 kgf/mm^2,正压气淬提高了冷却速度，扩大了气淬工艺的应用范围，使得原来只能用油淬的部分钢种可用正压气淬代替。

氢的冷却速度最快，但是在 1058℃以上，钢在氢中容易脱碳，同时从安全的角度来看，氢有爆炸的危险，一般不采用氢。氦的价格太贵，影响了它的应用。氩冷却速度最差而且很贵。氮气虽然冷却速度稍低，但已能满足冷却速度的要求，价廉、安全，从而得到广泛的使用。

降低冷却气体的温度也可提高冷却速度。目前大多数气冷真空热处理炉都在冷却气体循环通道上装设冷却器来降低其温度。

2. 真空油淬火

真空油淬火，就是工件的快速冷却是在油中进行的。但不是任何一种淬火油都可以作为真空淬火用油。普通热处理用淬火油蒸汽压较高，在真空条件下要挥发，甚至处于沸腾状态，使油的物理特性改变，冷却能力降低，达不到真空淬火的目的，作为真空淬火用的油应具备下列条件：

(1) 蒸汽压低，不易挥发，要求蒸汽压低于 10^{-4}Torr，以确保真空度在 10^{-2}~10^{-3}Torr 的条件下，真空淬火油不会产生明显的挥发；

(2) 真空油淬火后，零件表面光亮度不低于标准试样的 70%；

(3) 冷却性能好，要求工件在真空淬火油中淬火后，与在常压下淬火相同的硬度值；

(4) 光亮性热稳定性好，即抗老化性能好，使用寿命长；

(5) 冷却能力不受压力(真空度)影响范围大(或淬火压力范围宽)。

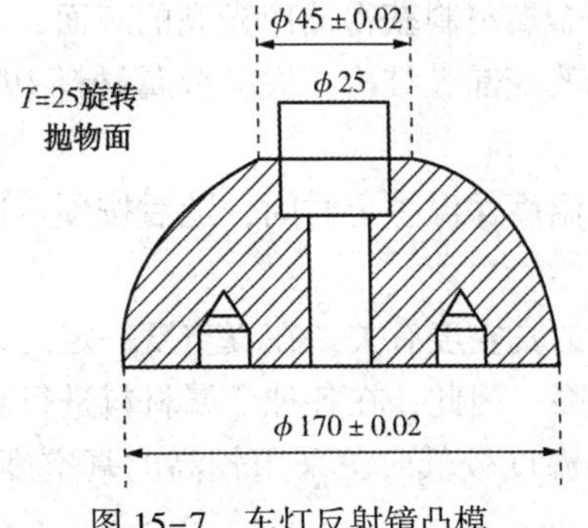

图 15-7 车灯反射镜凸模

真空淬火工艺操作实例：

(1) 汽车车灯反射镜凸模(图 15-7)

材料：Cr12MoV。

技术要求：热处理 60~62HRC 变形愈小愈好。

该厂引进日本加工技术，与外商协作，共同制造汽车反射镜。凸面为抛物面，热处理后无法进行加工，故要求模具变形越小越好。原采用盐浴炉淬火，变形达±

0.3mm，冲件不能达到聚焦反射作用。经真空热处理后变形控制在0.05mm以内，表面光亮，无氧化脱碳，硬度均匀，使用性能良好，其真空热处理工艺如图15-8所示。本凸模在ZC30型双室油淬负压真空炉内处理。

凸模在高压气淬炉内处理，气淬压为$(3\sim4)\times10^5$Pa，其效果更好。

(2) 100目不锈钢网滚模模芯(图15-9)

材料：Cr12MoV

技术要求：热处理58~62HRC。

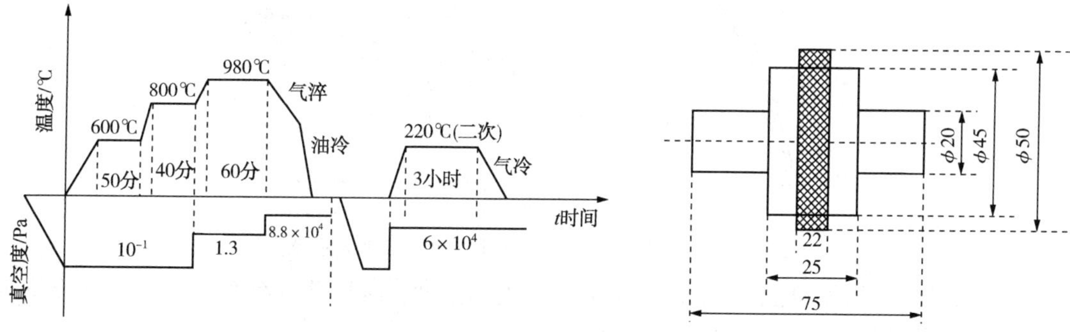

图15-8 车灯凸模真空热处理工艺曲线

图15-9 100目不锈钢网滚模模芯

此件加工六角形不锈钢网用，系出口任务，要求很高。在ϕ50mm处的六角形网眼要用放大镜才能看清楚。该厂原采用盐浴淬火，由于残盐嵌在六角形网眼中，需经放大后才能看见，再用人工方法将残盐从一个个微小的网眼内剔除，既费时又极易损坏模眼而导致报废。故用盐浴处理的模芯废品率很高。采用真空热处理后模芯表面光洁，合格率达100%，寿命也比原来提高，用户非常满意。其热处理工艺如图15-10所示。本模芯在ZC-30型双室负压油淬炉内处理。若在加压气淬炉内处理，气淬压力为$(2\sim3)\times10^5$Pa，其淬火效果更佳。

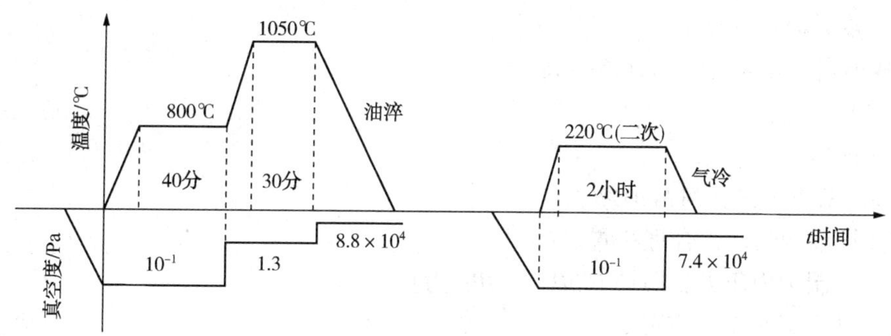

图15-10 不锈钢网滚模模芯

(3) 压铸模

材料：H13。

技术要求：大型复杂模具　　42~44HRC；

中小型优质模具　44~46HRC；

小型模块　　　　48~50HRC。

设备：采用5bar以上高压气淬炉。

工艺：采用分级气淬工艺。

具体工艺曲线示意图如图15-11所示。

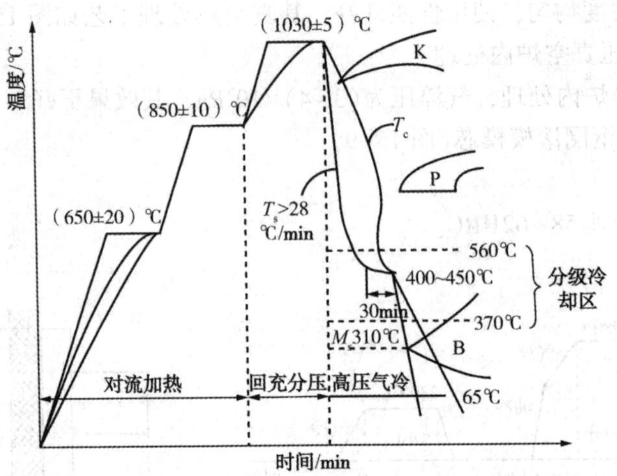

图15-11　H13钢真空高压气淬加热冷却工艺示意图

其中，T_s为表面热电偶温度；T_c为心部热电偶温度，冷炉升温速度220℃/h，对流加热炉压2bar，预热两次，当$T_c=T_s$后再升温。

奥氏体化保温时间：快速升温至1030℃±5℃，当$T_s-T_c<14$℃后，保温30min。

回充高纯氮分压>26.6Pa。

从1030℃到540℃淬火冷速至少28℃/min，在455~400℃间进行分级，当T_s冷至分级温度区后30min继续快冷到65℃出炉。在静止空气中冷到50~30℃进行两次以上回收。

回火至少两次，每次回火后模具冷到室温再进行第二次回火。回火时间按2.4min/mm计算，或心部到温度后再保温2h。回火温度按不同硬度要求，一般为580~600℃左右。

3. 真空淬火的质量效果

(1) 减小真空淬火变形的具体措施

① 加热技术方面

a. 多次预热。

b. 在800℃以下进行对流加热。

c. 提高炉温均匀性，合理布置。

d. 合理控制炉内压力，回填N_2以13.3Pa为宜。

② 冷却技术减少工件变形

a. 尽量采用高压气淬代油淬。

b. 为减少组织压力，先油淬在M_s点以上出炉气冷。

c. 气体分级淬火。

d. 控制油搅拌开动时间。

e. 减少工件在热态下振动。

f. 料盘、工具的变形，会影响工件变形。

g. 厚薄不均匀，锐角处包扎氧化铝棉。

h. 合理装炉。

i. 高压气淬时，冷却气体的喷射方式。

(2) 真空淬火后钢的机械性能

通过表15-13，Cr12MoV在真空淬火加热时，工件脱气、不氧化、不脱碳，因而有较高的机械性能。

表 15-13 Cr12MOV 钢真空淬火、回火与盐浴淬火、回火后机械性能比较

淬火温度/℃	回火温度/℃	R_m/(N/mm²)		F/mm		a_k/(N·m/cm²)		(硬度 HRC)真空淬火		(硬度 HRC)盐浴	
		真空	盐浴	真空	盐浴	真空	盐浴	淬火态	淬回火态	淬火态	淬回火态
950	180	4239	3105	4.3	2.87	12.7	18.4	60.8	61	61.3	60.5
980	180	3756	2814	4	2.4	21.6	14.7	64.7	61.9	65.8	63
1020	240	3851	3048	4.4	2.36	21.6	21.6	65.8	60.8	66.2	60.8
1080	240	3584	2139	4.1	1.76	25.1	14.7	61.9	58.6	65.5	59.7
1120	520(冷)	2501	2755	5.1	3.5	27.5	26.5	55.3	55.6	59.3	60.7

注：真空淬火：800℃预热25min，淬火保温20min。

盐浴淬火：淬火温度为950~1020℃时，400℃预热1h，淬火保温9min；

淬火温度为1080~1120℃时，850℃预热6min，淬火保温3min，600~650℃分级2~3min后空冷。

(3) 真空淬火产品的使用寿命

真空淬火模具寿命一般提高40%~400%。

15.5.4 真空热处理炉

真空热处理炉是实现真空热处理工艺的最重要的设备。真空热处理炉内的气压低于正常气压，炉内气氛相当于一种惰性气体。金属工件在这种气氛即真空状态下处理，能达到无氧化、表面光亮、不增碳、不脱碳、变形小、使用寿命长等效果。

真空热处理炉的用途很广，主要用于合金钢、工具钢、高速钢、模具钢、轴承钢、弹簧钢、不锈钢、耐热合金、精密合金以及磁性材料的真空退火、淬火、回火，也可用于真空渗碳、除气、钎焊和烧结等方面。

真空热处理炉与可控气氛热处理炉、盐浴炉相比，具有提高产品质量、节省能源、使用安全可靠、操作简单便于实现自动化、没有污染、劳动环境好等优点。但是，设备比较复杂，造价较高。

真空热处理炉的种类很多，按真空热处理炉的结构和加热方式基本可以归纳为两大类：

一类是外热式真空热处理炉，也称热壁炉、马弗炉，是真空热处理炉早期发展的炉型，这种炉子的特点是加热与隔热部分即电热元件和隔热层设置在真空罐的外部，金属工件放在真空罐的内部，工件靠间接加热。因此，真空罐内的真空度就不受隔热层和电热元件等放气的影响，而且真空罐内部结构简单。从真空技术角度考虑，这是一种比较理想的真空热处理炉。

另一类是内热式真空热处理炉，也称冷壁炉。这种类型的炉子其加热器和隔热层构成的加热室，全部放置在水冷夹层结构的真空炉壳内。电热元件按工作温度等不同情况可选用合金电热材料，Mo、W、Ta和石墨。隔热材料可选用不锈钢、Pt、W、Ta板、耐火纤维和石墨毡。

内热式真空热处理炉与外热式真空热处理炉相比，构造复杂。但是，其热效率高，生产率高。可以实现快速加热和快速冷却，使用温度高。因此，内热式真空热处理炉得到了迅速发展，成为目前真空退火、真空淬火、真空回火、真空钎焊和真空烧结的主要用炉。

15.6 真空化学热处理

真空渗碳、真空离子渗碳等是国内外发展较为迅速的表面硬化新工艺。真空渗碳是在真空淬火和高温渗碳的基础上发展起来的一种新的渗碳法。

15.6.1 真空渗碳

确切地说就是被渗碳的零件在真空中加热，在负压渗碳气氛中进行渗碳的工艺方法。真空渗碳在 20 世纪 70 年代初期开始应用于工业生产。与传统渗碳方法相比，它具有下列很多优点：

（1）渗碳可在很高温度(> 100℃)下进行，加之炉气碳势很高(可达 1.7%C)，故渗碳速度显著提高，尤其对渗层渗碳(≫2~ 3mm)更为有利。

（2）渗碳层均匀(一般不受工件尺寸与形状的影响)，渗层碳浓度变化平缓，表面光洁，无脱碳危险，无反常组织及晶界氧化物产生，故渗碳质量高；

（3）不需辅助的气体发生装置，可直接通入天然气，因而节省设备并简化操作过程；

（4）启动与停止操作在数分钟内即可完成，生产周期短，效率高；

（5）可以利用电子程序控制系统，通过对渗碳温度与时间两个参数的控制，准确地对渗层厚度与表面碳浓度进行精确的自动控制，同时，炉内碳势也可在很大范围内(0.3%~1.7%)进行调节；

（6）操作条件与工作环境好，无热量散出和污染，且节省能源(比连续式可控气氛渗碳炉可节省能量 40%以上)。

但是，目前还存在若干缺点和问题，例如工件凸起部分仍容易渗碳过量；不能完全避免炭黑的产生(影响设备寿命甚至工件质量)；设备投资大、成本高以及生产不能连续化等，忽待进一步研究解决。

1. 真空渗碳工艺过程

真空渗碳包括两个过程：一是供碳并使金属吸收碳，二是使碳扩散并达到一定的表面深度和浓度。由于真空渗碳通常是在高温下进行的，为了避免金属晶粒的粗大化，在渗碳后淬火加热前还需施行正火，使晶粒细化。图 15-12 是典型的真空渗碳工艺过程曲线。

图 15-12 中过程是：把金属零件装炉后，首先把炉内抽到预定的真空，然后将金属零件加热到渗碳温度(通常是 920~1040℃)并预热一定时间，以使金属零件脱气、净化和均热，这样有利于均匀渗碳，再把渗碳气充入炉内并达到一定的压力对金属零件进行渗碳。渗碳过程结束后，再把炉内抽成真空，使金属零件表面渗碳时过于富集的碳扩散到金属零件内部。扩散达到预定的表面含碳量和渗碳层深度后，即进行气冷，做正火处理，使粗大了的晶粒细化，然后在真空中再加热进行油淬火。

图 15-12 内渗碳和扩散阶段的进行方式基本上有两种：一是在渗碳阶段中保持一定炉压，连续向炉内送入定量的渗碳气，然后进行扩散；二是将渗碳气以脉冲方式送入炉内，在

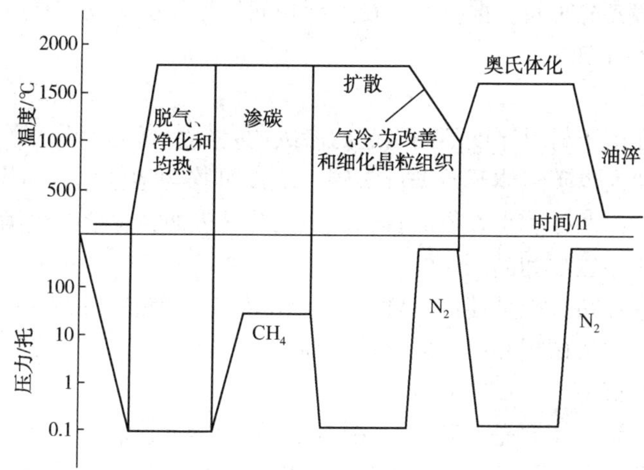

图 15-12　典型真空渗碳工艺过程曲线

每一个脉冲周期内都进行渗碳和扩散，不再另加扩散期。还有人把脉冲方式改为摆动式，即脉冲过程结束后再加一个扩散期。

上述各方式可以得到同样的渗碳效果，但是，脉冲渗碳可以使深处和小直径的盲孔部分得到均匀的渗碳。

2. 真空渗碳工艺参数的控制

从典型真空渗碳工艺过程曲线可以看出：有三个控制参数，即温度、时间和压力。

(1) 渗碳温度

为了缩短渗碳周期，就要加快钢吸收碳和碳原子向内部扩散的速度。钢在渗碳过程中吸收碳的速度和碳原子向内部扩散的速度，随着渗碳温度呈指数关系增加。因此，提高渗碳温度可以明显地缩短渗碳的周期。

钢在高温加热后晶粒的长大，除了与钢本身有关以外，还与加热温度和加热时间有关。真空渗碳虽然采用的温度较高，但是时间较短，因此，不致使钢的晶粒过于长大，基本上与普通渗碳所得到的晶粒度大小相当。

(2) 渗碳时间

真空渗碳时由于用碳氢化合物气体，所以不采用控制气氛碳势的方法调节表面碳浓度。为此，采用控制渗碳和扩散时间来调节真空渗碳的表面含碳量和渗碳层深度。渗碳温度一定，只要控制渗碳时间和扩散时间，就可以精确地控制钢表面的碳浓度和渗碳层深度。

(3) 气氛的控制

真空渗碳时，随着渗碳时间的变化，渗碳在初期和后半期所需要的碳量是不一样的。由于必需的碳量随工件表面面积大小而变化，即使用同一个炉子，渗碳所需气体量也随着时间或装炉量而变化。在实际操作中，为获得稳定的渗碳层深度，而采用富化的渗碳性气体。一般渗碳气氛多采用调节炉压和渗碳气流量的方法来控制。渗碳时炉内的气体压力太低时，由于受装炉量、表面积和其他因素的影响，渗碳不太稳定，通常采用 100~300Torr 的压力较多。

3. 真空渗碳的优点

(1) 渗碳时间短

在真空渗碳加热过程中的除气、净化作用，使渗碳件的表面活化有利于吸收碳。因此，可大大缩短渗碳所需要的时间。据统计，在达到相同的渗碳层深度，真空渗碳时间只有普通气体渗碳时间的 1/2～1/30。

（2）渗碳均匀

真空渗碳不存在由于材料厚度不同引起的渗碳的差异。真空渗碳时，渗碳件被均匀加热到渗碳温度后，才通入渗碳气体开始进行渗碳，所以可均匀地渗碳。由于采用了脉冲渗碳，使得一些形状复杂、深凹处和小直径的盲孔、细长孔的表面，也能获得满意的渗碳效果。

（3）不产生反常渗碳层和晶间腐蚀

由于钢在真空中加热，而且使用不含 CO、CO_2和 H_2O 等混合物气体，所以真空渗碳时，几乎不存在钢表面反常渗碳层和晶界氧化的问题。

（4）工艺重现性好

真空渗碳工艺参数，主要是渗碳时间和扩散时间，容易控制而且准确。同时炉温均匀性好，控温精确。因此，真空渗碳工艺重现性好，即工艺比较稳定，质量可靠。

（5）可进行深层渗碳

通常所采用的气体渗碳、固体渗碳和液体渗碳层深度，一般在 3.5mm 以内。如继续增加渗碳层深度，不仅要费很长的时间而且也很难于实现。真空渗碳则由于渗碳温度高、表面碳浓度高，真空加热使钢表面活化，因此有利于碳原子的吸收和扩散，故可进行深层渗碳，其渗碳层厚度可达 7mm。

15.6.2 真空离子渗碳

在 20 世纪 70 年代中期，在真空渗碳和离子氮化的基础上，又发展了利用直流辉光放电对金属表面进行硬化的一种新的真空化学热处理方法——真空离子渗碳法。真空离子渗碳是将金属零件放在加热炉内在负压气氛中进行加热，同时在零件(阴极)和放电用的阳极之间加上直流高压电(通常在 400～700V)，这时炉内的渗碳气体被电离，产生大量的正离子和电子。在阴极表面附近，由于正离子与电子的复合作用放出大量光量子，从而形成明亮的负辉区。真空离子渗碳是在异常辉光放电状态下进行的，此时所产生的活化碳离子和氢离子利用零件(阴极)表面附近急剧变化的电压降，以极高的速度和很大的能量轰击零件表面，从而产生离子渗碳过程。

金属零件在真空离子渗碳时，是利用渗碳气体的电离和热分解双重作用进行渗碳的，具有渗碳速度快、渗碳层均匀、渗碳效率高及可以控制渗碳层的优点。与真空渗碳相比渗碳速度更快，效率更高，因而大大缩短了渗碳时间。

除前述的真空渗碳和真空离子渗碳外，还发展了诸如真空碳氮共渗、真空离子碳氮共渗、真空渗铬、真空渗硼等真空化学热处理方法，在此不再赘述。

整个真空热处理目前存在的问题：一是设备几乎都是周期式的，因而与可控气氛热处理相比，经济效果以及生产率方面仍相当低；二是冷却介质还不够理想，希望能研制出既具有良好光法度又具有良好冷却性能，而且不易蒸发的淬火介质(油)。可以预见，随着这些问题的解决，真空热处理必将获得进一步的飞跃发展，充分发挥其独特的优越性而广泛用于生产。

课后习题

1. 真空加热特点是什么？为减少合金元素蒸发可采用的有效措施是什么？
2. 常用可控气氛有哪些种类？简述每种气氛的特点和应用。

第 16 章　热处理工艺设计

热处理工艺是整个机器零件和工模具制造工艺的一部分。最佳的热处理工艺方案，应该既能满足设计及使用性能的要求，又具有最高的劳动生产率、最少的工序和最佳的经济效果。为了设计最佳热处理工艺方案，不仅要对各种热处理工艺有深入的了解和熟练地掌握，还要对机械零件的设计、零件的加工工艺过程有充分的了解。本章就热处理工艺设计作简单的介绍。

16.1　热处理工艺与机械零件设计的关系

机械零件(包括工模具)的设计，包括根据零件服役条件选择材料，确定零件的结构、几何尺寸、传动精度及热处理技术要求等。但是，在机械零件设计时，除了考虑使所设计零件能满足服役条件外，还必须考虑通过何种工艺方法才能制造出合乎需要的零件，以及它们的经济效果如何(即该零件的工艺性和经济性)。

机械零件设计与热处理工艺的关系，表现在零件所选用材料和对热处理技术要求是否合理，以及零件结构设计是否便于热处理工艺的实现。

1. 零件加工工艺路线

零件加工工艺路——对原材料到成品零件经过的全部加工工序所安排的程序，包括原材料检验、锻造、铸造、焊接、切削加工、热处理等环节的全部加工工序。

制定零件加工工艺路线，需考虑冷加工、热加工的相互配合，结合实际生产条件，对各工序位置予以合理安排。

2. 热处理类型及在加工路线中的位置

(1) 预备热处理

预备热处理一般安排在毛坯精加工之前。

① 退火和正火：毛坯→退火或正火→机械加工。

目的是消除毛坯中的内应力，细化晶粒，均匀组织；改善切削加工性；或为最终热处理做组织准备。

② 调质处理：下料→锻造→正火或退火→机械粗加工→调质→机械精加工。

主要是提高零件的综合力学性能，或为以后表面淬火和为易变形的精密零件淬火做组织准备。

(2) 最终热处理的工序位置

最终热处理一般安排在半精加工之后、精加工(磨削)之前。

① 整体淬火、回火件的加工路线：

下料→锻造→正火或退火→机械粗加工、半精加工→淬火、低温回火(中温回火)→磨削。

下料→锻造→正火或退火→机械粗加工→调质→半精加工→磨削。

② 表面淬火加工路线：

下料→锻造→预备热处理(正火或退火)→机械粗加工→调质→机械半精加工→表面淬火、低温回火→精加工(磨削)。

(3) 渗碳工序位置

① 整体渗碳的工艺路线一般为：下料→锻造→退火(正火)→粗加工、半精加工→渗碳→淬火、低温回火→磨削。

② 局部渗碳的工艺路线一般为：下料→锻造→退火(正火)→粗加工、半精加工→保护非渗碳部位→渗碳→切除防渗余量→淬火、低温回火→磨削。

(4) 渗氮的工序位置

下料→锻造→预备热处理→机械粗加工→调质→机械精加工→去应力退火→粗磨→渗氮(不需要渗氮部位镀锡保护，渗氮后磨去)→精磨或研磨。

(5) 冷冲磨具的加工路线

下料→锻造→球化退火→机械粗加工、半精加工→淬火、回火→电加工成形→钳修。

(6) 补充热处理

放在最终热处理之后，进一步提高零件的组织稳定性。例如：稳定化处理、冷处理。

16.1.1 合理选择材料并提出技术要求

1. 根据零件服役条件合理选择材料

在进行零件设计时，经常根据材料的性能数据来选择材料，但有时却忽略了零件尺寸对性能的影响，导致实际生产中工件热处理后，机械性能达不到要求。以45钢为例，在完全淬透情况下，其表面硬度可达58HRC以上。但实际淬火时，随着尺寸增大，淬火后硬度降低。在水淬情况下，试棒直径在25mm以下时表面硬度可达58HRC以上。但当直径增大到50mm时，表面硬度下降至41HRC；增大到125mm时，表面硬度仅为24HRC。

对调质状态使用的零件，不仅要求有高的强度，而且要求有高的塑性和韧性。这只有马氏体的高温回火组织(回火索氏体)才能有强度和塑性、韧性的良好配合。对淬透性较差的钢，在试棒尺寸较小时，用普通淬火方法完全淬透情况下能够满足要求，而在尺寸较大时，将得不到全部马氏体。在强度相等条件下，尺寸较大者，塑性、韧性较差，弯曲疲劳强度也较低。

因此，在零件设计时应该注意实际淬火效果，不能仅凭手册上的性能数据，因为手册上的性能数据只是对一定尺寸大小以下的试棒而言的。

对调质处理的工件，除了规定调质后的表面硬度外，还应该根据零件承载情况，对淬硬层深度提出具体要求，并根据淬硬层要求及工件截面尺寸，选择钢材。调质件对淬硬层深度的要求，大致有如下三种情况：

(1) 沿截面承载均匀的零件，要求心部至少有50%马氏体。对重要的零件，例如柴油机连杆及连杆螺栓，甚至要求心部有95%以上的马氏体。

(2) 对某些轴类零件，由于承受的是弯曲、扭转等复合应力的作用，沿截面应力分布是不均匀的，最大应力发生在轴的表层，而轴的中心受力很小。对这类零件心部没有必要得到

100%马氏体，一般只要求自表面的3/4半径或1/2半径处淬硬就行了。但要尽量防止游离铁素体产生。

(3) 对于尺寸较大的碳素钢和低合金钢调质件，当尺寸超过该材料可淬硬范围时，甚至表层也得不到马氏体组织，硬度也不高。对这类工件是否必须调质，应加以考虑。一般以正火加“高温回火”(高温回火目的主要是去应力)为宜。这样工艺简单，变形较少。但是在水中或油中冷却时，沿工件截面上各点的冷速比在空气中冷却时快。故当性能要求较高时，为了避免或减少游离铁素体的析出，采用调质工艺较合适。为了防止淬裂，以油淬为宜。究竟采用什么工艺方案，应该在正确设计计算的基础上，对材料性能提出明确要求，如果由于淬透性不足，根本满足不了设计性能要求，应该改用淬透性较高的材料。

对工、模具，一般均要求完全淬透，除了要考虑其性能指标外，为了保证其热处理效果，还必须考虑所选用材料淬透性是否合乎要求，特别是对尺寸变形要求较高的零件，更应该注意这一问题。

表面硬化处理零件，例如高频淬火、渗碳、渗氮等，如何在表面造成有利的残余压应力，这也和设计是否正确有关。这包括钢的淬透性、心部含碳量、硬化层深度与截面尺寸比等的选择确定。

在前面曾经讨论了表面残余应力与含碳量的关系。图16-1为Cr-Al钢于500℃渗氮96h后(层深0.65mm)因渗氮而引起的残余应力与直径的关系。由图可见，在同样渗氮层深情况下，圆柱体直径较大的残余压应力较大。

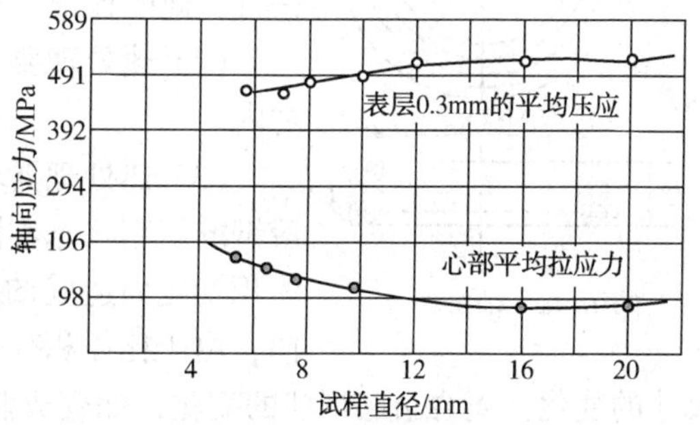

图16-1　渗氮引起的残余应力与直径的关系

图16-2为直径18mm的SAE8617钢920℃渗碳(碳势0.95%C)淬火后(未回火)渗碳层深度与残余应力的关系；图16-3为直径6mm的SAE8640和SAE8620(含碳量较低)钢残余应力的分布规律(920℃渗碳，层深0.13mm)。由图可以看出，渗碳层深者，最大残余压应力移向离表面较深处。心部含碳量较低者，表面残余压应力较大。

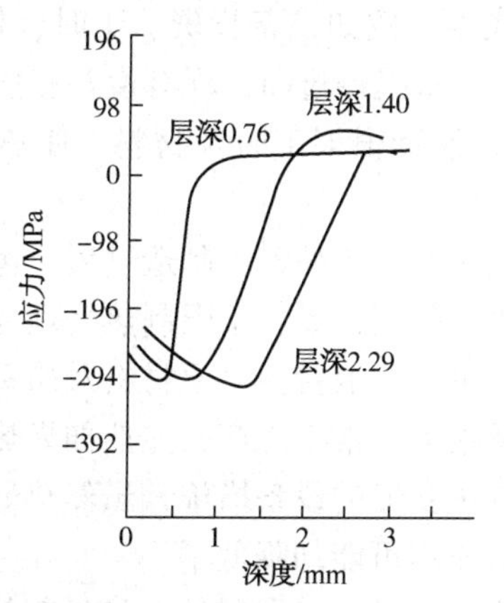

图16-2　渗碳层深度对残余应力的影响

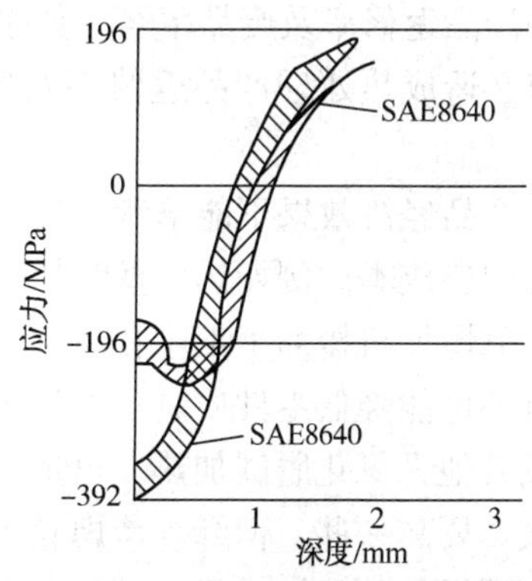

图16-3　渗碳件心部含碳量对残余应力的影响

2. 合理地确定热处理技术条件

合理地确定热处理技术条件是热处理正常生产的重要条件，应注意下列问题：

(1) 根据零件服役条件，恰当地提出性能要求。一种机器零件，根据其服役条件，可能对某些性能有特殊要求，而有些性能则是次要的，甚至是可以不考虑的。在技术要求中应该标明重要的特殊要求。例如有些传动轴，承受弯曲应力和扭转应力的复合作用，最大应力在最外层。因此，对淬火只要求能淬透到零件半径的1/2或1/3即可。又如齿轮类零件，有的齿轮传递功率较大，接触应力也较大，但摩擦磨损不大，则可以采用中碳钢调质加齿部高频加热淬火即能满足要求。又如有些齿轮，传递功率大，耐磨性要求高，几何精度要求高，但冲击小，接触应力也较小，则可采用中碳合金钢渗氮处理。而对传递功率大，接触应力、摩擦磨损大，又有冲击载荷情况下工作的齿轮，应采用低碳合金钢渗碳处理。同样渗碳齿轮，根据工作条件不同，也应该选择不同表面碳浓度、渗层组织和渗层深度。图16-4为锁紧螺母，根据其工作条件只要四个槽口部分淬硬即可，如提出要整体淬硬，当然也可满足使用要求，但给工艺上带来了困难。一般该种锁紧螺母采用45钢，槽口硬度应达到35~45HRC。如整体淬火，必须在全部加工后进行，结果淬火后内螺纹变形，且无法校正。如仅提出槽口淬火及硬度要求，则可以把内螺纹加工放在槽口加工、高频淬火和回火之后进行，此既保证了槽口硬度要求，又保证了螺纹精度。

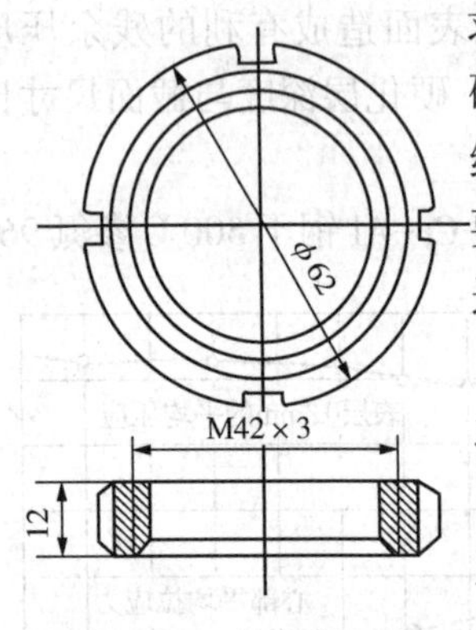

图16-4 锁紧螺母

(2) 热处理要求只能定在所选钢号淬透性和可硬性允许范围之内。

(3) 热处理要求应该允许有一定的热处理变形。由于淬火前后钢的组织状态不同，因而其比体积也不同，必定引起零件因比体积变化而造成的尺寸变化(体积变形)。零件各部分的尺寸不同，由于比体积变化而引起的体积变化量也不同。这不仅会引起尺寸的变化，还会引起形状的变化，如变成椭圆或出现喇叭形等。制定热处理技术要求时，应该根据零件所用钢号、热处理前后的组织状态，估算或通过实验测定其几何尺寸变化规律，限定其变形量。这些变形量通过留加工余量、调整加工尺寸等方法进行修正。

(4) 经济效果。提出零件的热处理技术要求时，必须综合考虑该种零件制造成本、使用寿命等实际经济效果。应该考虑热处理工序本身的成本，例如设备投资、工时、材料消耗、热处理后的产品返修率及废品率等。如果热处理技术要求提得过高，现有设备和技术条件很难达到，势必造成热处理产品返修率及废品率很高，浪费很多工时及材料，使热处理成本提高。

但是，产品经济效果不能单考虑热处理成本，应该考虑产品整个制造过程，包括原材料消耗在内的制造成本。例如热处理时如果不考虑氧化、脱碳，或者不限制热处理变形，这些缺陷如果依靠增加机械加工工序和增加加工余量来解决，将浪费很多原材料及昂贵的冷加工工时，并且还可能降低零件质量。如果该种零件批量很大，常年生产，显然如果热处理采用保护气氛或其他无氧化脱碳加热，再加一些防止和校正变形的设备措施，虽然热处理投资要多一些，成本要高一些，但综合考虑整个零件的制造成本可能却降低了。

一种机器零件的经济效果，还需要考虑其使用成本。某种机器零件，虽然其使用性能对热处理要求较高，但是该种零件在机器中拆换很方便，失效也不会造成机器设备破损事故，而且一台机器中该种零件的需用量还很大。在这种情况下，从使用成本考虑，希望该零件制造成本低，售价便宜。因此，热处理技术条件不宜过高。但对有些机器零件，其质量好坏，直接影响整台机器的使用期（例如大修期）的长短，一旦失效，将造成机器损坏事故。例如高速柴油机曲轴、连杆等。对这类机器零件如果能把使用寿命提高一倍，其经济效果将远高于该种零件售价的两倍。显然，如果能从提高热处理技术要求而使寿命提高一倍，即使其制造成本提高一倍，但综合考虑制造，使用经济效果果还是良好的。

因此，从综合考虑经济效果出发，应该有一最佳热处理技术要求或最佳质量检查标准。

3. 选材的一般原则

（1）材料的机械性能

在设计零件并进行选材时，应根据零件的工作条件和损坏形式找出所选材料主要机械性能指标，查手册找出适合其性能要求的材料，这是保证零件经久耐用的先决条件。

如：一些轴类零件，工作条件（受力情况）是交变弯曲应力、扭转应力、冲击负荷、磨损。主要损坏形式是疲劳破损、过度磨损，要求的主要机械性能指标是屈服强度 $\sigma_{0.2}$，疲劳强度 σ_{-1}，硬度（HRC）。

因此，这些机械性能指标经常成为材料选用的主要依据。而且同时还应考虑到短时过载材料内部缺陷等因素的影响。

在工程设计上，材料的机械性能数据一般是以该材料制成的试样进行机械性能试验测得的，它虽能表明材料性能的高低，但由于试验条件与机械零件实际工作条件有差异，即使这样，目前用此法来进行生产检验还是存在着一定的困难。生产中最常用的比较方便的检验性能的方法是检验硬度，因为硬度的检验可以不破坏零件，而且硬度与其他机械性能之间存在一定关系。根据试验结果，可获得粗略的换算公式如下：

① σ_b与 HB 关系：

低碳钢：$\sigma_b = 3.6HB$；

高碳钢：$\sigma_b = 3.4HB$；

合金调压钢：$\sigma_b = 0.33HB$；

铸铁：$\sigma_b = \dfrac{HB - 40}{6}$。

② $\sigma_{0.2}$与 σ_b关系：

普通碳素钢：$\sigma_{0.2} \approx (0.5 \sim 0.55)\ \delta_b$；

优质碳素钢：$\sigma_{0.2} \approx 0.6\delta_b$；

普通低合金钢：$\sigma_{0.2} \approx (0.65 \sim 0.75)\ \delta_b$；

合金结构钢 ：$\sigma_{0.2} \approx 0.7\delta_b$。

③ σ_{-1}与 σ_b关系

钢（HRC<40=）：　$\sigma_{-1} \approx (0.49 \pm 0.13)\ \delta_b$；

铸铁：　$\sigma_{-1} \approx (0.3 \sim 0.5)\ \delta_b$；

有色金属：　$\sigma_{-1} \approx (0.3 \sim 0.4)\ \delta_b$。

（2）材料的工艺性能

现代工业所有的机器设备，大部分是由金属零件装配而成的，所以金属零件的加工是制造机器的重要步骤。

用金属材料制造零件的基本加工方法，通常有下列四种：铸造、压力加工、焊接和机械加工。热处理是作为改善机械加工性和使零件得到所要求的性能而安排在有关工序之间。

材料工艺性能的好坏对零件加工生产有直接的影响。几种重要的工艺性能如下：

铸造性能：包括流动性、收缩、偏析、吸气性等。

锻造性能：包括可锻性(塑性与变形抗力的综合)、抗氧化性、冷镦性、锻后冷却要求等。

机械加工性：包括光洁度、切削加工性等。

焊接性能：包括形成冷裂或热裂的倾向、形成气孔的倾向等。

热处理工艺性：包括淬透性、变形开裂倾向、过热敏感性、回火脆性倾向、氧化脱碳倾向。

机器上的钢制零件一般要经过锻造、切削加工和热处理等几种加工，因此在选材时要对材料的工艺性能加以注意。小批量生产工艺性能好坏，不突出，对大批量生产时，工艺性能则可以成为决定性的因素。比如 24SiMnWV 比 20CrMnTi 钢机械性能好得多，只因为其正火后硬度较高，切削加工性差，不能适于大批量生产的要求，不能采用。此外，在设计零件时，也要注意热处理工艺，如其结构形状复杂，应选用淬透性较好的钢材料，如油淬钢，它的变形较小。

一般说来，碳钢的锻造、切削加工等工艺性能较好，其机械性能可以满足一般零件工作条件的要求，因此碳钢的用途较广，但它的强度还不够高，淬透性较差。所以，制造大截面、形状复杂和高强度的淬火零件，常选用合金钢，因为合金钢淬透性好，强度高。可是合金钢的锻造、切削加工等工艺性能较差。

(3) 材料的经济性

在满足使用性能的前提下，选用零件材料时还应注意降低零件的总成本、(零件的总成本包括材料本身的价格和与生产有关的其他一切费用)。

在金属材料中，碳钢和铸铸铁的价格是比较低廉的，因此在满足零件机械性能的前提下选用碳钢和铸铁(尤其是球墨铸铁)，不仅具有较好的加工工艺性能，而且可降低成本。低合金钢由于强度比碳钢高，总的经济效益比较显著，有扩大使用的趋势。此外，所选钢铁中应尽量少而集中，以便采购和管理。

总之，作为一个设计人员，选材时必须从实际出发，全局考虑机械性能、工艺性和经济性等方面问题。

16.1.2 零件结构设计与热处理工艺性的关系

零件结构设计，直接影响热处理工艺的实现。如果结构设计不合理，有可能使要求淬硬的工作表面不能淬火或产生热处理变形、开裂等。因此要求设计者在进行零件结构设计时，充分注意结构的热处理工艺性。从热处理工艺性考虑，在进行零件结构设计时，应注意下列几点：

1. 在零件热处理加热和冷却时要便于装卡、吊挂

热处理加热和冷却时，装卡、吊挂是否合适，不仅影响热处理变形、开裂，而且还影响热处理后的性能。例如没有合适的装卡部位，而在热处理时直接在工件表面装夹具，则在淬火冷却时在这些部位会产生淬火软点，影响使用性能。因此，有时为了热处理的装卡、吊挂的需要，在不影响工件使用性能条件下，在工件上应开一些工艺孔。

2. 有利于热处理时均匀加热和冷却

热处理时若能均匀加热和冷却，在工件内部得到均匀的组织和性能，则可避免变形和开裂的发生。为此，零件形状应该尽可能简单，截面厚薄均匀，尽可能把盲孔变为通孔，特别是作为工作表面的内孔，要求有一定硬度的，必须是通孔。一般原则如图 16-5 所示。

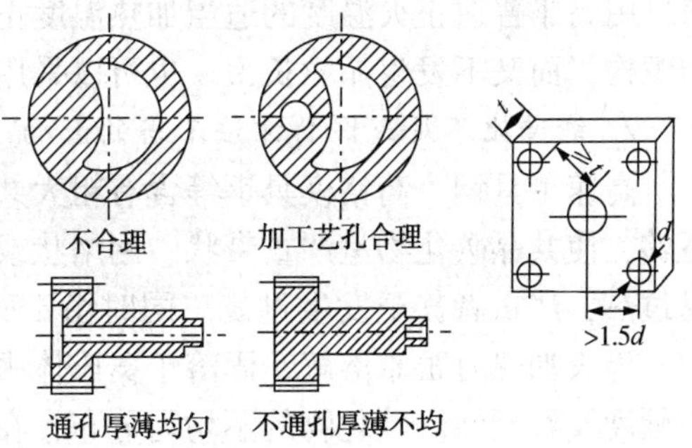

图 16-5 有利于均匀加热和冷却的典型结构

3. 避免尖角、棱角

零件的尖角和棱角部分是淬火应力集中的地方。往往成为淬火裂纹的起点；在高频加热表面淬火时，这些地方极易过热；在渗碳、渗氮时，棱角部分容易浓度过高，产生脆性。因此，在零件结构设计时应避免尖角、棱角，一般原则如图 16-6 所示。

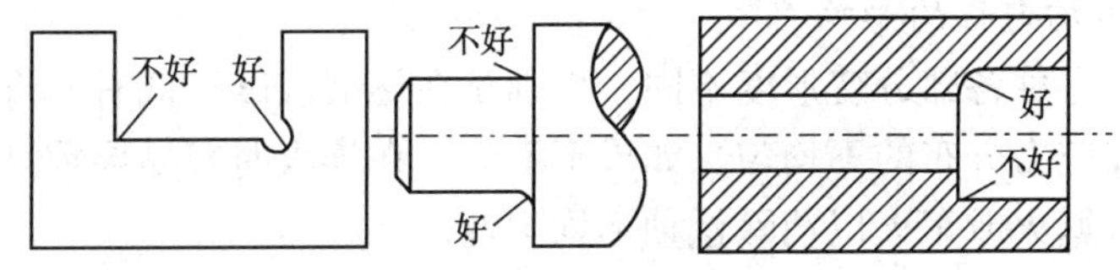

图 16-6 避免尖角、棱角的零件结构

4. 采用封闭、对称结构

零件形状为开口的或不对称结构时，淬火时淬火应力分布不均，易引起变形。为了减少变形，应尽可能采用封闭对称结构。

5. 采用结合结构或镶拼结构

对形状复杂或截面尺寸变化较大的零件，尽可能采用组合结构或镶拼结构。

16.2 热处理工艺与其他加工工艺的关系

机器零件的生产往往要经过毛坯制造、切削加工、热处理等工艺来完成。热处理工序的安排，有的是为了便于成形加工，有的是为了消除其他加工工序的缺陷，例如锻造缺陷等，有的则为了提高机器使用性能。因此，热处理工序按照目的可以安排在其他加工工艺之前、中间或末尾。热处理工艺好坏，可以影响到其他加工工艺的质量，而其他加工工艺也可以影响到热处理质量，甚至造成热处理废品。热处理工序与其他加工工序先后次序的安排是否合理，也直接影响零件加工及热处理质量。

16.2.1 锻造工艺对热处理质量的影响

1. 锻造加热的影响

锻造加热温度一般都高达 1150~1200℃，锻造后往往带有过热缺陷。这种过热缺陷由于晶内组织结构作用，用一般正火的方法很难消除，因而在最终热处理时往往出现淬火组织晶粒粗大、冲击韧性降低。化学热处理时，例如渗碳或高温碳氮共渗，淬火后渗层中出现粗大马氏体针等缺陷。

防止这种缺陷的产生，应该以严格限制锻造加热温度为主。一旦产生这种缺陷以后，应该采用高于普遍正火温度的适当加热温度正火，使在这温度下发生奥氏体再结晶，破坏其晶内织构，而又不发生晶粒长大。也可以采用多次加热正火来消除。

2. 锻造比不足或锻打方法不当的影响

高速工具钢、高铬模具钢等含有粗大共晶碳化物，由于锻造比不足或交叉反复锻打次数不够，使共晶碳化物呈严重带状、网络状或大块状存在。在碳化物集中处，热处理加热时容易过热，严重者甚至发生过烧。同时由于碳化物形成元素集中于碳化物中，而且碳化物粗大，淬火加热时很难溶解，固溶于奥氏体中的碳和合金元素量降低，从而降低了淬火回火后的硬度及红硬性。碳化物的不均匀分布，在淬火时容易产生应力集中，导致淬火裂纹，并降低钢材热处理后的强度和韧性。

共晶碳化物的不均匀分布，不能用热处理方法消除，只能用锻打的办法来消除。在亚共析钢中出现带状组织，若渗碳，则使渗碳层不均匀；若进行普通淬火，容易产生变形，且硬度不均匀。消除带状组织的办法是高温正火或扩散退火。

3. 锻造变形不均匀性的影响

锻造成形时，零件各部分变形度不同，特别是在终锻温度较低时，将在同一零件内部造成组织不均匀性和应力分布的不均匀，如果不消除，在淬火时容易导致淬火变形和开裂。一般在淬火前应进行退火或正火以消除这种不均匀性。

16.2.2 切削加工与热处理的关系

热处理可以改善材料的切削加工性能，以提高加工后的表面光洁度，提高刀具寿命。一般应有一定硬度范围，使材料具有一定“脆性”，易于断屑，而又不致使刀具严重磨损。一般结构钢热处理后硬度为 187~220HB 的切削性能最好。

切削加工对热处理质量也有重要影响。切削加工进刀量大引起工件产生切削应力，热处理后产生变形。切削加工粗糙度差，特别是有较深尖锐的刀痕时，常在这些地方产生淬火裂纹。表面硬化处理(表面淬火或渗碳等)后的零件，在磨削加工时，若进刀量过大会产生磨削裂纹。

为了消除因切削应力而造成的变形，在淬火之前应附加一次或数次消除应力处理，同时对切削刀痕应严加控制。

材料的切削加工性的好坏，经常用材料被切削的难易程度、材料被切削后的表面光洁度以及刀具寿命等几方面情况来衡量。

实践证明，在切削加工时，为了不致发生“黏刀”现象和使刀具严重磨损，通过金相组织控制钢的硬度范围是必要的，为了使钢具有良好的切削加工性，一般希望硬度控制在 170~230HB，进行调质处理的中碳钢为了改善表面粗糙度可将硬度提高到≥250HB，但切削加工过程中，将使普通刀具受到严重磨损。

含碳量在 0.25%以下时，钢的切削加工必随碳量增加而改善，含碳量过低时，退火钢吸附大量柔软的铁素体，钢的延展性非常好，切屑易黏着刀刃而形成刀瘤，而且切屑是撕裂断裂，以致表面粗糙度变差，刀具的寿命也受到影响，因此含碳量过低的钢不宜在退火状态切削加工。随着含碳量增加，退火钢中铁素体量减少而珠光体量增多，钢的延展性降低而硬度和强度增加，从而使钢的切削加工性有所改善。生产上含碳量≤0.25%的低碳钢大多在热轧或高温正火状态或冷拔塑性变形状态进行切削加工。含碳并超过 0.6%时属于高碳钢范围，它们大多通过球化退火获得合格的球化组织，使硬度适当降低之后再进行切削加工。含碳量在0.25%~0.6%之间的中碳钢，为了获得较好的表面粗糙度，经常采取正火处理获得较多的细片状珠光体，使硬度适当提高些。对含碳量在0.5%以上的中碳钢宜采取一般退火或淬火加高温回火的调质处理，以获得比正火处理略低的硬度，易切削加工。

16.2.3 工艺路线对热处理的影响

零件加工工艺路线安排得是否合理，也直接影响热处理的质量。图16-7为汽车上的拉条。原设计要求T8A钢，淬火后硬度为58~62HRC，不平行度为0.15mm，淬火部位如图所示。原采取全部加工成形，然后淬火、回火，结果淬火后开口处张开。后改用先加工成如图轮廓线所示封闭结构，然后淬火、回火，再用砂轮片切割成形，减少了变形。

再如图16-8齿轮，靠近齿根有6个ϕ35mm孔，原采取加工成形后高频淬火，结果发现高频淬火后靠近ϕ35孔处的节圆下凹。把6个孔安排在高频淬火以后进行加工，避免了这一现象。

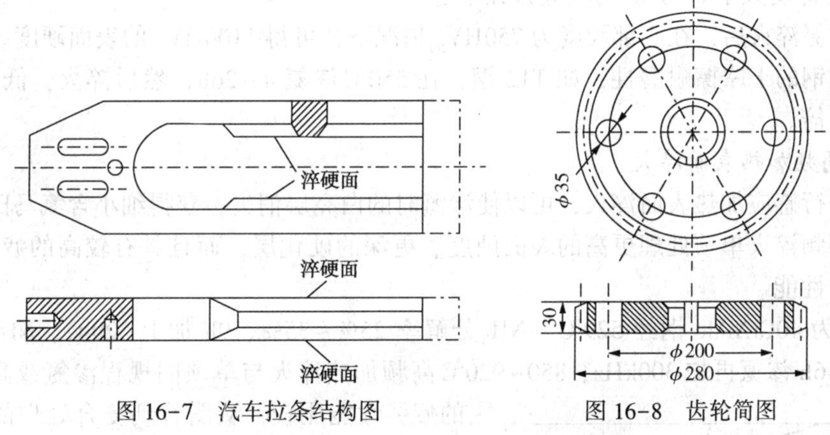

图16-7 汽车拉条结构图　　图16-8 齿轮简图

16.3 加工工艺之间的组合与复合热处理

为了提高加工零件的质量，降低其制造成本，有时还可以把两种或几种加工工艺组合在一起，构成复合的加工工艺。如最古老的锻后余热淬火，利用锻造以后工件温度还处于高于A_r点状态下进行淬火，使锻造和淬火结合在一起，如钳工用的凿子、手用工具等的古老工艺就是如此。在第12章介绍的形变热处理工艺，就是将相变强化与形变强化结合起来的新工艺，不仅可以缩短工艺流程，节省能源，还提高了机器零件的使用性能。

其他如锻造与淬火工艺的结合，锻造与化学热处理的结合等，都是根据特定条件所发展起来的组合工艺。

为了充分发挥不同化学热处理方法所获得渗层的特点，以及各种热处理方法所能达到的优良性能，发展了对工件施加两种以上的化学热处理，或者化学热处理与其他热处理工艺结合的新工艺，称为复合热处理。至今出现的复合热处理方法很多，这里仅介绍其中几种。

1. 渗氮整体淬火

高碳钢工件，在渗氮后再加以整体(淬透)淬火，可以获得高硬度、高疲劳极限、高耐磨性及良好的抗腐蚀性能，首先在轴承钢上得到了应用。应用这种处理方法，可以在整体淬火情况下，在表面获得残余压应力。例如 GCr15 轴承零件进行渗氮淬火，可在 0.1mm 左右深度范围内获得高达约 294MPa 的压应力，使轴承寿命提高 2~3 倍。

渗氮与淬火相结合的工艺，一般要有两种方式：

(1) 先在 500~700℃温度范围内渗氮，然后在中性介质或吸热性气氛中加热淬火、冷处理、低温回火；

(2) 在含有活性氮原子的气氛中加热，同时渗氮然后淬火冷却、冷处理、低温回火。

由于高碳钢表面渗氮，使表层(渗层)的马氏体点降低。因而当淬火冷却时，先在心部发生马氏体转变，然后在表面才发生马氏体转变，在表面造成了残余压应力。

采用 525℃、NH_3分解率 15%~25%、5h+565℃、NH_3分解率 83%~86%、5h 的双程渗氮，在成分为 40%H_2、20%CO、40%N_2的保护气氛中淬火加热，淬油、冷处理、160℃回火 1h 的工艺可得深度大于 0.5mm 的压应力分布。

轴承钢渗氮淬火后，在心部硬度为 750HV_{50}情况下，可得 1100HV_{50}的表面硬度。渗氮淬火可提高高碳钢的干摩擦耐磨性，如 T12 钢，在 550℃渗氮 4~26h，然后淬火，低温回火，耐磨性提高 2 倍。

2. 渗氮高频加热表面淬火

渗氮后进行感应加热表面淬火，可以使渗氮时的白亮层消失，获得细小含氮马氏体，得到比渗氮或高频淬火单项处理更高的表面硬度、更深的硬化层，而且具有较高的疲劳强度、耐磨蚀等综合性能。

图 16-9 为 40CrNiMo 钢经 529℃、NH_3分解率 25%~35%、9h 加上 529℃、NH_3分解率 65%~75%、46h 渗氮再加 300kHz、850~920℃高频加热淬火与单项同规程渗氮或高频淬火的疲劳性能比较，从图看到复合处理的疲劳强度低于单一渗氮而高于单一高频淬火。测量三种工艺的表面硬度为：渗氮 49HRC、高频淬火 65HRC、渗氮+高频淬火为 68HRC。可见当同时要求疲劳强度及较高的表面硬度时渗氮+高频淬火的复合热处理为最好。

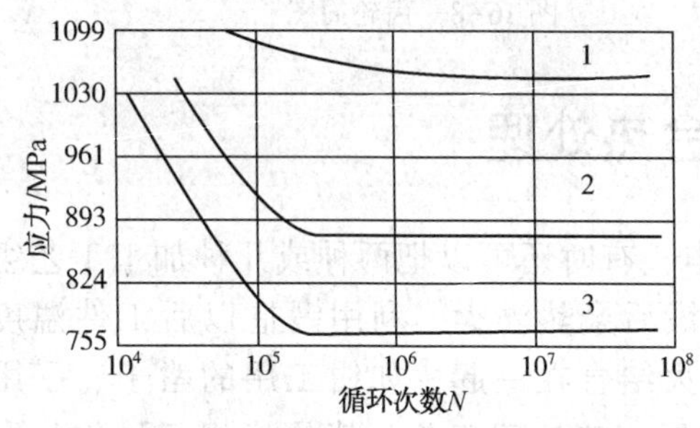

图 16-9　40CrNiMo 钢不同处理后的疲劳性能
1—渗氮；2—渗氮+高频淬火；3—高频淬火

3. 渗碳加高频淬火

对齿轮应用这种工艺可以得到沿齿廓分布的硬化层，变形也比渗碳淬火的小。渗碳后的齿轮，高频淬火时应采用透热淬火，其齿根渗碳层的温度也应达到淬火温度。淬火加热温度不宜过高，各部分温差不应过大，感应加热后宜用较缓和的冷却介质，以防淬火裂纹。

为了进一步提高渗碳件的耐磨性，可以采用渗碳淬火再加低温渗硫相结合的工艺。低温渗硫的温度为 180℃左右，恰好是渗碳淬火后低温回火的温度。因而不影响渗碳件其他的机械性能，而渗碳层表面形成了一层 FeS 层，使摩擦系数减小，提高渗碳表面的耐磨性。

16.4 热处理工艺设计的步骤和方法

1. 热处理工艺制定原则

(1) 工艺先进性。充分注意采用可靠的热处理新工艺、新技术；选用稳定、优质高效地完成热处理任务，且能耗低、无污染的设备和材料。

(2) 工艺的合理性。热处理工艺制定已经最大限度避免产生热处理缺陷，工艺方法选择要恰当，参数要合理，热处理辅助工序设置、安排及工艺流程要合理。

(3) 工艺的可行性。根据企业的热处理条件、人员结构素质、管理水平制定的热处理工艺才能保证在生产中正常运行。

(4) 经济性的工艺应充分利用企业现有条件，力求流程简单、操作方便，以最少的消耗获取最佳的工艺效果。

(5) 工艺的可检查性现代质量管理要求。热处理属特种工艺范畴，工艺过程的主要工艺参数必须记录，一旦发生质量问题，可以追根溯源。要求工艺参数的选用依据相关技术标准经过试验鉴定，可供检查。

(6) 工艺的安全性。工艺要有充分的安全可靠性，遵守安全规则，不成熟的工艺要经试验鉴定后方可编入。

(7) 工艺的标准化。标准化是工艺质量的保证，工艺编制时的书写格式、所用术语、基础标准的引用、计量单位及检验都应执行有关技术标准。

2. 热处理工艺制定依据

(1) 产品零件图及技术要求

产品零件图应标明对工件的热处理技术要求。

普通热处理件：标明材料牌号、热处理后硬度等性能要求。

化学热处理件：标明化学热处理部位及尺寸、渗层深度、表面与心部硬度、组织要求及相关标准。

热处理后有特殊要求的零件，应标明检验类型及相关标准。

(2) 零件毛坯图及技术要求

零件毛坯图应标明材料、热处理要求、毛坯热处理后达到的性能指标及硬度检测部位、方法。

毛坯热处理车间据此安排、编制热处理工艺。

(3) 技术标准

技术标准分为上级标准(国家、军用、行业)和企业标准(编制热处理工艺的主要依据)。

(4) 车间的实际生产条件

热处理工艺编制应根据企业实际生产条件进行编制。

包括：热处理车间的设备类型、性能及数量、车间技术管理水平、相关人员的结构和素质等；车间用水、电、气、工艺材料等供应情况；车间照明、通风、取暖及起重运输条件等。

设计者应根据零件的工作特性，提出热处理技术条件。

热处理零件一般在图纸上都以硬度作为热处理技术条件，对于渗碳的零件则还应标注渗碳深度。某些要求性能较高的零件则还需标注其他机械性能指标。

此外，在标注硬度的同时要写出相应的热处理工艺名称，如调质、淬火回火、高频淬火等，在标注硬度范围时，其波动范围为±5HRC。

采用不同热处理方法时，图纸上的标注方法不同。

对于整体热处理时，热处理技术条件大多标注在零件图纸的上方，如图 16-10 所示。

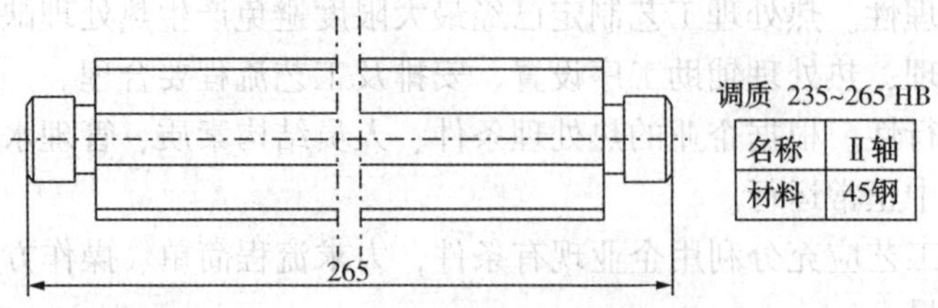

图 16-10 钢轴零件图标注

对于局部热处理的，热处理技术条件直接标注在需要局部热处理的部位，并用细实线标明处理位置，当然对于渗碳零件，还应标注渗碳层深度。如图 16-11 所示。

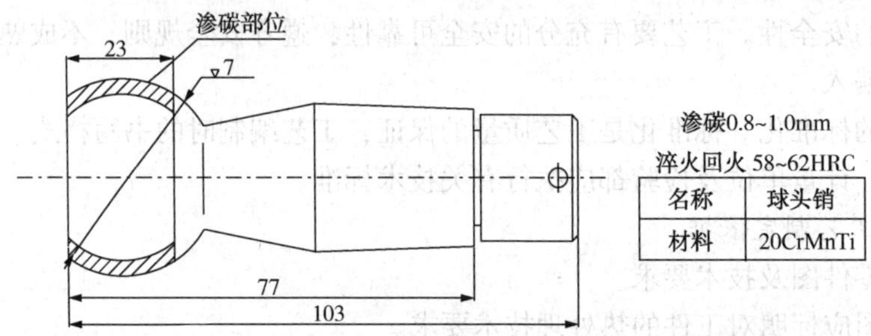

图16-11 钢摇杆零件图标注

如前所述，最佳的热处理工艺方案应首先能保证达到零件使用性能所提出的热处理技术要求，在此基础上还要求质量稳定可靠、工序简单、操作容易、管理方便、生产效率高、原材料消耗少、生产成本低廉等。对一种热处理工艺方案来说，要想完全达到这几方面的要求是非常困难的，而且这几方面的要求有时也是相对的。对一种零件来说，要达到相同的技术条件，可以由不同的热处理工艺方案达到。应该综合分析各项要求，选择最佳的热处理工艺方案。

一般的步骤是：根据零件使用性能及技术要求，提出几种可能的热处理工艺方案，从性能要求、工艺的繁简及质量可靠性等方面分析比较，再结合生产批量的大小、现有设备条件及国内外热处理技术发展趋势，进行综合技术经济分析，最后确定最佳热处理工艺方案。

对所确定的热处理方案，首先进行实验室试验，初步检验选择材料及热处理方案是否可行，考察是否能达到所需机械性能指标以及其他冷热加工工艺性能如何等；其次，在实验室试验取得满意结果基础上，进行必要的台架试验或装车试验，以考核使用性能；第三，进行小批生产试验，以考核生产条件下的各种工艺性能及质量稳定性，并进一步进行使用考核，最后生产应用。下面举例讨论。

16.5 典型零件选材及热处理工艺分析

16.5.1 齿轮热处理实例

齿轮类零件的选材：齿轮材料一般选用低、中碳钢或其合金钢，经表面强化处理后，表面强度和硬度高，心部韧性好，工艺性能好，经济上也较合理。

工作条件：用于传递动力、改变方向或速度的重要零件，受力情况复杂。

常见失效形式为由表面硬度不足引起的齿轮接触面或齿面塑性变形，以及疲劳破坏、点蚀引起的齿轮面剥落、强度低或超载引起的断齿。因此齿轮要有很高的硬度、接触疲劳、耐磨损性能，齿轮根部及齿轮具有很高的强度和韧性。

齿轮一般用低、中碳钢。例如：

轻载齿轮：45，调质或正火。

中载齿轮：45、45Cr，调质，耐磨部位表面淬火。

重载齿轮：20Cr、20CrMnTi，渗碳淬火。

高精度齿轮：38CrMoAlA，调质渗氮。

1. 机床齿轮(中载)

机床变速箱齿轮担负传递动力、改变运动速度和方向的任务。工作条件较好，转速中等，载荷不大，工作平稳无强烈冲击。因此，一般可选中碳钢(45 钢)制造，为了提高淬透性，也可选用中碳合金钢(40Cr 钢)。

工艺路线为：下料→锻造→正火→粗加工→调质→精加工→轮齿高频淬火及回火→精磨。

其中，正火细化晶粒，调整硬度；调质使心部具有良好强韧性；高频淬火提高表面硬度，淬火后表面获得马氏体和残余奥氏体，过渡层获得马氏体、铁素体和残余奥氏体，心部获得回火索氏体；回火消除淬火应力。

冲击载荷小的低速齿轮也可采用 HT250、HT350、QT500-5、QT600-2 等铸铁制造。机床齿轮除选用金属齿轮外，有的还可改用塑料齿轮，如用聚甲醛(或单体浇铸尼龙)齿轮，工作时传动平稳，噪声减少，长期使用无损坏，且磨损很小。

2. 汽车齿轮（高速重载）

汽车齿轮主要分装在变速箱和差速器中。汽车齿轮受力较大，受冲击频繁，其耐磨性、疲劳强度、心部强度以及冲击韧性等，均要求比机床齿轮高。一般用合金渗碳钢 20Cr 或 20CrMnTi 制造。

渗碳齿轮的工艺路线为：下料→锻造→正火→切削加工→渗碳、淬火及低温回火→喷丸→磨削加工。

其中，正火细化晶粒，调整硬度，便于切削加工；渗碳能提高表面含碳量；渗碳后淬火获得马氏体，提高表面硬度；表面：高碳 M+Ar+碳化物，过渡层：M+Ar，心部：低碳 M+F(少量)；回火消除淬火应力。

渗碳齿轮热处理后应达到如下要求：

(1) 表面层硬度 58~63HRC，心部硬度 31~45HRC；

(2) 表面层和心部应具有细晶粒组织；

(3) 表面层的金相组织应是细针状或隐晶状马氏体组织，沿晶界不允许有网状碳化物，仅允许少量粒状碳化物和残余奥氏体存在；

(4) 表层和心部之间应有足够过渡区；

(5) 热处理后心部金相组织：对合金钢而言，低碳马氏体(一次淬火得到)或低碳马氏体+铁素体(二次淬火得到，重要齿轮不允许有铁素体)；对碳钢而言，珠光体+铁素体；

(6) 脱碳和变形情况应尽量减至最小程度；

(7) 心部除要求高韧性外，还必须有高强度。

16.5.2　以轴类零件为例：

1. 轴的工作条件、失效方式及对性能的要求

轴主要是起支承传动零件并传递扭矩作用，工作条件：①承受高变扭转载荷，高变弯曲载荷或拉、压载荷；②局部(轴颈、花键等)承受摩擦和磨损；③特殊条件下受温度或介质作用。

轴的主要失效方式是：疲劳断裂和转颈处磨损，有时也发生冲击过载断裂，个别情况下发生塑性变形或腐蚀失效。

性能要求：①高的疲劳强度，防止疲劳断裂；②优良的综合机械性能，即较高的屈服强度、抗拉强度，较高的韧性，防止塑性变形及过载或冲击载荷下的扭转和折断；③局部承受摩擦的部位具有高硬度和耐磨性，防止磨损；④在特殊条件下工作的材料应具有特殊性能，如蠕变抗力，耐腐蚀性等。

2. 轴的选材及热处理

轴类零件材料及选材方法：

材料：经锻造或轧制的低、中碳钢或合金钢制造(兼顾强度和韧性，同时考虑疲劳抗力)；一般轴类零件使用碳钢(便宜，有一定综合机械性能、对应力集中敏感性较小)，如35、40、45、50 钢，经正火、调质或表面淬火热处理改善性能；载荷较大并要限制轴的外形、尺寸和重量，或轴颈的耐磨性等要求高时采用合金钢，如 20Cr、40Cr、40CrNi、20CrMnTi、40MnB 等；采用球墨铸铁和高强度灰铸铁作为曲轴的材料。

选材原则：根据载荷大小、类型等决定，主要受扭转、弯曲的轴，可不用淬透性高的钢种；受轴向载荷轴，因心部受力较大，应具有较高淬透性。

机床主轴承受中等扭转-弯曲复合载荷，转速中等并承受一定的冲击载荷。大多选用 45 钢制造，经调质处理后轴颈处再进行表面淬火，载荷较大时可选用 40Cr 钢制造。

工艺路线：下料→锻造→正火→粗加工→调质→精加工→局部表面淬火+低温回火→精磨→成品。

正火处理可细化组织，调整硬度，改善切削加工性；调质处理可获得高的综合机械性能和疲劳强度；局部表面淬火及低温回火可获得局部高硬度和耐磨性。

对于某些机床主轴如铁床主轴，也可用球墨铸铁代替 45 钢来制造。对于要求高精度、高尺寸、高稳定性及耐磨性主轴的镗床主轴，往往用 38CrMoAlA 钢制造，经调质处理后再进行氮化处理。

轴类零件需用的材料有普通碳素钢、优质碳素钢、合金结构钢和球墨铸铁等。

碳素钢通常是用含碳量0.35%~0.50%的中碳钢，常用的是35、40和45号钢，不重要的或受力小的轴也可用A_3、A_4和A_5钢，对于高转速、重负荷，要求耐磨，耐冲击及耐疲劳的轴，应选用40Cr、45Mn或35SiMn、38CrMoAlA等合金钢，这类钢经适当的热处理可以改善其机械性能，承受能力高及耐磨性强，高强度的球墨铸铁可以用来制造压缩机曲轴和水泵轴等。

轻载主轴：45，调质或正火。

中载主轴：45，40Cr，调质，耐磨部位表面淬火。

重载主轴：20CrMnTi，渗碳淬火。

高精度主轴：38CrMoAlA，渗氮。

16.5.3 滚动轴承的热处理

滚动轴承的工作条件为高载荷、交变应力，在高转速下有一定冲击。一般会造成接触疲劳破坏、塑性变形。因此需要有高的硬度和耐磨性、高的接触疲劳强度、足够的韧性和耐蚀性以及尺寸稳定性。

工艺路线：锻造→正火→球化退火→机加工→淬火+冷处理(-60~80℃；1h)→低温回火→磨削加工→稳定化处理(120~150℃；5~10h)

(1)预备热处理：

正火：消除网状碳化物，细化晶粒。

球化退火：降低硬度，提高韧性，为淬火组织准备。

(2)淬火：获得马氏体组织。

(3)冷处理：获得马氏体组织，减少Ar。

(4)低温回火：消除残余应力，保持高硬度。

16.5.4 弹簧热处理

弹簧的工作条件为储存能量和减轻震动，主要承受拉力、压力、扭力和交变载荷，会造成疲劳断裂和永久变形，因此需要高的强度极限、弹性极限、疲劳极限和成形加工性能。

常用65、65Mn、60Si2Mn等中碳钢以及中碳合金钢。

热处理工艺：

(1)冷成形弹簧(小弹簧)采用去应力退火。由强化过的钢丝(铅淬冷拔、冷拔、淬火+回火的钢丝)冷卷成弹簧，秩序进行去应力退火(加热到250~300℃)，以消除变形过程中或淬火中形成的残余应力，稳定尺寸。

(2)热成形弹簧采用淬火+中温回火(或采用等温回火)。采用热轧钢丝或钢板制成(如汽车板簧)，淬火提高强度，中温回火消除应力、提高弹簧极限，最后得到回火屈氏体组织。如果采用等温回火，得到贝氏体组织。

16.5.5 刃具热处理

性能要求：高硬度(≥60HRC)，主要取决于含碳量；高耐磨性，靠高硬度和析出细小均匀硬碳化物来达到；红硬性，即高温下保持高硬度的能力；足够的韧性，以防止脆断和崩刃。

刃具用钢常用碳素工具钢，如 T7~T12、低合金工具钢和高合金工具钢。

碳工钢热处理及组织：

热处理：正火+球化退火+淬火+低温回火。

球化退火能降低硬度、便于加工，为淬火做组织准备。得到组织为 M 回+颗粒状碳化物+Ar(少量)。

低合金工具钢的热处理及组织同碳素工具钢，只是淬火介质为油(碳工钢为水)。

高合金工具钢的生产工艺与热处理：铸造→锻造→球化退火→机加工→淬火+三次高温回火→磨削加工。

铸造：高速钢属于莱氏体钢，铸态组织中含有大量呈鱼骨状分布的粗大共晶碳化物，钢的韧性大幅度下降。

锻造：鱼骨状碳化物不能用热处理(正火)来消除，只能依靠反复多次锻打来击碎。

球化退火：消除应力、降低硬度，便于机加工；调整硬度为淬火做好组织准备。球化退火的温度为 830~880℃。

淬火：温度 1200~1300℃。淬火温度高的原因是让 C 和 Me 充分溶入 A，淬火后得到高合金马氏体，高温回火时产生二次硬化效应，提高硬度和红硬性。

三次高温回火：在 560℃ 回火时，产生二次硬化，多次回火获得更多碳化物析出，让残余奥氏体转变。

图 16-12 为东方红 40 拖拉机驱动轴结构图，图上注明了主要尺寸。驱动轴一端带法兰盘，通过螺钉孔与后轮相连接；另一端为花键轴，与行星架花键孔相连接。驱动轴是通过花键及锥度部分紧配合将扭矩由行星架传到后轮，使后轮转动的。由于拖拉机重量通过轴颈、法兰盘加到后轮上，因而驱动轴还承受弯曲载荷。拖拉机在运行过程中，后轮遇到障碍、石块等，驱动轴还承受一定的冲击。驱动轴一旦断裂，拖拉机将失去支承，会造成翻车，轻则影响生产，重则造成人身事故，特别是在山路运输时断裂，后果更为严重。

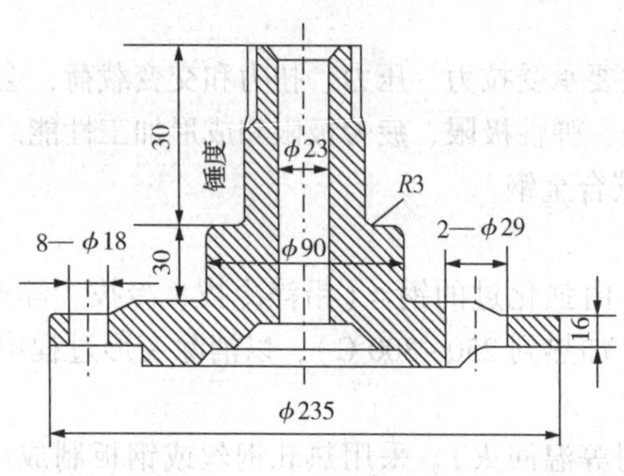

图 16-12 驱动轴简图

根据驱动轴服役条件，设计选用材料为 40Cr 或 45Cr。热处理技术要求是：调质，硬度 265~305HBS，金相组织无游离铁素体，轴承颈 φ90mm 处及花键部分高频淬火，硬度>53HRC，淬硬层深度 ≥ 1.5mm，马氏体 5~6 级。

根据技术要求，其工艺路线及热处理方案可有以下几种：

(1) 工艺路线为：锻造→毛坯调质→加工成形→φ90mm 圆柱面与花键两处高频淬火。

该方案的优点是：工艺简单，特别是调质工艺，因为调质后再进行机械加工，无需考虑氧化脱碳问题。

该方案的缺点是：加工余量大，浪费原材料，调质效果不好。该种钢油淬火时临界直径约为 25~33mm，今传递扭矩危险断面处毛坯直径大于 55mm(加上加工余量)，根据该种钢的端淬曲线可以推知，即使在表面也得不到半马氏体区，实际上只能得到网状铁素体及细片状珠光体组织。花键与锥度交界处恰好是花键高频淬火的过渡区(热影响区)，此处的强度比未经表面淬火的还差，而又是应力集中的危险断面。

(2) 工艺路线为：锻造→荒车及钻 ϕ23mm 孔(应留加工余量，以备扩孔成 ϕ23mm)→调质→加工成形(包括扩 ϕ23mm 孔)→ϕ90mm 圆柱面、锥度及花键部分高频淬火。

该工艺方案的优点是：克服了第一方案的调质效果不良，以及锥度与花键交界危险断面处恰好是高频淬火热影区的弱点，其使用性能将比第一方案大为改善。

该方案的缺点是：加工余量大、浪费原材料；增加了加工工序和工序间周转，延长了生产周期；对调质工序加热时氧化、脱碳的控制要求较严；高频淬火时，在锥度根部 $R3$ 圆角处需圆角淬火，为了避免有淬火过渡区，锥度与花键部分应连续淬火，但该二部分尺寸及几何形状不同，故用同一感应圈淬火时，需改变高频淬火工艺参数(至少应改变工件升降速度)，操作比较复杂，质量不易稳定。

在设备条件不变情况下，第二种方案的生产周期比较长，生产成本较高。

(3) 改整体结构为组合结构，即把整体分解为法兰盘与花键轴，花键轴为通花键，与法兰盘用花键连接。

工艺路线为：

法兰盘：锻造→调质→加工成形(花键孔只加工内孔，键槽未拉)→ϕ90mm 外圆高频淬火→拉削花键孔。

花键轴：棒料钻孔→调质→加工成形→花键中频淬火。

该工艺方案的优点是：省料，在大量生产花键轴时可向钢厂订购管材；调质效果好，基本上与该种钢的临界直径相适应；感应加热淬火工艺单一，操作方便、质量稳定，因为 ϕ90mm 外圆高频淬火目的是提高耐磨性，其与法兰盘连接处直径大、应力小，故强度足够。花键采用中频加热，淬硬层深度增加至 4.5~5mm，疲劳强度提高，经 2500Hz 中频淬火并 200℃低温回火后，表面硬度为 53~55HRC，据测量齿的根部有 589~736MPa 的压应力，由于是通花键，可以一次连续淬火，没有过渡区。

该工艺方案的缺点是增加了法兰盘拉削内花键孔的工艺，但省去了锻造拔制锥度及花键部分直径的工序，简化了花键轴的加工。

试验表明：采用第一种工艺方案时，由于强度比较低，当与行星架锥度紧配合比较好时，常在锥度部分与法兰盘连接处发生剪切断裂；当锥度部分配合不好，扭矩主要靠花键传递时，剪切应力大大超过过渡区的材料剪切强度，驱动轴将在花键根部迅速剪切断裂，寿命更低。

当按第三种方案处理时，台架试验表明：与第一方案比较，疲劳寿命大幅度提高，条件疲劳极限扭矩提高至原来的 2.8 倍，极限应力幅提高至原来的 4.5 倍。田间试验 500h 未发现断裂现象。

可以估计，采用第三种方案，制造成本提高不多，而寿命大幅度提高，总的经济效果是良好的。

至于具体的每一种热处理工艺的制定，其内容应包括：根据生产批量及工艺要求选择设备、加热方式，确定每次装载量、加热温度、保温时间、冷却方式、冷却介质等。对化学热处理工艺，尚应规定工艺过程各个阶段的炉气化学势(如碳势、氮势等。

课后习题

1. 简述热处理工艺设计的原则。

2. 设计人员在选材时应该考虑哪些基本原则？

3. 轴承钢应满足哪些性能要求？

4. 现有 60Si2Mn（A_{c_1} = 724℃，A_{c_3} = 745℃）钢用作弹簧，40Cr 钢（A_{c_1} = 735℃，A_{c_3} = 780℃）用作传动轴（要求有良好机械性能），T13A（A_{c_1} = 730℃，A_{cm} = 820℃）钢用作简单车刀。请分别针对这三种钢回答：

（1）淬火温度的选择原则。

（2）加热方式、保温时间的选择原则及加热后显微组织、淬火后组织。

（3）回火温度的选择原则。

（4）回火后的组织。

（5）画出热处理工艺曲线（保温时间略），标明工艺参数。

5. 今有一批 20CrMnMo（A_{c_1} = 730℃，A_{c_3} = 820℃）汽车传动齿轮，其工艺路线为；下料→锻造→热处理(1)→切削加工→热处理(2)→-热处理(3)→热处理(4)→喷丸→磨加工。试问：①热处理(1)、热处理(2)、热处理(3)、热处理(4)采用什么热处理工艺？②画出热处理工艺曲线（保温时间略），标明工艺参数。③说明四种热处理工艺的目的与热处理后组织。

6. 确定下列钢件的预备热处理方法，并指出预备热处理的目的与处理的后的显微组织。

（1）锻造过热的 55 钢坯，要求消除魏氏组织。

（2）具有网状渗碳体的 T13 工具钢坯。

（3）改善 T12 工具钢锉刀的切削加工性能。

（4）经冷轧后的 20 钢板，要求消除带状组织、提高切削加工性。

7. 确定下列零件的热处理工艺，并制定简明的工艺路线。

（1）某机床变速箱齿轮，要求齿面耐磨，心部强度和韧性要求不高，选用 45 钢。

（2）某机床主轴，要求有良好的综合机械性能，轴颈部要求耐磨（50~55HRC），材料选用 45 钢。

（3）柴油机凸轮轴，要求凸轮表面有较高的硬度（>60HRC），心部有较好的韧性（A_k > 50J），材料选用 15 钢。

（4）镗床用镗杆，在重载荷作用下工作，并在滑动轴承中运转，要求镗杆表面有极高的硬度，心部有较高的综合力学性能，材料选用 38CrMoAlA。

8. 如何把 W_c = 0.8% 的碳钢的球化组织转变为：

（1）细片状珠光体。（2）细球状珠光体。（3）比原来更细的球化组织？。

9. 高速钢能否用于低速切削？

10. 为什么铸铁焊接时一定要预热？为保证焊接点的塑性，为什么焊接后必须完全退火？